LE LUMINAIRE

PIERRE CHARREAU - Cabinet de travail d'un ambassadeur.

Le luminaire

PAR GUILLAUME JANNEAU

3 SÉRIES

Le Luminaire Moderne

PAR GABRIEL HENRIOT

Présentation de Raymond Guidot

ÉDITIONS D'ART CHARLES MOREAU

10, rue de Nesle 75006 Paris
ISBN 2-909458-00-8

Traduction allemande d'Inge Hanneforth. Traduction anglaise de John Letterman.

S O M M A I R E

table of contents / inhaltsverzeichnis

PRÉFACE

SERGE MOUILLE
Lampadaire "Grand Signal", 1959
Collection : Galerie Christine Diegoni
Photo : CCI / Jean-Claude Planchet

Il est difficile d'imaginer aujourd'hui ce que put représenter, en 1879, la mise au point par Thomas Edison d'une ampoule d'éclairage électrique fonctionnelle et fiable. On imagine en tout cas ce que la certitude dans le devenir de ses découvertes put exiger, de la part de l'inventeur, de volonté, d'énergie et de calcul, lorsque l'on sait que pour vendre les lampes il dut entreprendre de vendre aussi les centrales productrices d'électricité et les câbles de distribution. Si les Etats-Unis, pays de l'innovation, toujours prêts à investir dans le génie créatif, accueillirent comme un miracle sans précédent les lumières de la fée Electricité — au point que, trente ans après la naissance de la première lampe à incandescence, plus de quarante millions d'exemplaires y étaient en fonction — il n'en fut pas de même pour l'ensemble des autres pays. Ainsi la France qui, en août 1881, lors de la première grande exposition internationale d'électricité à Paris, avait célébré le prodige, devait par la suite, se montrer extrêmement réservée quant à son application pratique. Les critiques qui étaient formulées ne manquaient pas d'ailleurs de fondement. Elles mettaient en cause, en effet, le coût élevé de l'éclairage électrique, et l'intensité trop grande de la lumière émise.

De fait, dans un premier temps, la lumière électrique coûte au minimum trois fois plus cher que celle du gaz. Pour diminuer le coût, il faudrait que les travaux d'équipement soient rapidement et judicieusement menés. Or l'initiative dépend — en France en tout cas — essentiellement des décisions des élus locaux, tandis que l'installation est le fait de compagnies privées, certaines comme la Continental Edison ayant déjà des allures de multinationales. Ainsi assistons-nous, dans certaines capitales étrangères, mais également dans plusieurs villes de province françaises, à un développement rapide, alors qu'à Paris, de longs débats commencés en 1888, et qui se poursuivent en 1889, aboutissent à une division de la ville en secteurs, chacun d'entre eux étant confié à une compagnie différente. La durée des concessions de 18 années s'avérera, au demeurant, trop courte pour que d'importants investissements soient envisagés. Il s'ensuit une installation lente et limitée. Pour accélérer le processus, quelques années avant la fin des concessions, en 1914, la Compagnie Parisienne de Distribution de l'Electricité est fondée. Elle sera nationalisée au lendemain de la Seconde Guerre mondiale.

Au chapitre de la trop forte luminosité, il semble bien, par contre, que le changement d'habitudes puisse seul être incriminé. Si les grosses lampes à arc produisent effectivement un éblouissement, surtout lorsqu'on fixe la lampe elle-même (ce qui ne correspond pas à une véritable logique d'utilisation) il n'en est plus de même lorsqu'intervient la lampe d'Edison qui apporte la solution au problème réputé impossible, celui de la "division" de la lumière électrique.

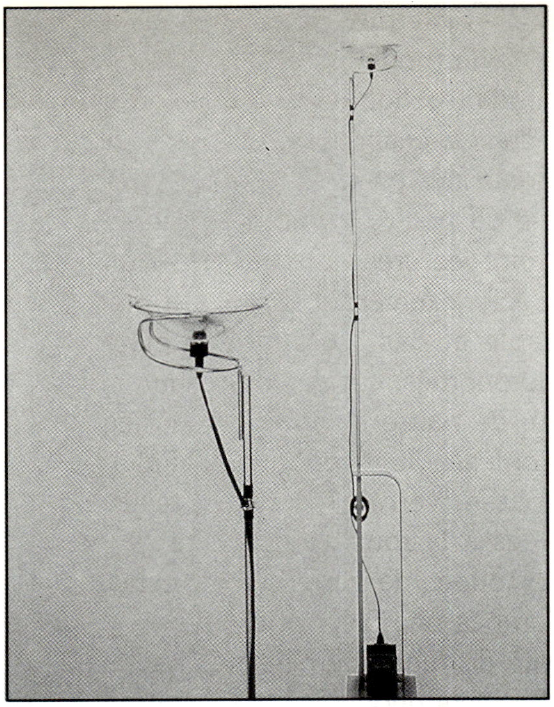

ACHILLE ET PIER GIACOMA CASTIGLIONE
Lampe "Toio", 1962
Fabric. : Flos, Bressia
Photo : Flos, Bressia

En créant de petites sources lumineuses et en donnant la possibilité, dans un espace de vie quotidienne, de les multiplier, Edison a trouvé le moyen de rivaliser victorieusement avec l'éclairage au gaz. Celui-ci, pendant des années, continuera néanmoins à avoir des adeptes, certains aussi convaincus que Georges Seurat. Le peintre estimait en effet que cet éclairage artificiel procurait une lumière si idéalement proche de celle du soleil qu'il avait équipé son atelier d'une rampe à gaz semblable à celle qu'il immortalisera dans sa fameuse *Parade de cirque* peinte en 1887-1888. Néanmoins, les avantages que présente l'éclairage électrique se révèlent rapidement indiscutables. Ainsi les risques d'incendie dus à la source d'éclairage se limitent désormais à des possibilités de courts-circuits qu'une installation convenable permet de prévenir presque totalement. La possibilité — grâce à l'installation de prises de courant, à la souplesse et à la longueur du fil reliant celle-ci à la lampe — de pouvoir rendre cette dernière déplaçable représente également un avantage considérable. Elle autorise aussi la multiplication des sources lumineuses dont l'allumage par action

sur un interrupteur est immédiate. Ainsi se trouve simplifié le problème lié à la fixité des appareils à gaz qui rendait obligatoire l'utilisation d'appareils mobiles — bougies, chandelles, lampes à pétrole, causes de nombreux incendies.
De ce point de vue, il est intéressant de voir à quel point les créateurs de l'Art Nouveau, à la fin du XIXe siècle, exerceront leur talent à dessiner des lampes de table et des lampadaires électriques. Parfaitement autonomes, ces sculptures lumineuses auront la chance de naître au moment où les techniques verrières sont en plein renouveau. Pâtes de verre coulées en masse, verres à couches teintées superposées, gravées à la roue ou à l'acide, assemblage en vitrail de découpes de verre coloré, concourent à donner à ces lampes une fascinante présence. Libérée de la nécessité du regroupement des habitants, de leurs meubles et objets quotidiens autour de la lampe à pétrole ou à gaz, se crée une nouvelle convivialité dont la lumière électrique est la principale instigatrice. Il faut voir aussi que la naissance conjointe de la lumière électrique et de l'Art Nouveau, aboutissant à l'intéressante proposition de la coque de verre d'abat-jour enveloppant l'ampoule électrique, procède de la symbiose entre tous les constituants de l'environnement caractérisant un moment particulièrement fort de l'Art Décoratif. Lorsque, l'Art Nouveau déclinant, on assistera, vers 1910, au retour d'un certain historicisme, on verra en même temps apparaître de grands abat-jour de soie dans l'esprit du style Louis XVIII.

De fait, cette reconnaissance des valeurs anciennes prédomine encore dans le style très éclectique qui, après l'Exposition Internationale des Arts Décoratifs Modernes présentée à Paris en 1925, est devenu le style Art Déco. Mais si le tissu plissé est encore à l'honneur pour la confection d'abat-jour de torchères signées Follot ou Dominique, voire d'appliques de Ruhlmann, il est important de noter que l'on assiste à un retour en force du verre et autres matières dures et translucides, tel l'albâtre. Mieux, on voit désormais la lumière électrique intervenir comme matériau d'architecture à part entière. Elle sculpte l'espace en isolant les plafonds, en obscurcissant la ligne des corniches, en jouant aussi des contrastes entre l'ombre portée et le halo lumineux. C'est ce que constate Guillaume Janneau dans sa préface de la publication des Editions d'Art Charles Moreau concernant *Le luminaire et les moyens d'éclairage nouveaux* présentés à l'exposition de 1925. Il associe, par la

EMILE GALLE
Lampe en verre doublé gravé à l'acide, vers 1900
Photo ; J. Le Madec

même occasion, des créateurs qui, aujourd'hui, nous apparaissent aussi éloignés que Ruhlmann — représentant le plus éclairé des tenants de la tendance historiciste et de ses objets de prestige — et Francis Jourdain, homme de la modernité absolue, partisan de la production de série accessible à tous — qui deviendra à ce titre le premier président de l'UAM (Union des Artistes Modernes) en 1929, — en passant par Pierre Chareau lequel, membre lui-aussi de l'UAM, n'en demeure pas moins sensible à l'attrait de la pièce unique. Il est d'ailleurs, de ce point de vue, particulièrement intéressant de constater que, loin des écoles auxquelles, histoire aidant, nous nous référons aujourd'hui, à un commentateur de l'époque peut faire abstraction des divergences profondes que l'exposition de 1925 met en évidence. Janneau ne voit ainsi, chez les concepteurs des années vingt, qu'un désir unanime d'exploiter les possibilités offertes par l'éclairage électrique, pour être, d'une manière ou d'une autre, de leur temps. Pourtant, on sent indiscutablement poindre, à la fin de la préface, une réelle sympathie pour les recherches des "rationalistes" qui vont bientôt fournir les rangs de l'UAM. On lit, en effet, dans une dernière phrase qui traduit les espérances de l'auteur, qu'il "faudrait établir des formes facilement réalisables par l'outillage mécanique : des formes simples et claires, et des volumes nettement écrits, tout un travail de composition ; mais c'est là le programme d'un artiste sensible et intelligent, et la fabrication courante croit pouvoir se passer des artistes".

JOE COLOMBO
Lampe "Acrilika", 1962
Edition : O' Luce
Photo : René Jacques

Tous les éléments d'un débat né avec la révolution industrielle, mais qui s'affirme effectivement dans les années trente, sont là : la croyance dans les vertus de la production mécanisée, la nécessité d'une authentique création adaptée à ce type de production, la défiance des industriels à l'égard des "artistes" susceptibles d'être sollicités pour cette démarche créative. A l'appui de cette prise de position bien loin de refléter l'esprit général de l'exposition, — il n'est, pour s'en rendre compte, que de regarder la remarquable série d'objets reproduits dans l'ouvrage — Janneau propose quelques exemples particulièrement probants. Ainsi s'intéresse-t-il au Pavillon français d'esprit le plus rationaliste, celui qui présente un projet d'Ambassade. Il en retient le lustre que Robert Mallet-Stevens a conçu pour le hall et surtout, la surprenante installation de Pierre Chareau pour le cabinet de travail de l'ambassadeur qu'il se plaît à commenter généreusement "Eclairage fourni par une lampe projecteur dont le

GERRIT RIETVELD
Lampe pour le cabinet du Docteur Hartog a Maarssen, Hollande, 1920

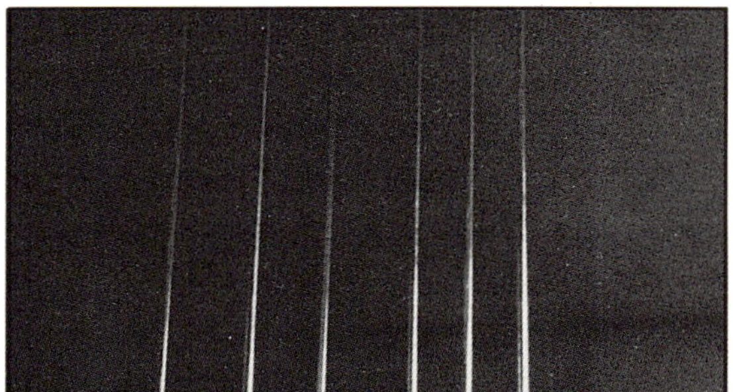

dôme porté par la corniche, réfléchit la lumière en la diffusant. Le développement progressif des feuilles d'écran réduit à volonté l'intensité de l'éclairage". Cela concerne, effectivement, l'expérimentation au niveau le plus sophistiqué des possibilités offertes par l'éclairage indirect. En faisant disparaître le foyer d'émission, on élimine les impacts gênants, mais surtout, mystérieusement, en utilisant le plafond blanc comme réflecteur, on immerge l'espace tout entier dans un bain de lumière adoucie. Cette recherche autour de la réflexion de la lumière sur des écrans opaques va faire l'objet de nombreuses expérimentations mettant en jeu la mise en œuvre globale de l'aménagement intérieur.
Appliqué à des appareils d'éclairage autonomes, le travail sur la réflexion sera poussé très loin par le Danois Paul Henningsen dont les "pommes de pin" à ailettes réfléchissantes (PH Kogle) seront bien connues à la fin des années cinquante. C'est pourtant à l'exposition des Arts Déco, dans la section danoise, qu'il avait présenté l'une de ses premières réalisations. Cette intéressante démarche de technicien qui pouvait, dans le contexte général de la manifestation, passer totalement inaperçue, n'a pas échappé à Janneau : observateur décidément capable de voir au futur, il en a fait l'un des objets de sa sélection.

De fait, c'est bel et bien ce courant rationaliste — voire fonctionnaliste, et en tout cas puriste, qui l'emporte à l'aube des années trente et constitue en quelque sorte la base même de la sélection que présente Janneau pour *Le Luminaire et les moyens d'éclairages nouveaux, 2ème série*. Certes, on y trouve encore quelques fleurs ou feuillages dans la ferronnerie et le verre pressé, Janneau constatant que "rares sont les praticiens restés fidèles aux formules qui comportent de beaux détails : les seuls ferronniers conservent une remarquable indépendance à l'endroit des codes nouveaux". Mais, en quelques années, Edgar Brandt s'est considérablement assagi et, si les maîtres verriers, oubliant l'exubérance néo-rococo de Süe et Mare, adoptent encore le modèle végétal ou animal, ils en proposent désormais, avec Lalique, une version très stylisée. Elle n'est pas sans évoquer d'ailleurs la Sécession viennoise, et plus précisément l'œuvre de Gustav Klimt.
La plupart du temps, c'est l'ordre géométrique qui règne et soumet à sa loi les structures métalliques aussi bien que les éléments de verre qui abritent les lampes. "On place, avec raison, la beauté dans la pureté d'un galbe, dans la justesse d'une proportion, dans la perfection d'un agencement, dans cette exactitude d'exécu-

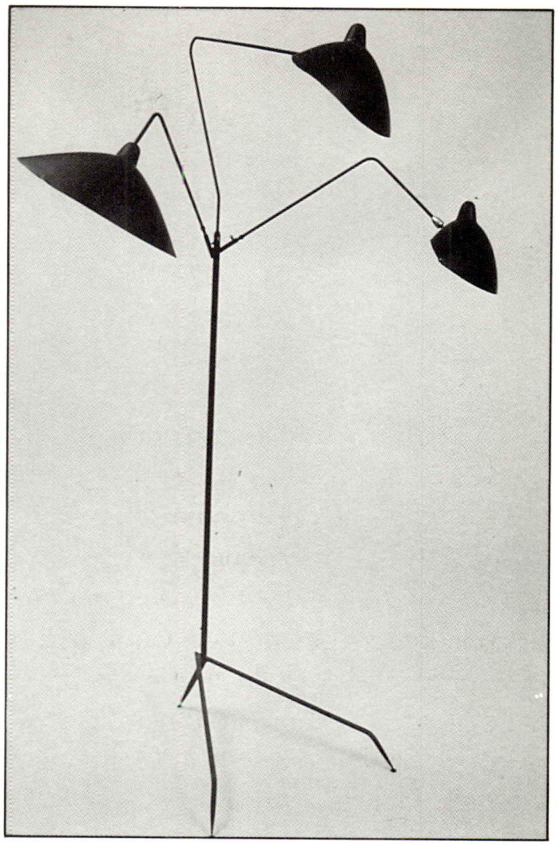

SERGE MOUILLE
Lampadaire à trois branches, années cinquante.
Collection : Philippe Jousse
Photo : CCI / Jean-Claude Planchet

tion qui atteste une sérieuse étude préalable". Il y a dans les préfaces de Janneau des deuxième et troisième séries du *Luminaire* une incroyable pertinence de propos. On a l'impression de lire quelque texte fondateur du Deutscher Werkbund ou du Bauhaus dans une déclaration comme celle-ci : "Ce n'est point par esprit de système, ni par un goût irrésistible pour le changement, qu'artistes, ingénieurs, industriels, ont étudié des modèles nouveaux. Une raison plus forte le leur commandait : ils cherchent la bonne formule, ils élaborent l'appareil parfait, celui qui sera logique, efficace et beau". Et l'on peut être à ce moment-là surpris de la totale ignorance dont fait preuve l'auteur à l'égard des grands mouvements qui se sont développés depuis le début du siècle dans un pays aussi proche du nôtre que l'Allemagne.

Nous n'oublions pas, aussi, que le parfait mépris affiché par la France pour le pays vaincu au lendemain de la Première Guerre mondiale avait entraîné la remarquable absence de l'Allemagne à l'exposition des Arts Décoratifs de 1925. Absence qui trouvera une revanche éclatante lorsqu'en 1930, Walter Gropius sera appelé, ainsi que trois autres piliers du Bauhaus — Marcel Breuer, Herbert Bayer, Lazlo Moholy-Nagy, auteur du "Modulateur Espace Lumière" — à présenter magistralement le Deutscher Werkbund au Salon des Artistes Décorateurs. Or les sélections du *Luminaire* ne mentionnent ni les recherches de Moholy-Nagy, ni les réalisations de Wilhelm Wagenfeld, de Marianne Brandt ou de Carl J. Jucker, qui pouvaient proposer une intéressante antériorité aux démarches très originales de Desny.

Mais tout aussi absent de l'exposition de 1925 et, pour des raisons qui ne pouvaient être d'ordre politique, le groupe hollandais "de Stijl" n'est pas non plus cité par Janneau. Lorsqu'il présente, avec les lustres de 1930 des frères Adnet, "des appareils faits de tubes lumineux qui dessinent des angles dans l'espace", il note "l'influence des très modernes enseignes lumineuses" mais, là encore, semble totalement ignorer la suspension réalisée par Gerrit Rietveld en 1920 pour le bureau du Dr Hartog à Maarssen, suspension dont le principe fut d'ailleurs repris par Walter Gropius en 1929 pour son bureau directorial au Bauhaus de Weimar.

Quoi qu'il en soit, nous ne saurions trop reprocher à Jeanneau de ne pas avoir cité des recherches fondamentales, lesquelles — les revues spécialisées de l'époque en témoignent — étaient pratiquement ignorées de tous les architectes, décorateurs, historiens et critiques français d'alors. Nous ne saurions, par contre, trop le louer pour la justesse

WILHELM WAGENFELD
Lampe, 1923,
Bauhaus, Dessau.
Photo CCI / Eustache Kossakouski

de son jugement lorsqu'il s'agit de discerner, quant au fond, ce qui est fondamental dans une démarche qui vise au mieux-être de l'homme moderne ; et il faut reconnaître, de ce point de vue, la pertinence des exemples proposés lorsqu'ils concernent les œuvres des frères Adnet, de Pierre Chareau, Desny, Djo Bourgeois, Georges Guévrékian, René Herbst, Boris Lacroix, Jean Perzel, Jean Prouvé, Louis Sognot, André Salomon, l'un des premiers ingénieurs éclairagistes, mais aussi de Wolfgang Tumpel ou d'Adolf Behne. Cette attitude pourrait d'ailleurs passer pour parfaitement raisonnable, compte tenu de l'importance historique que revêt aujourd'hui, à travers le Mouvement Moderne, la tendance rationaliste des années trente, si nous ne savions que l'époque, avec les durcissements politiques — voire la montée des fascismes — va basculer finalement dans le retour à l'ordre. Avec lui, resurgiront les grands exemples stylistiques du passé qui ne manqueront pas d'affecter la grande famille des appareils porteurs de lumière. C'est d'ailleurs ce que l'on découvre en parcourant le numéro du *Luminaire moderne* consacré à l'Exposition Internationale de 1937. On y voit un retour en force des torchères et des abat-jour en matière souple, voire en tissu plissé. A l'exception de Jacques Adnet, de Jean Perzel, convertis au nouveau courant, et d'André Salomon — qui, dans le plus pur esprit de l'UAM, réalise un présentoir de livres, un diffuseur à lentille et, surtout, en collaboration avec F.P. Jourdain et Louis, une remarquable table éclairante (reproduite, comme par hasard à l'envers) — tous les noms que nous venons de citer ont disparu. Tout comme celui de Guillaume Janneau, qui fait place à ceux de Gabriel Henriot, responsable de l'ouvrage, de Jacques Gréber et Paul Léon, respectivement Architecte en chef et Commissaire général adjoint de l'Exposition. Hendy Delisle, Edmond Etling, P. Fargette, P. Genet et L. Michon, Charles Milde et cie, Raymond Subes, sont les porte-parole de la nouvelle tendance et Paul Léon peut écrire "Sûrs de suivre la ligne droite nos décorateurs craignent moins la grâce flexible des courbes. Sûrs d'éviter le pastiche, ils font place à la tradition. Plus de rigorisme outrancier : les plans s'animent de reliefs, la couleur vient aviver l'aride blancheur des surfaces".

Pour peu, on croirait lire un exégète du "nouveau design" vitupérant, dans les années quatre-vingt, le fonctionnalisme des années soixante. Car l'histoire est ainsi faite que le jeu des courants contraires se répète inlassablement.

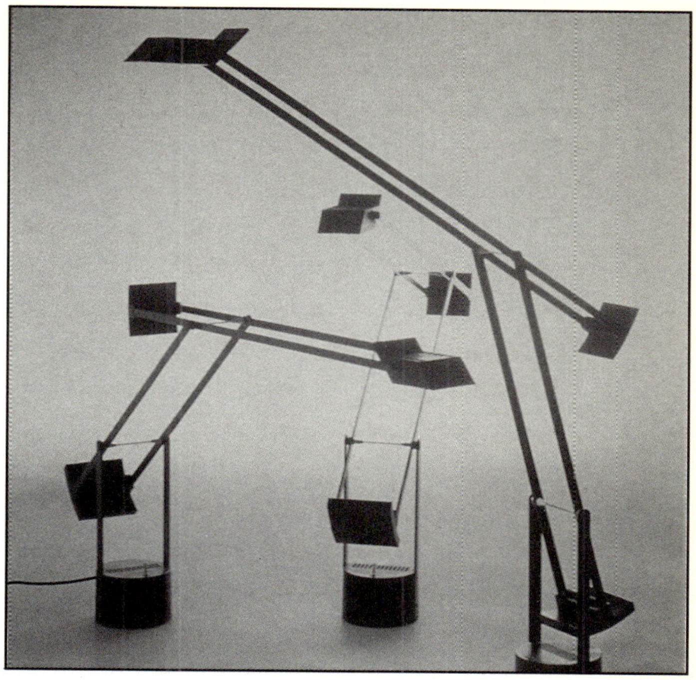

RICHARD SAPPER
Lampe de table "Tizio", 1970
Fabric. Artemide Milan.
Photo : A. Ballo, Milan

C'est ainsi qu'après la Seconde Guerre mondiale, l'historiscisme cher au retour à l'ordre qui s'est manifesté pendant une dizaine d'années aussi bien dans les pays de régime autocratique que dans ceux de régimes démocratiques, cède le pas à l'exubérance de la forme libre. Celle-ci, très caractéristique des années cinquante, donnera lieu, dans le domaine du luminaire, à des expériences remarquablement intéressantes où se distinguent des créateurs français tels Boris Lacroix, Pierre Guariche, Serge Mouille, Jean Royère, ou italiens tels Vittoriano Vigan, Carlo Mollino, Lucio Fontana, et, déjà, Ettore Sottsass.

A cette période succèdera celle du fonctionnalisme caractéristique des années soixante dans une rigueur déjà annoncée à la période précédente par de grands créateurs comme Gino Sarfatti. C'est alors que s'affirmera , dans le domaine du luminaire, l'intérêt de l'utilisation des matériaux de synthèse. C'est ce que nous permettent de constater quelques-unes des plus remarquables réalisations du grand design italien qui se révèle alors. On citera par exemple, la suspension en cocoon tendue sur une structure métallique "Viscontea" des frères Castiglioni (1960). La lampe en polyméthacrylate de méthyle transparent "Acrilica" de Joe Colombo (1966), la lampe en ABS "Telegono" de Vico Magistretti (1968) etc.

Puis viendra en 1968, le temps de la contestation. Avec, en matière de design, la remise en cause de la doctrine fonctionnaliste. Les années soixante-dix sont hésitantes. Elles commencent avec la naissance, dans le domaine du luminaire, de quelques chefs-d'œuvre du fonctionnalisme, telle la lampe "Tizio" de Richard Sapper marquant, en 1970, une date importante : on voit apparaître, avec elle, l'ampoule halogène basse tension. Cette évolution de la source lumineuse avait déjà connu, à la fin des années trente, un important bouleversement marqué par la mise en service des tubes fluorescents. Mais ceux-ci, employés d'abord pour l'éclairage des bureaux, magasins et autres lieux publics, ne font une réelle apparition en appartements que dans les années cinquante, avec parfois de remarquables interprétations comme celles de Gino Sarfatti pour un lampadaire de 1954 ou, plus tardivement, de Serge Mouille avec son "Grand Signal" de 1959.

L'influence du Pop Art américain et des arts de la rue qu'il met en scène va contribuer à donner à la combinaison lumière fluorescente (froide) et, polyméthacrylate de méthyle coloré thermo-formé ou non, la possibilité d'innovations formelles importantes. On notera surtout les réalisations d'Ettore Sottsass : lampadaires

ETTORE SOTTSASS
Lampe "Asréroïde", 1968
Collection : Yves Gastou, Paris
fabric. : Poltronova
Photo : CCI / Jean-Claude Planchet

ACHILLE ET PIER GIACOMA CASTIGLIONI
Suspension "Viscontea", 1960
fabric. : Flos, Bressia
Photo : Flos, Bressia

"Astéroïde" (1968), "Cometa" (1970), miroir éclairant "Ultrafragola" (1970), ou bien celles du groupe Superstudio : lampes "Passiflora" (1968), "Onda" (1968) qui se situent aux origines du "nouveau design", lequel connaîtra son plein développement dans les années quatre-vingt. Pour ne pas avoir a en explorer les nombreuses tendances, on évoquera simplement le rôle pilote de deux groupes italiens qui, dans le domaine du luminaire, ont fourni d'importantes réalisations : Alchimia, dont Alessandro Mendini est en quelque sorte le chef de file, Memphis constitué autour de la forte personnalité d'Ettore Sottsass.

L'intérêt que revêt aujourd'hui la réédition des quatre publications des Editions d'Art Charles Moreau, consacrées au luminaire et parues entre les dates clefs de 1925 et 1937, tient pour une large part au fait qu'il serait relativement facile de montrer combien les recherches des dernières décennies dans ce domaine, sont redevables à ces années particulièrement fécondes. Ainsi, la petite lampe de Desny, où l'ampoule enfermée dans une sphère orientable semble posée sur le sommet d'une base conique, ne manquera pas de rappeler la lampe "Eclisse" de Vico Magistretti. Le lustre, aux plaques de verre dépoli suspendues par des anneaux, d'Edouard Schenck, nous fera peut-être penser à la suspension "Teli" des frères Castiglioni. La table éclairante circulaire de Perzel, si curieusement marquée années 60, nous évoque à coup sûr la lampe "Nesso" du groupe Architetti, Urbanisti, Città Nuova. Les lampes en tubes d'Adnet, qui ne s'attachent qu'à mettre en valeur la source lumineuse, nous renvoient à la fois au lampadaire "Toio" des frères Castiglioni, à la lampe "Easylight" de Philippe Starck et au système "Yayaho" d'Ingo Maurer. Sans parler de l'historiscisme auquel certaines tendances "postmodernes" s'attachent depuis dix ans à redonner vigueur.

Raymond Guidot
Ingénieur / Designer Conseil au Centre de Création Industrielle
Enseignant à l'Ecole Nationale Supérieure de Création Industrielle

Philippe Starck
Easylight, 1978
Etudes1974
Saint-Germain Lumière, Paris
Photo : Martin M. Schreiber

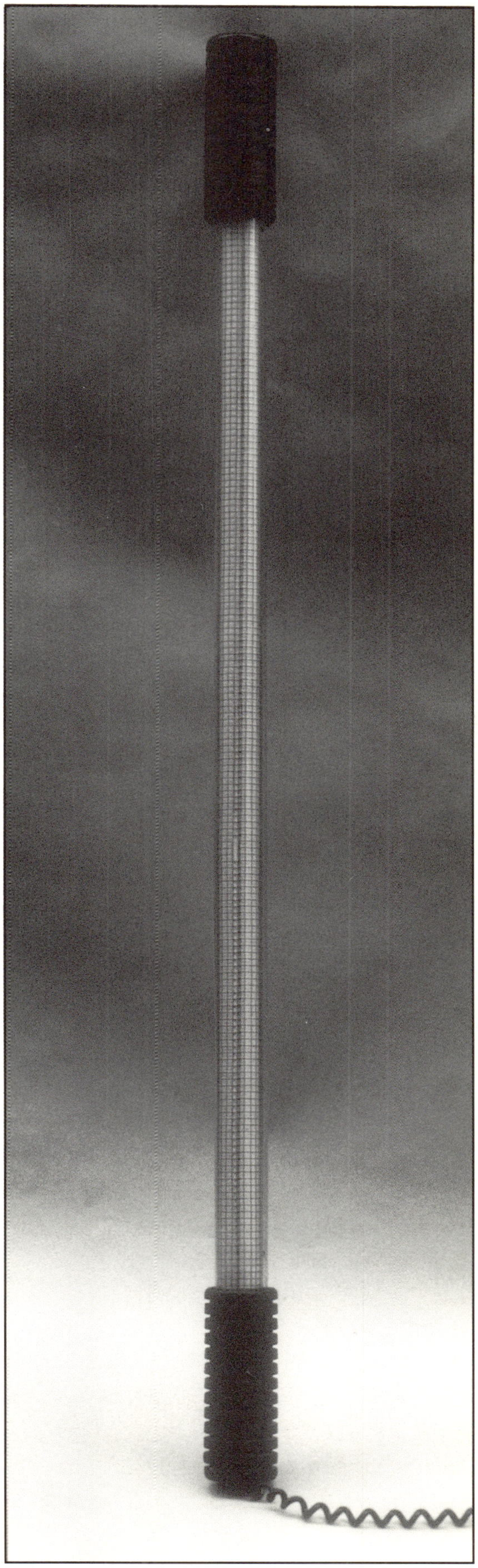

It is difficult today to imagine the significance of Thomas Edison's perfection in 1879 of a weak, functional electric light bulb. But we can imagine the inventor's will, energy, and calculation, and what faith he must have had in the future of his discoveries, when we know that to sell the lamps he had also to undertake the sale of electric power generating plants and cable networks for distribution. The United States, a land of innovation always ready to invest in creative genius, greeted as an unprecedented miracle the lights of the goddess Electricity. Thirty years after the creation of the first incandescent lamp more than forty million of them were in use there. This was not the case in other countries. France celebrated the prodigy at the first great international exposition of electricity in Paris in August 1881, but in the exposition's aftermath was extremely reserved with regard to its practical application. Among the criticisms posed were the high cost of electric light and the harsh brightness of the light emitted. These objections had some validity.

Initially, in fact, electric light was at least three times more costly than gas light. To lower the cost, it was imperative that the required equipment be installed rapidly and judiciously. Moreover, while the installation was the work of private companies, certain of which, like Continental Edison, already bearing characteristics of multinational corporations, the initiative depended on the decisions of local officials. Thus, while electric light was developed rapidly in certain foreign capitals as well as in several provincial cities of France, development in Paris was slow. Following lengthy discussions opened in 1888 and extending into 1889, the city was divided into sectors. Each of these was assigned to a different company. The eighteen year term of the concessions proved too short to justify significant investment. A prolonged and limited installation followed. To accelerate the process, several years prior to the expiration of the concessions, the Compagnie Parisienne *de Distribution de 1 'Électricité was* established in 1914. It would be nationalized in the wake of the Second World War.

The excessive brightness of electric light, on the other hand, appears likely only to have been a problem of perception and habit. If the huge arc lamps

Es ist nicht leicht sich heute vorzustellen, was im Jahre 1879 die Erfindung der elektrischen Glühbirne durch Thomas Edison darstellte. Wir können aber nachvollziehen, was dies dem Entdecker an Willen, Energie und Berechnungen abverlangte, denn Edison mußte sich neben dem Verkauf von Lampen auch um den Verkauf von Elektrizitätswerken und den Aufbau der Verteilernetze kümmern, die die einzelnen Haushalte versorgten. In den Vereinigten Staaten, für Neuerungen sehr aufgeschlossen und auch bereit, in Kreativität zu investieren, wurde das Licht der "elektrischen Fee" als nie dagewesenes Wunder begrüßt. Dreißig Jahre nach der "Geburt" der Glühbirne waren dort über vierzig Millionen in Gebrauch. In anderen Ländern sah das ganz anders aus: Frankreich feierte zwar anläßlich der ersten großen internationalen Pariser Elektrizitäts-Ausstellung im Jahre 1881 die große Errungenschaft, zeigte sich dann aber in Bezug auf die praktische Anwendung äußerst zurückhaltend. Die geäußerte Kritik war nicht unbegründet, denn sie bezog sich auf die hohen Kosten des elektrischen Lichtes und die zu starke Intensität der Lichtquelle.

Anfänglich kostete das elektrische Licht mindestens dreimal so viel wie die herkömmliche Gasbeleuchtung. Um die Kosten zu senken, mußten die Installations-Arbeiten rasch und fachgemäß vorgenommen werden. Diese Initiative mußte, zumindest in Frankreich, in erster Linie von den Lokalpolitikern ergriffen werden. Die praktische Durchführung erfolgte durch private Unternehmen, zum Beispiel der Continental Edison (mit bereits multinationalen Ambitionen). So vollzog sich in einigen Hauptstädten der Welt, aber auch in mehreren französischen Provinzstädten, diese Entwicklung rasch, während Paris nach langwierigen, 1888 begonnenen und bis 1889 andauernden Debatten in Sektoren eingeteilt und jeder dieser Sektoren einer anderen Gesellschaft übergeben wurde. Die Dauer der auf achtzehn Jahre festgesetzten Konzessionen stellte sich jedoch bald wegen der erheblichen Investitionen als zu kurz heraus. Die Folge waren langwierige und unzureichende Installationen des elektrischen Leitungsnetzes. Um den gesamten Vorgang zu beschleunigen, wurde 1914, einige Jahre vor dem Auslaufen der Konzessionen, in Paris die Compagnie Parisienne de Distribution de l'Electricité gegründet. Unmittelbar nach dem Zweiten Weltkrieg wurde sie verstaatlicht.

Die Kritik an der zu großen Helligkeit des elektrischen Lichtes schien allein auf den bisherigen Sehgewohnheiten zu beruhen. Wenn die großen

indeed produced a glaring light, especially when one stared directly at the lamp itself (which is not its truly logical application), this was no longer an issue with the introduction of the Edison lamp which resolved the reputedly insurmountable problem of the "division" of electric light.

By creating small sources of illumination and making it possible to multiply these in the environment of daily living, Edison found the means to compete successfully with gas light which nevertheless for years to come would continue to have followers, some as convinced as the painter Georges Seurat who considered this artificial light so ideally close to that of the sun that he had his studio fitted with a gas illuminated strip similar to that which he would immortalize in his famous *Parade de Cirque* painted in 1887/1888. Even so, the advantages of electric light rapidly proved themselves indisputable. The risks of fire attributable to the source of lighting were henceforth limited to the possibilities of short-circuits which proper installation almost entirely eliminated. The mobility of electrically sourced light – thanks to the installation of multiple electrical outlets and to the flexibility and length of the cords connecting these to light fixtures – offered other important advantages, making possible the multiplication of light sources which moreover could be switched on immediately. Thus were simplified the problems associated with fixed gas installations which obliged the use of portable fixtures – candles, candelabra, oil lamps – which themselves were the causes of numerous fires.

From this vantage, it is interesting to note the extent to which at the end of the nineteenth century the creators of Art Nouveau applied their gifts to the design of table and floor lamps. These perfectly autonomous luminous sculptures had the good fortune to appear at the moment when glass-making techniques were undergoing substantial renovation. Blocks of molded glass, glass of superimposed tinted layers, instrument-engraved or etched with acid, assemblies of stained glass gave these lamps a fascinating presence. Electric lighting led to a new conviviality in the home. It was no longer necessary to organize inhabitants with their furniture and household effects around oil or gas lamps. We must also note that the conjoint birth of electric lighting and Art Nouveau led to the intriguing innovation of glass shells enclosing electric bulbs, reflecting the symbiosis of all elements of the environment which characterized this particularly vital moment in decorative art. With the decline of Art Nouveau around 1910, in favor of the return of a certain historicism, appeared

Bogenlampen zu starkes Licht produzierten (besonders wenn man die Lampe selber anbrachte, was jedoch nicht vorgesehen war), so war dies bei der Edison-Glühbirne nicht mehr der Fall: die Lösung des als unlösbar betrachteten Problems, die "Teilung" des elektrischen Lichtes.

Durch die Schaffung einzelner, kleiner Lichtquellen hatte man nun die Möglichkeit, elektrisches Licht in Räumen des täglichen Lebens zu verteilen; Edisons Erfindung trat den Siegeszug gegen die Gasbeleuchtung an. Das Gaslicht behielt dennoch über Jahre treue Anhänger; so war u.a. der Maler Georges Seurat von ihrem Vorteil absolut überzeugt. Seurat war der Meinung, daß die Gasbeleuchtung ein der Sonne sehr ähnliches Licht schuf; darum stattete er sein Atelier mit einer Gasbeleuchtung aus, die der in seinem berühmten Bild "Parade de cirque" aus dem Jahr 1887/1888 ähnlich war. Die Vorteile der elektrischen Beleuchtung stellten sich schnell als sehr überzeugend heraus. So konnte die auf Kerzen und Petroleumlampen zurückzuführende Feuergefahr, jetzt höchstens noch durch Kurzschlüsse verursacht, bedeutend verringert werden, und eine fachmännische Installation schloß sie gänzlich aus. Die Möglichkeit, Lichtquellen zu bewegen (durch Steckdosen und biegsame Kabel) stellte einen weiteren Vorteil dar. Die Elektro-Installation ermöglichte es ebenfalls, mehrere Lichtquellen einzusetzen und sie durch einen Schalter leicht ein- und auszuschalten. Zur starr installierten Gasbeleuchtung mußten zusätzlich "bewegliche", feuergefährliche Lichtquellen (Kerzen und Petroleumlampen) benutzt werden; dieses Problem war mit dem elektrischen Licht ebenfalls behoben.

Sehr interessant ist, wie die Jugendstil-Künstler Ende des 19. Jahrhunderts ihr Talent beim Entwerfen von Tisch- und Stehlampen einsetzten. Diese vollkommen autonomen Lichtskulpturen entstanden zu einem Zeitpunkt, in dem auch die Glastechnik einen großen Aufschwung erlebte. Gegossene Glasmasse, Glas aus mehreren Schichten unterschiedlicher Färbung sowie das Zusammensetzen farbiger Glaselemente (wie sie z.B. Tiffany herstellte) verliehen den Lampen eine faszinierende Präsenz. Ab dem Moment, wo sich die Menschen nicht mehr um die Petroleum- oder Gaslampe herum gruppieren mußten, kamen auch neue zwischenmenschliche Lebensformen auf, die in erster Linie auf das elektrische Licht zurückzuführen waren. Das gleichzeitige Aufkommen von elektrischem Licht und Jugendstil führte zu der interessanten Kreation der die Glühbirne einhüllenden Glasschale: eine Symbiose mehrerer Einflüsse, die einen besonders interessanten Aspekt des Art décoratif kennzeichnet. Als sich der Jugendstil um 1910 seinem Ende nähert, fällt die Rückkehr zu einem historisierenden Stil auf: Zu jener the large lampshades in silk inspired by the style of Louis XVIII.

In fact, this recognition of old values still dominated the highly eclectic style which became Art Déco after the *Exposition Internationale des Arts Décoratifs Modernes* held at Paris in 1925. But if pleated fabric was still favored in the confection of lampshades signed by Follot or Dominique, or in the wall lamps of Ruhlmann, it is also important to note the strong return of glass and other hard, transluscent materials such as alabaster. Even more significant is the new application of electric light purely as an architectural material. Light sculpts space in isolating ceilings, in effacing the lines of cornices, also in playing with the contrasts between the cast shadow and the luminous halo. It is this that Guillaume Janneau notes in his introduction to the publication of the *Editions d'Art Charles Moreau, Le luminaire et les moyens d'eclairage nouveaux* (Lighting and the new methods of illumination) which documents the exposition of 1925. Janneau associates, through this same event, designers who today appear far apart: Ruhlmann, representative of the most enlightened supporters of the historicist school and its elitist marvels; Francis Jourdain, the advocate of absolute modernity, the partisan of production in series accessible to everyone who was to become by virtue of this the first president of the *Union des Artistes Modernes* (U.A.M.) in 1929; and Pierre Chareau who, though himself a member of the U.A.M., was sensitive to the attractions of the unique object. From this point of view it is particularly interesting to note how, far from distinquishing the schools to which with the hindsight of history we make reference today, it was possible for a contemporary critic to abstract a unifying theme among the profound differences which the exposition of 1925 made evident. Thus Janneau sees among the creators of the twenties only the unanimous desire to exploit the possibilities offered by electric lighting, in order to be, in one way or another, contemporary. Yet we sense unquestionably at the end of his preface the awakening of a real sympathy for the researches of the "rationalists" who were soon to fill the ranks of the U.A.M. We read in a last sentence which communicates the hopes of the author that "one would have to define forms easily produced by machine tools: simple, clear forms, their volumes flawlessly written. This is clearly a work of composition which requires the involvement of sensitive and intelligent artists, and current production believes itself to have by-passed artists."

All the elements of a debate born with the industrial revolution but which asserted themselves powerful-

Zeit wurden große, seidene Lampenschirme im Stil Louis XVIII wieder beliebt.

Die Rückbesinnung auf die alten Werte herrschte immer noch in dem eklektischen Stil vor, der sich nach der Pariser Exposition Internationale im Jahr 1925, auf dem die Arts Décoratifs Modernes präsentiert werden, zum Art-Déco-Stil herausbildete. Wenn auch Follot und Dominique weiterhin plissierte Stoffe für Lampenschirme verwandten und Ruhlmann für Wandleuchten, so ist doch ein Wiederaufgreifen von Glas und anderen festen und durchsichtigen Materialien, z.B. Alabaster, festzustellen. Elektrisches Licht wird künftig als eigenständiges Element in der Innenarchitektur eingesetzt. Es definiert den Raum neu, indem es die Decken isoliert, die Formen der Karniese abschwächt und mit dem Kontrast von Licht und Schatten spielt. Das stellte Guillaume Janneau 1925 in seinem Vorwort der Veröffentlichung "Le luminaire et les moyens d'éclairage nouveaux" fest – von Editions d'Art Charles Moreau herausgegeben und auf der Ausstellung im selben Jahr präsentiert. In der ersten Veröffentlichung präsentiert der Verfasser Künstler, deren Absichten uns heute höchst gegensätzlich erscheinen: beispielsweise Ruhlmann, den Vertreter der "historistischen", also herkömmlichen Tendenz, Francis Jourdain, einen Künstler absoluter Modernität und Fürsprecher einer für alle zugänglichen Serienproduktion; aber auch Pierre Chareau, der immer noch das Einzelobjekt vertrat. Francis Jourdain wurde 1929 zum ersten Präsidenten der UAM (Union des Artistes Modernes) gewählt. In diesem Zusammenhang muß man feststellen, daß weit entfernt von Schulen oder Strömungen, auf die wir heute zurückgreifen, ein Kommentator jener Zeit die enormen Divergenzen, die die Ausstellung von 1925 zutage brachte, ganz einfach ignorierte. So sieht Janneau lediglich bei den Entwerfern der zwanziger Jahre den gemeinsamen Wunsch, die durch die elektrische Beleuchtung gebotenen Möglichkeiten zu nutzen, um sie auf diese oder jene Art zeitgerecht umzusetzen. Dennoch zeichnet sich am Schluß seines Vorwortes eine eindeutige Sympathie für das Vorgehen der "Rationalisten" ab, die bald alle Mitglieder der UAM sein werden. Abschließend folgt ein Satz, der die Hoffnungen des Verfassers zum Ausdruck bringt: "Es müßten Formen geschaffen werden, die mit Hilfe von Maschinen und Werkzeugen leicht hergestellt werden können: schlichte, klare Formen und Volumen – eine große Aufgabe... kein kleines Programm für einen sensiblen, intelligenten Künstler."

Alle Voraussetzungen für eine in der industriellen Revolution aufkeimende Debatte waren vorhanden. Allerdings wurde ly in the thirties are there: the belief in the virtues of mechanized production, the need for an authentic creation adapted to this kind of production, the suspicion of industrialists towards "artists" solicitable for this kind of creative advance. In support of this position, which was far from a reflection of the general spirit of the exposition, – one only has to look at the remarkable series of objects reproduced in the book to be aware of this – Janneau offers several particularly convincing examples. Thus he takes interest in the highly rationalist spirit of the plan for a French embassy which was presented at the French pavillion. From this he cites the chandelier conceived by Robert Mallet-Stevens for the hall. Offering an example of experimentation at the most sophisticated level with the possibilities of indirect lighting, Janneau comments generously on Pierre Chareau's amazing installation for the ambassador's study: "Lighting provided by a projecting lamp whose dome is supported by the cornice which reflects and diffuses the light. The gradual opening of the leaves of the filter adjusts the intensity of the lighting." In concealing the light source, the harsh impact of direct light is eliminated, but above all, magically, through the use of the white ceiling as a reflecting surface, the entire space is immersed in a bath of softened light. This refinement of the reflection of light on opaque screens was to be the object of numerous experiments calling into play the total design environment of the interior. The Danish designer Paul Henningsen considerably advanced the work on reflection in its application to the autonomous lighting fixture. His "pine cones" with reflecting scales (PH Kogle) were to be well known at the end of the fifties. Yet it was in the Danish exhibit at the exposition of Art Deco that he presented one of his first creations. Henningsen's intriguing techical innovation could have been totally lost in the general context of the show but it did not escape Janneau's observant eye. Capable of seeing into the future, he selected it for the book.

It is, in fact, entirely this rationalist current – in truth functionalist and in any case purist – that spilled into the dawn of the thirties and constitutes in some ways the very basis of the selection which Janneau presents in the second series of *Le luminaire et les moyens d'eclairage nouveaux*. To be sure, one still finds a few flowers or some foliage in ironwork or pressed glass. Janneau remarks, "Rare are the craftsmen who remain faithful to formulate which call for beautiful details. Ironworkers alone have retained a remarkable independence with regard to the new codes." But, within a few years, Edgar Brandt had

diese tatsächlich erst in den dreißiger Jahren geführt: der Glaube an die Vorteile der maschinellen Produktion, die Anforderung echter, dieser Produktionsart angepaßter Entwürfe und der Argwohn der Industriellen im Hinblick auf die "Künstler", die zu dieser kreativen Arbeit herangezogen werden müßten. Um eine solche Haltung zu unterstützen, die weit vom vorherrschenden Geist der Ausstellung entfernt ist – man braucht sich nur die zahlreichen bemerkenswerten, handwerklich hergestellten Gegenstände anzuschauen –, hebt Janneau einige sehr überzeugende Arbeiten hervor. So interessiert er sich für den besonders rational gestalteten französischen Pavillon: Es ist der Entwurf für den Bau einer Botschaft. Was ihm hier besonders auffällt ist der Lüster, den Robert Mallet-Stevens für die Halle konzipiert hat, vor allem aber die erstaunliche Beleuchtungs-Installation von Pierre Chareau für das Arbeitszimmer des Botschafters, die er ausführlich beschreibt: "Die Beleuchtung geht von der Projektorlampe aus, die das Licht durch die Deckenreflektion über den ganzen Raum verteilt. Die langsame Zunahme der Bögen reduziert nach Belieben die Intensität der Beleuchtung". In der Tat stellt dies ein Experiment auf höchster Ebene dar, mit den von der indirekten Beleuchtung gebotenen Möglichkeiten. Indem die Lichtquelle verborgen wird, verhindert man nachteilige Auswirkungen; durch das Einbeziehen der weißen Decke als Reflektor wird der gesamte Raum auf mysteriöse Art in weiches Licht getaucht. Die Überlegungen hinsichtlich der Rückstrahlung des Lichtes bei opaken Schirmen wird zum Gegenstand zahlreicher Experimente, wobei die Wirkung auf die gesamte Innenausstattung des Raumes Berücksichtigung findet. Bei den Beleuchtungsobjekten des Dänen Paul Henningsen wird mit dem Einsatz der Rückstrahlung ein besonders bemerkenswerter Effekt erreicht; seine "Kieferzapfen" mit reflektierenden Flügeln (PH Kogle) finden Ende der fünfziger Jahre große Beachtung. In der dänischen Abteilung der Art-Déco-Ausstellung 1925 hatte er bereits eine seiner ersten Arbeiten vorgestellt. Dieser in technischer Hinsicht interessante Ansatz hätte in dem allgemeinen Kontext der Ausstellung durchaus untergehen können – Janneau wurde darauf aufmerksam. Dieser durchaus fähige und allem Neuen gegenüber aufgeschlossene Beobachter nahm Henningsens Werke in seine Auswahl mit auf.

Schließlich ist es die rationalistische und funktionale, aber in jedem Fall puristische Richtung, die kurz vor Ende der zwanziger Jahre den Sieg davonträgt; sie stellt die eigentliche Basis der Selektion dar, die Janneau für Le luminaire et les moyens d'éclairages nouveaux, also die zweite Serie von 1930, präsentiert. Gewiß, bei Metall und Glas findet man noch etwas Blumen- oder Blätterdekor vor, und Janneau konstatiert: "Es gibt nur noch wenige, die dem 'schönen' Detail treu geblieben sind. Allein die Kunstschmiede demonstrieren der neuen Moderichtung gegenüber eine bemerkenswerte Unabhängigkeit." Innerhalb weniger Jahre mäßigte sich der Stil Edgar become considerably wiser and, if the master glassmakers, forgetting the exhuberance of the neo-roccoco of Sue or of Mare, again adopted natural patterns of animals or vegetation, they henceforth offered, with Lalique, a highly stylized expression of this in work which evoked the style of the Vienna Secession, most precisely the work of Gustav Klimt.

Geometric order most often dominated, imposing its laws on the metallic and glass structures in which lamps were housed. "Beauty is correctly found in the purety of a line, in the exactness of a proportion, in the perfection of an arrangement, in that exacting execution which attests serious preliminary study." In Janneau's prefaces to the second and third series of *Luminaire* there is a striking acuity of language. One has the impression of reading some founding text of Deutscher Werkbund or of Bauhaus in a statement such as the following: "It is not at all through willfulness or through a compulsive taste for change that artists, engineers, and industrial designers have investigated new designs. A stronger reason compelled them to do so. They seek a good formulation and work out the perfect fixture, one which is logical, efficient, and beautiful." We might be surprised at Janneau's complete ignorance of the great movements in design which had developed since the turn of the century in a country as close to his own as Germany.

We also should not forget that the complete contempt displayed in France for the defeated nation in the wake of the First World War led to the remarkable absence of Germany at the *Exposition des Arts Décoratifs* in 1925. This lapse was dazzlingly revenged when in 1930 Walter Gropius was called upon with three other pillars of Bauhaus – Marcel Breuer, Herbert Bayer, and Lazlo Moholy-Nagy (creator of the "Modulating Light Space") – to present magisterially the Deutscher Werkbund at the *Salon des Artistes Décorateurs*. Consequently, the selections of *Luminaire* cite neither the studies of Moholy-Nagy nor the creations of Wilhelm Wagenfeld, Marianne Brandt, or of Carl J. Jucker which would have provided an interesting background to the very original work of Desny.

Also completely absent from the exposition of 1925, and for reasons which could have nothing to do with politics, the Dutch group "de Stijl" likewise receives no mention from Janneau. When he presents, with the chandeliers (1930) of the Adnet brothers, "fixtures comprised of luminous tubes which trace angles in space," he notes "the influence of ultramodern electric signs" but again seems completely

Brandts auf erstaunliche Weise. Auch wenn die Glasentwerfer die Üppigkeit des Neorokoko von Sue und Mare ablegen, so verwenden sie weiterhin Pflanzen- und Tierornamente, bieten aber künftig mit Kreationen von Lalique eine höchst stilisierte Version an. Diese erinnert an die Wiener Sezession, hier insbesondere an das Werk Gustav Klimts.

Meist herrscht nun ein geometrischer Stil vor, der den Metallstrukturen und Glaselementen der Lampen die Form gibt. "Zu Recht zeigt man die Schönheit in der Reinheit der Form, in der richtigen Proportion, in einer perfekten Anordnung, in einer präzisen Ausarbeitung, was eine ausgiebige Vorarbeit beweist." Beim Lesen der Vorworte Janneaus, in der zweiten und dritten Serie von Le Luminaire, überrascht die Relevanz seiner Äußerungen. Bei folgender Aussage hat man den Eindruck, den Gründungstext vom Deutschen Werkbund oder Bauhaus zu lesen: "Nicht durch systematisches Vorgehen oder aufgrund einer unwiderstehlichen Vorliebe für Veränderungen haben Künstler, Ingenieure und Industrielle nach neuen Modellen gesucht. Ein innerer Antrieb befahl ihnen, die richtige Formel ausfindig zu machen und eine perfekte Form zu erarbeiten – rationell, effizient und zudem ansehnlich." In diesem Zusammenhang kann man sich über die fast vollkommene Ignoranz des Verfassers hinsichtlich der großen Bewegungen, die es seit Beginn des Jahrhunderts in einem so nahen Land wie Deutschland gab, nur wundern.

Wir dürfen nicht vergessen, daß die große, von Frankreich zur Schau gestellte Verachtung gegenüber dem 1918 besiegten Deutschland zur Folge hatte, daß dieses Land auf der Arts décoratifs-Ausstellung im Jahre 1925 nicht vertreten war. 1930 wurde Walter Gropius jedoch aufgefordert, mit drei anderen Bauhaus-Vertretern, Marcel Breuer, Herbert Bayer und Lazlo Moholy-Nagy (Autor des "Modulateur Espace Lumière"), den Deutschen Werkbund auf dem Salon Artistes Décorateurs in Paris zu präsentieren – und dies tat er meisterhaft. Die Luminaire-Ausgabe von 1930/31 erwähnt jedoch weder die Recherchen Moholy-Nagys, noch die Arbeiten von Wilhelm Wagenfeld, Marianne Brandt oder Carl J. Jucker, deren bemerkenswert frühe Arbeiten in Bezug zu Desnys Entwürfe hätten erwähnt werden müssen.

Wie bei der Ausstellung von 1925 stellt man eine weitere bemerkenswerte Auslassung fest – und hier spielten politische Gründe wohl keine Rolle: Die holländische de Stijl-Gruppe wurde von Janneau nicht einmal erwähnt. Beim Vorstellen der Lüster der Brüder Adnet im Jahr 1930 spricht der Autor im selben Atemzug von "Vorrichtungen, bestehend aus Leuchtröhren, die Winkel in den Raum zeichnen" und hebt "den Einfluß der sehr modernen Leuchtschilder" unaware of the suspended fixture created by Gerrit Rietveld in 1920 for the office of Dr. Hartog at Maarssen, the principle of which was adopted by Walter Bauhaus in 1929 for his director's office at Bauhaus in Weimer.

Nevertheless, we cannot too harshly reproach Janneau for having failed to cite fundamental studies which, as the specialized magazines of the period testify, were at the time practically unknown to all French architects, designers, historians, and critics. On the other hand, we cannot too highly praise him for the precision of his judgement when it is a matter of discerning the essence of fundamental advances directed at improving the condition of modern man; and we must recognize, from this point of view, the relevance of the examples offered when they concern the works of the Adnet brothers, Pierre Chareau, Desny, Djo Bourgeois, Georges Guévrékian, René Herbst, Boris Lacroix, Jean Perzel, Jean Prouvé, Louis Sognot, André Salomon (one of the first lighting engineers), and also those of Wolfgang Tümpel or Adolf Behne. This attitude (the taste for order, the rational, the utilitarian) could elsewhere pass as entirely reasonable – taking account of the historic importance, across the divide of the Modern Movement, that the rationalist bias of the thirties assumes today – if we did not know that the period, with its political violence and the rise of fascism, was finally to swing to a return to "order." With this reemerged the great style patterns of the past which did not fail to have impact on the large family of light fixtures. This is confirmed in browsing through the bulletin of *Luminaire Moderne (Modern Lighting)* devoted to the *Exposition Internationale* of 1937. We note the return in force of floor lamps and lampshades in supple materials, notably pleated fabrics. With the exceptions of Jacques Adnet and Jean Perzel, converted to the new trend, and of André Salomon who in the purest spirit of the U.A.M. created a book display case, a lens-focused light diffuser, and, above all, in collaboration with F. P. Jourdain and Louis, a remarkable illuminating table (reproduced, as if by chance, on the reverse) all the names that we have cited had disappeared. All, like that of Guillaume Janneau, whose responsibility for the book was passed to Gabriel Henriot, and to Jacques Gréber and Paul Léon, respectively chief architect and adjoint secretary general of the exposition. Hendy Delisle, Edmond Etling, P. Fargette, P. Genet and L. Michon, Charles Milde and company, and Raymond Subes, were the spokesmen of the new trend and Paul Léon could write, "Confident in the use of straight lines, our designers have less feared the flexible grace of curves. Confident of avoiding parody, they have made room for the traditional. The more

hervor. Janneau scheint jedoch keinerlei Kenntnis zu haben von der von Gerrit Rietveld 1920 für das Büro von Dr. Hartog in Maarssen entworfenen Hängelampe – einer Realisierung, deren Prinzip Walter Gropius 1929 für sein Direktionsbüro im Weimarer Bauhaus übernahm.

Man kommt nicht umhin, Janneau den Vorwurf zu machen, die fundamentalen Errungenschaften seiner Zeit ignoriert zu haben, die praktisch allen französischen Architekten, Entwerfern, Historikern und Kritikern der damaligen Zeit unbekannt waren; davon zeugen auch die Fachzeitschriften aus jener Zeit. Andererseits muß man ihn für das richtige Gespür loben, das er bei der Beurteilung von all dem hatte, was zum erhöhten Wohlbefinden des modernen Menschen beitrug. Hier ist anzuerkennen, daß er mit Nachdruck die Arbeiten der Brüder Adnet sowie jene von Pierre Chareau, Desny, Djo Bourgeois, Georges Guévrékian, René Herbst, Boris Lacroix, Jean Perzel, Jean Prouvé, Louis Sognot, André Salomon (einem der wichtigsten Beleuchtungs-Ingenieure) hervorhob, aber auch die Licht-Objekte von Wolfgang Tümpel oder Adolf Behne. Unter Berücksichtigung der historischen Bedeutung der rationalistischen Tendenzen der dreißiger Jahre könnte diese Einstellung im übrigen als höchst vernünftig angesehen werden, wüßten wir nicht, daß sich in dieser Zeit – mit dem Beginn des Faschismus – politische Rigidität abzuzeichnen beginnt, was schlußfolgernd die Rückkehr zur Ordnung bedeutete. Mit ihr kehren auch die großen stilistischen Vorbilder der Vergangenheit zurück, die auch den großen Bereich der Licht-Objekte nicht verschonen wird. Das fällt besonders auf, wenn man sich die 4. Serie der Veröffentlichung Luminaire Moderne ansieht, die sich der Internationalen Ausstellung des Jahres 1937 widmet. Hier stellt man die massive Rückkehr von Stehlampen und Lampenschirmen fest, bei denen weiches Material, ja plissierte Stoffe verwendet wurden. Mit Ausnahme von Jacques Adnet, Jean Perzel (bekehrt zur neuen Richtung) und André Salomon – der in reiner UAM-Manier eine Bücherauslage präsentiert, einen Linsen-Diffusor und, in Zusammenarbeit mit F. P. Jourdain und Louis, einen Leuchttisch (falsch herum abgebildet) – verschwinden alle zuvor zitierten Namen; auch der von Guillaume Janneau. Es folgen Gabriel Henriot, verantwortlich für die 4. Serie, Jacques Gréber und Paul Léon, verantwortlicher Architekt und stellvertretender Generalkommissar der Ausstellung. Hendy Delisle, Edmond Etling, P. Fargette, P. Genet, L. Michon, Charles Milde und Raymond Subes sind Vertreter der neuen Tendenz, und Paul Léon schreibt: "Überzeugt, sich auf der richtigen Linie zu befinden, fürchten unsere Entwerfer nun weniger die flexible Anmut der Biegungen. Überzeugt, Nachahmungen zu vermeiden, machen sie der Tradition extreme the rigor, the more design is animated with reliefs, and color brings life to the arid white of surfaces." One could easily read these words as those of a censorious interpreter of the "new design" of the eighties, or of the functionalism of the sixties, for history is so made that the interplay of contrary trends repeats itself untiringly.

So it was after the Second World War that historicism, so dear to the return to order that appeared in the thirties in democracies as well as in countries under dictatorship, gave way to the exuberance of free form. This trend, so characteristic of the fifties, led to remarkably interesting experiments in the field of lighting where distinction was won by such French designers as Boris Lacroix, Pierre Guariche, Serge Mouille, Jean Royère, and by such Italian designers as Vittoriano Vigan, Carlo Mollino, Lucio Fontana, and, even then, Ettore Sottsass.

This period was followed by the functionalism characteristic of the sixties with a rigorous style foreshadowed in the preceding period by such great designers as Gino Sarfatti. With the sixties an interest in the use of synthetic materials asserted itself in the field of lighting design. As examples of this new interest we can note the appearance of some of the most remarkable creations of great Italian design: the hanging lamp "cocoon" supported by a metal structure, *Viscontea,* by the Castiglioni brothers (1960); the lamp in polymethacrylate of transparent methyl, Acrilica, by Joe Colombo (1966): the lamp in ABS, *Telegono,* by Vico Magitretti (1968) etc.

In 1968 came the time of protest, leading, in the field of design, to a rethinking of functionalism. The seventies were hesitant. In the field of lighting design they opened with the creation of such masterpieces of functionalism as the *Tizio* lamp by Richard Sapper which marked 1970 as a significant date with its introduction of the low tension halogen bulb.

This innovative light source had already been known at the end of the thirties with the revolutionary introduction of flourescent lighting, but this, first used in the lighting of offices, stores, and other public places, did not make a real appearance in private apartments until the fifties with sometimes such remarkable interpretations as those of Gino Sarfatti's floor lamp (1954) or Serge Mouilles' *Grand Signal* (1959).

The influence of American "Pop Art", and of the popular arts that it promoted, stimulated possibilities

Platz. Keine übertriebene Strenge: die Entwürfe erhalten Reliefs, Farbe belebt das kalte Weiß der Flächen." Fast könnte man meinen, den Text eines Exegeten des "neuen Design" der achtziger Jahre zu lesen, der den Funktionalismus der sechziger Jahre abkanzelt. Die Geschichte ist nun einmal so, daß sich das Spiel der Gegenströmungen unaufhörlich wiederholt.

So kommt es, daß nach dem Zweiten Weltkrieg die Rückkehr zur Ordnung, die sich zehn Jahre lang in autokratischen wie demokratischen Ländern manifestiert hatte, nun dem Überschwang der freien Form den Vortritt läßt. Sie prägt stark die fünfziger Jahre und führt im Bereich der Licht-Objekte zu bemerkenswerten Beispielen, bei denen sich französische Designer wie Boris Lacroix, Pierre Guariche, Serge Mouille, Jean Royère oder die Italiener Vittoriano Vigan, Carlo Mollino, Lucio Fontana und Ettore Sottsass besonders hervortun.

Dann folgen die sechziger Jahre, mit dem für sie kennzeichnenden Funktionalismus und einer Strenge, die sich bereits zuvor durch bedeutende Künstler wie Gino Sarfatti abzuzeichnen begannen. Nun setzt sich bei Beleuchtungskörpern der Einsatz von verschiedenartigem Material durch, und man kann einige der bemerkenswertesten Arbeiten des großen italienischen Designs bewundern, das sich langsam durchzusetzen beginnt. An dieser Stelle soll die Lampe "Viscontea" der Brüder Castiglioni (1960) erwähnt werden: gespannte Seide mit Metallstruktur; weiter die Polymethacrylat-Lampe "Acrilica" aus transparentem Methyl von Joe Colombo (1966), die ABS-Lampe "Telegono" von Vico Magistretti (1968) – um nur einige zu nennen.

Mit dem Jahr 1968 beginnt die Zeit des Infragestellens: Im Design-Bereich betrifft es die Doktrin des Funktionalismus. Die siebziger Jahre sind formal unschlüssig. Sie beginnen mit dem Aufkommen einiger funktioneller Meisterwerke, so 1970 die markante Lampe namens "Tizio" von Richard Sapper; im selben Jahr wird die Halogen-Lampe "geboren".

Bereits Ende der dreißiger Jahre hatte der Bereich der Beleuchtung starke Veränderungen erlebt und war gekennzeichnet durch den Einsatz von Leuchtstoffröhren. Diese wurden zunächst in Büros, Läden und öffentlichen Gebäuden eingesetzt. Eine Benutzung in Privat-Wohnungen setzte sich erst in den fünfziger Jahren durch, mit zuweilen bemerkenswerten Modellen: eine Standleuchte von Gino Sarfatti aus dem Jahr 1954 oder 1959 das "Grand Signal" von Serge Mouilles.

Der Einfluß der amerikanischen Pop-art und die von ihr inspirierte Straßenkunst trägt dazu bei, fluoreszierendes

for important formal innovation in combinations of (cold) flourescent light and polmethacrylates of colored methyl, thermoplastic or not. Above all, one notes the creations of Ettore Sottsass: the floor lamps *Astéroïde* (1968), *Cometa* (1970), the illuminating mirror *Ultrafragola* (1970); and otherwise those of the Superstudio group: the lamps *Passiflora* (1968), and *Onda* (1968), at the origins of the "new design" which matured in the eighties. Rather than exploring the numerous trends of the "new design", we will simply call to mind the pivotal role of two Italian groups which have provided important creations in the field of lighting: Alchimia, dominated by Alessandro Mendini, and Memphis, built around the strong personality of Ettore Sottsass.

The *Editions d'Art Charles Moreau* issued the four publications devoted to lighting design between the key dates of 1925 and 1937. Their interest today derives to a considerable extent from the demonstrable indebtedness of the researches of the past few decades to those particularly fertile years. The small lamp of Desny, for instance, where the bulb is enclosed in an orientable sphere mounted on a conic base, does not fail to call to mind the lamp *Eclisse* by Vico Magistretti. The chandelier in plates of frosted glass suspended from rings by Edouard Schenck might make us think of the suspended lamp *Teli* by the Castiglioni brothers. The circular illuminating table by Perzel, so curiously typical of the sixties, suddenly evokes the lamp *Nesso* by the group Architetti, Urbanisti, Città Nuova. The tubular lamps of Adnet, designed to emphasize the light source itself, refers us at the same time to the floor lamp *Toio* of the Castiglioni brothers, to Philip Starck's *Easylight*, and to the *Yayaho* system by Ingo Maurer. Without speaking of the historicism which certain "postmodern" trends have reinvigorated in the past decade.

Raymond GUIDOT
Advising Engineer/Designer to the *Centre de Création Industrielle.*
Ilnstructor at the *École Nationale supérieure de Création Industrielle.*

(kaltes) Licht mit (meist warmem) Polymethakrylat-Licht aus koloriertem Methyl zu kombinieren. Hier sollen besonders die Arbeiten von Ettore Sottsass erwähnt werden: die Lampen "Astéroïde" (1968), "Cometa" (1970) sowie der Leuchtspiegel "Ultrafragola" (1970). Oder die Lampen der Gruppe Superstudio: "Passiflora" (1968) und "Onda" (1968), entworfen zu Beginn des "nouveau design", das in den achtziger Jahren zur vollen Entfaltung kam. Um die zahlreichen Tendenzen nicht alle einzeln aufzuführen, soll die Führungsrolle von zwei italienischen Gruppen aufgezeigt werden, die im Beleuchtungs-Bereich Bedeutendes schufen: Alchimia, mit Alessandro Mendini als Hauptverteter, sowie die Gruppe Memphis, die dank der starken Persönlichkeit Ettore Sottsass' ihre Wichtigkeit erhält.

Die Neuauflage der vier Mappenwerke Le Luminaire/Licht-Objekte – erschienen zu den Schlüsseldaten 1925, 1930 und 1937 bei Editions d'Art Charles Moreau in Paris – verdeutlicht, daß die gesamte Branche den außergewöhnlich ergiebigen Jahren 1925 bis 1937 viel zu verdanken hat. So erinnert die kleine Desny-Lampe (deren Glühbirne, in einer drehbaren Kugel liegend, sich auf der Spitze eines konischen Untersatzes zu befinden scheint) stark an Vico Magistrettis "Eclisse"-Lampe. Der Lüster von Edouard Schenck, mit an Ringen aufgehängten Milchglasscheiben, hat Ähnlichkeit mit der "Teli"-Lampe der Brüder Castiglioni. Der runde Leuchttisch von Perzel ruft uns die "Nesso"-Lampe der Gruppe Architetti, Urbanisti und Città Nuova ins Gedächtnis. Die Röhrenlampen von Adnet, die lediglich die Lichtquelle hervorheben wollen, zeigen Parallelen zur "Toio"-Lampe der Brüder Castiglioni, zur "Easylight"-Lampe von Philippe Starck und zum "Yayaho"-System von Ingo Maurer auf. Ganz zu schweigen vom Historismus, dem sich einige postmoderne Tendenzen seit Jahren verschrieben haben, um ihm neue Kraft zu verleihen.

Raymond GUIDOT
Ingenieur, Designer und Berater des "Centre de Création Industrielle".
Lehrt ferner an der "École Nationale Supérieure de Création Industrielle".

EXPOSITION INTERNATIONALE DES ARTS DECORATIFS MODERNES PARIS 1925

•

GUILLAUME JANNEAU

LE LUMINAIRE

ET LES MOYENS D'ECLAIRAGES NOUVEAUX

EDITIONS D'ART CH. MOREAU
8 RUE DE PRAGUE 8

PARIS
XIIe

•

EXPOSITION INTERNATIONALE DES ARTS DECORATIFS MODERNES PARIS 1925

•

GUILLAUME JANNEAU

LE LUMINAIRE

ET LES MOYENS D'ECLAIRAGES NOUVEAUX

EDITIONS D'ART CH. MOREAU
8 RUE DE PRAGUE 8

PARIS
XIIe

•

L'ÉCLAIRAGE ET LE LUMINAIRE

De tout l'art décoratif moderne, le luminaire est l'un des domaines les plus fertiles en trouvailles heureuses et l'un des mieux exploités ; car il s'agit, en matière d'éclairage, de satisfaire à des obligations positives. Si, par une singulière complaisance, on tolère qu'une petite table rognon, jolie de silhouette, soit incommode, on ne saurait admettre qu'un appareil d'éclairage remplît mal son office. Mais les artistes, les industriels et les clients, enfin, comprennent également qu'aujourd'hui l'art possède, en cette source lumineuse à la fois intense et docile qu'est l'électricité, un *moyen* incomparable. Si l'on s'est contenté, de longues années durant, de substituer aux vraies, de fausses bougies dont la flamme est simulée par une ampoule, le luminaire a fini par se donner une existence indépendante. On n'a pas seulement renouvelé les décors et les formes ; on a cherché des solutions techniques inédites à l'un des problèmes fondamentaux de tout programme d'architecture intérieure moderne. Il ne s'agit plus de poser une lampe sur la table, mais de créer dans la pièce, par l'ingénieuse disposition des foyers lumineux, une atmosphère plus intime, plus spéciale et plus raffinée. Nombreux sont les moyens qu'y appliquent les décorateurs ; l'exposition de 1925 en a même révélé l'infinie variété.

Il semble que deux tendances principales s'y soient manifestées : celle des décorateurs et celle des artisans. La première s'attachait à créer de la lumière sans en localiser la source. C'est ainsi que, sur la corniche dont il accuse la saillie, l'architecte installe une rampe électrique dont le plafond, servant de réflecteur, renvoie la lumière adoucie. Parfois le faisceau lumineux émane d'un seul foyer ; mais un écran opaque masque ce foyer ; témoin la dalle suspendue de M. Chevalier, le projecteur de M. Pierre Chareau. C'est le principe des coupes d'albâtre. Dans ces combinaisons diverses, le plafond restitue, en la diffusant, la lumière qu'il reçoit. Afin d'en assouvir encore le rayonnement, certains décorateurs — M. Paul Follot, Mme Lucie Renaudot, M. Fréchet, ont même soin de patiner d'or et d'argent la surface irradiante.

Avec une hardiesse de vues remarquable, M. Maurice Dufrène a traité le problème d'une manière toute nouvelle. Il joue de la lumière comme d'une couleur ou, plus justement, comme d'une valeur. Ainsi, composant une chambre à coucher féminine, voluptueuse harmonie de notes blanches, il en borde de lumière, comme d'un cadre, le vaste miroir et le plafond. Non moins original, et par le goût et par la conception, le fumoir qu'a réalisé M. Jean Dunand pour une "Ambassade française", atteste avec autorité cette préoccupation de l'*atmosphère*. La lumière y règne doucement, sans qu'y paraisse aucun des foyers d'émission, logés entre les poutrelles d'un caissonnage revêtu d'argent. Certains rationnalistes rigoureux contesteront la légitimité d'un effet qui cache ses moyens. C'est trop de scrupule : l'esprit moderne est plus souple ; il perçoit d'ailleurs le charme nouveau de la féerie scientifique. De même qu'il est sensible à l'abstraite beauté de la T.S.F. et des phénomènes électriques, il goûte le merveilleux d'une illumination créée sans matérialité.

Mais ce n'est là qu'un aspect du problème ; il en est un autre, qu'il convient d'indiquer. L'installation lumineuse, organisme essentiel de la demeure, doit être d'un entretien commode ; il faut qu'on en puisse changer facilement, sans faire appel aux électriciens, les ampoules brûlées. D'ingénieux décorateurs ont résolu ce point dans un esprit nettement pratique. Ils encadrent la pièce, au niveau de la corniche, d'une rampe lumineuse dont ils tempèrent l'éclat en l'enfermant dans d'épaisses coquilles de verre pressé, facilement démontables, qui fournissent par elles-mêmes un heureux élément décoratif à la composition de l'ensemble. Nombreux sont, aujourd'hui, les architectes et les décorateurs qui développent ce système, dont M.M. Genet et Michon sont les initiateurs.

Si tant d'intéressantes recherches ont été poursuivies dans ce domaine de l'éclairage organique, non moins active est l'évolution des appareils mobiles. On ne parle pas ici de leur décor, naturellement il suit la mode ; aux cannelures Louis XV, il substitue nos imbrications, nos chutes de feuilles, nos reines marguerites vues en plan, voire quelques géometries à interpénétration. C'est là, l'accessoire. Ce qui compte, c'est la forme. Or, les formes des appareils d'éclairage se renouvellent en effet. On constate, notamment, la disparition quasi totale des lampadaires à vastes abat-jour de soie qui firent irruption vers 1910 ; ils font place à des appareils réalisés en matière dure. Le génie moderne, un peu janséniste dans ses goûts, dédaigne le colifichet. Dans un ensemble de M. Ruhlmann, de M. Pierre Chareau, de M. Francis Jourdain, les fanfreluches décoratives n'ont pas accès. La lampe de bureau, les appliques murales qu'imagine le premier sont des réflecteurs qui dirigent la lumière en nappe sur les surfaces à éclairer. Mais ils sont fait d'albâtre, leurs proportions sont belles et leur matière précieuse. Ce sont des œuvres d'art en même temps que des instruments logiquement construits, dont aucun décor superfétatoire n'altère la figure.

Est-ce un appareil, est-ce une installation que cette sorte de grille, faite d'une série de tubes emplis d'un liquide coloré, par quoi M. Ducret tamise la lumière de la lampe logée dans le plafond du bureau composé par Mme Klotz ? L'idée, curieuse, rappelle une œuvre de M. Pierre Legrain qui, réalisant au Salon des Décorateurs, en 1923, un cabinet de travail, modéra l'intensité d'une applique murale par une grille verticale faite d'éprouvettes d'inégale hauteur, contenant, à différents niveaux, des liquides autrement teintés. Mais ce sont là des fantaisies d'exposition dont le developpement industriel n'est guère à prévoir. Par contre, à la fois élégants, rationnels et peu coûteux — relativement aux ferronneries de forge — les lustres de verre semblent appelés à de francs succès. Ils ne remplaceront, sans doute, ni les appareils qui sont en même temps des œuvres d'art originales d'un Szabo, d'un Desvallières, d'un Brandt, d'un Subes, ni ceux qu'édite l'industrie d'après de bons modèles d'un Dominique ou d'un Dumaine. Mais ils paraissent destinés à remplacer les appareils de fabrication vulgaire, extrêmement coûteux — aussi laids que coûteux.

La fabrication courante n'aurait qu'un moyen de conjurer cette menace. Ce serait d'élaborer des modèles de "série" qui ne fussent pas la contrefaçon du travail à la main. C'est toute une étude à faire. Il lui faudrait établir des formes facilement réalisables par l'outillage mécanique : des formes simples et claires, et des volumes nettements écrits, tout un travail de composition ; mais c'est là le programme d'un artiste sensible et intelligent, et la fabrication courante croit pouvoir se passer des artistes.

Guillaume Janneau

In all the arts of modern design, lighting is among the richest and best exploited areas of rewarding discovery, for in this field it is a matter of satisfying real needs. If through an odd complacency we might tolerate a small, kidney-shaped table, pretty in its form but awkward, we would have real difficulty accepting a lighting fixture ill-suited to its purpose. Artists, manufacturers, and their clients all recognize that electricity, a source of illumination that is both intense and adaptable, offers contemporary design a matchless medium. If for many years we have been content to substitute for real candles artificial ones whose flames are simulated by bulbs, lighting has now reached a maturity independent of these old forms. Not only have the forms and decor of lighting been renewed but unprecedented technical solutions have been sought to one of the fundamental problems of any program of modern interior architecture. It is no longer a matter of placing a lamp on the table but of creating in the room, through the ingenious disposition of light sources, a more intimate, special, and more refined atmosphere. Decorators have employed numerous means to achieve these affects. The Exposition of 1925 revealed their infinite variety.

Two principal trends were apparent there, one represented by interior designers, the other by craftsmen. The former applied themselves to creating hidden sources of light. Thus the architect projects the ledge of a cornice within which he installs a floodlight which the ceiling, acting as a reflector, transmits as softened light. At times the beams of light emanate from a single source but this source is masked by an opaque screen. Look for example at Chevalier's suspended plate or at Pierre Chareau's projector which illustrate the principle of dividing and blending light. In these variations the ceiling receives light and reconstitutes it in diffusing it. To enhance the softening effect of this diffussion, certain decorators – Paul Follot, Lucie Renaudot, Fréchet - have even taken pains to gild and silver the reflecting surface.

Maurice Dufrène has shown remarkably bold vision in addressing the problem in an entirely new manner. He plays with light like color, or, more exactly, as a value. Thus in designing a feminine bedroom in a voluptuous harmony of white accents, he uses light as a frame to border the vast mirror and the ceiling. No less ingenious, nor any less original in its taste and conception, is the smoking room created by M. Jean Durand for a "French Embassy," a prime example of this preoccupation with *atmosphere*. Here light rules gently, its source concealed within the cross-beams of a silvered ceiling. There are some rigid rationalists who will dispute the legitimacy of an effect which hides its means. But this is too scrupulous. The modern spirit is more flexible. Besides, it perceives the new charm of the enchantment of science. Just as it is sensitive to the abstract beauty of the T.S.F. and of electrical phenomena, it tastes the magic of illumination created without materiality.

But this touches only one aspect of the problem. There is another which it is fitting to point out. The illuminating fixtures, the essential organism of the home, must be easily maintained, light bulbs changed, etc., without

In der gesamten modernen dekorativen Kunst sind Licht-Objekte zu einem der ergiebigsten und am besten genutzen Anwendungs- und Gestaltungsgebiete geworden, denn es gilt im Bereich der Beleuchtungskörper, einer großen formalen und technischen Aufgabe gerecht zu werden. Wenn man bereitwillig zugibt, daß ein kleiner, hübsch geformter Nierentisch eher unpraktisch erscheint, würde man sich mit einer Beleuchtung, die ihre Aufgabe unzureichend erfüllt, nicht zufrieden geben. Künstler, Hersteller und letztlich auch die Kunden sind sich darin einig, daß unser heutiger Umgang mit der praktischen und variabel einsetzbaren Elektrizität als Lichtquelle eine unschätzbare Bereicherung darstellt. Nachdem man sich jahrelang damit begnügte, echte Kerzen durch unechte zu ersetzen und versuchte, deren Flamme durch Glühbirnen zu simulieren, hat sich der Beleuchtungskörper als eigenständig existent etabliert. Dekor und Formen wurden nicht nur verändert, sondern man war ständig auf der Suche nach neuen technischen Lösungen, um die Licht-Objekte in die moderne Innenarchitektur einzubeziehen. Es geht nicht mehr darum, eine Lampe auf den Tisch zu stellen, sondern man ist bestrebt, durch geschicktes Anbringen der Leuchtkörper eine intime oder besonders raffinierte Raum-Atmosphäre zu schaffen. Hierzu verfügen die Entwerfer über viele Ideen und zahlreiche Möglichkeiten, was die Ausstellung des Jahres 1925 zeigte.

Zwei besonders wichtige Tendenzen haben sich auf dieser Ausstellung abgezeichnet: die der Entwerfer und die der Handwerker. Die erste Gruppe bemühte sich, Licht zu schaffen, ohne seine Quelle zu lokalisieren. So bringt ein Innenarchitekt auf dem Sims einer Säule eine Bandleuchte an und hebt auf diese Art den Vorsprung hervor, wobei die Decke als Reflektor das nun weiche Licht zurückwirft. Zuweilen kommt der Lichtstrahl aus einer einzigen Quelle, die hier von einem opaken Schirm abgedeckt wird; z.B. die Schwebeplatte von Chevalier und der Projektor von Pierre Chareau; es ist das Prinzip der Alabaster-Deckenleuchten. Die Decke strahlt das Licht verschiedenartig zurück, indem sie es über den Raum verteilt. Um die Lichtstrahlen weiter zu dämpfen, gehen einige Entwerfer wie Paul Follot, Lucie Renaudot und Fréchet so weit, der Strahlfläche eine gold- oder silberfarbene Patina zu verleihen.

Maurice Dufrène behandelte das Problem mit bemerkenswerter Kühnheit auf eine ganz neue Art. Er spielt mit dem Licht wie mit einer Farbe, oder besser: wie mit einem "Wert". So umrahmt er die Decke und den großen Wandspiegel eines Schlafzimmers mit Licht - in sinnlicher Harmonie weißer Töne. Nicht weniger einfallsreich und ungewöhnlich in Bezug auf Geschmack und Konzeption ist der von Jean Durand für eine französische Botschaft entworfene Rauchsalon; er bekundet ein sicheres Gefühl für "Atmosphäre". Hier herrscht mildes Licht; die Lichtquellen, die sich zwischen den schmalen Balken eines silberfarbenen Feldes befinden, bemerkt man nicht. Unerbittliche Rationalisten mögen die Legitimität einer Wirkung kritisieren, die ihre Mittel verbirgt. Das wäre jedoch übertrieben, denn der moderne Geist ist flexibel und empfänglich für den neuen Charme der wissenschaftlichen Zauberei. Denn so wie er gegenüber der abstrakten Schönheit des drahtlosen Telephons oder der Telegraphie, überhaupt der Erscheinung having to call upon electricians. Designers have resolved this issue in a practical manner. They frame the room, at the level of the cornice, with a luminous strip whose brightness they soften by enclosing it within thick, easily removed shells of pressed glass. These casings provide a pleasing decorative element harmonious with the ensemble of a room's design or composition. Many architects and designers are today developing this system which was introduced by Genet and Michon.

If much interesting research has been pursued in the area of organic lighting, the evolution of kinetic fixtures has been no less active. We don't speak here of their decoration. This naturally follows fashion. For the fluting of the style of Louis XVI or the pleats of the style of Louis XV are substituted the contemporary style of imbrication (the overlaping of tiles, leaves, etc.). In essence this is a style which favors the interpenetration of geometric patterns. But style is secondary. What matters is form. And the form of lighting is undergoing a complete renewal. We note the almost complete disappearance of those standing lamps with huge shades in silk that were so popular around 1910. They yield to fixtures realized in hard materials. The modern genius, somewhat puritan in its inclinations, disdains frippery. In an integrated design of Ruhlmann, Pierre Chareau, or of François Jourdain, decorative frills have no place. The office lamps and wall fixtures that the first conceives are reflectors which diffuse their light in sheets upon the surfaces to be illumined. But they are fashioned of alabaster; they are beautifully proportioned; and the materials used are precious. They are works of art as well as logically constructed instruments whose form any superfluous decoration would alter.

Do we call a fixture or a fitting that kind of grill made of a series of tubes filled with colored liquid through which Ducrot sifts the light of the lamp set into the ceiling of an office designed by Klotz ? The concept interestingly calls to mind the work of Pierre Legrain, who, producing an office for the *Salon des Décorateurs* in 1923, reduced the intense light of a wallmounted lamp by means of a vertical grill made of test tubes of unequal height, containing, at differing levels, liquids of varying tints. But such are the noveltiess of exhibition. Industrial development can hardly foresee these. On the other hand, at the same time elegant, rational, and inexpensive relative to work in wrought-iron, chandeliers in glass seem clearly destined for success. They doubtlessly will not replace those fixtures which are at the same time original works of art, those of Szabo, Desvallières, Brandt, or Subes, nor those industrially produced models of Dominique or Dumaine. But they do appear destined to replace those extremely costly fixtures of common manufacture which are as ugly as they are expensive.

Current production has only one means of warding off this menace. This would be to work up models in "series" which would be fraudulent imitations of hand-crafted work. This demands extensive study which would require the definition of forms easily produced by machine tools: simple, clear forms, their volumes flawlessly written. This is clearly a work of composition, requiring the involvement of sensitive and intelligent artists, and current production believes itself to have by-passed artists.

GUILLAUME JANNEAU

der Elektrizität aufgeschlossen ist, so genießt er auch das Wunder einer immateriellen Beleuchtung.

Das ist aber nur ein Aspekt des Problems; es gibt weitere, die noch dargelegt werden sollen. Die Beleuchtungs-Einrichtungen, ein wichtiger Teil der Wohnung, muß pflegeleicht sein; die verbrauchten Glühbirnen müssen ohne Hilfe eines Elektrikers leicht auswechselbar sein. Einfallsreiche Entwerfer haben diese Frage praktisch gelöst. Sie umgeben den Raum in Karnieshöhe mit einer Bandleuchte und dämpfen das Licht durch dicke Preßglas-Schalen; diese Schalen sind leicht abnehmbar und stellen selbst ein Dekorations-Element dar. Zahlreiche Architekten und Entwerfer entwickeln dieses von Genet und Michon eingeführte System fort.

Der Dekor der Lichtträger soll an dieser Stelle nicht ausführlich untersucht werden, denn er unterliegt selbstverständlich der Mode. Was zählt, ist die Form. Und die Form der Beleuchtungs-Objekte ändert sich in der Tat. Auffällig ist, daß die Standleuchten mit großen seidenen Lampenschirmen, die um 1910 in Mode kamen, praktisch vollkommen verschwunden sind; sie machen einem "festen" Material Platz. Die moderne Intelligenz, ein wenig jansenistisch (Lehre des Cornelius Jansen, Anm. d. Red.) in Fragen des Geschmacks, verschmäht jegliche Schnörkelei. In einem von Ruhlmann, Pierre Chareau und Francis Jourdain geschaffenen Entwurf hat "dekorativer Flitterkram" keinen Platz. Ruhlmanns Schreibtischlampen und Wandleuchten sind Reflektoren, die das Licht flächig an die zu beleuchtenden Stellen dirigieren. Sie sind aus Alabaster, verfügen über ausgewogene Proportionen und ihr Werkstoff ist kostbar. Es sind sowohl Kunstwerke als auch logisch konstruierte Objekte, die durch keinerlei überflüssige Verzierungen entstellt werden.

Ist es eine Vorrichtung oder eine Installation, die diese Art Gitter aus einer Reihe von Reagenzgläsern mit farbiger Flüssigkeit darstellt, womit Ducret es gelingt, das Licht der Deckenlampe in dem von Madame Klotz entworfenen Büro zu dämpfen ? Diese kuriose Idee erinnert an ein Werk von Pierre Legrain, der für den "Salon des Décorateurs" im Jahre 1923 ein Büro entwarf und das Licht einer Wandleuchte mit Hilfe eines vertikalen Gitters (bestehend aus unterschiedlich hohen, mit verschiedenfarbigen Flüssigkeiten gefüllten Reagenzgläsern) abschwächte. Dies ist jedoch als reine Ausstellungs-Spielerei zu betrachten, denn eine industrielle Herstellung ist hierfür wohl kaum zu erwarten. Die eleganten Glaslüster hingegen, rationell und im Vergleich zu Kunstschmiedearbeiten relativ preiswert herzustellen, werden vermutlich großen Erfolg haben. Sie werden zwar weder die Kreation - regelrechte Kunstwerke - von Szabo, Desvallières, Brandt oder Subes ersetzen, noch die wertvollen Serien-Modelle von Dominique oder Dumaine. Sie scheinen aber dazu bestimmt zu sein, die meist geschmacklosen, ja häßlichen und außerordentlich teuren Modelle zu ersetzen, die von der Industrie angeboten werden.

Die industrielle Produktion wäre jetzt gut beraten, "Serien"-Modelle zu entwickeln, ohne die Handarbeit nachzuahmen; dies sollte ernsthaft untersucht werden. Es müßten Formen geschaffen werden, die mit Hilfe von Maschinen und Werkzeugen leicht hergestellt werden können: schlichte, klare Formen und Volumen - eine große Aufgabe. Obwohl die Hersteller allgemein der Meinung sind, auf die schöpferische Zunft der Entwerfer verzichten zu können, wäre dies kein kleines Programm für einen sensiblen, intelligenten Künstler.

GUILLAUME JANNEAU

LE LUMINAIRE

1ÈRE SÉRIE (1925)

TABLE DES PLANCHES

83 ~ Mallard, Vallenducq & Dubois : 1, Lanterne pendentif cristal. Albert Laprade : 2, Salle de bains, cage vitrée lumineuse, verres moulés de Binquet, réalisés par Daum. Guevrékian : 3, Plafonnier nickel et verre dépoli. Pierre Charreau : 4, Applique murale en albâtre.

85 ~ Art Populaire Polonais : 1, Plafonnier de bois à ampoules tubulaires. René Prou : 2, Petit Lustre. Dominique : 3, Lampe de bureau bronze argenté, Sontag éditeur. Paul Follot : 4, Lampes de bureau, ferronnerie et albâtre, éditée par *Pomone*.

87 ~ Maurice Dufrene : 1, Lustre de verre de Venise. Simon Gate & Edward Hold : 2, Pendentif lumineux (section suédoise). Rob. Mallet-Stevens : 3, Plafond lumineux, verre sous plomb réalisé par Barillet.

89 ~ Ruhlmann : 1, Applique murale bronze. Simonet Freres : 2, Applique murale. Ruhlmann : 3, Applique murale bronze. Granger : 4, Lustre bronze ; 5, Lampe de bureau. Capon : 6, Petit lustre à six bras couplés.

91 ~ Dunaime : 1, Lustre à six branches, édité par Gagneau. Gagneau : 2, Lustre bronze argenté, plaques quartz silice. Capon : 3, Applique murale à deux bras. Gigou : 4, Applique murale à deux bras.

93 ~ Raymond Subes : Appliques murales et lampes de bureau en fer forgé.

95 ~ Raymond Subes : Plafonnier, appliques murales et torchères en fer forgé.

97 ~ Ruhlmann : 1, Plafonnier albâtre. Edgar Brandt : 2, Lustre ferronnerie. Ruhlmann : 3 et 4, Appliques murales.

99 ~ Genet & Michon : 1, Lustre. Ruhlmann : 2, Lampe. Mlle Maisonnier : 3, Lustre albâtre, édité par *La Maîtrise*. Kiss : 4, Applique.

101 ~ J. & M. Préau : 1, Lampadaire composé par P. Astruc. Kotarbinski : 2, Lustre exécuté par Lopienski Frères. Groult : 3, Applique murale. Lalique : 4, Statuette, verre moulé.

103 ~ Paul Follot : 1, Grand lustre, verre de Venise, édité par *Pomone*. Section Suisse : 2, Lampadaire. Ducret : 3, Lampe de bureau en forme de triple cordue. Kohlmann : 4, Lustre en verre moulé, édité par par le *Studium-Louvre*.

105 ~ Boileau & Carriere : 1, Plafonnier, glaces gravées, édité par Saunier-Duval. Favre : 2, Lustre en bronze. Lefevre & Saulnier : 3, Lustre. Raymond Subes : 4, Applique murale ferronnerie.

107 ~ Pierre Charreau : 1, Cabinet de travail d'un ambassadeur. Eclairage fourni par une lampe projecteur, dont le dôme porté par la corniche, réfléchit la lumière en la diffusant. Le développement progressif des feuilles d'écran réduit à volonté l'intensité de l'éclairage.

109 ~ Rob. Mallet-Stevens : 1, Lustre. Pierre Charreau : 2, Lampe suspendue, lames d'albâtre. René Herbst : 3, Applique en bronze argenté et doré, édité par Cottin et Fils. Francis Jourdain : 4, Vitrail d'angle.

111 ~ Jean Dunand : 1, Plafond à corniches lumineuses superposées. Kolmann : 2, Applique lumineuse en verre. René lalique : 3, Plafond à caissons lumineux.

113 ~ Edouard Schenck : 1, 2 et 3, Lanterne et lampes. Marcel Schenck : 4, Lampadaire.

115 ~ Edouard Schenck : Lanterne, diffuseur et lampes.

117 ~ Simonet Freres : Lustres et appliques murales en bronze et verre pressé.

119 ~ Sabino : Lustres, plaques de verre et lanterne pendentif en verre pressé.

121 ~ Sabino : Lustre en verre pressé.

123 ~ Gagneau : 1, Lustre à huit pans bronze argenté, plaquettes quartz silice. Tony & Jacques Socard : 2, Lustre de vestibule en lames de verre serties de plomb. Ruhlmann : 3, Applique de tête de lit, en albâtre.

125 ~ Atelier Chazelet : 1, Applique mutale. Paul Kiss : 2, Lustre ferronnerie. J. & J. Adnet : 3, Lampe. Gigou : 4, Applique murale bronze. Genet & Michon : 5, Applique murale verre pressé. Favre : 6, Bras de lumière.

127 ~ Paul Follot : 1, Lampadaire en ferronnerie et albâtre, édité par *Pomone*. Jonny & Leverrier : 2, Grand lustre, édité par *Le Bûcheron*. Dunaine : 3, Torchère bois et bronze, éditée par *Gagnon*.

129 ~ Cheuret : 1et 2, Lustres ; 3 et 5, Lampes ; 4, Applique, bronze argenté et albâtre.

131 ~ Cheuret : 1 et 2, Appliques ; 3 et 4, Lampes ; 5, Lampadaire, bronze argenté et albâtre.

133 ~ Lalique : 1 et 2, Lustres ; 3, Poisson ; 4, Lampe trois lumières, verre moulé.

135 ~ Lalique : 1, Boule ; 2, Lustre ; 3 et 5, Lampes ; 4, Statuette, verre moulé.

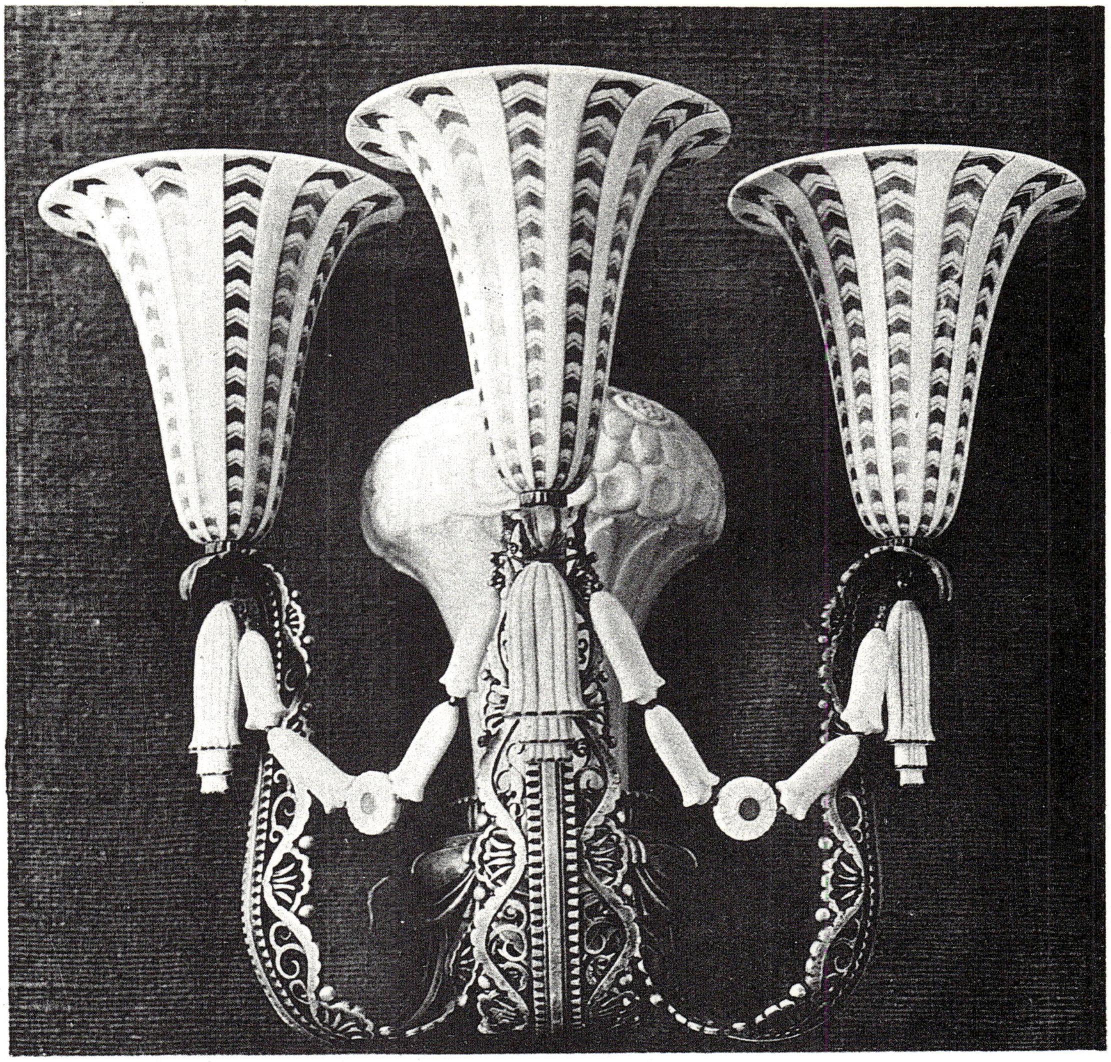

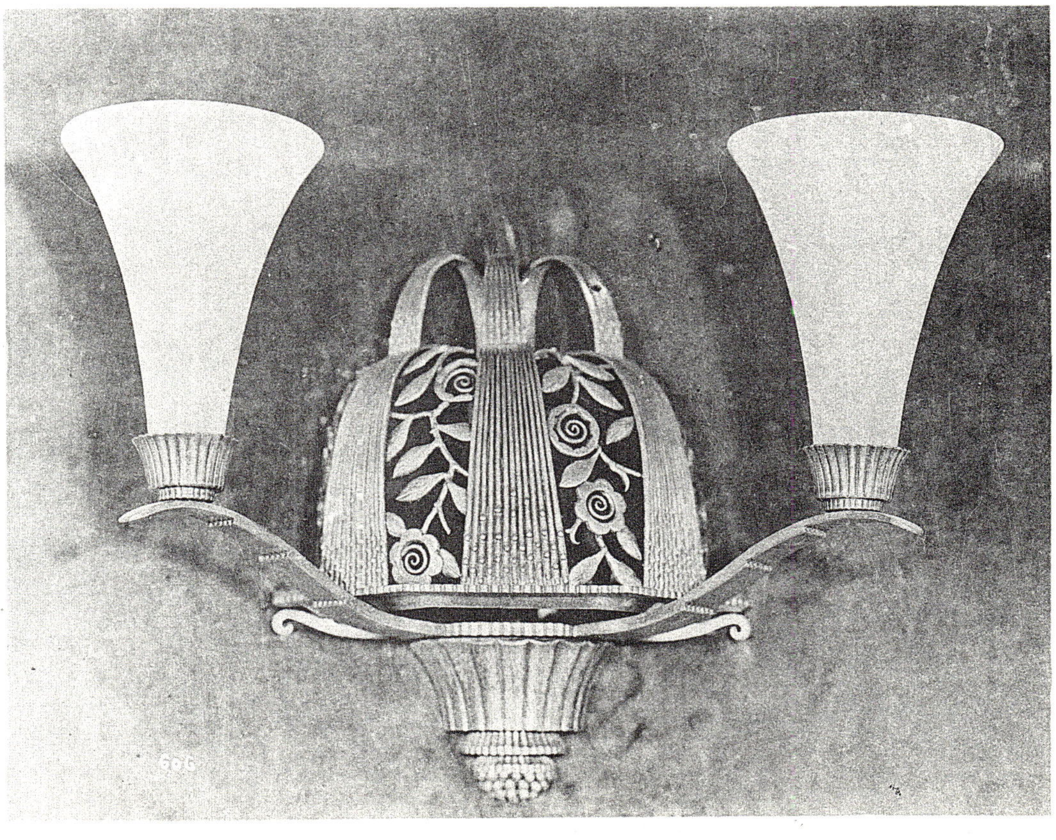

EDGAR BRANDT - Appliques

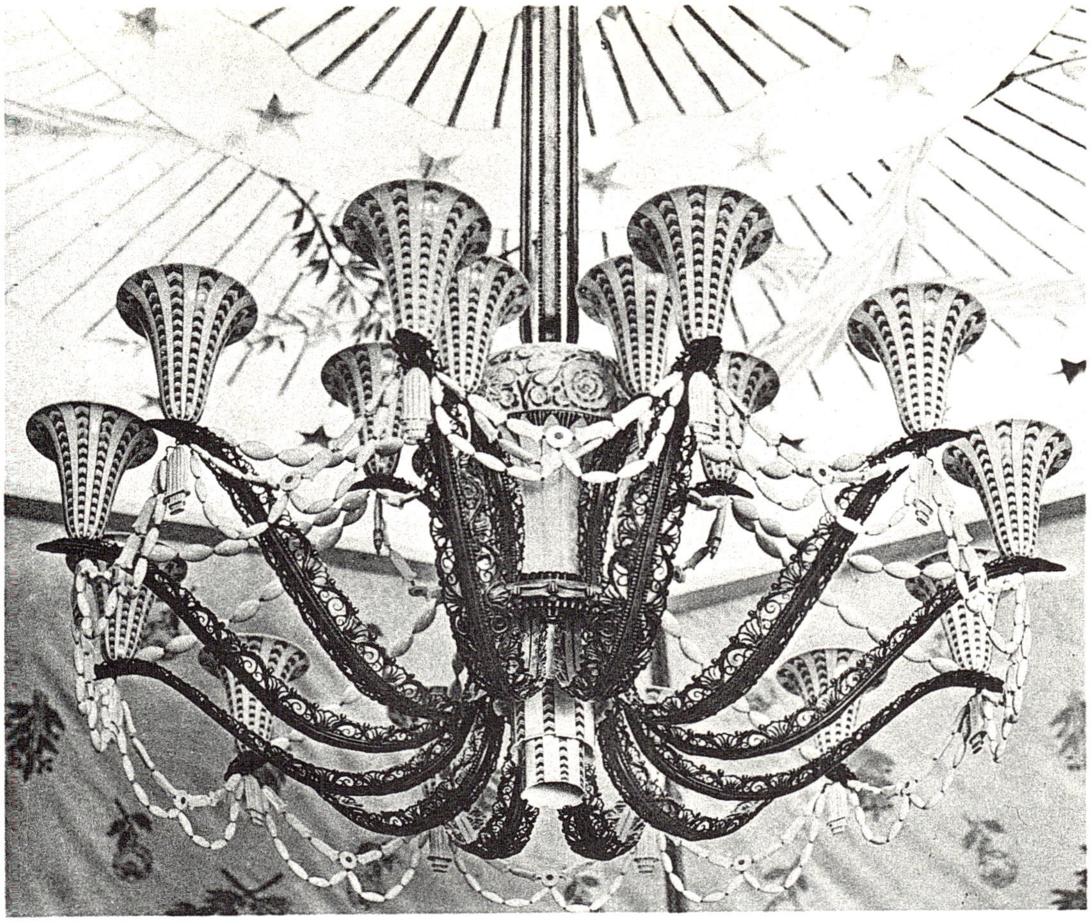

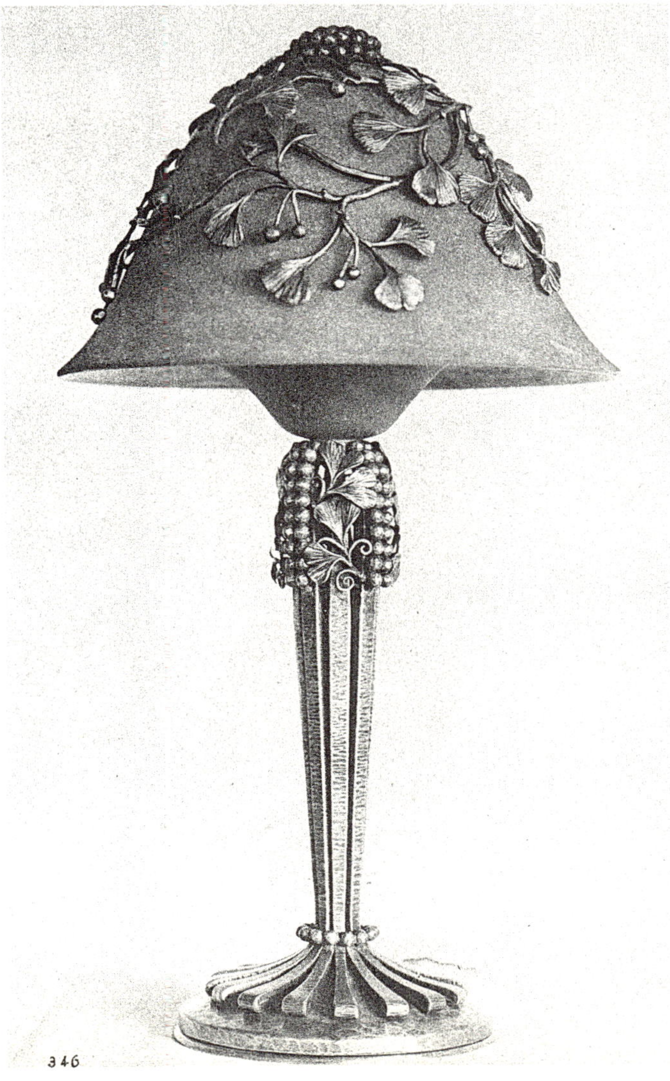

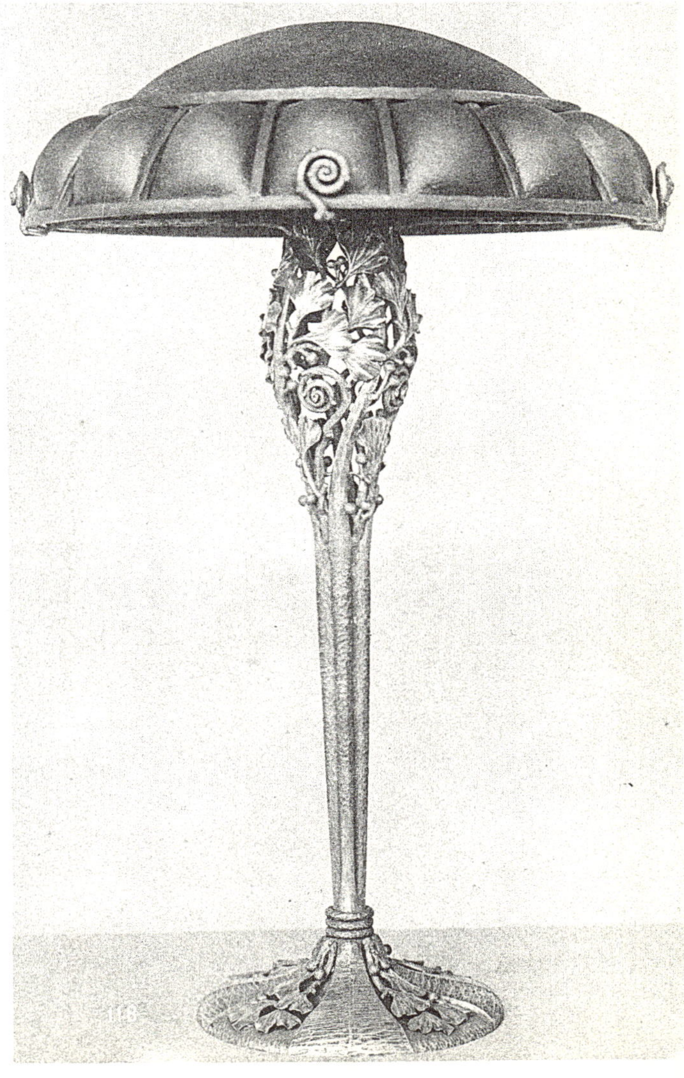

EDGAR BRANDT - Lustre. Lampes.

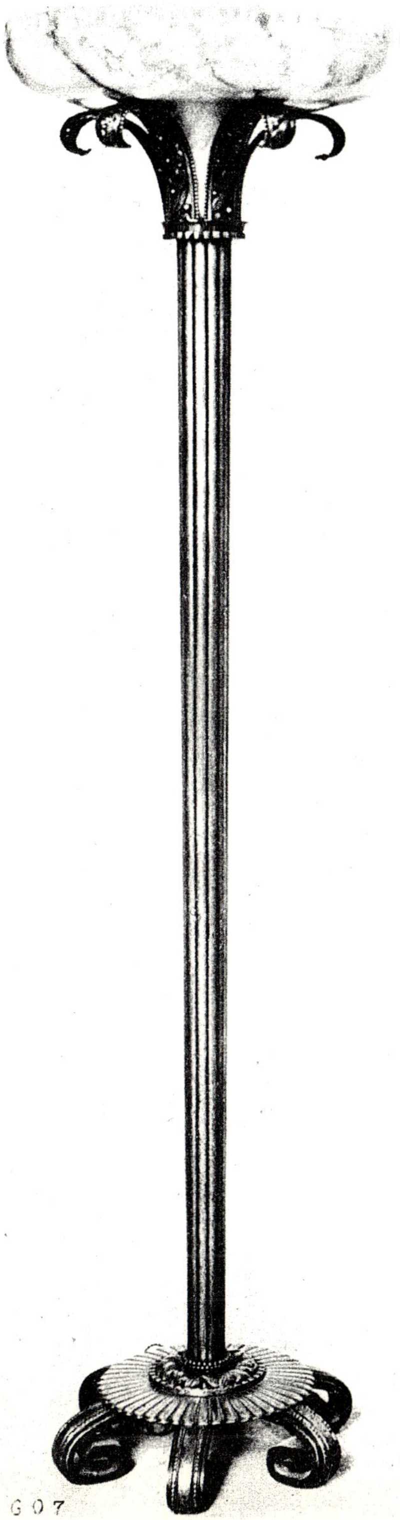

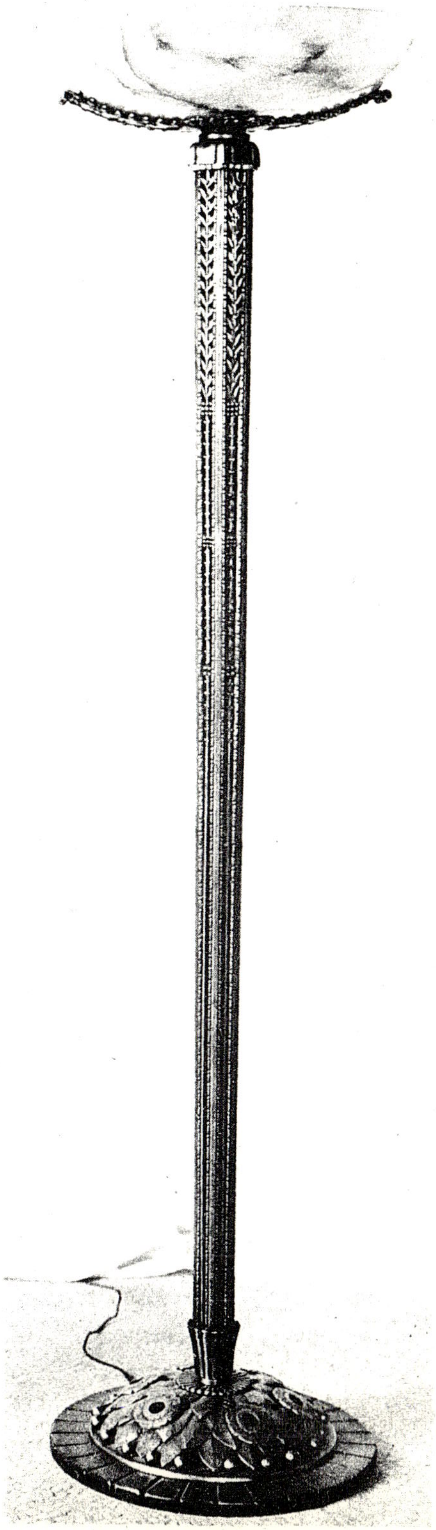

EDGAR BRANDT - Plafonnier. Torchères.

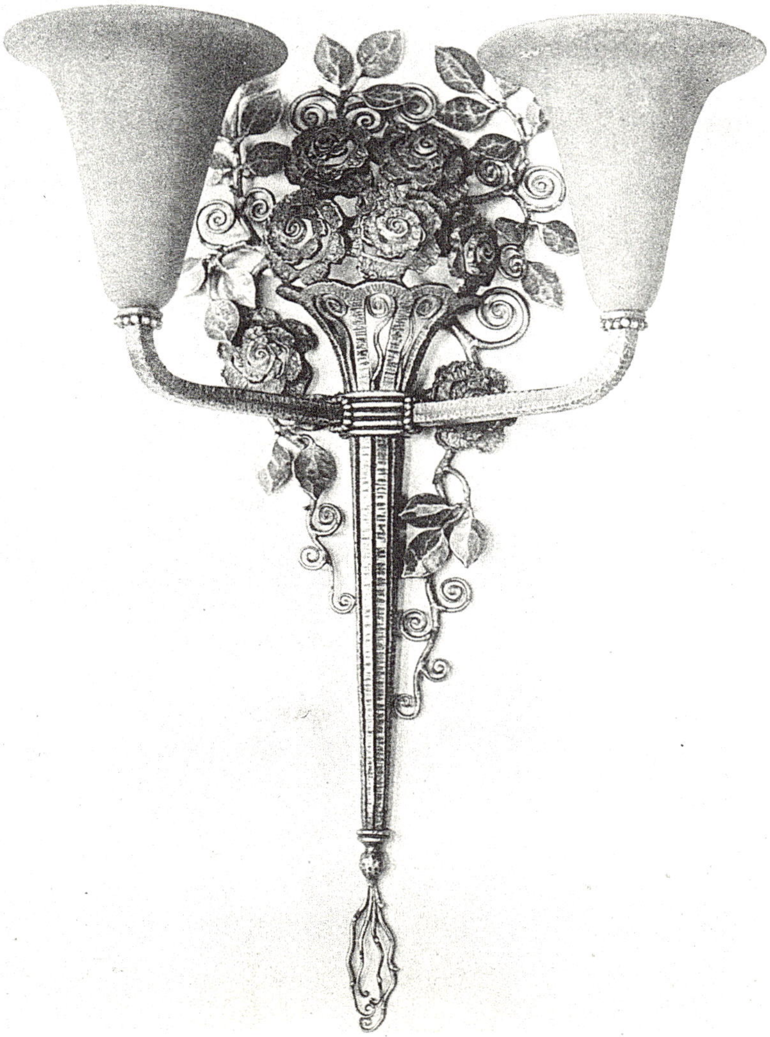

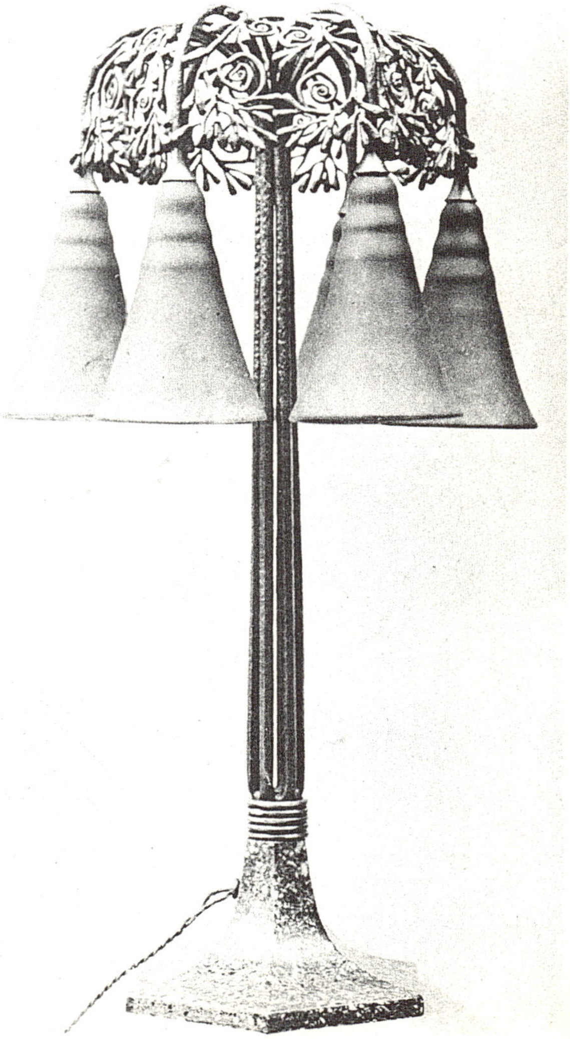

EDGAR BRANDT - Appliques. Lampe.

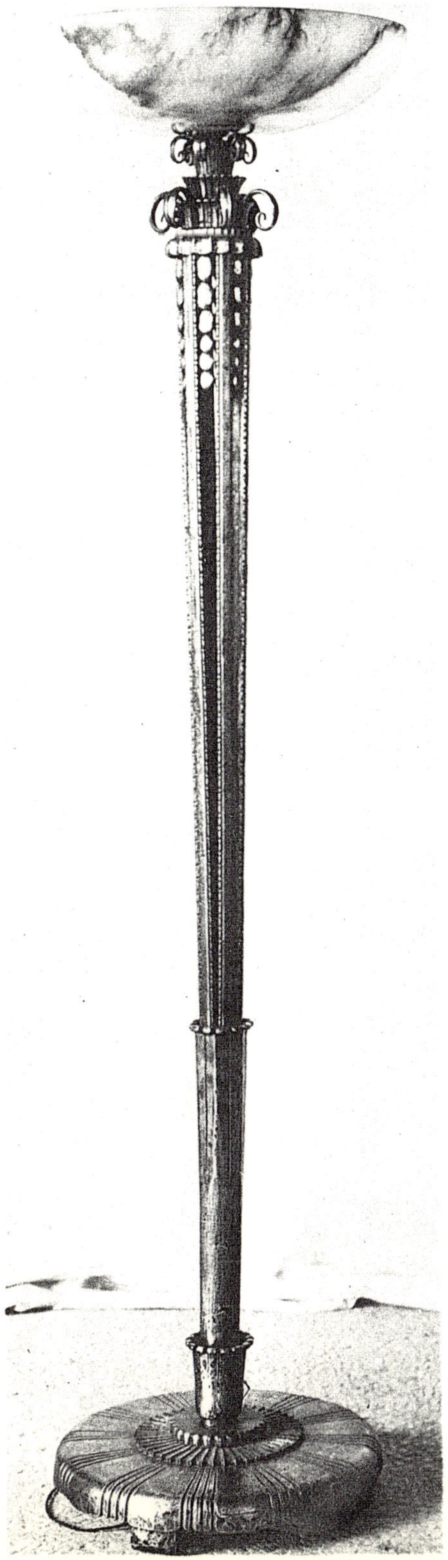

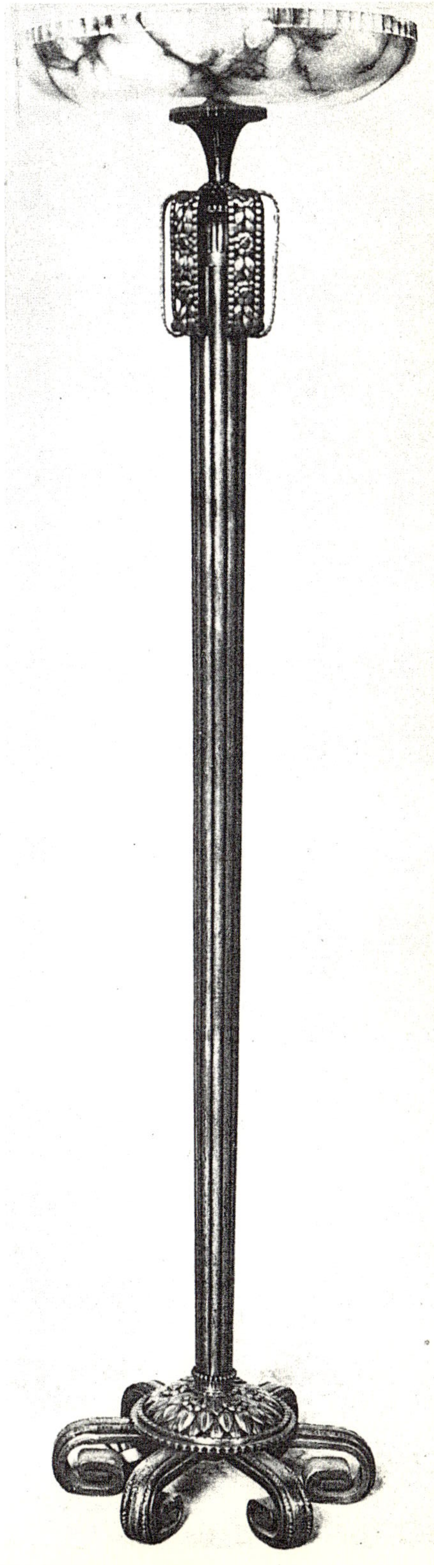

EDGAR BRANDT - Lustre. Torchères.

EDGAR BRANDT - Lustre. Torchères.

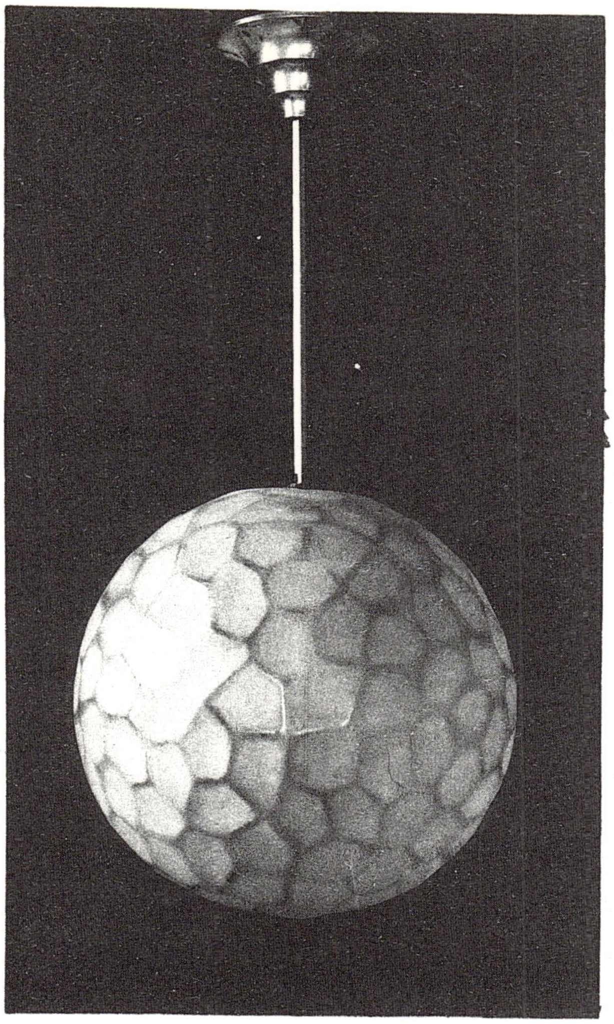

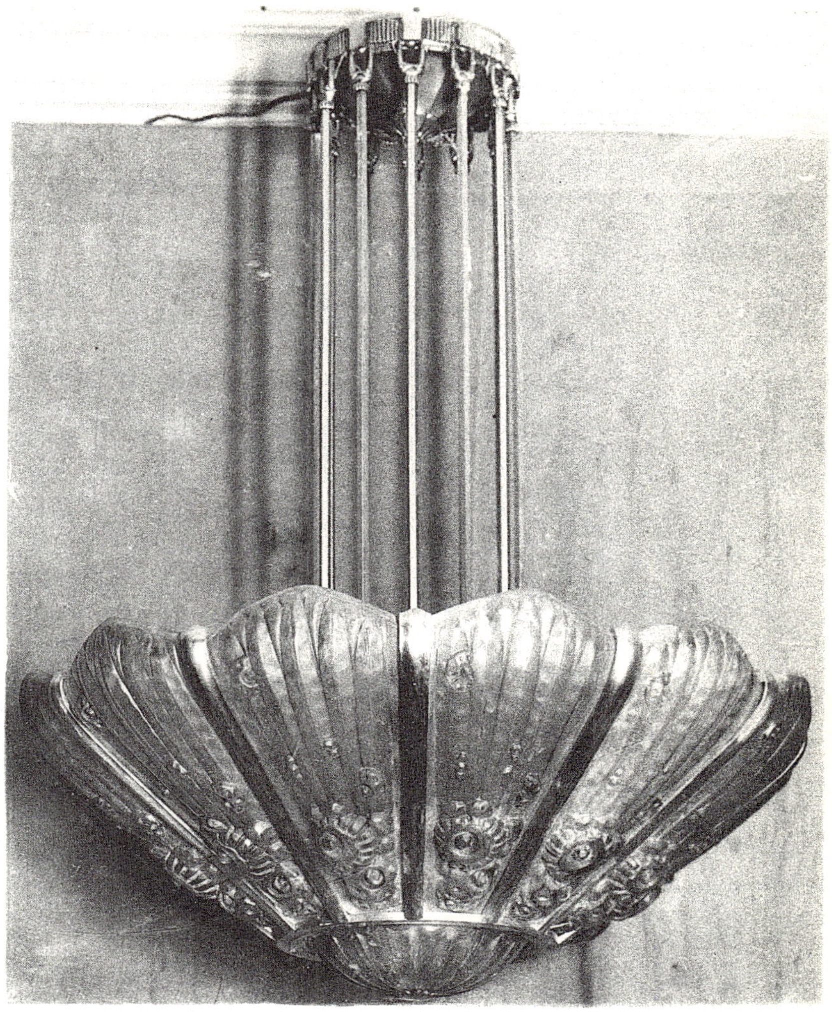

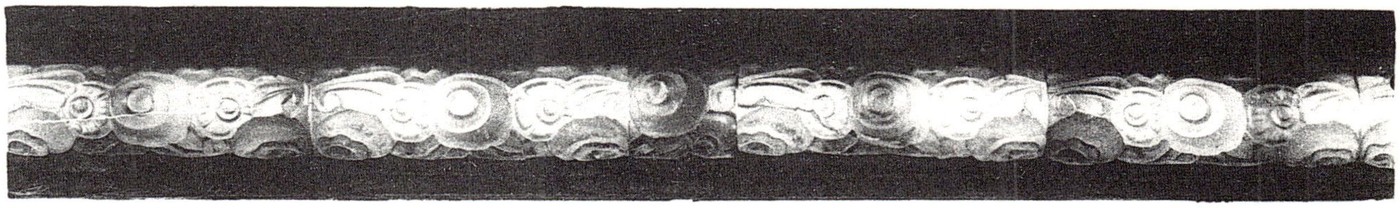

GENET & MICHON - Boule. Lustre. Bordure. Appliques.

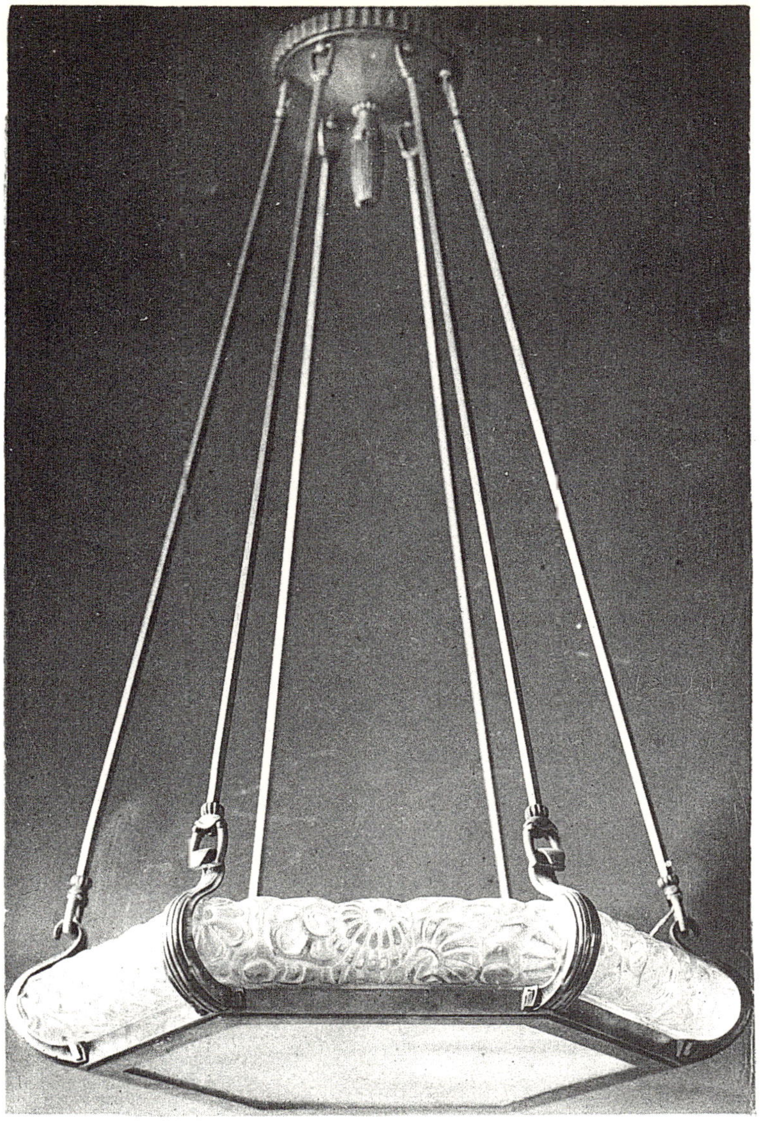

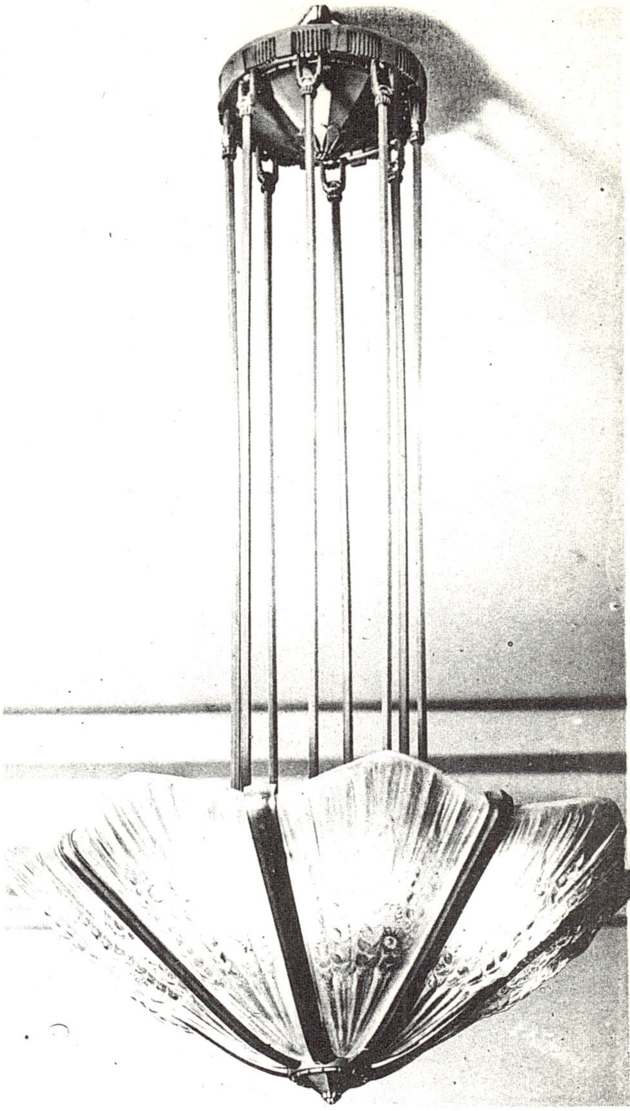

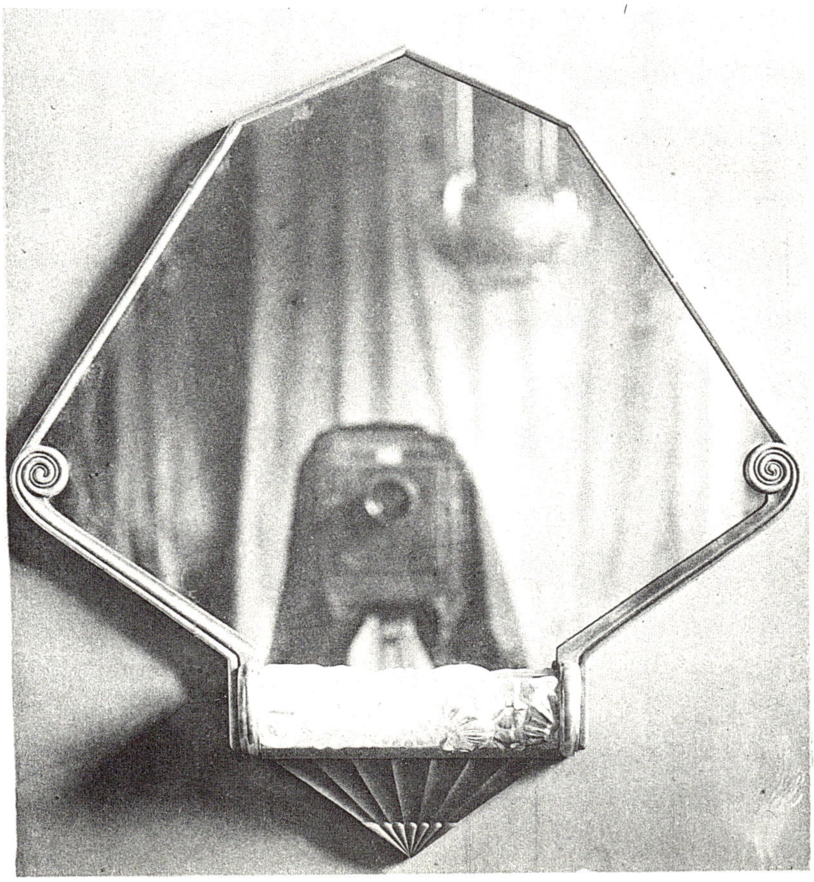

Genet & Michon - Lustres. Appliques.

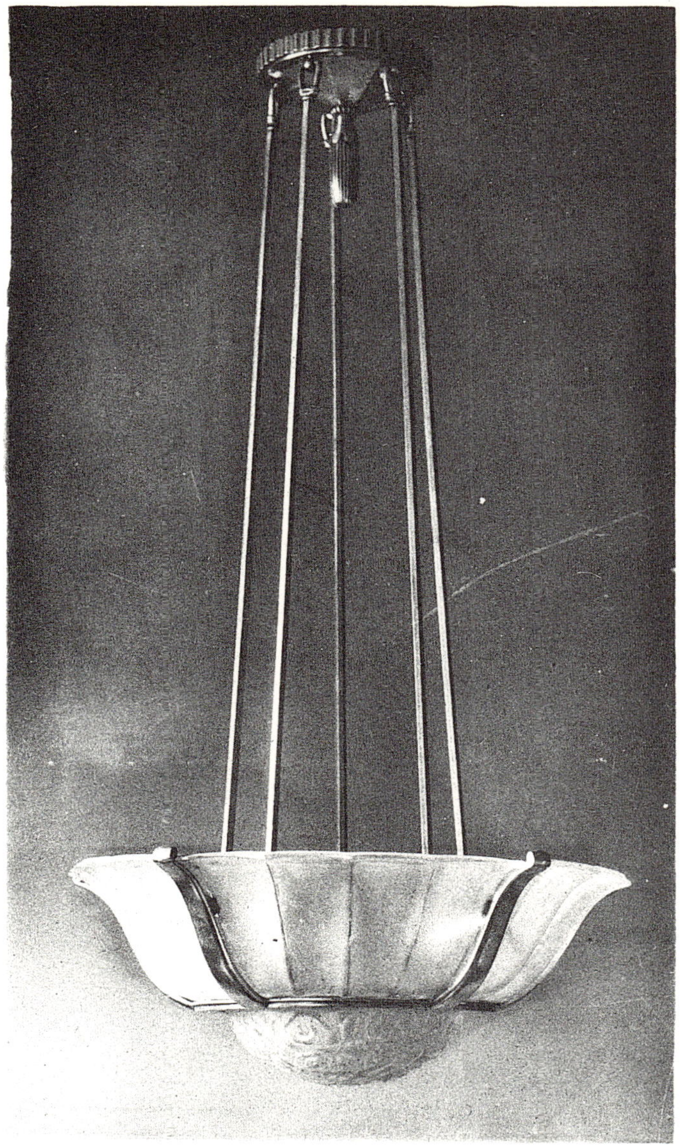

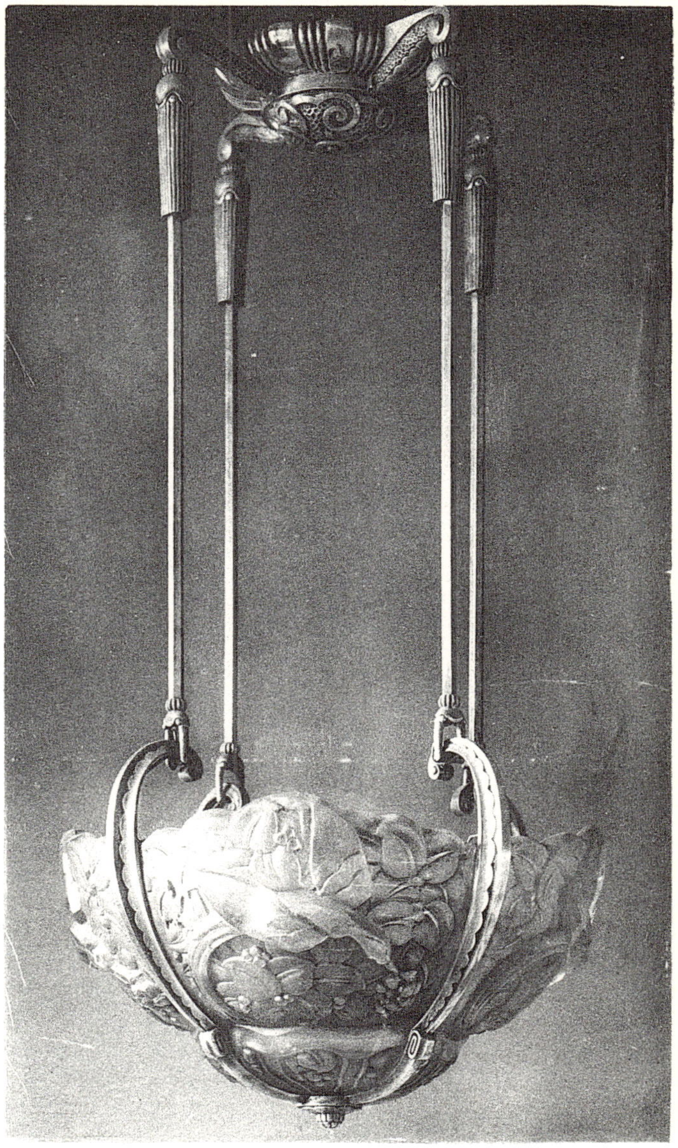

GENET & MICHON - Lustres. Appliques.

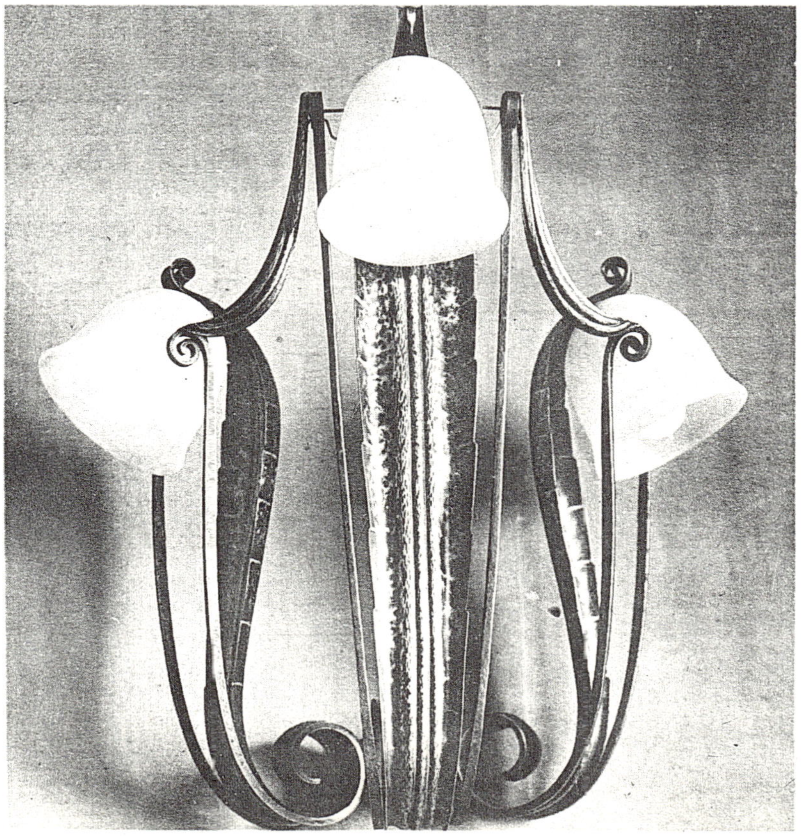

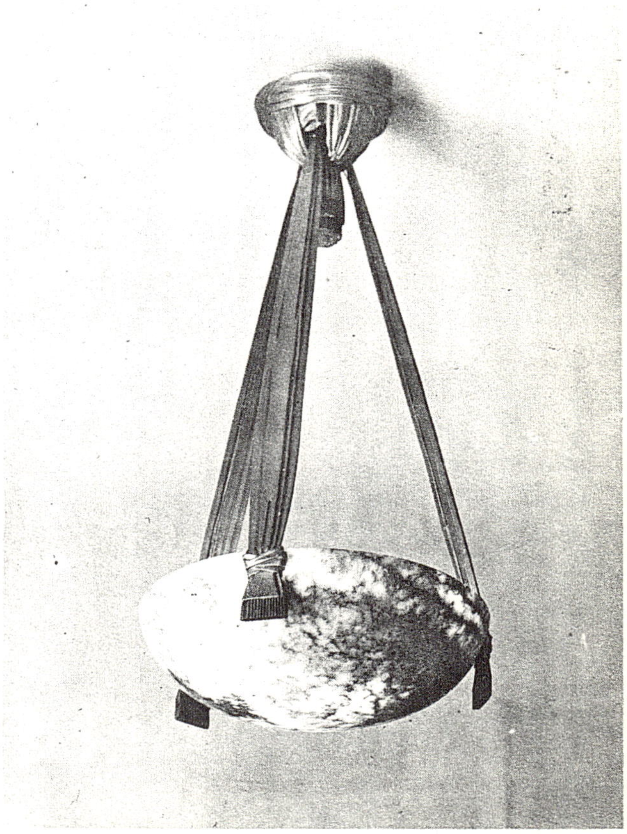

Lampe.
Applique murale.

Sue & Mare

Grand Lustre.
Petite coupe plafonnier.

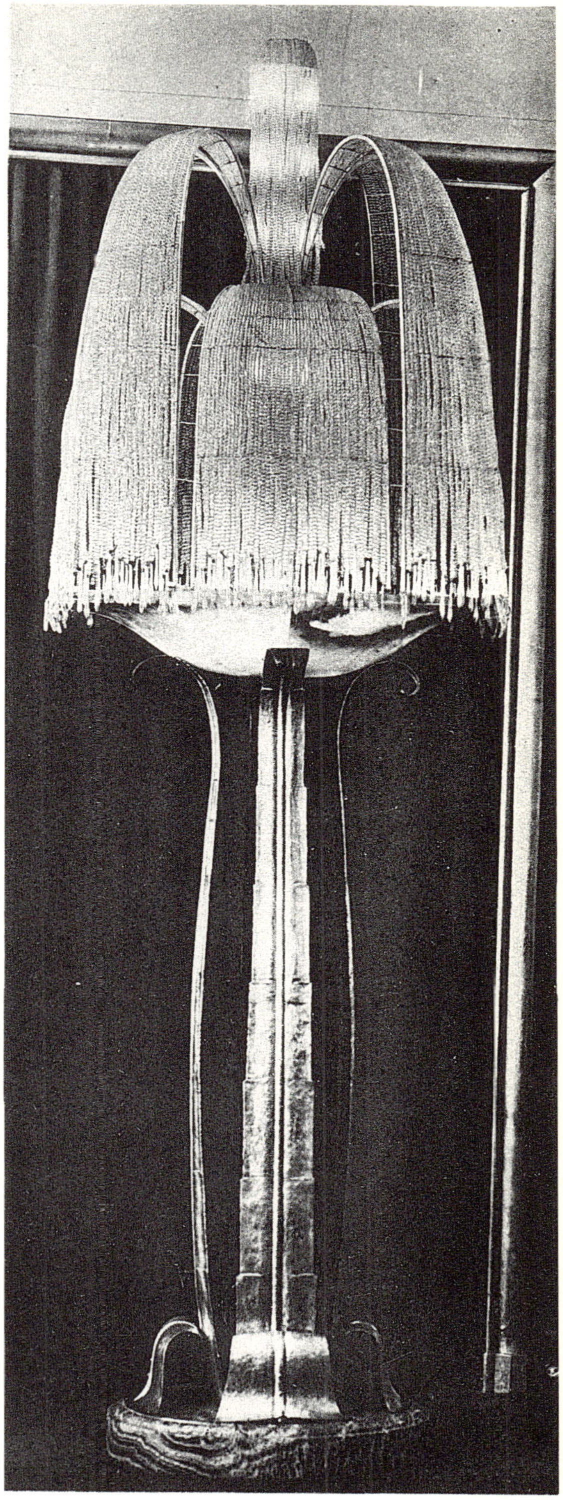

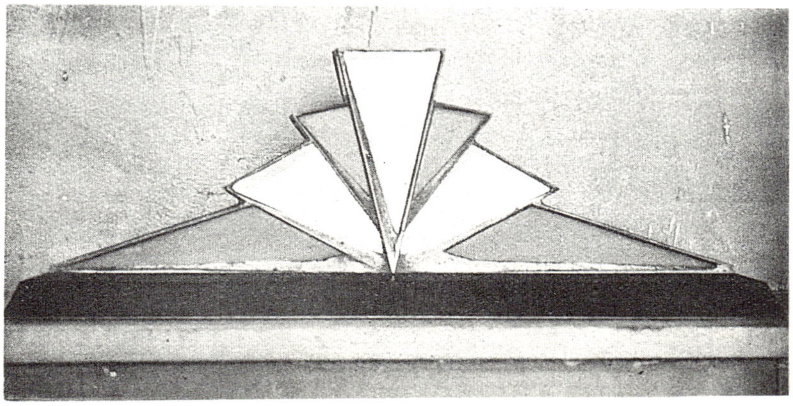

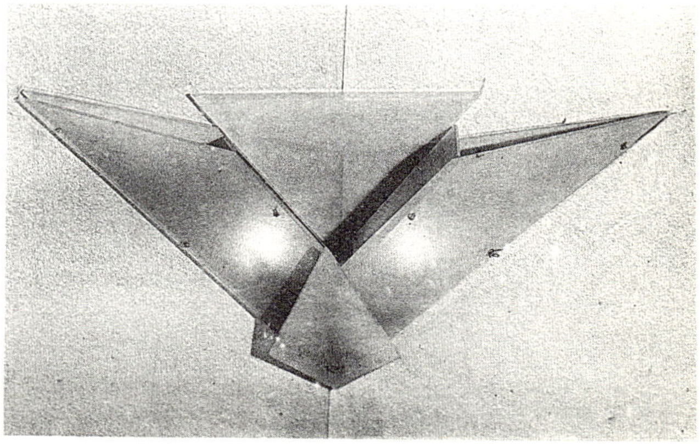

SUE & MARE - Applique murale.
J. PERZEL- Lampe.

SUE & MARE - Lampe.
LOUISE RENAUDOT - Applique.

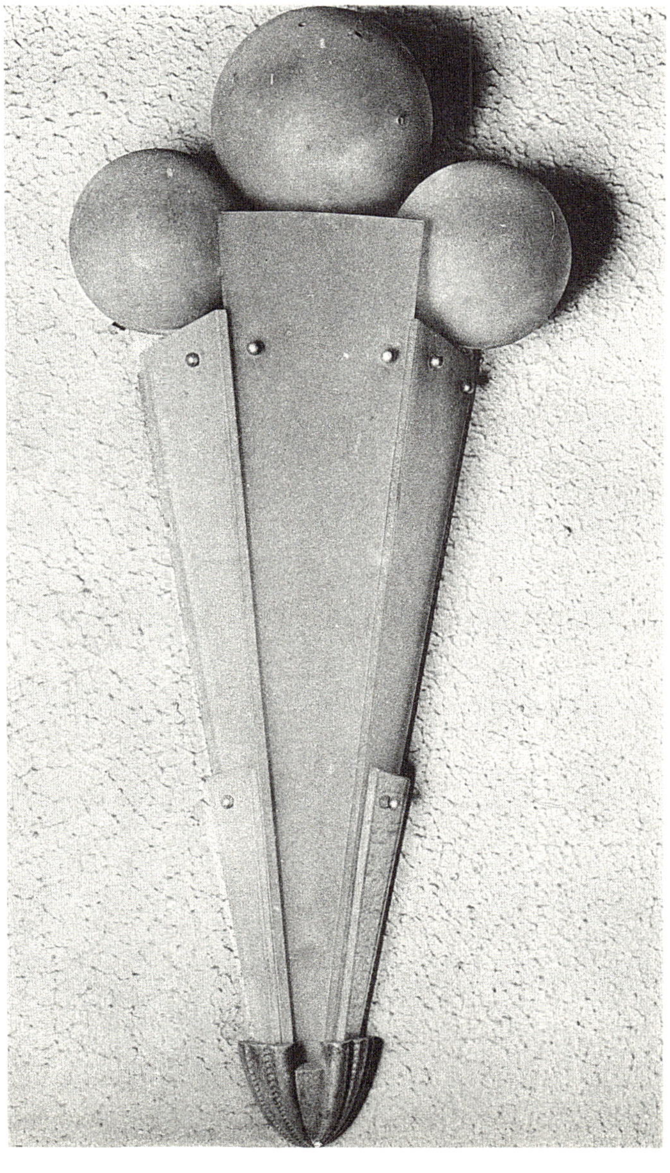

DILLY - Applique murale.

LELEU - Grand Plafonnier.

PAUL HENNINGSEN - Lampe.

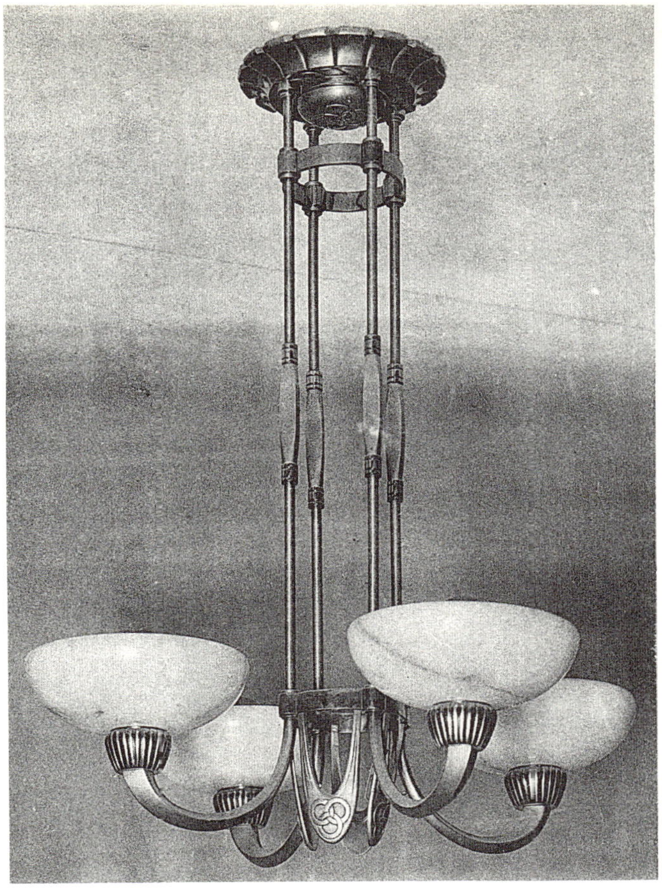

Charles Blanc - Petit Lustre. Sue & Mare - Corbeille de fleurs lumineuses. G. Fabre - Petit Lustre.

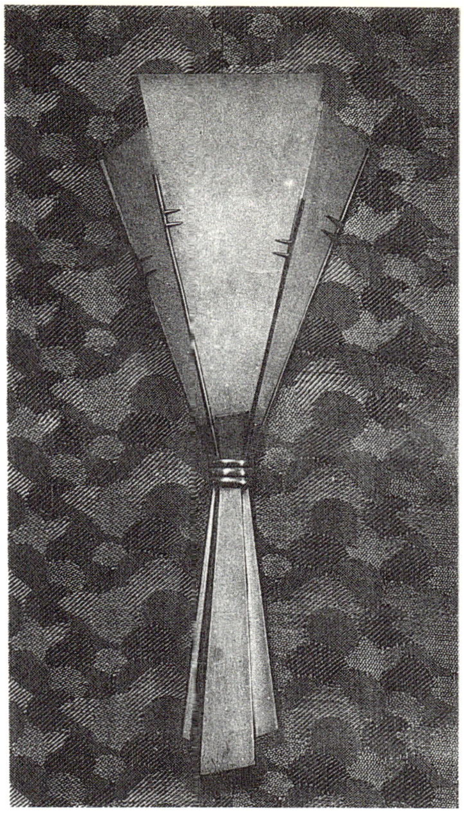

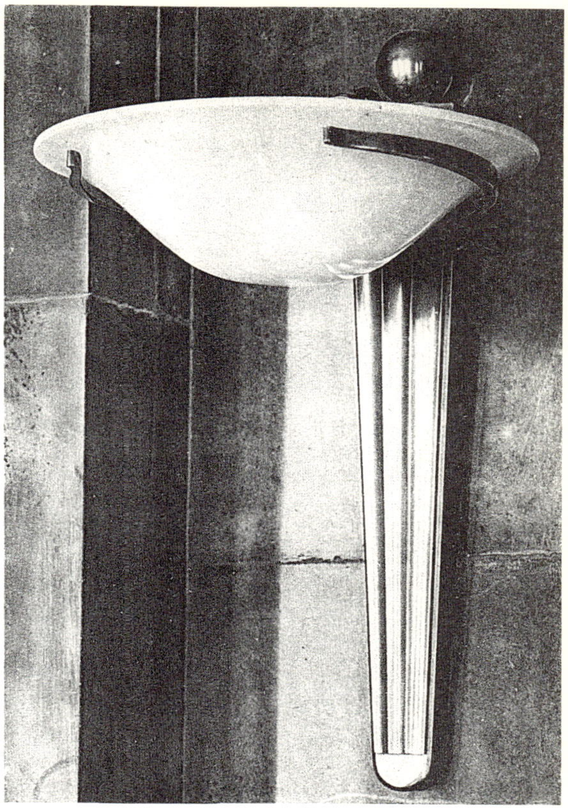

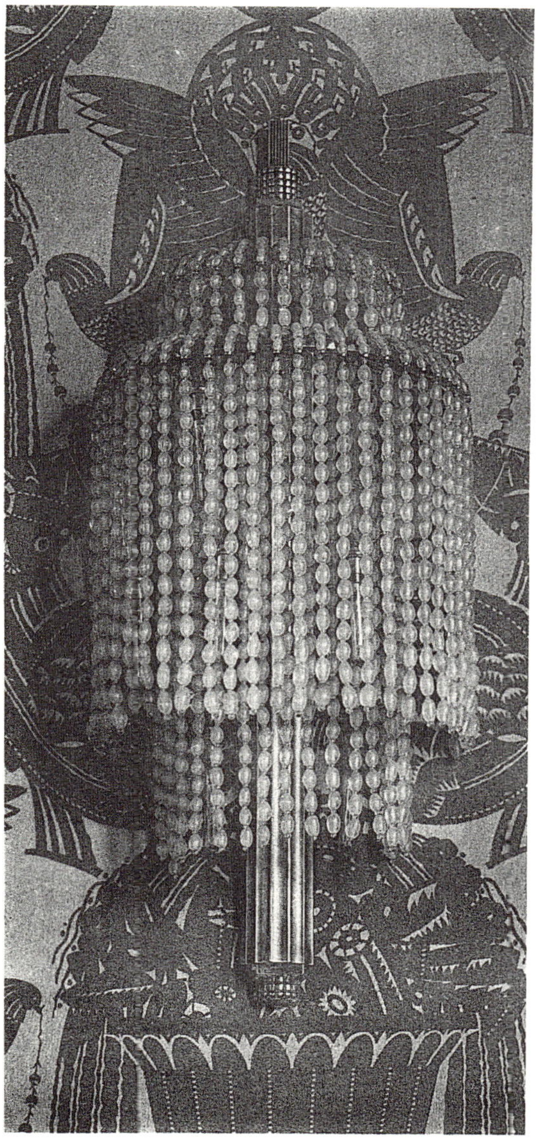

DOMINIQUE - Applique murale.
RULHMANN - Applique murale.

ANDRÉ GROULT - Bloc de cristal.

RULHMANN - Applique murale.
SUE & MARE - Applique murale.

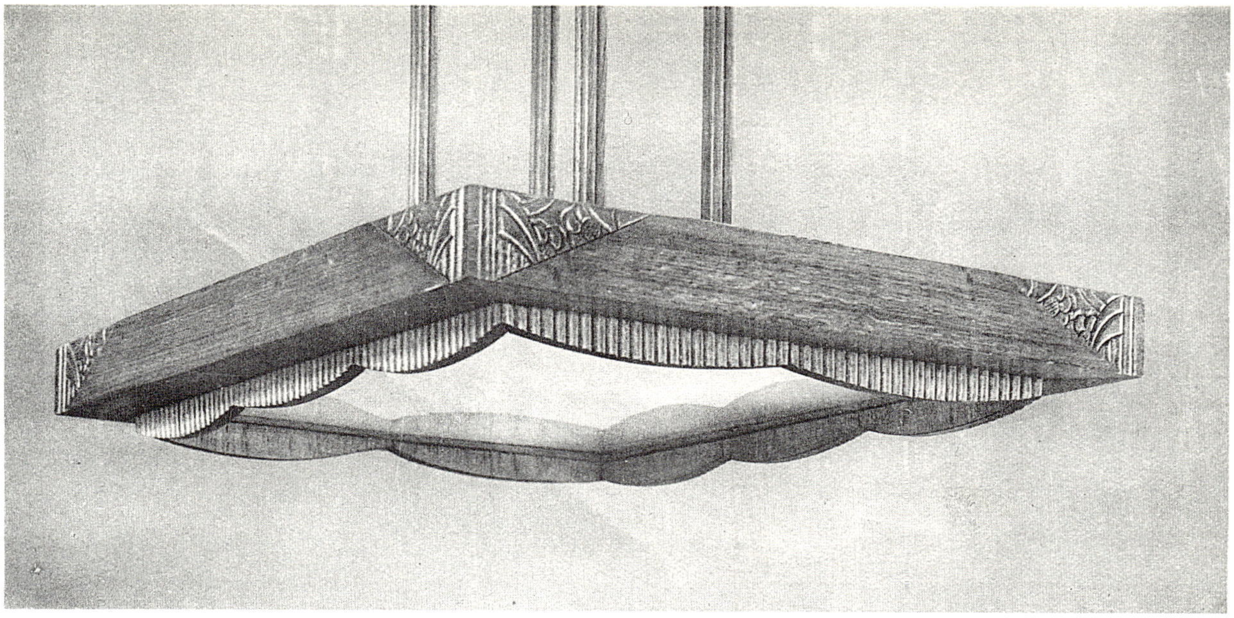

R. Quibel - Plafonnier de bois.

Georges Champion - Lanterne. Venini - Lustre verre de Venise. J. Perzel - Petit plafonnier.

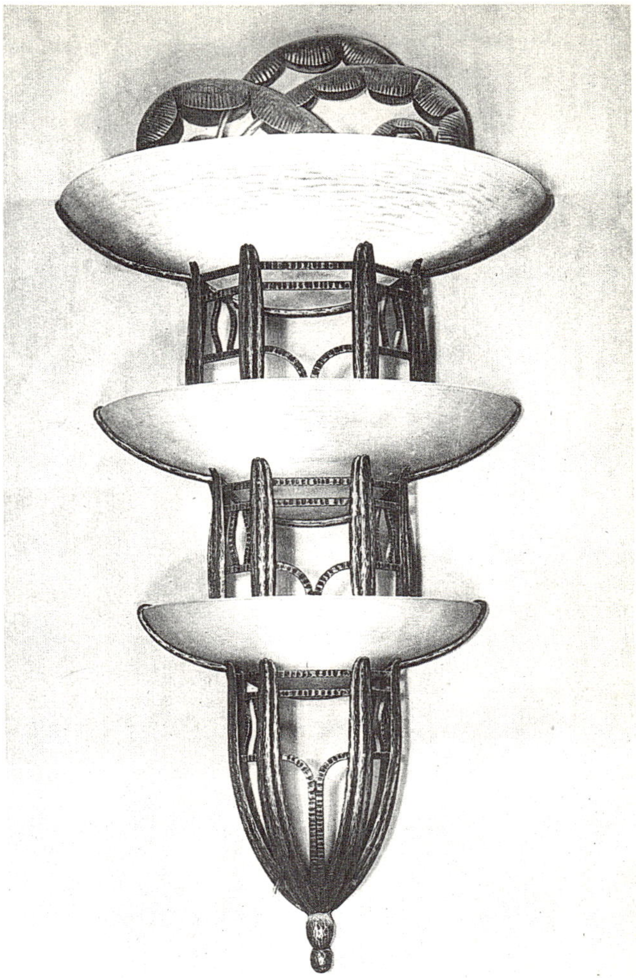

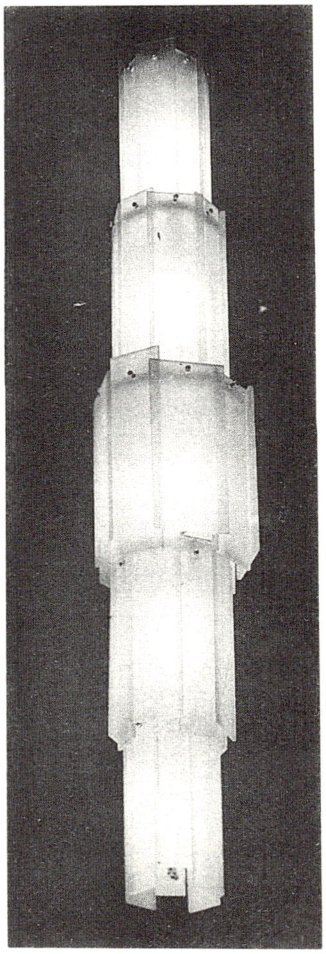
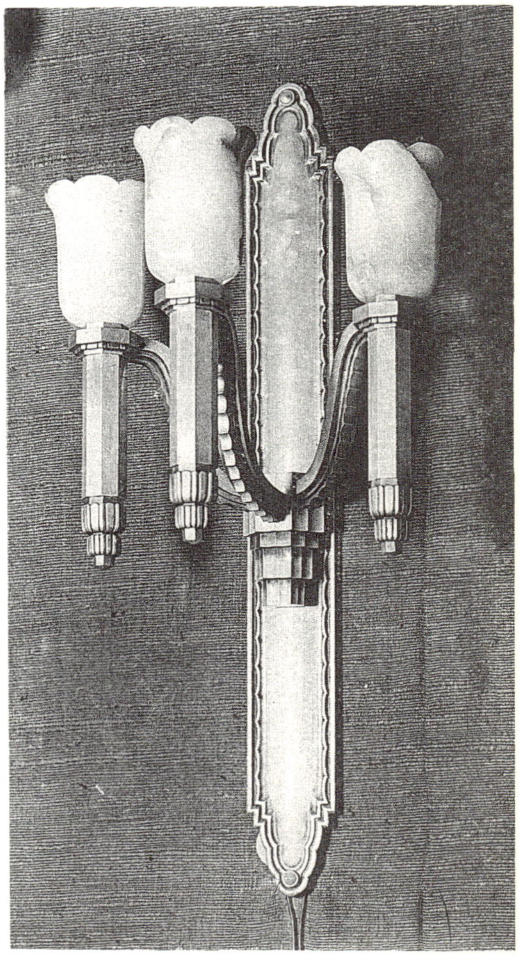

SIMONET FRÈRES - Lustre.
GRANGER - Applique murale.

BOILEAU & SAUNIER DUVAL - Lanterne pendentif.

MORAND & Cie - Applique murale.
GRANGER - Applique murale.

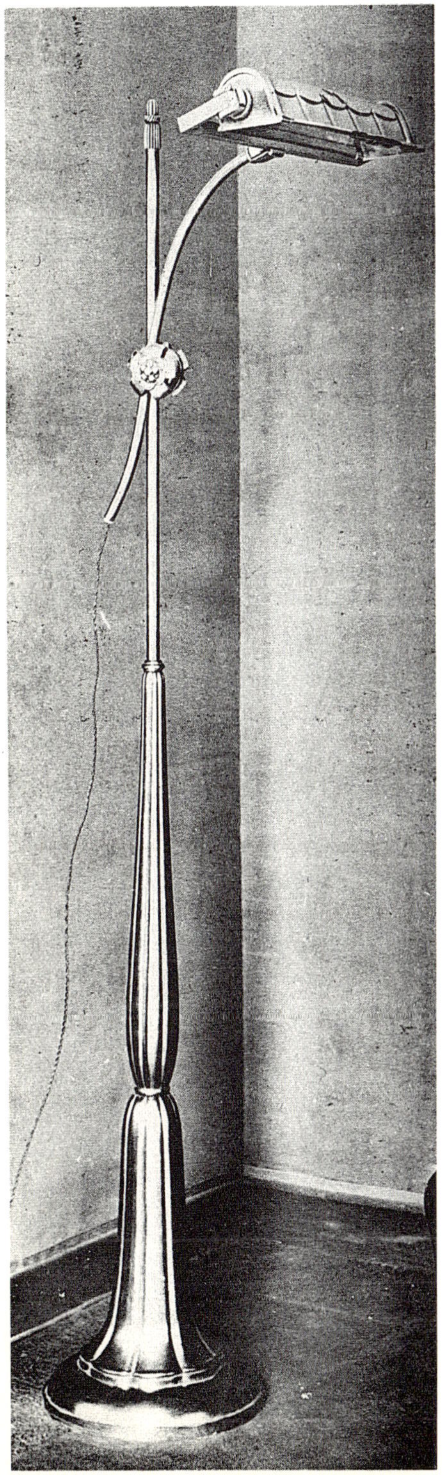

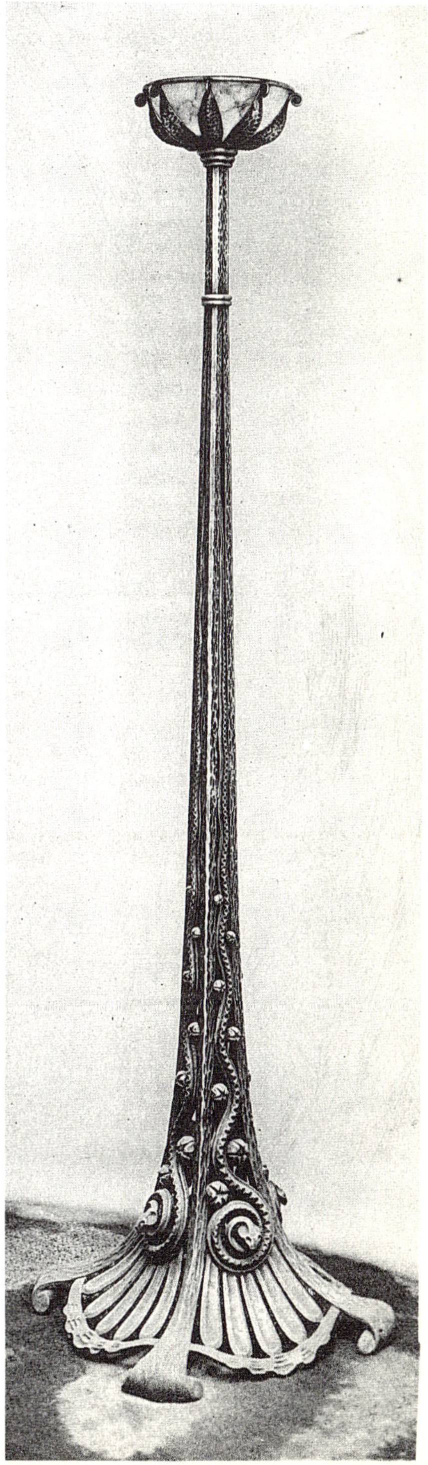

Sue & Mare - Torchère.

Paul Follot & H. Boileau - Lanterne pendentif.

Malatre & Tonnelier - Torchère.

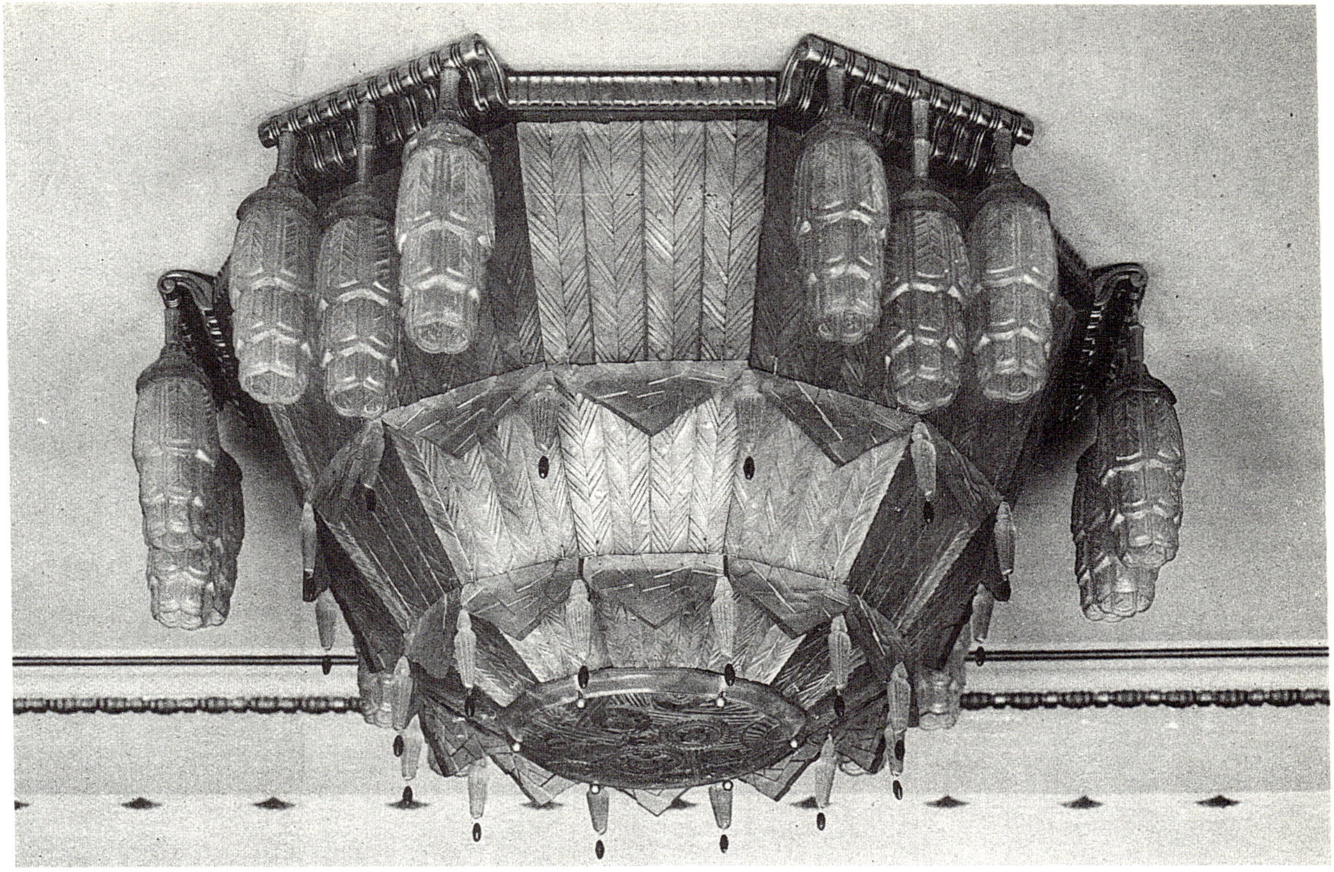

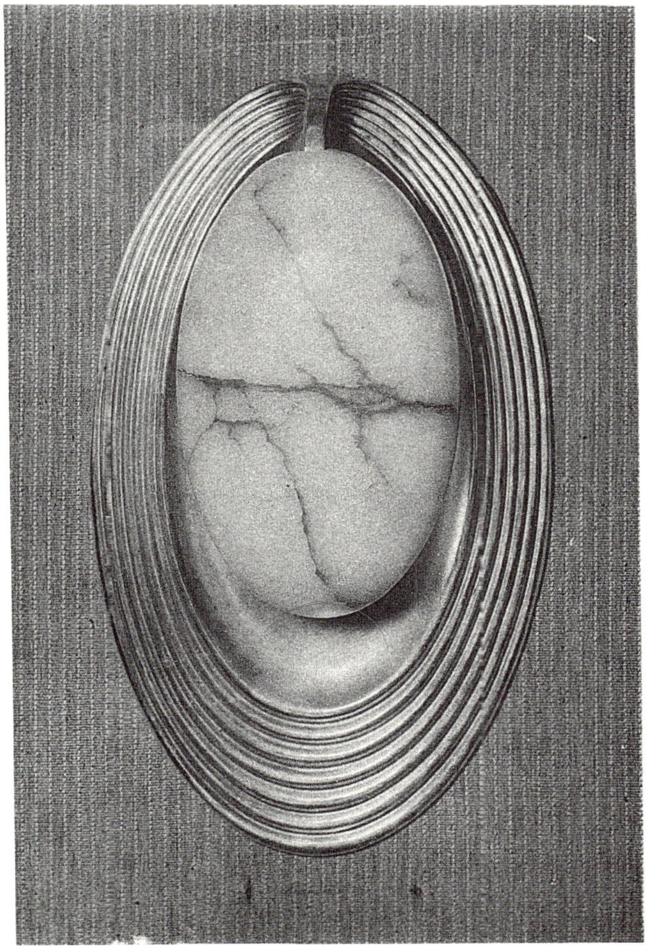

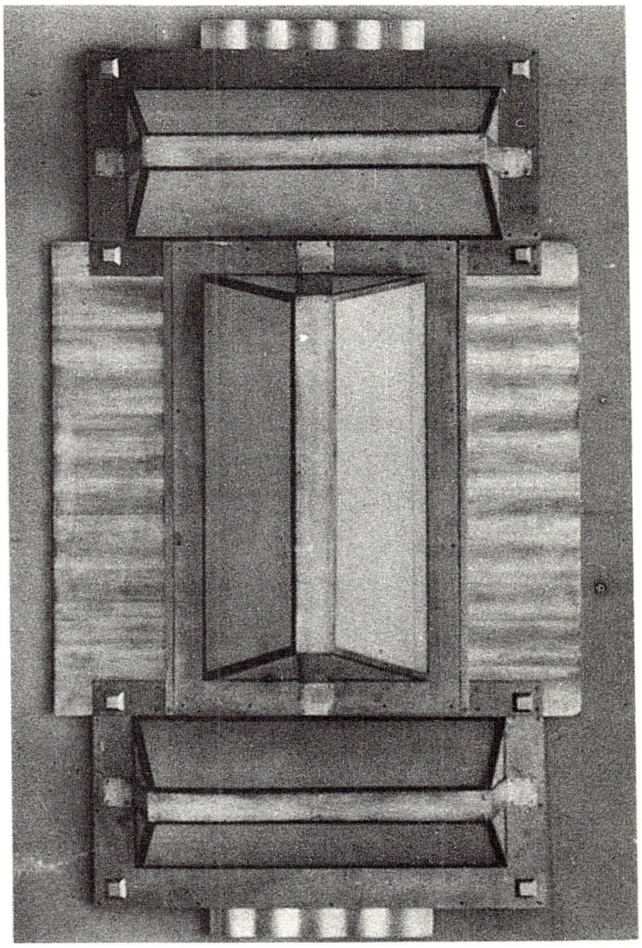

Paul Follot - Lustre de salon.

Dominique - Applique.

René Herbst - Plafonnier.

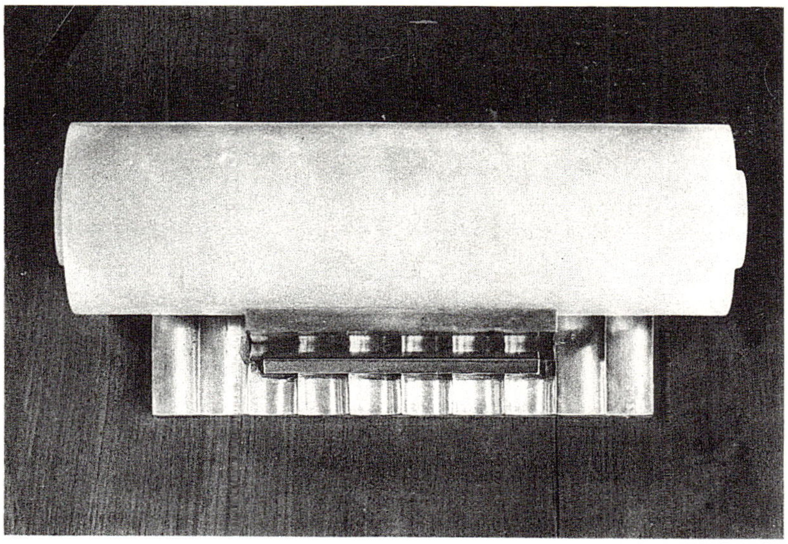

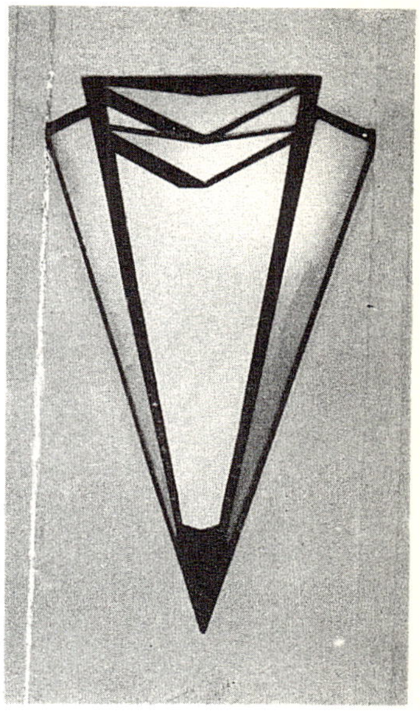

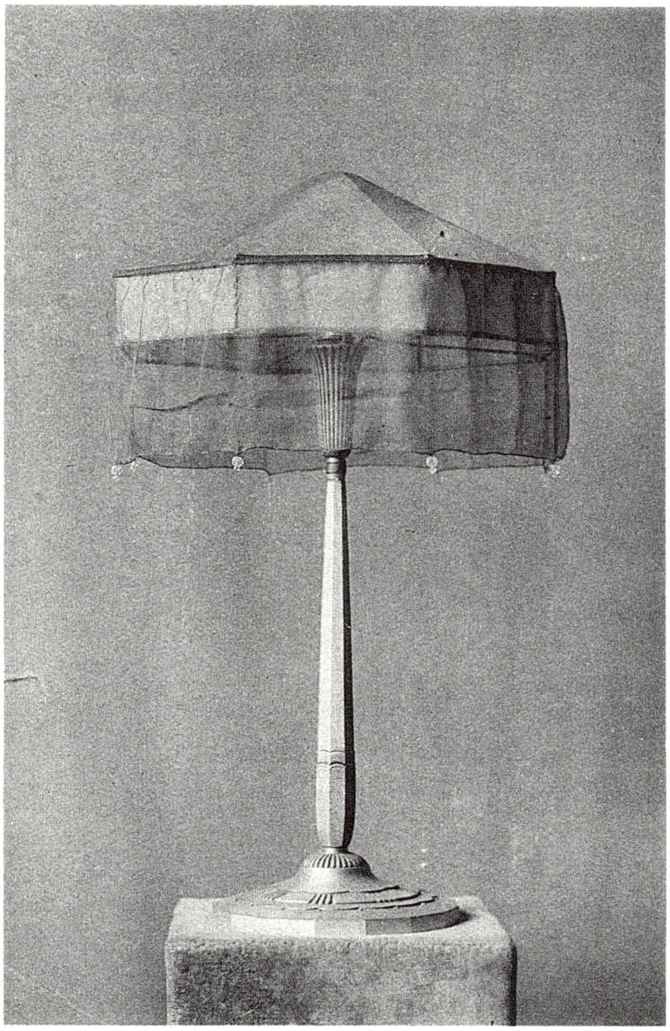

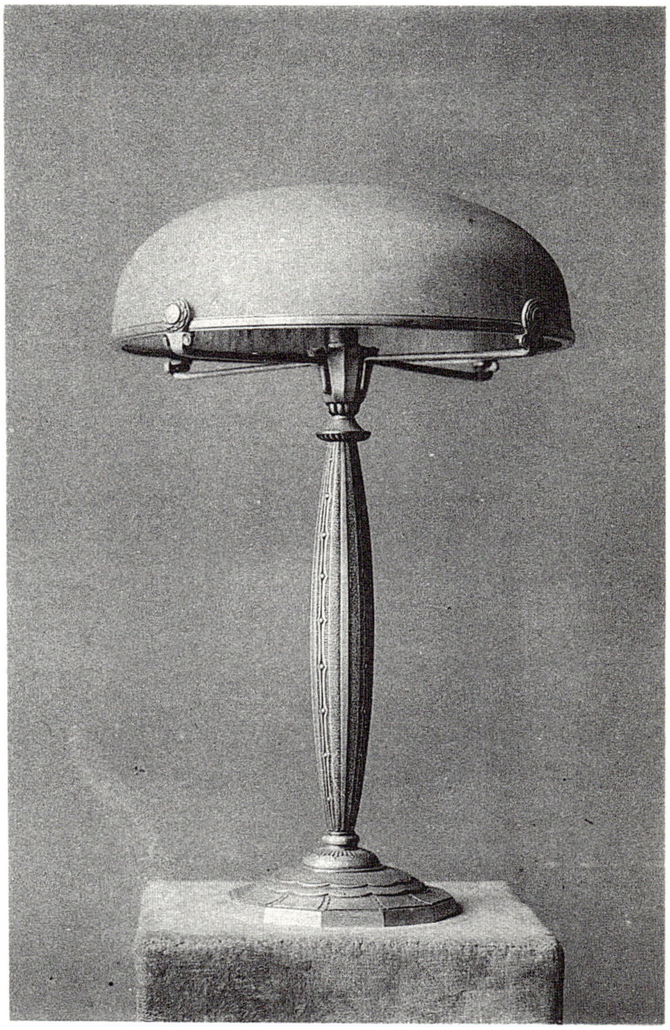

J. PERZEL - Lampe.

RUHLMANN - Applique.

J. PERZEL - Applique.

DUNAIME - Lampes bronze argenté.

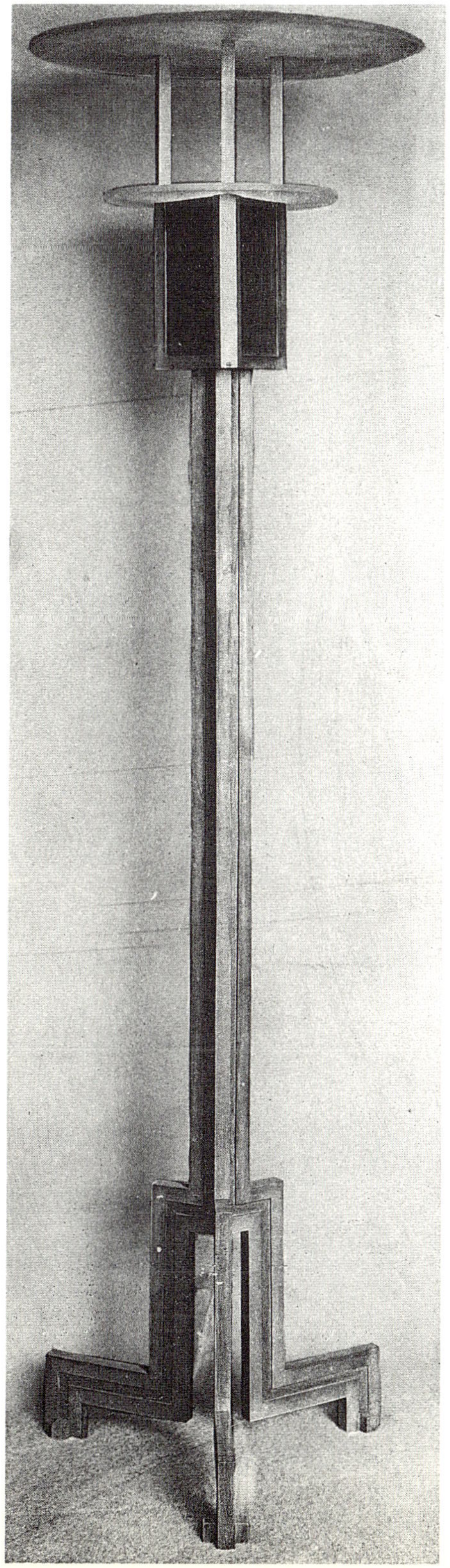

René Herbst - Torchère.

A. Frechet, Lahalle & Levard - Jet d'eau.

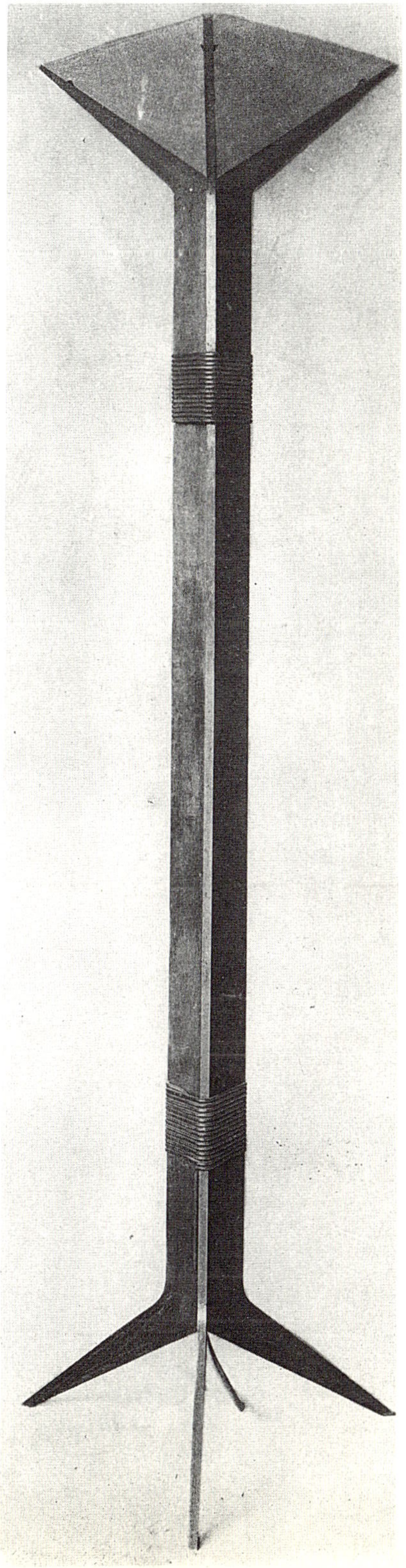

René Herbst - Torchère.

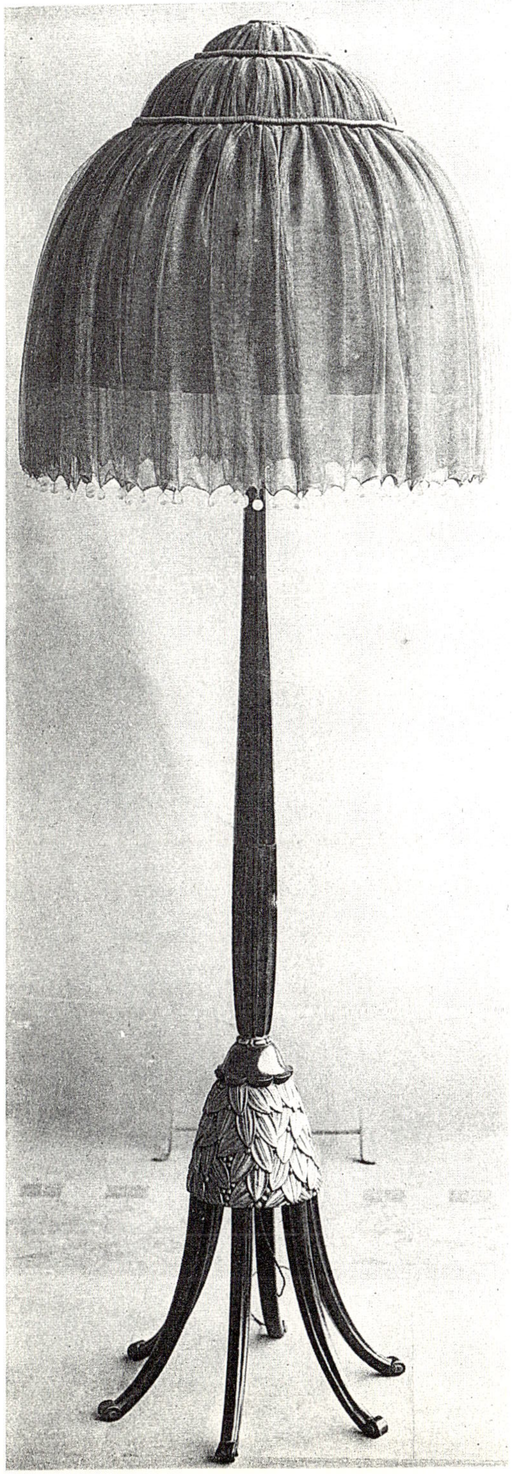

Paul Follot - Torchère.

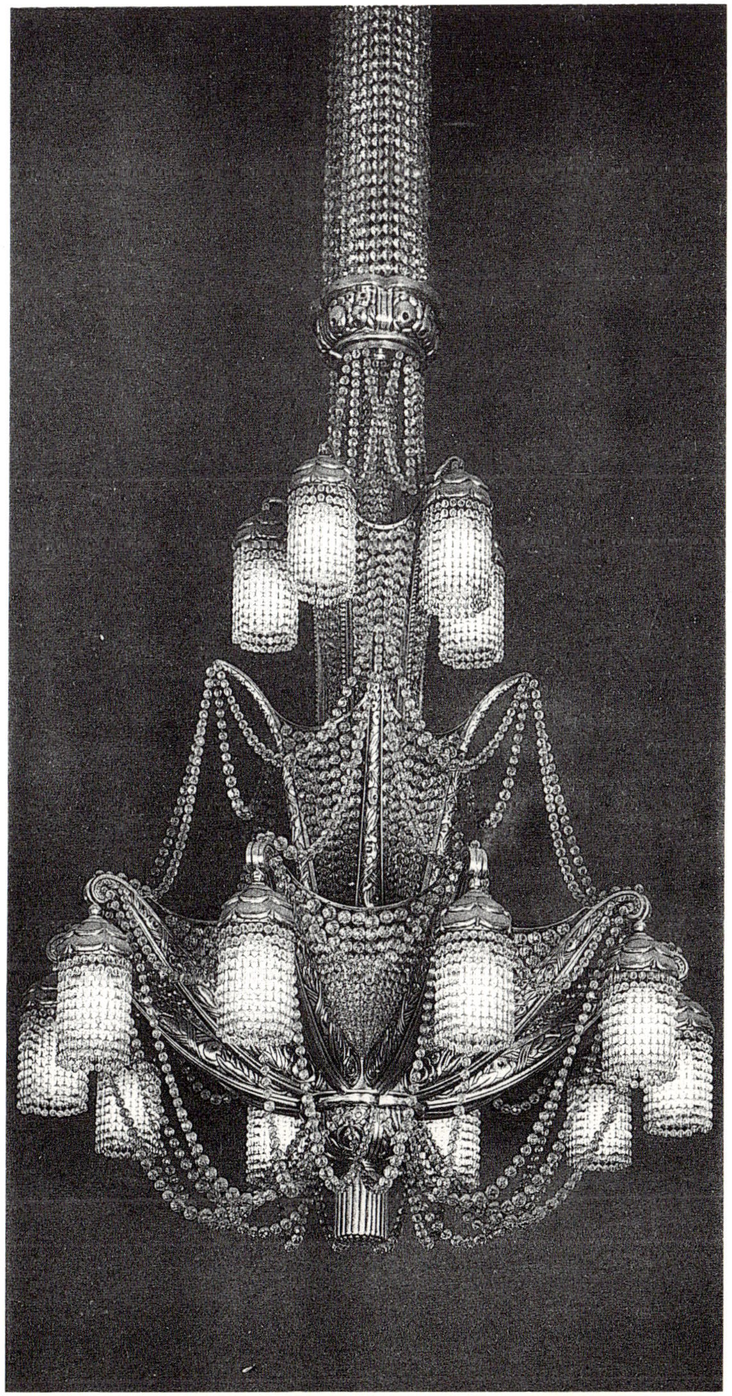

Chevalier - Lustre.

Dominique - Torchère.

MALLARD, VALLENDUC & DUBOIS - Lanterne.
GUEVREKIAN - Plafonnier.

ALBERT LAPRADE - Salle de bains, cage vitrée lumineuse.
PIERRE CHAREAU - Applique.

ART POPULAIRE POLONAIS - Plafonnier.
DOMINIQUE - Lampe de bureau.

RENÉ PROU - Petit lustre.
PAUL FOLLOT - Lampe de bureau.

MAURICE DUFRENE - Lustre.

MALLET-STEVENS - Plafond Lumineux.

SIMON GATE & EDWARD HOLD - Pendentif.

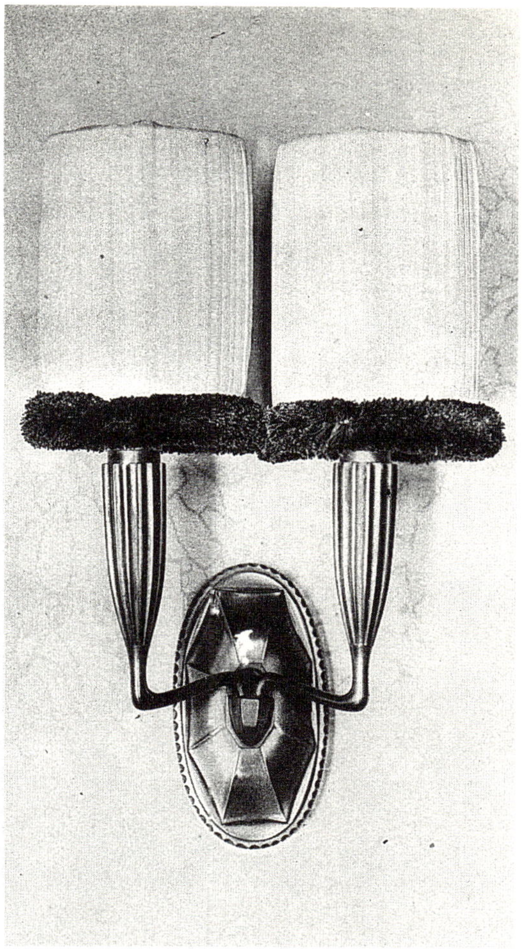
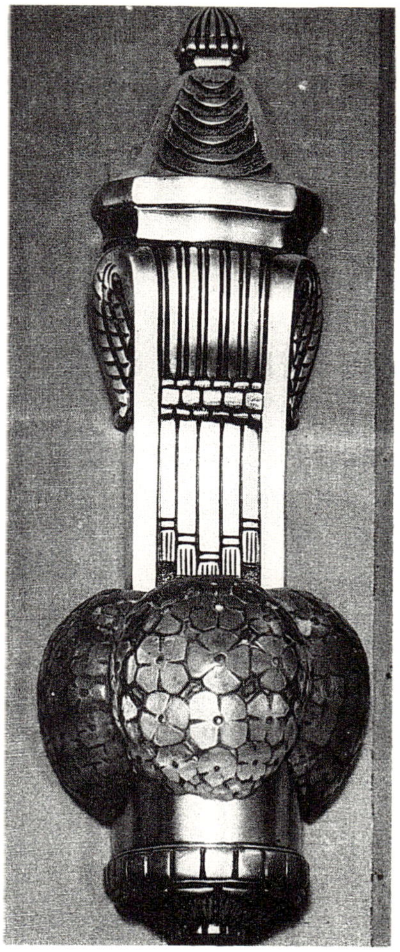
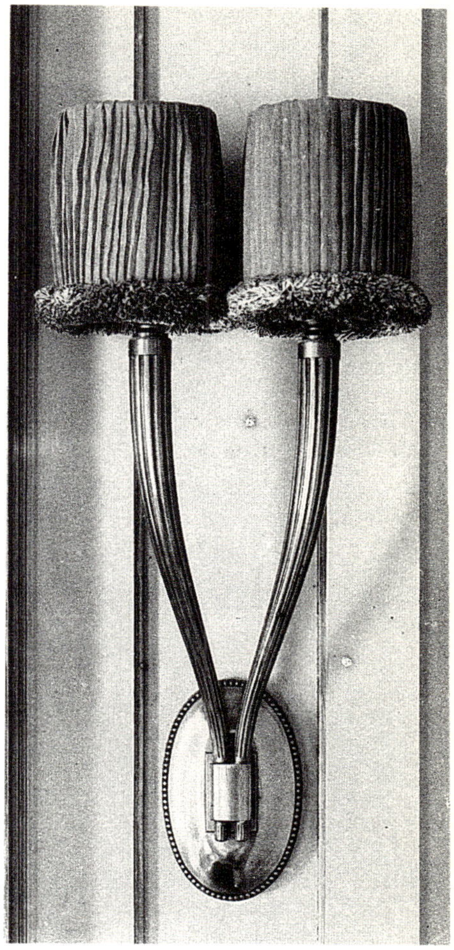
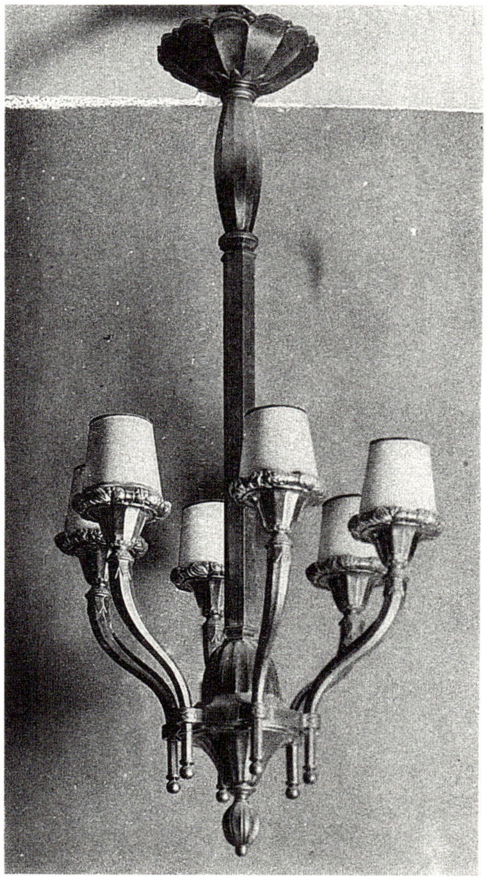
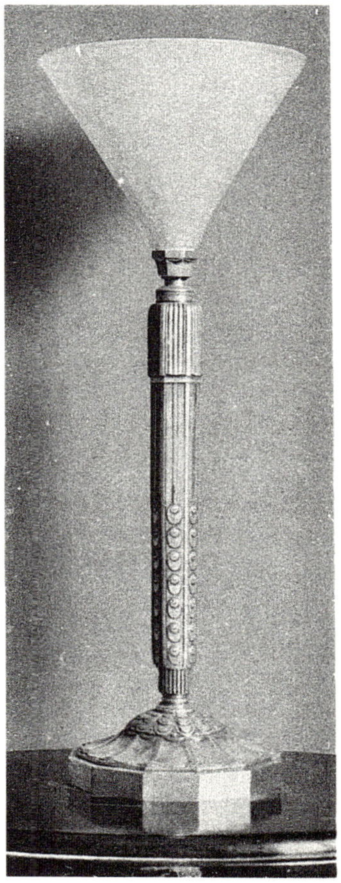

RUHLMANN - Applique.
GRANGER - Lustre.

SIMONET FRÈRES - Applique.
GRANGER - Lustre.

RUHLMANN - Applique.
CAPON - Petit Lustre.

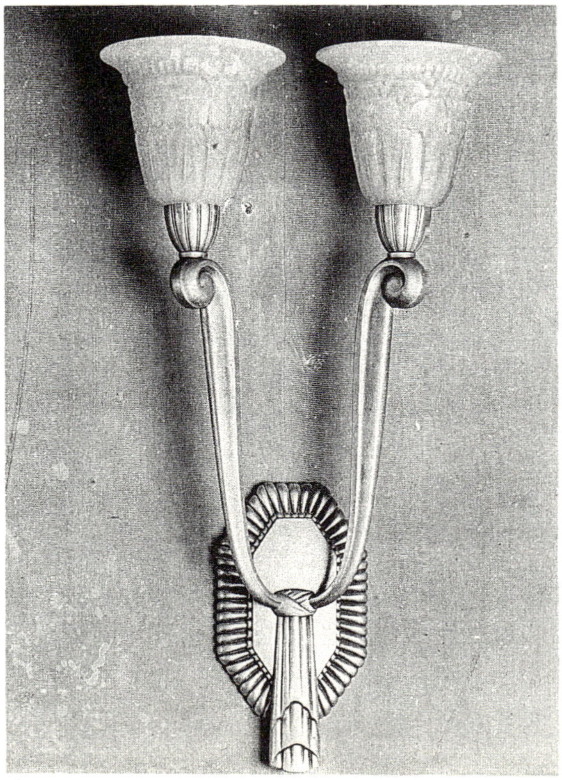

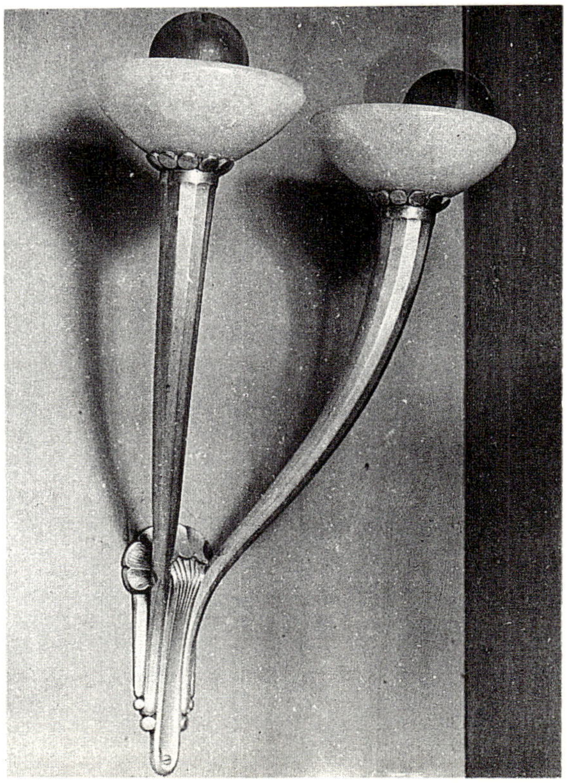

DUNAIME - Lustre.
CAPON - Applique murale

GAGNEAU - Lustre.
GIGOU - Applique murale

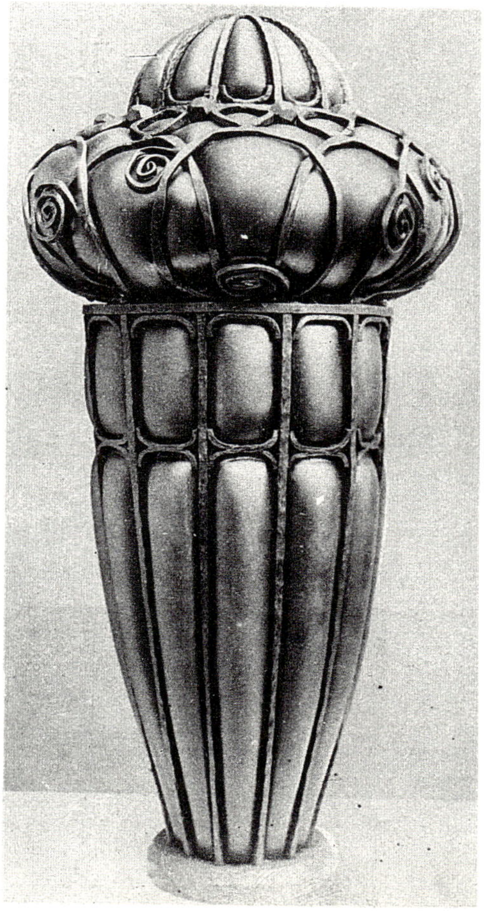

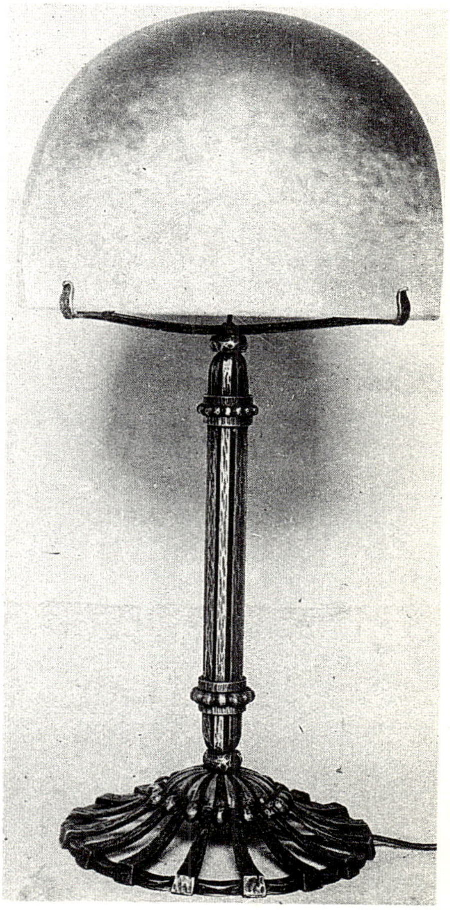

RAYMOND SUBES - Appliques murales.

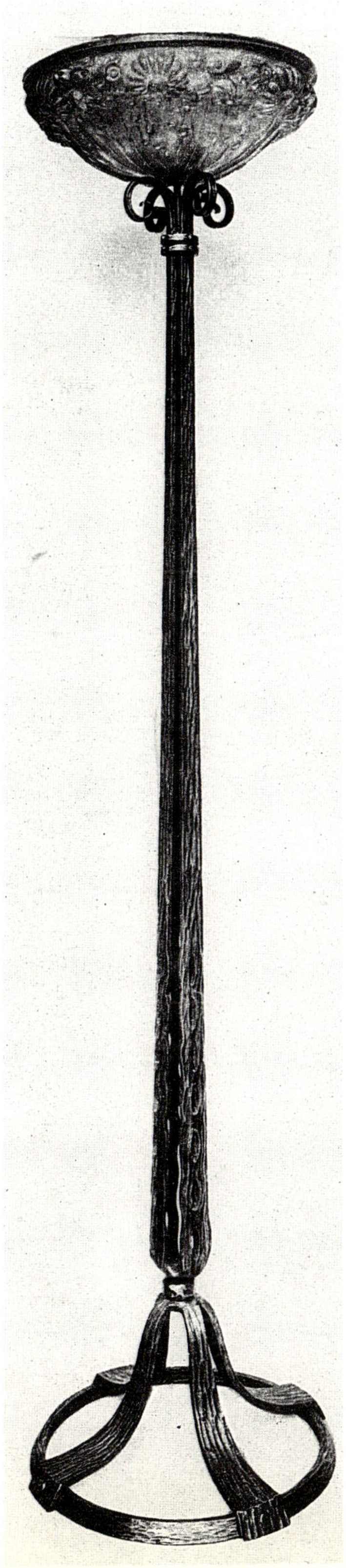

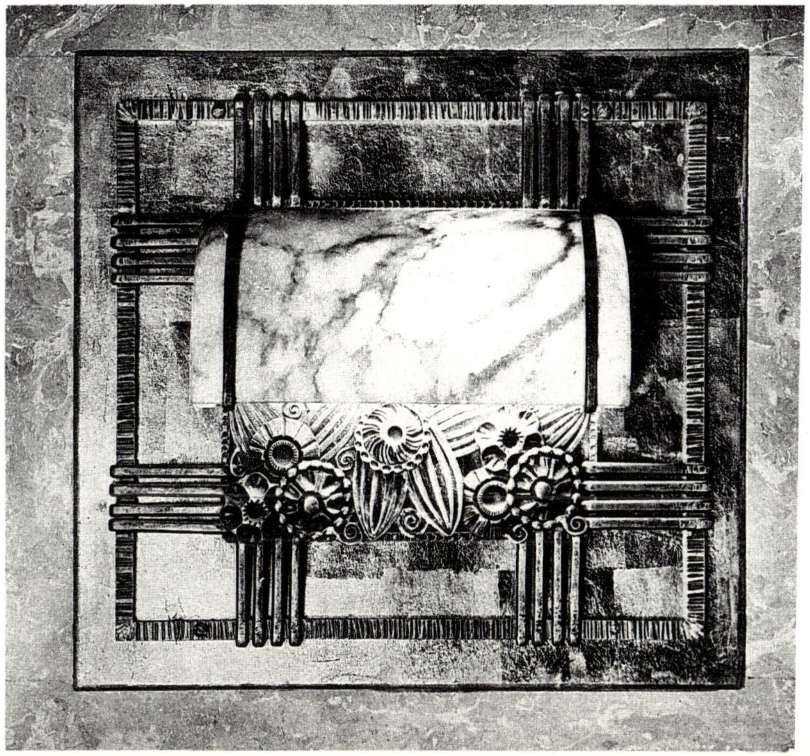

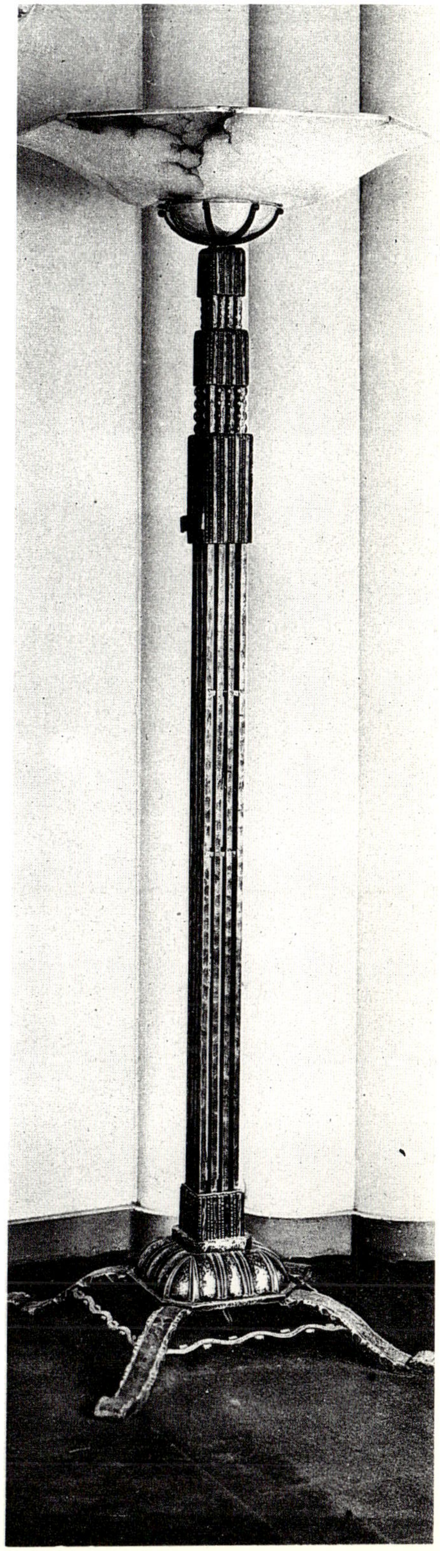

RAYMOND SUBES - Plafonnier. Applique. Torchères.

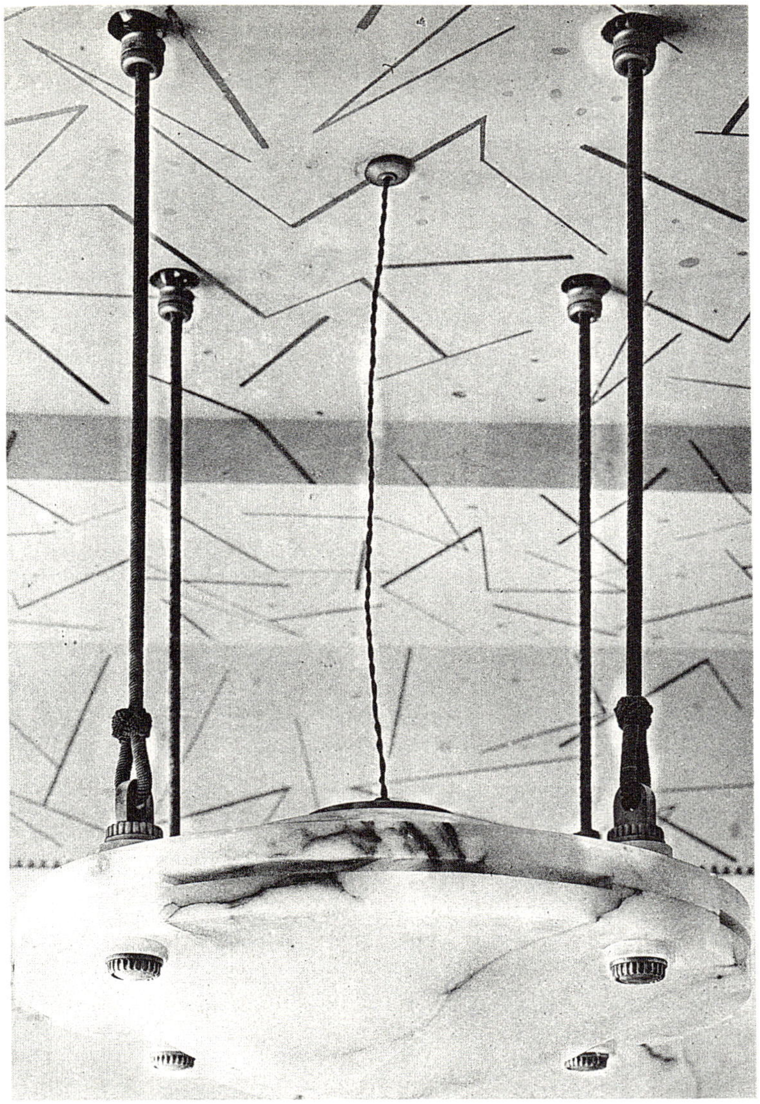

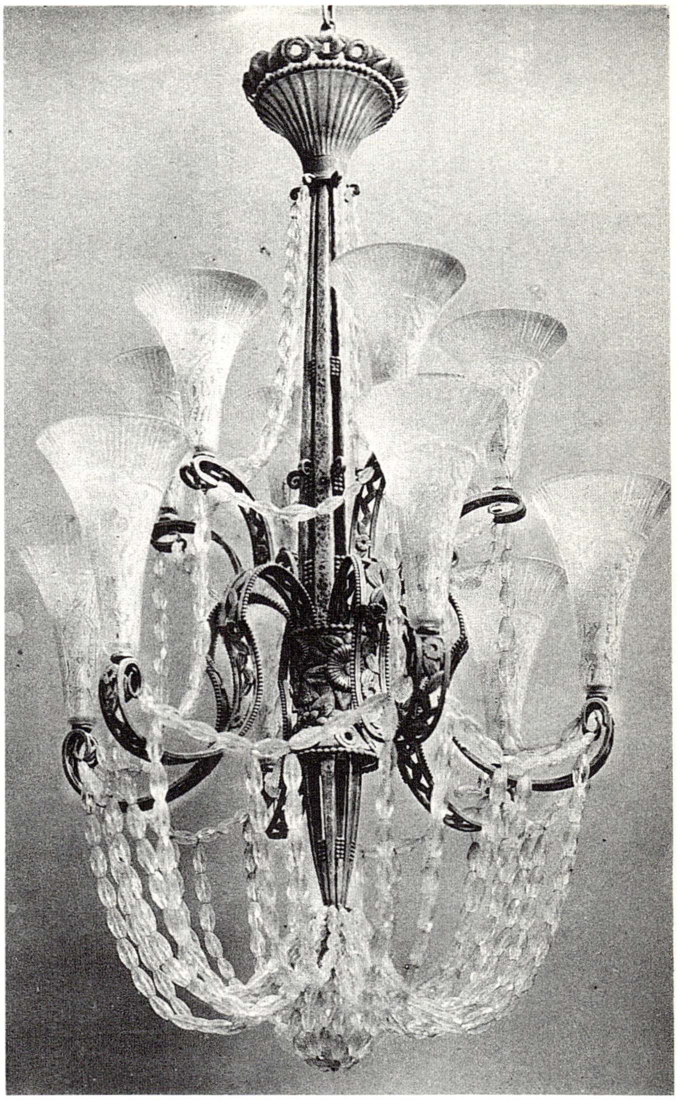

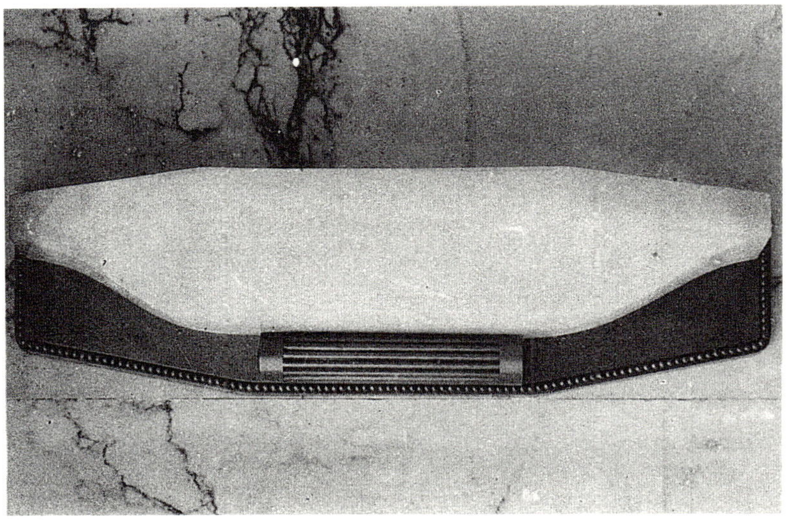

RUHLMANN - Plafonnier.

EDGAR BRANDT - Lustre.

RUHLMANN - Appliques.

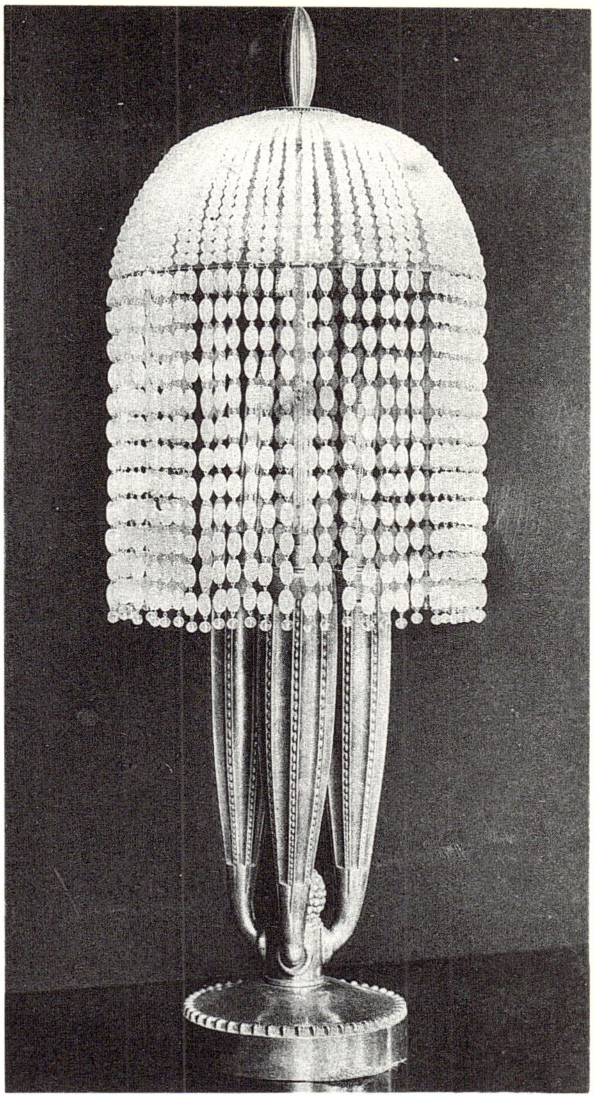

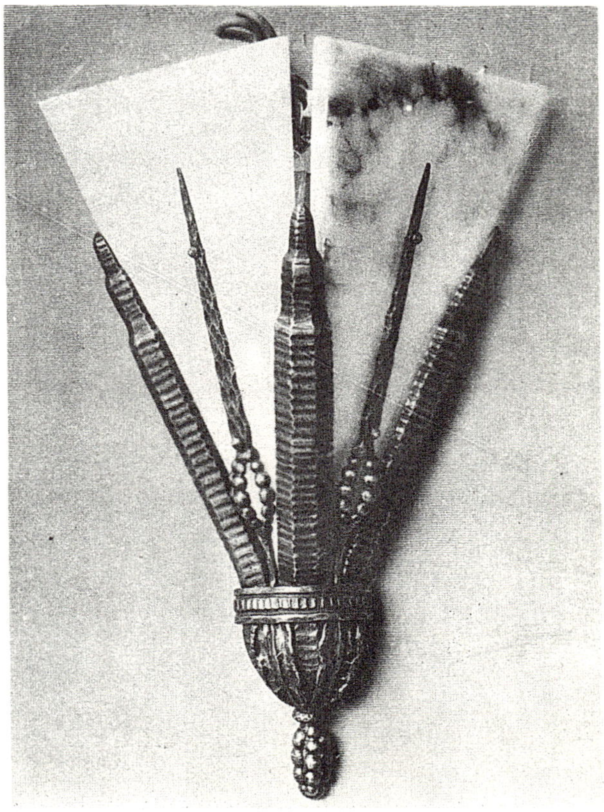

GENET & MICHON - Lustre.
Mlle MAISONNIER - Lustre.

RUHLMANN - Lampe.
PAUL KISS - Applique.

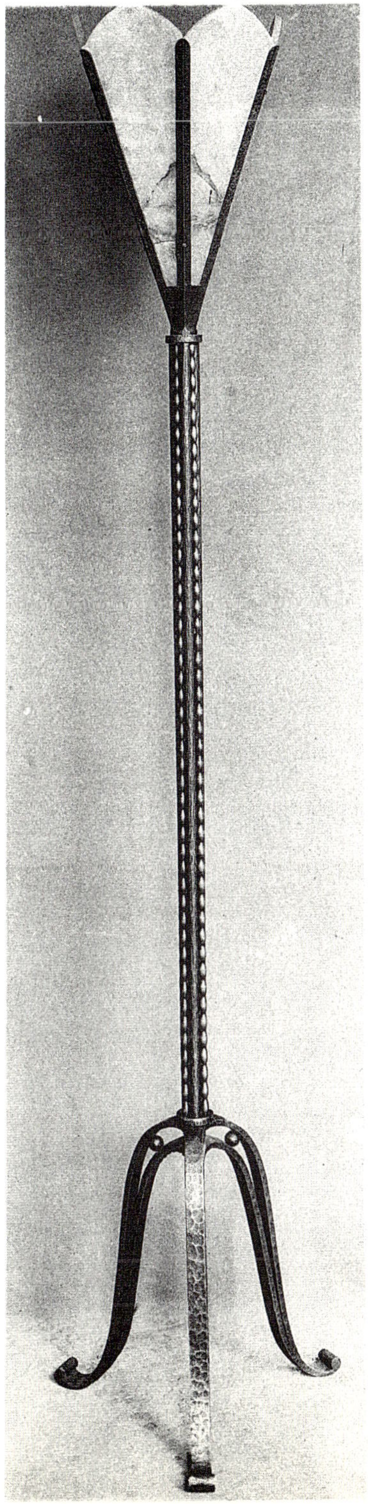

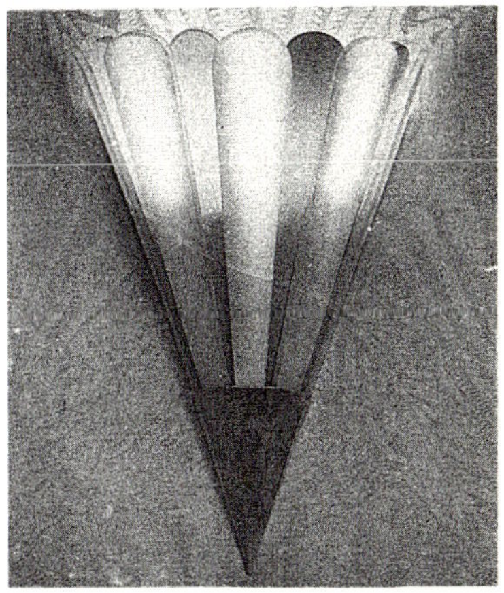

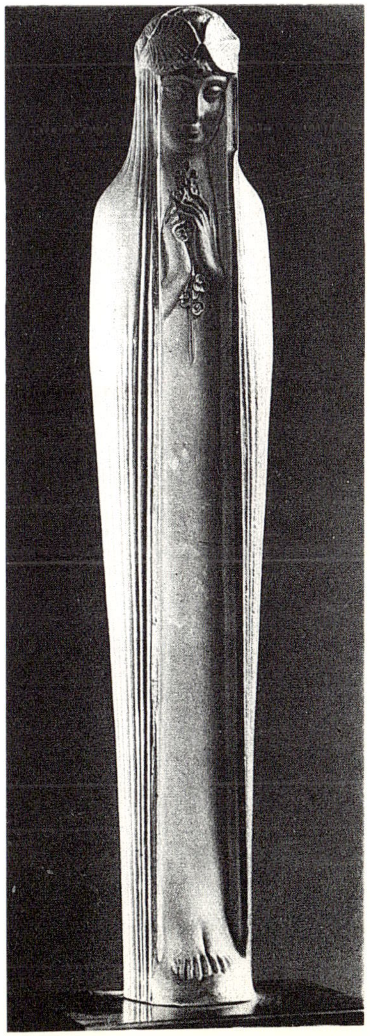

J. & M. Preau - Lampadaire.

Kotarbinski - Lustre.

Groult - Applique.
Lalique - Statuette.

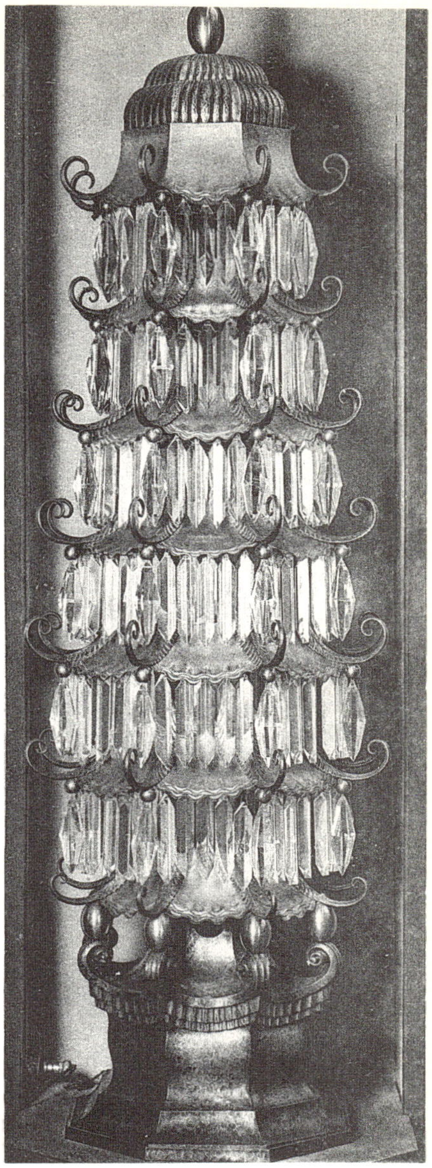

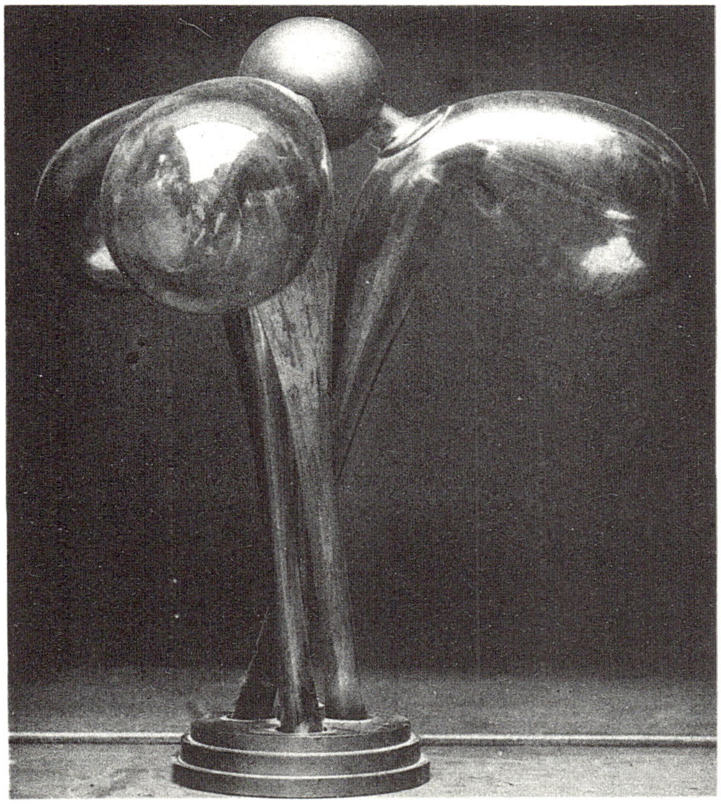

PAUL FOLLOT - Grand Lustre.
DUCRET - Lampe.

SECTION SUISSE - Lampadaire.
KOLHMANN - Lustre.

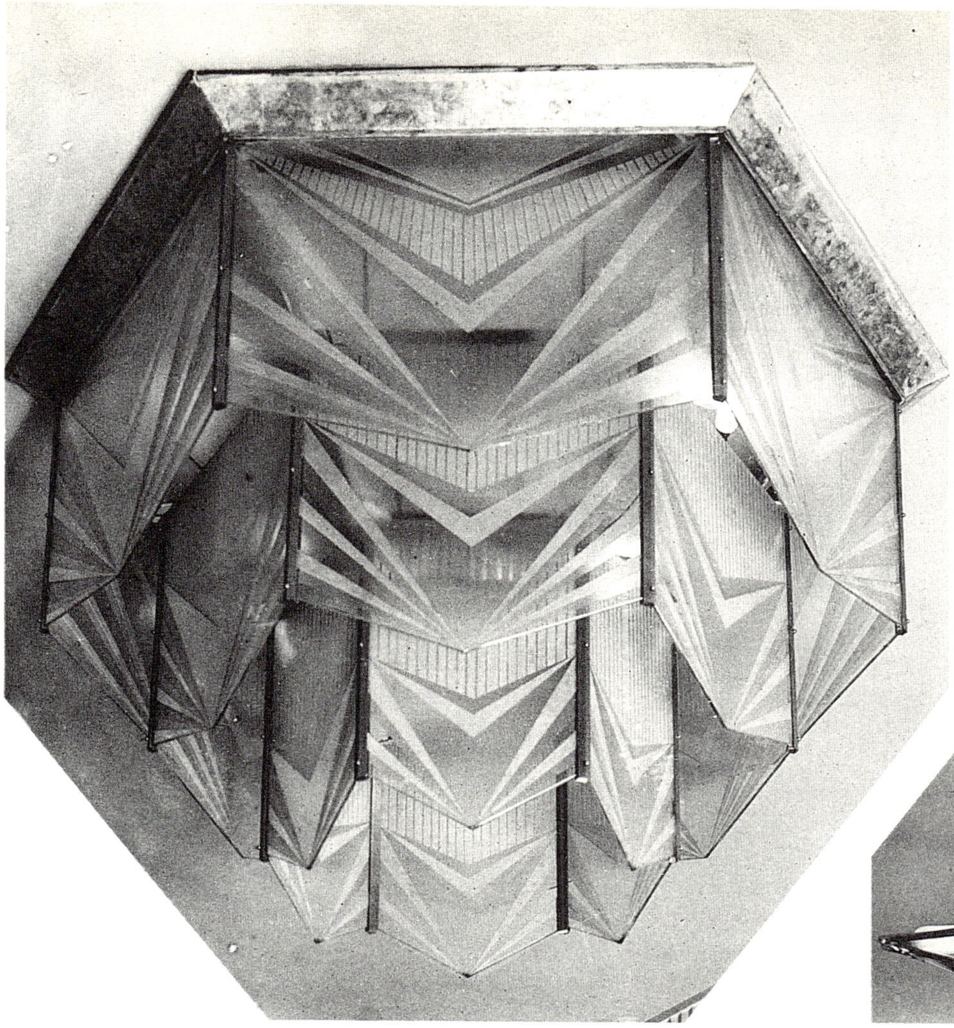

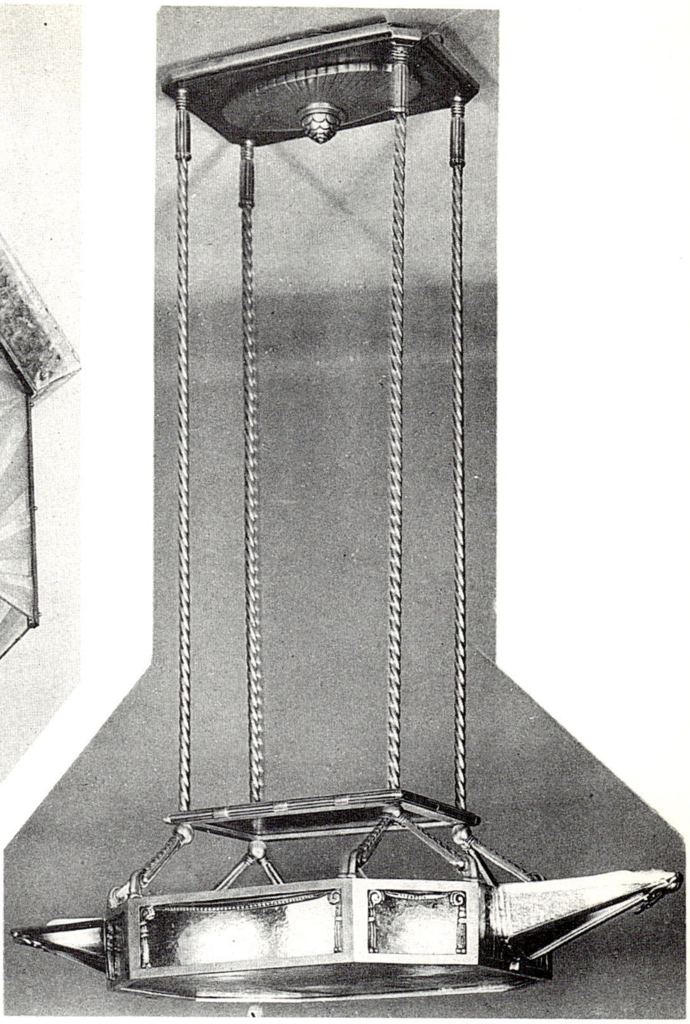

BOILEAU & CARRIERE - Plafonnier.
LEFEVRE & SAULNIER - Lustre.

FAVRE - Lustre.
RAYMOND SUBES - Applique.

Pierre Charreau - Cabinet de travail d'un ambassadeur.

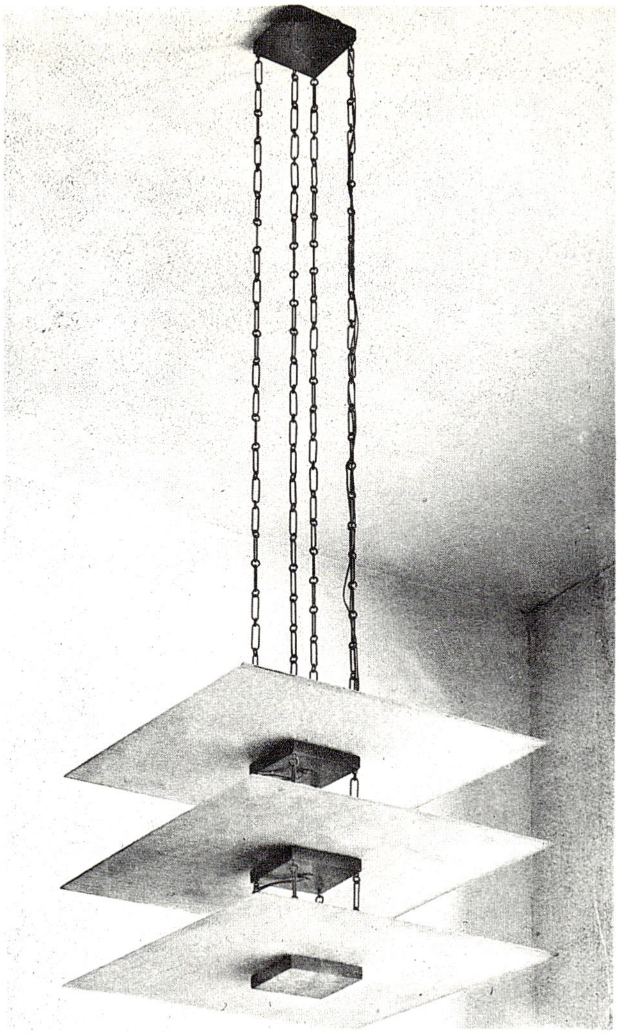

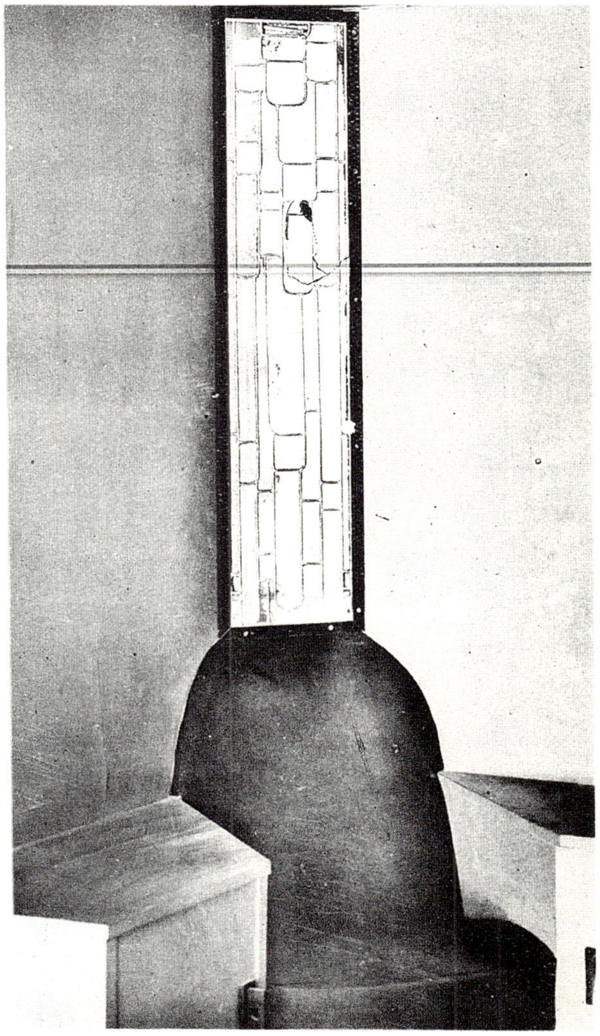

ROB MALLET-STEVENS - Lustre.
RENÉ HERBST - Applique.

PIERRE CHARREAU - Lampe.
FRANCIS JOURDAIN - Vitrail d'angle.

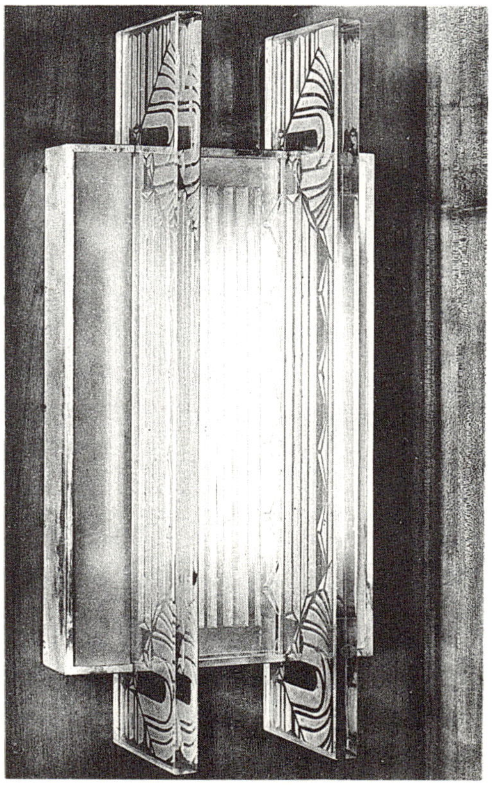

KOLHMANN - Applique.

JEAN DUNAND -Plafond à corniches lumineuses.

R. LALIQUE - Plafond à caisson lumineux.

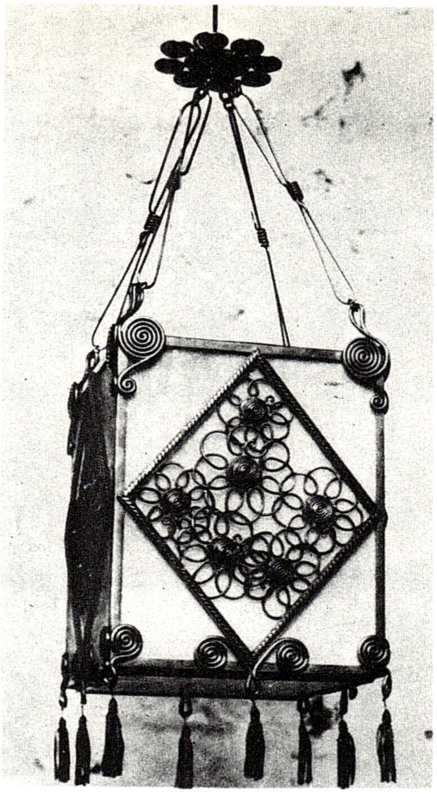

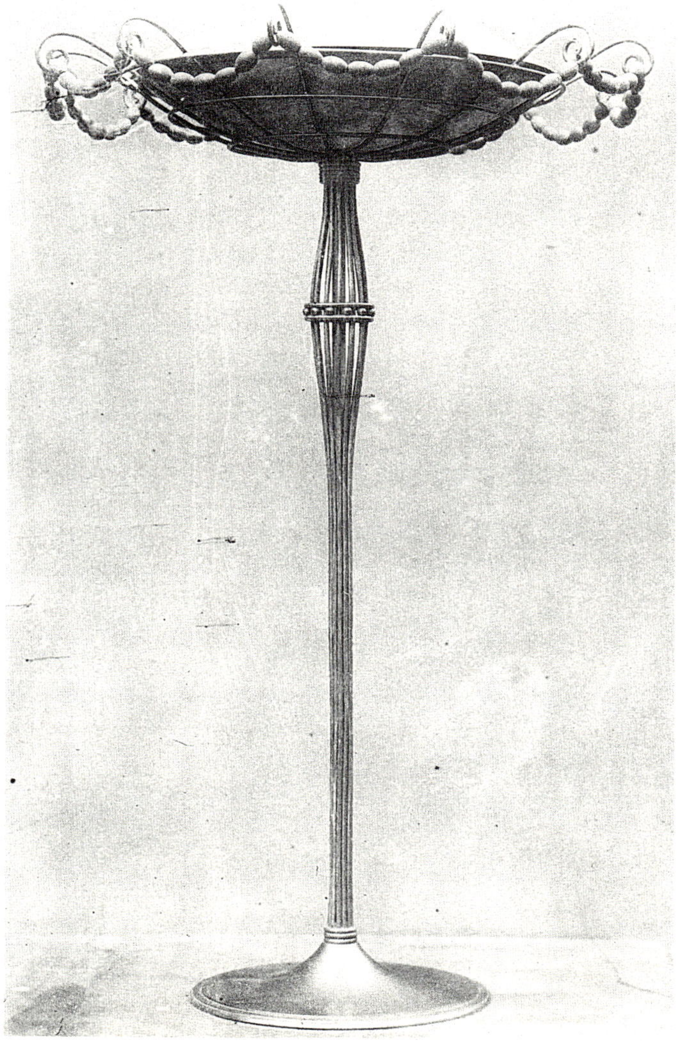

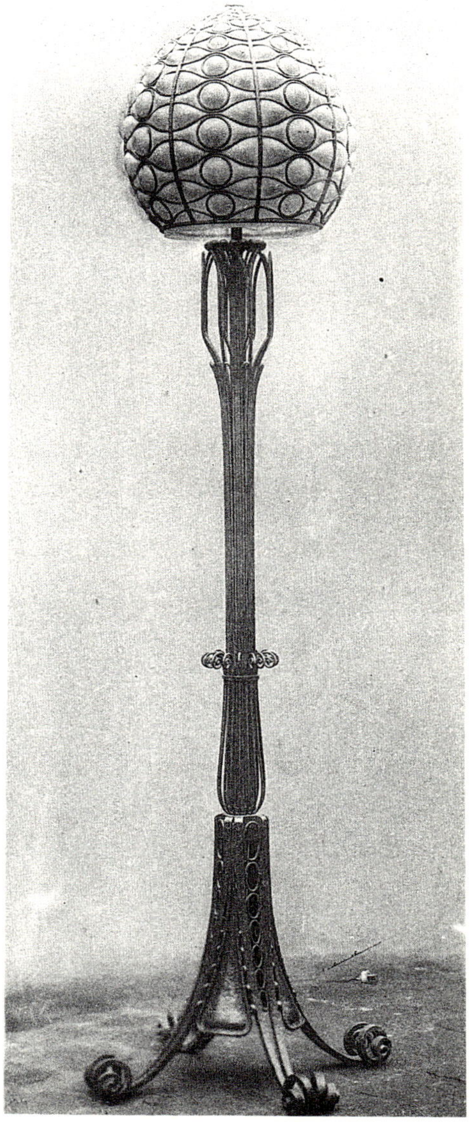

EDOUARD SCHENCK - Lanternes. Lampe.

MARCEL SCHENCK - Lampadaire.

Edouard Schenck - Lanterne. Diffuseur. Lampes.

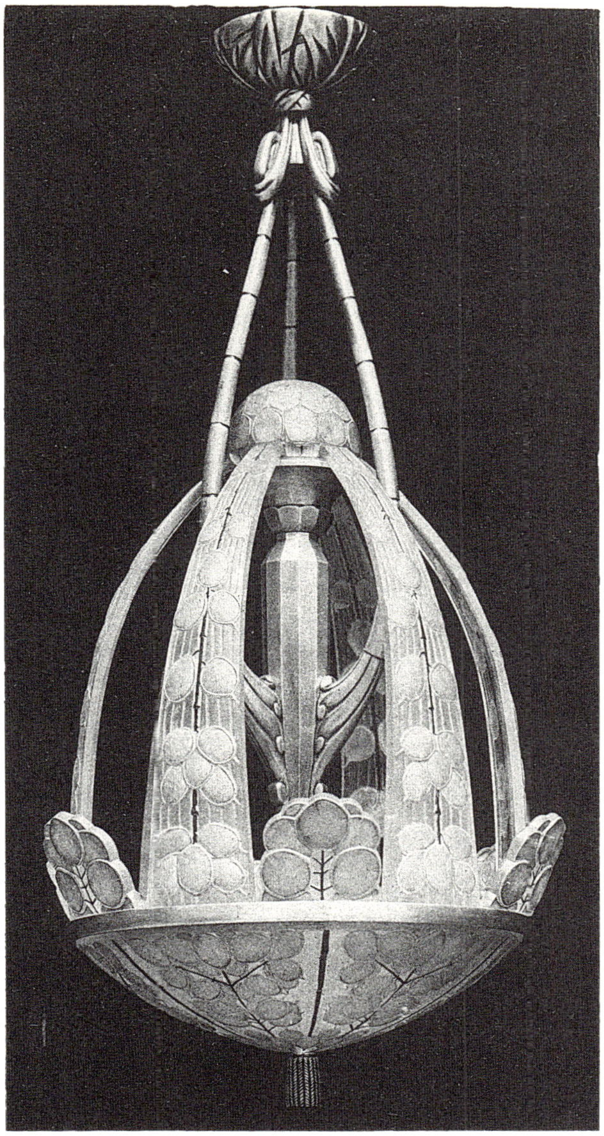

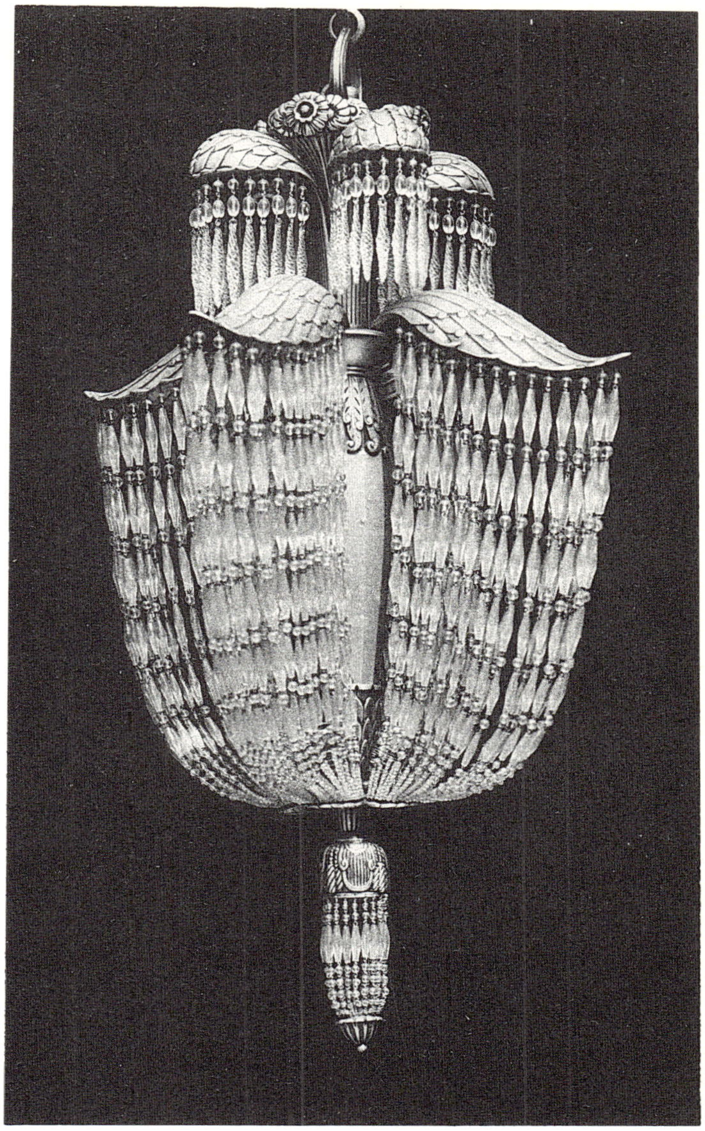

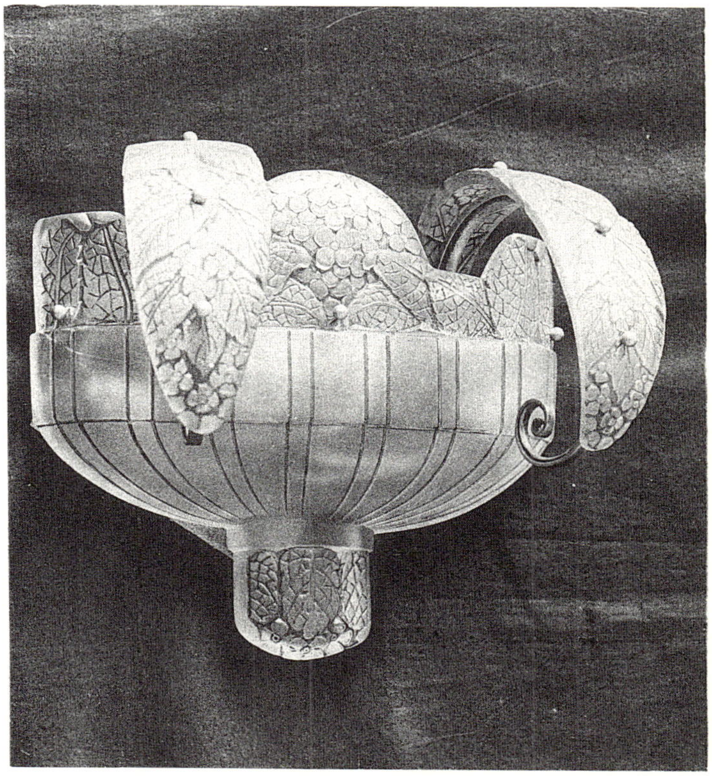

SIMONET Frères - Lustres. Appliques.

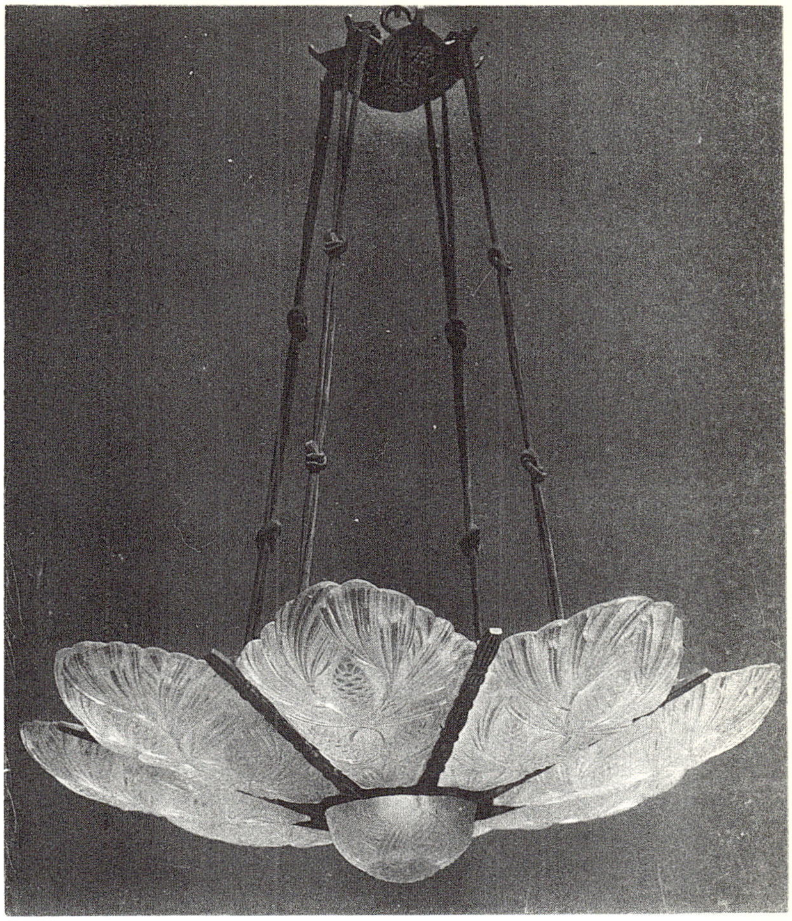

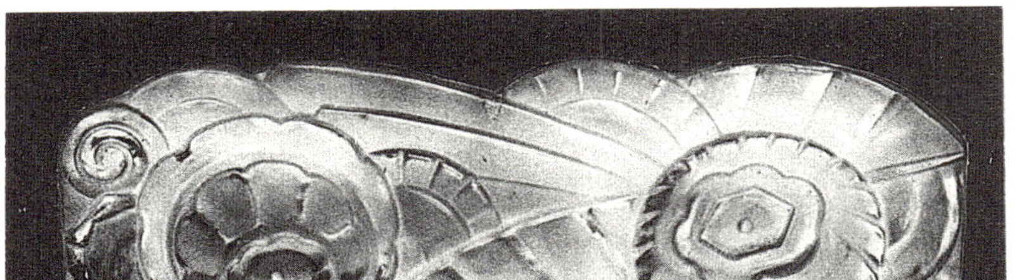

SABINO - Lustres. Plaques de verre. Lanterne.

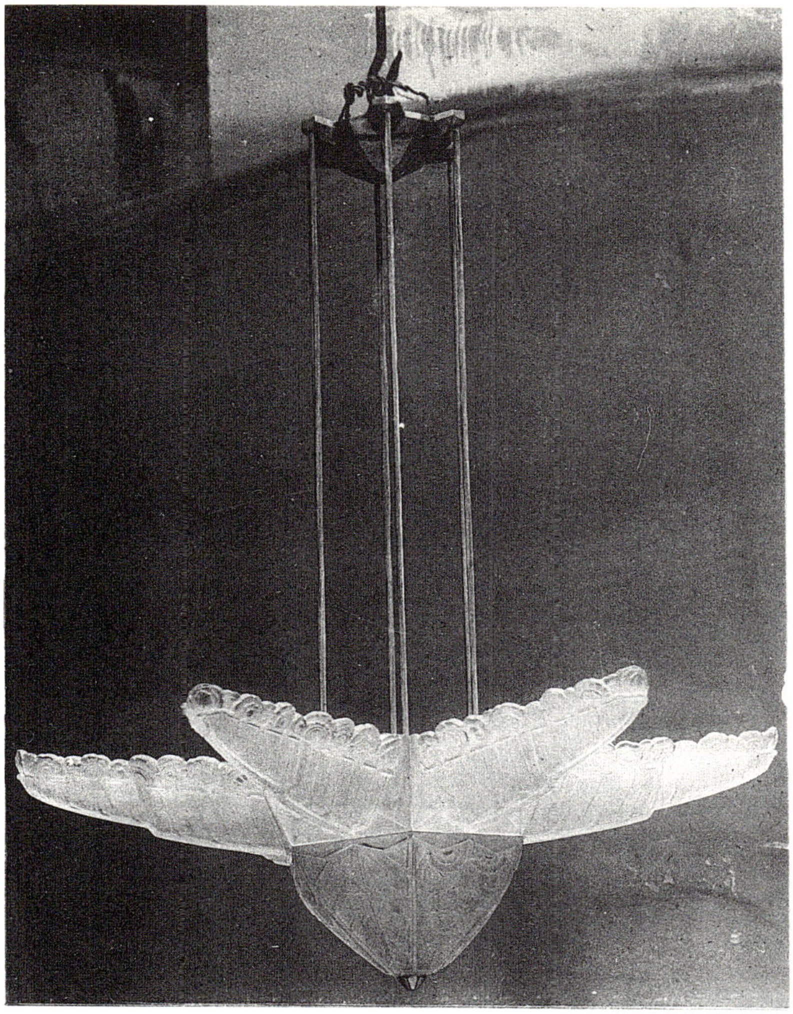

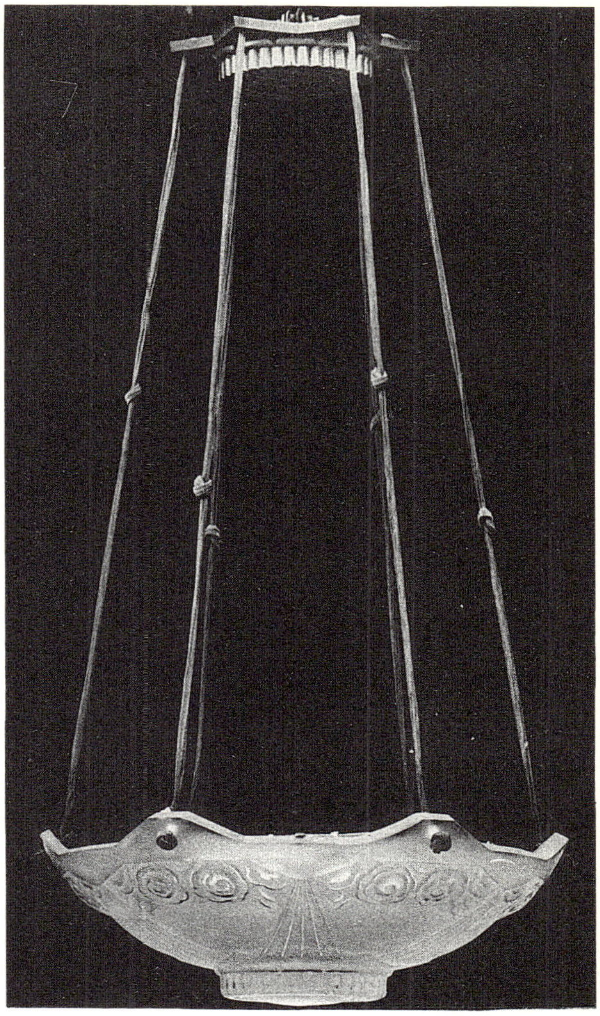

SABINO - Lustres.

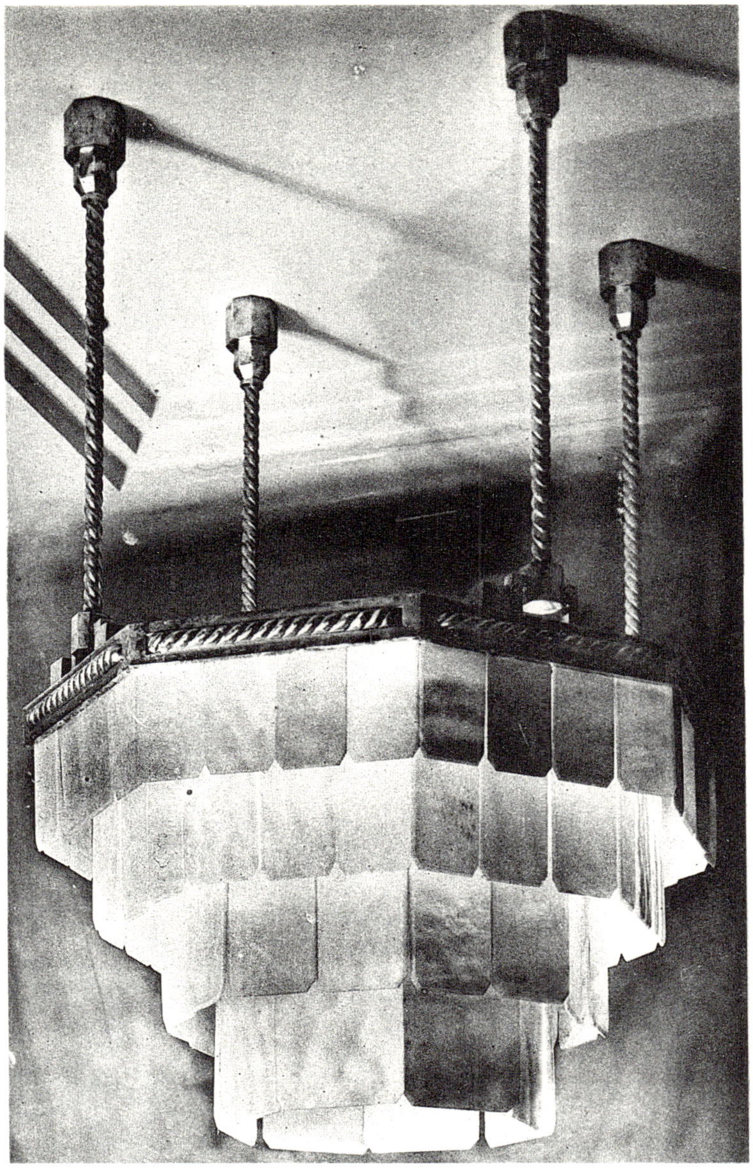

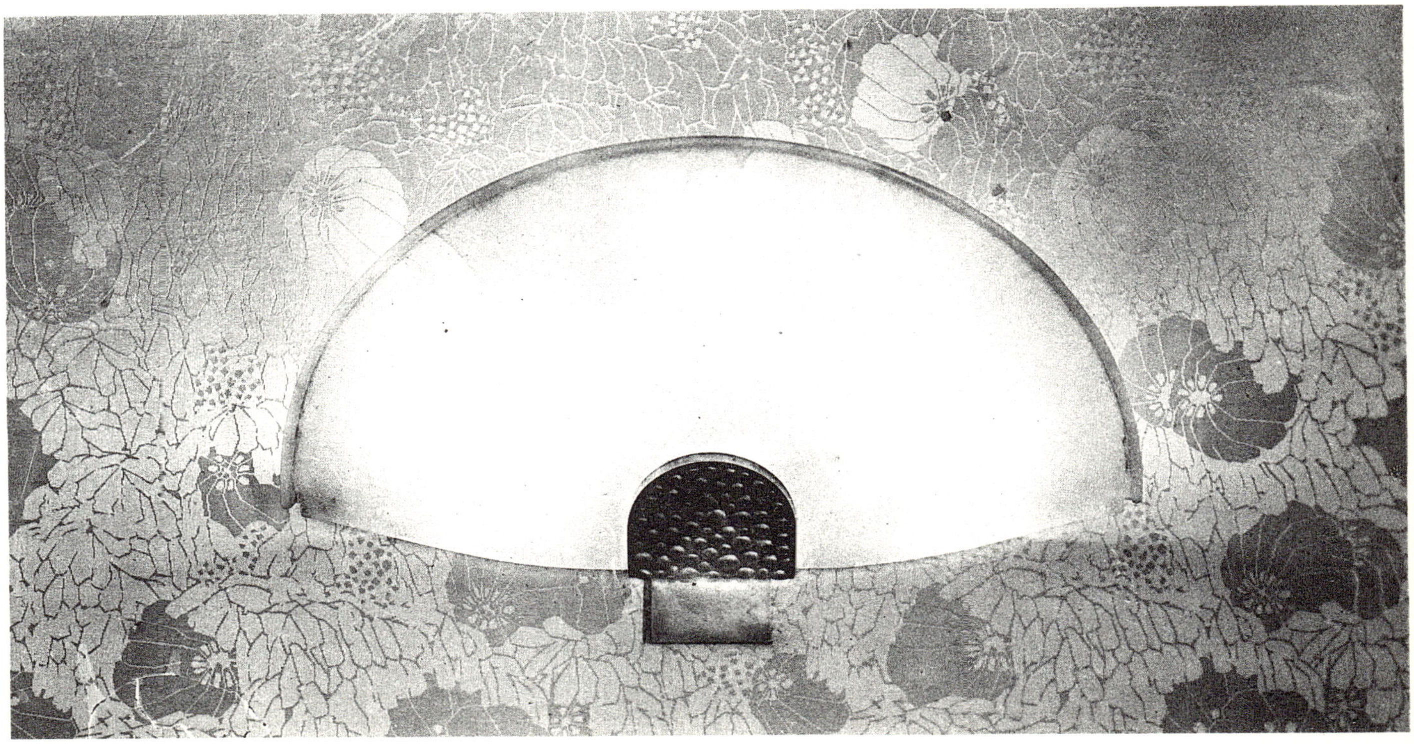

GAGNEAU - Lustre. RULHMANN - Applique. TONY ET JACQUES SOCARD - Lustre.

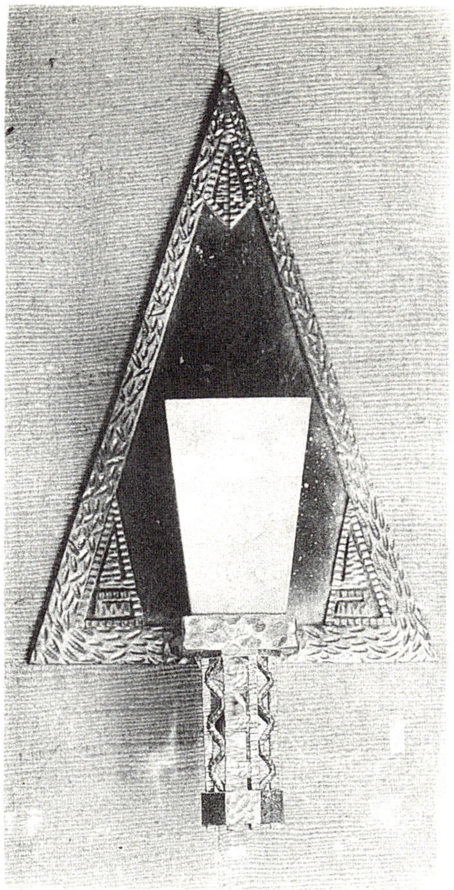

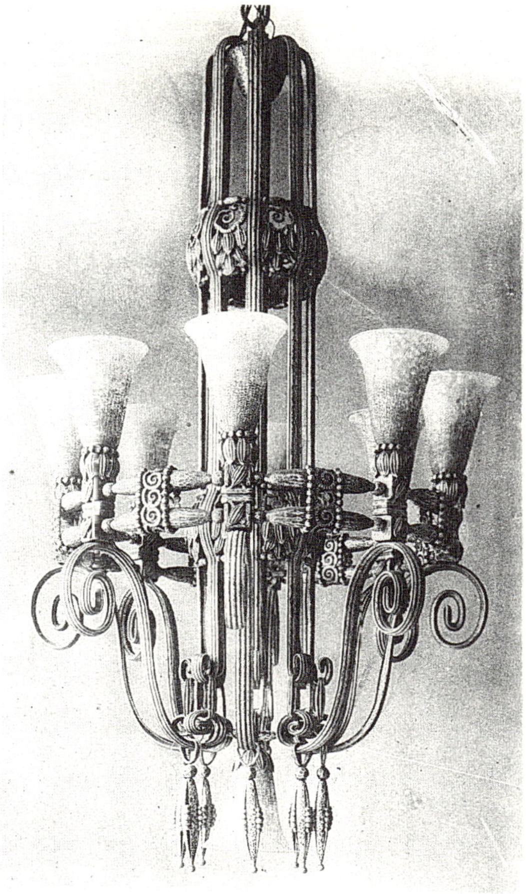

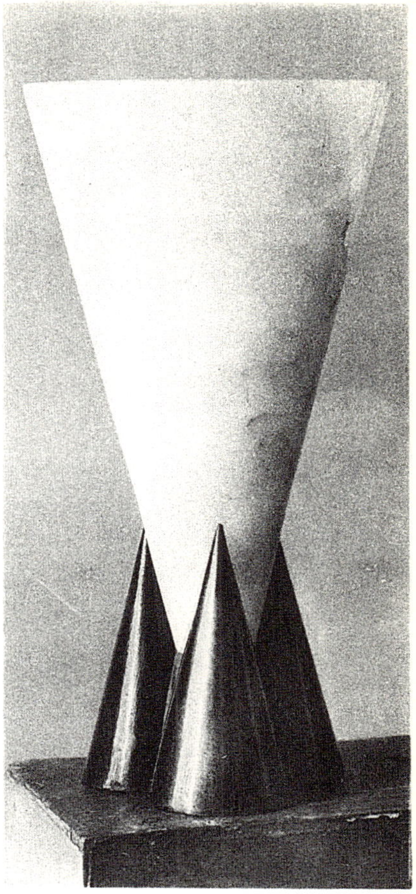

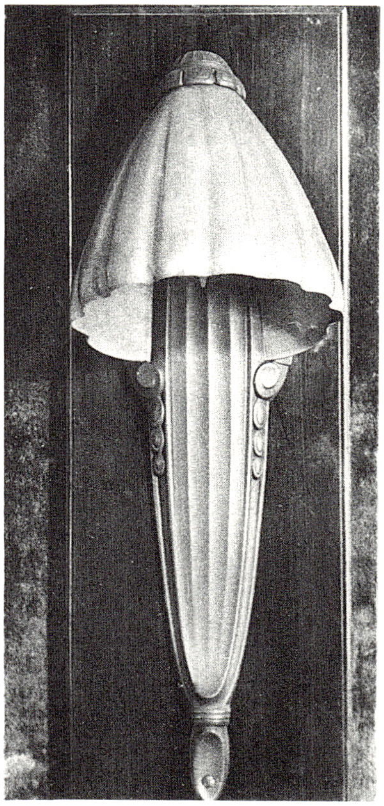

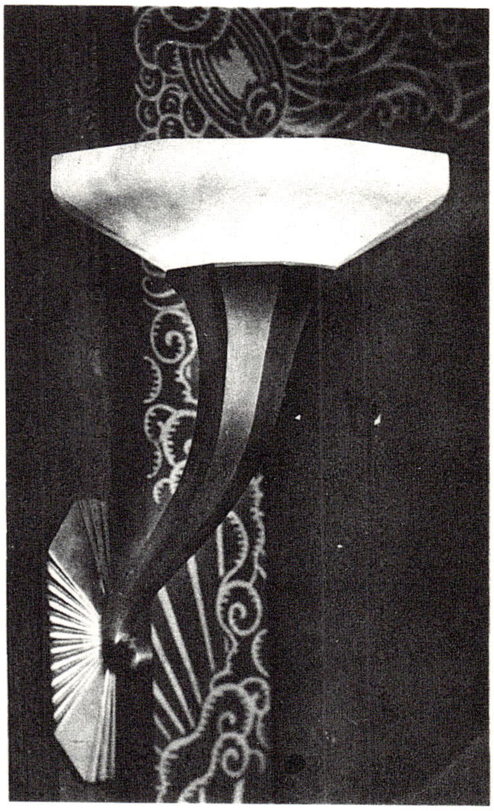

Atelier Chazelet - Applique.
Gigou - Applique.

Paul Kiss - Lustre.
Genet & Michon - Applique.

J. & J. Adnet - Lampe.
Favre - Bras de lumière.

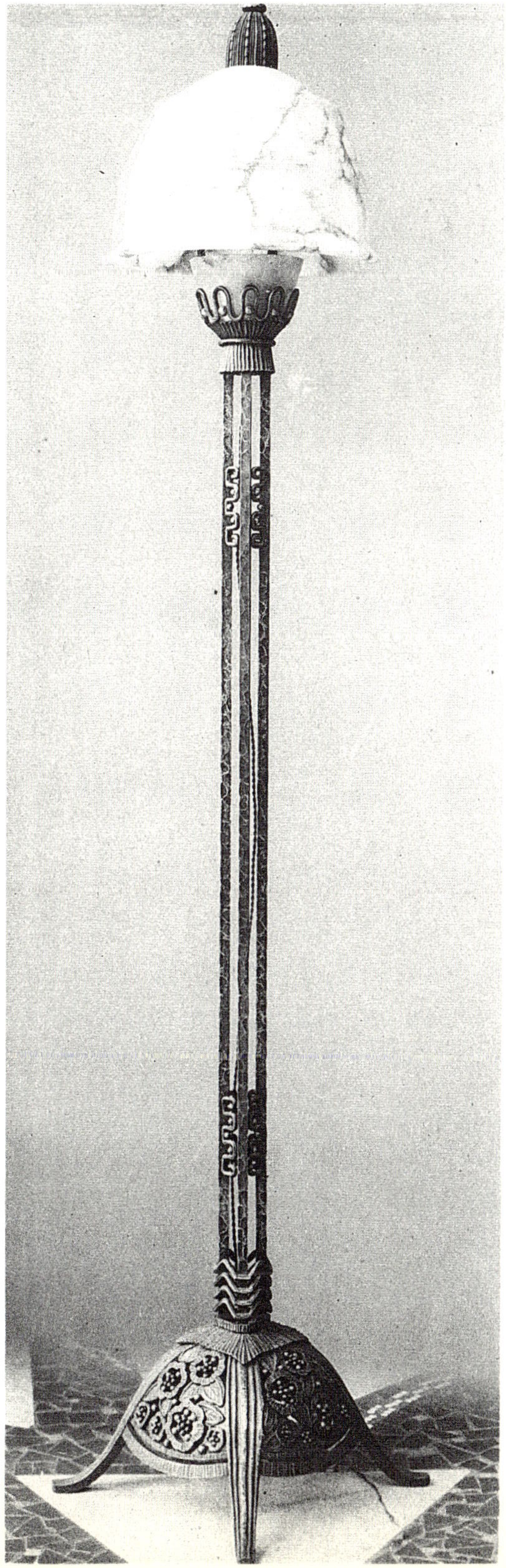

Paul Follot - Lampadaire.

Jonny & Leverrier - Grand Lustre.

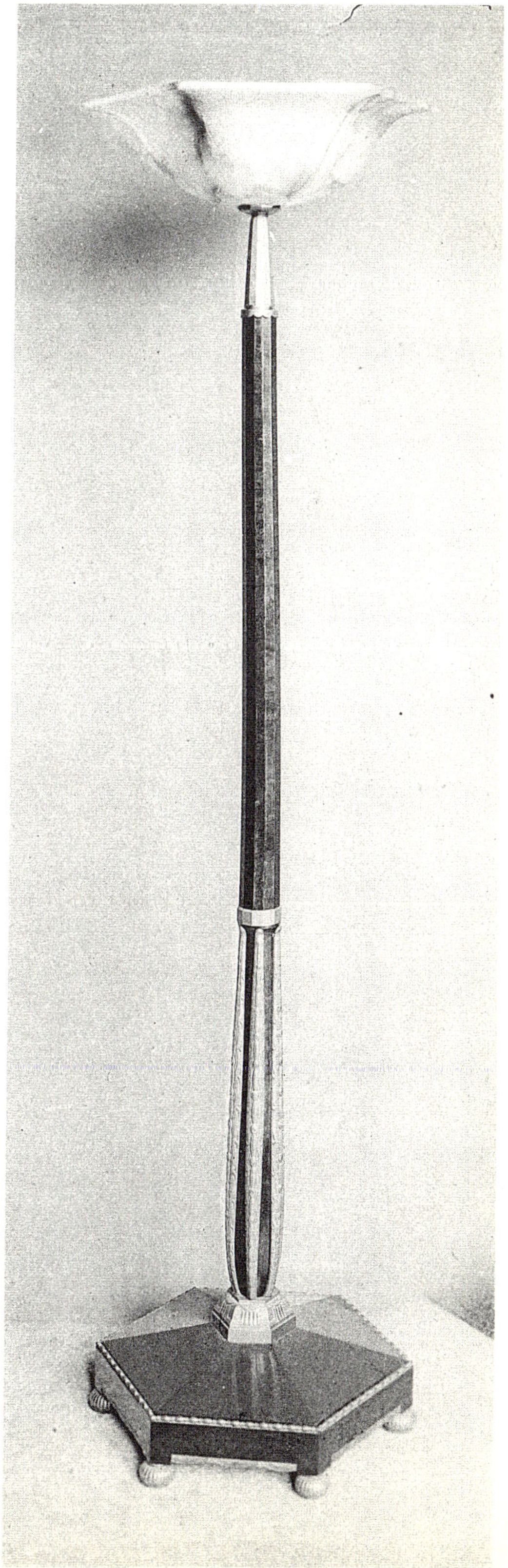

Dunaime - Torchère.

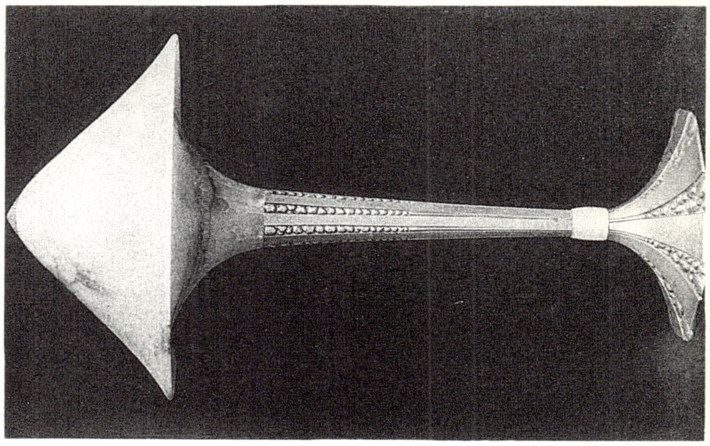

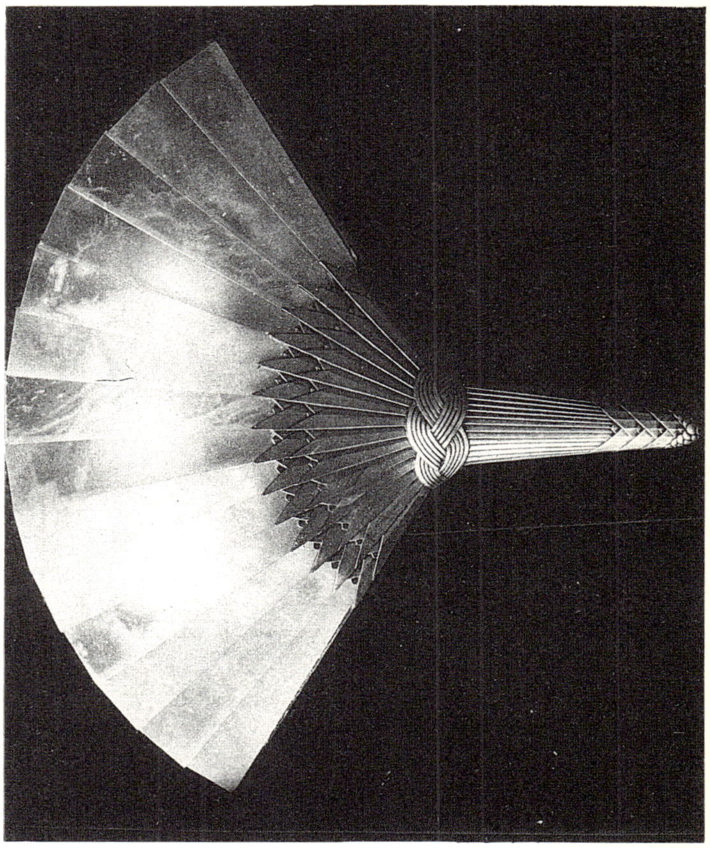

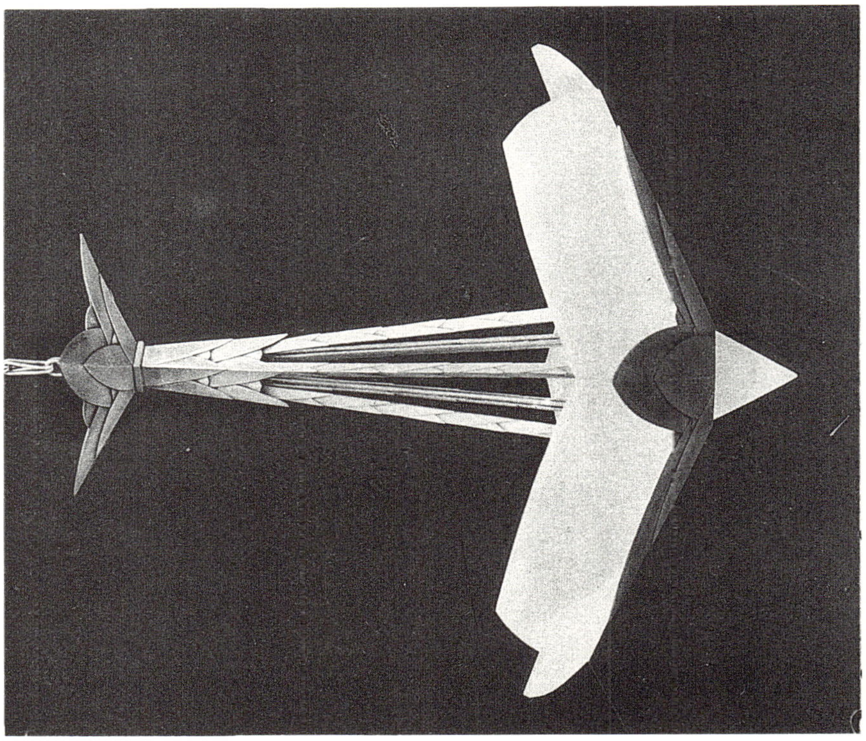

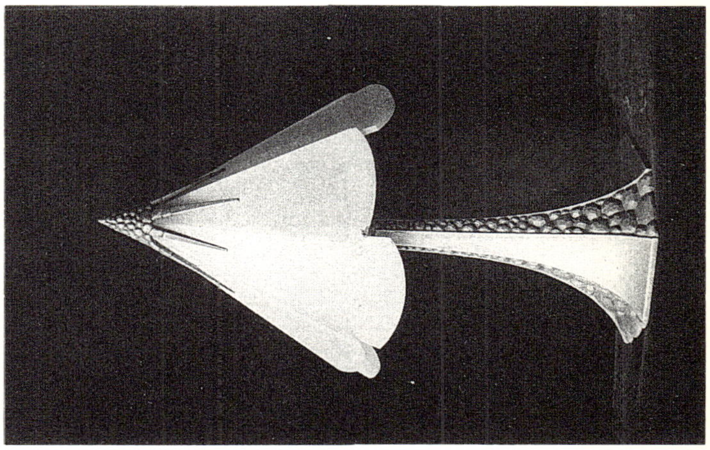

CHEURET - Lustres, Lampes, Applique.

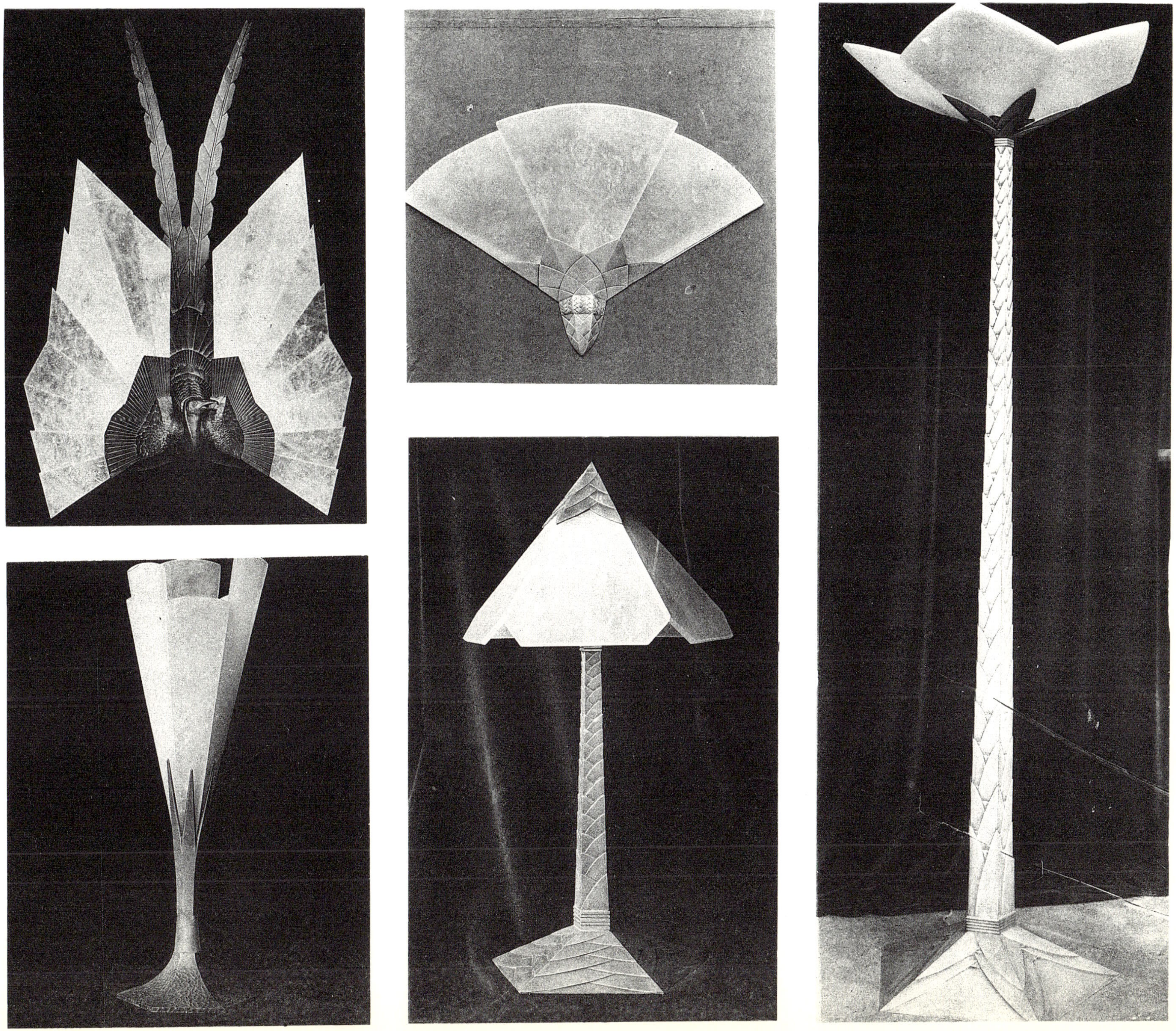

CHEURET - Appliques, Lampes, Lampadaire.

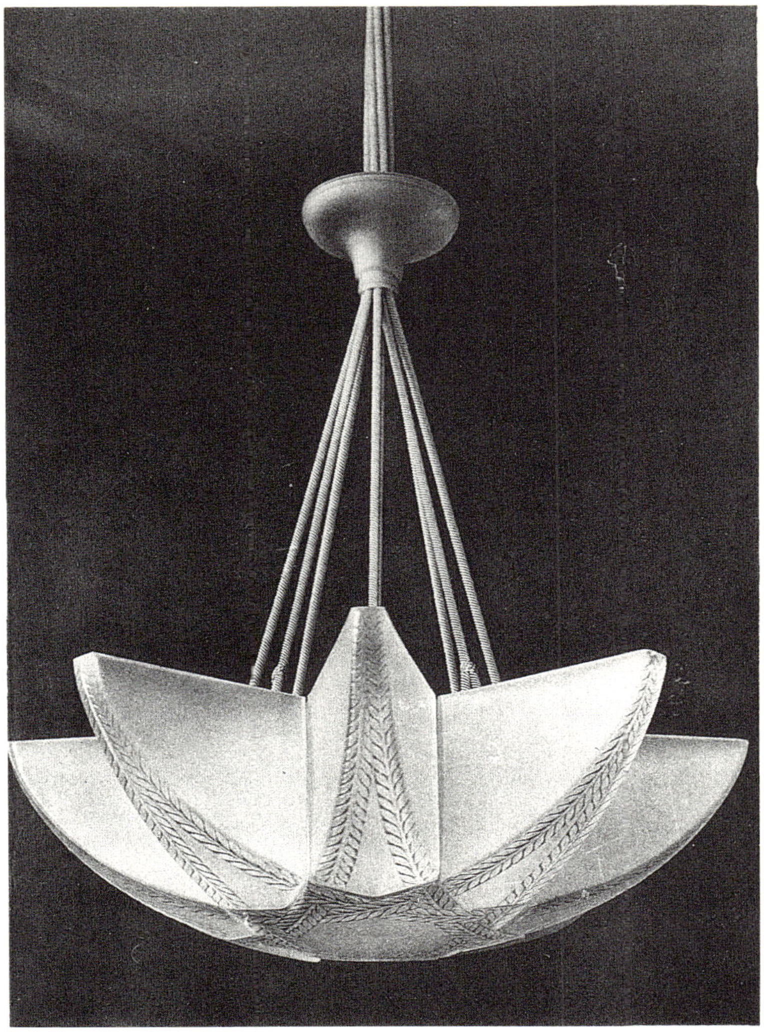

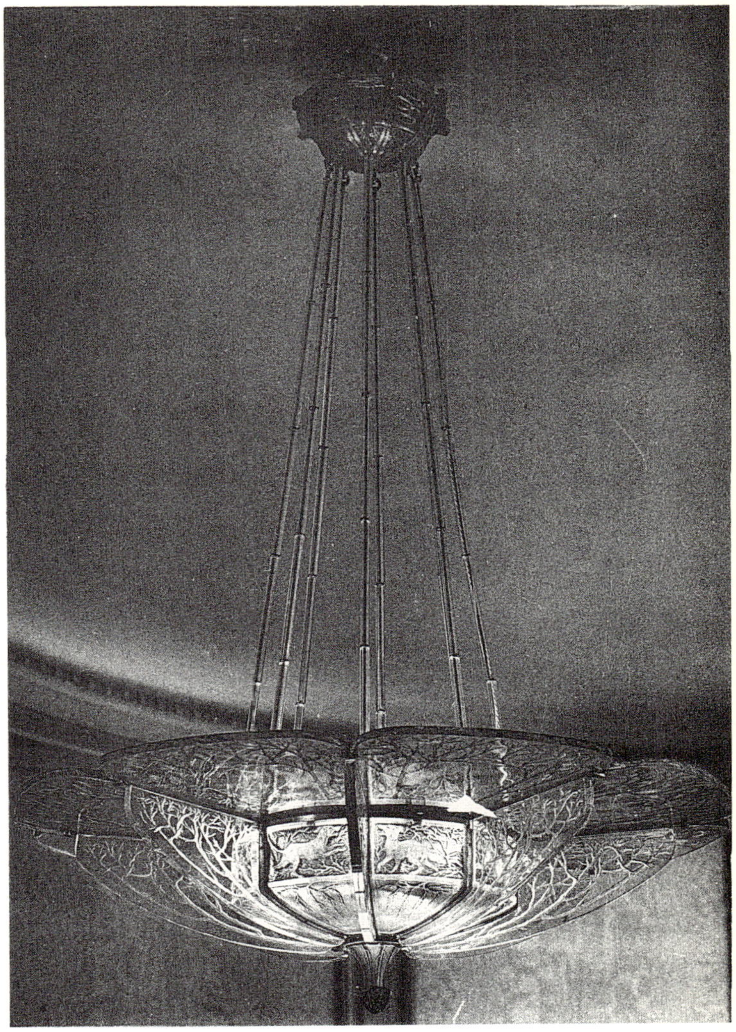

LALIQUE - Lustres, Poisson, Lampe.

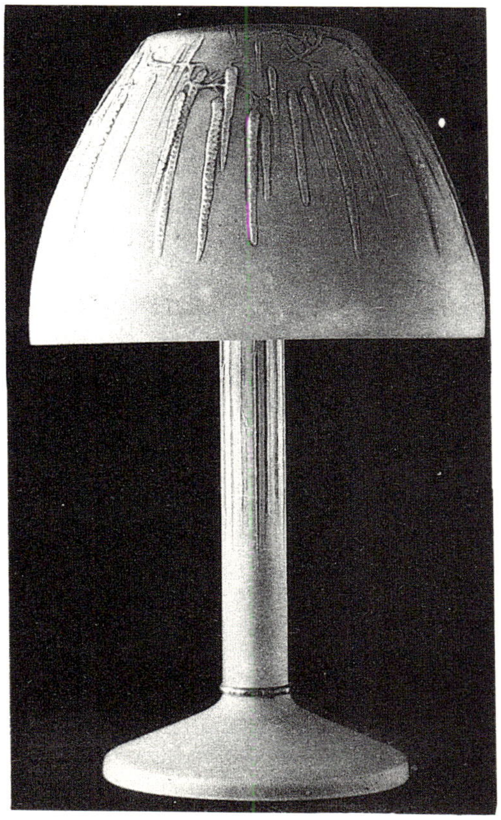

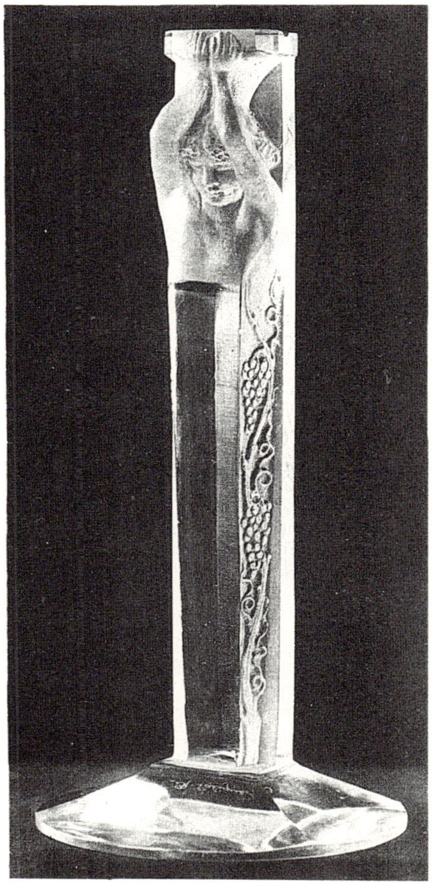

LALIQUE - Boule, Lustre, Lampes, Statuette.

GUILLAUME JANNEAU

LE LUMINAIRE

ET
LES MOYENS D'ECLAIRAGES NOUVEAUX

2e SERIE

EDITIONS D'ART CH. MOREAU . 8 ET 10 . RUE DE PRAGUE
PARIS XIIme

GUILLAUME JANNEAU

LE LUMINAIRE

ET
LES MOYENS D'ECLAIRAGES NOUVEAUX

2e SERIE

EDITIONS D'ART CH. MOREAU . 8 ET 10 . RUE DE PRAGUE
PARIS XIIME

LE LUMINAIRE MODERNE

Les moyens d'éclairage qui se subordonnent à l'architecture et ne se manifestent aux yeux que par leur effet - corniches irradiantes, plafonds réflecteurs, parois transparentes - ces moyens, tout nouveaux et tout conformes à notre besoin quasi psychologique de calme et de douceur, ne sont pas les seuls que tolère la sensibilité contemporaine. Sans doute, ils satisfont plus complètement à ses aspirations : plus nombreux qu'on ne l'imagine, sont les esprits qu'importune la présence d'objets aux formes compliquées. Une cellule est pour eux la retraite idéale : ils la peuplent de leur pensée. Mais l'on ne vit pas uniquement dans la "librairie", comme disait Montaigne, dans le "cabinet", comme disait Julie d'Angennes. Il y a la chambre, les salons, le boudoir, le fumoir ; et, si la société moderne a supprimé certaines subdivisions du "petit appartement", elle leur en a substitué d'autres : le hall, le studio, le living-room — faut-il introduire le bar dans cette énumération ? — qu'on éclaire généralement par des appareils visibles, lesquels créent des points décoratifs, ne serait-ce que par leur volume et leur matérialité.

Leurs formes, en effet, manifestent avec docilité, le goût présent qui est à la sobriété. C'est la vérité du jour. L'esthétique mise au point par quarante ans d'expériences recommande, on le sait, la nudité des formes, la décision des solutions techniques, l'emploi des matières sans éclat ni faste : témoin le bronze argenté. Rares sont les praticiens restés fidèles aux formules qui comportent de beaux détails : les seuls ferronniers conservent une remarquable indépendance à l'endroit des codes nouveaux. Les décorateurs, au contraire, pour qui les objets d'ameublement n'ont pas d'existence individuelle mais constituent les éléments d'une combinaison momentanée, les décorateurs composent naturellement dans le sens de l'orthodoxie. Cages cubiques aux pans encadrés et frangés de noir, lustres, appliques, pendentifs, plafonniers, aux silhouettes simples, aux tiges élégantes mais économiquement nues, tous les appareils classiques affectent, aujourd'hui, la simplicité. On place, avec raison, la beauté dans la pureté d'un galbe, dans la justesse d'une proportion, dans la perfection d'un agencement, dans cette exactitude d'exécution qui atteste une serieuse étude préalable. La verrerie se développe. Les vasques de verre pressé, les coquilles enfermant les lampes et rampant sous corniche, ont fait des adeptes : cette pure et claire matière à la vie profonde convient à notre époque éprise de discrétion. Les lustres de verre soufflé, les sphères composées d'éléments agrafés et les globes lumineux de diverses figures, ont ouvert ou du moins indiqué des possibilités décoratives nouvelles, et c'est là, semble-t-il, la trouvaille nouvelle et caractéristique du luminaire moderne.

On a pu voir, depuis peu, dans les expositions de mobilier, des appareils d'éclairage affectant certains aspects géométriques, et dessinant dans la nuit un carré fulgurant, une grecque, la ligne brisée de l'éclair. Que prétend-on ? Pourquoi ces formes ? Evidemment, les artistes qui les ont imaginées ont pour dessein général de créer dans des ensembles à dominante rectiligne, des points décoratifs relevant de la même esthétique. Dans ces architectures simples et sans accident, mais qu'il faut bien munir de moyens d'éclairage, quels appareils introduire, dont la présence n'apparût point comme une discordance ? En outre, puisqu'il faut éclairer les logis, pourquoi ne pas tirer, de l'appareil d'éclairage même, un effet décoratif ? De là sans doute ces ingénieux modèles, énigmatiques comme les signes d'une écriture sacrée. On identifie sans effort la sphère lumineuse, les branches rayonnantes du lustre que supporte le plafond : il n'y a là qu'un objet d'usage qui satisfait heureusement à sa destination. Il y a quelque chose de plus dans ces traits lumineux qui se dessinent dans les ténèbres. Ils occupent l'esprit. Ils posent des questions. Ils ne possèdent pas seulement une exquise élégance, mais encore un attrait singulier, inexplicable. Est-ce le charme du mystère ? Celui de la perfection géométrique à laquelle l'esprit humain est profondément sensible ? Celui de l'immatérialité ? Ou simplement celui d'une pierre précieuse, nue, éclatante ?

Guillaume Janneau

The means of illumination subordinate to architecture and apparent to the eye only by their effect - radiant cornices, mirrored ceilings, backlit partitions - are completely new. They entirely correspond to our quasi-physiological need for soothing calm. They are not alone in pleasing contemporary sensibility though without doubt they satisfy its aspirations most directly. Those who find elaborate forms irritating are more numerous than one might imagine. For these spirits the ideal refuge is a cell appointed with their thought. Nevertheless, as Montaigne remarked, we don't live only in the "library," nor, as noted Julie d'Angennes, can we live always in a "closet." There is the bedroom to consider, and the salon, the boudoir, and the smoking room. If modern society has eliminated certain subdivisions of the "small apartment" it has replaced them with others: the hall, the studio, the living-room, and perhaps we should add to these the bar. These rooms are generally illumined by visible fixtures which are in themselves points of decoration, if only in their volume and materiality.

Their forms, in effect, passively reflect the present sober taste. This is today's truth. Focused through forty years of experimentation, today's aesthetic commends, we know, a simplicity of style where function determines form and the materials employed, silver-plated bronze for example, are neither lustrous nor ostentatious. Rare are the craftsmen who remain faithful to formulae which call for beautiful details. Ironworkers alone have retained a remarkable independence with regard to the new codes. To the contrary, for contemporary interior designers, furnishings have no individual existence but constitute elements of an ephemeral combination. These designers naturally compose in a manner conforming to orthodoxy. Cubic shafts of framed panels trimmed in black, chandeliers, wallmounted lamps, hanging lamps, ceiling-lamps, in plain forms, with elegant but spare stems, all the classic fixtures today display simplicity. Beauty is correctly found in the purity

Beleuchtungsvorrichtungen, die sich der Architektur unterordnen und nur durch ihre Wirkung auffallen (reflektierende Decken, transparente Wände), sind ganz neue Mittel, die unserem Bedürfnis nach Ruhe und Annehmlichkeit entsprechen; sie gehören zu den Dingen, die die moderne Sensibilität toleriert. Zweifellos beruhigen sie die Menschen, denen Gegenstände in komplizierten Formen unangenehm sind. Für sie ist eine Zelle die ideale Stätte der Zuflucht: sie füllen sie mit ihren Gedanken aus. Man lebt aber nicht nur in der "Buchhandlung", so Montaigne, oder im "Stübchen", wie Julie d'Angennes sich ausdrückte. Es gibt das Zimmer, den Salon, das Boudoir, den Rauchsalon. Die moderne Gesellschaft hat zwar gewisse Unterteilungen der "kleinen Wohnung" aufgehoben und sie durch andere wie Halle, Studio oder living-room (sollte man auch die Bar innerhalb dieser Aufzählung erwähnen ?) ersetzt. Allgemein erhalten diese Räume künstliches Licht von sichtbaren Beleuchtungskörpern, die durch ihr Volumen und ihre simples Vorhandensein wiederum dekorative Elemente darstellen.

Ihre derzeitigen Formen veranschaulichen die heutige Vorliebe für Schlichtes; dies ist die Wahrheit des Tages. Die über vierzig Jahre entwickelte Ästhetik verlangt schlichte Formen, technische Lösungen, eine Verwendung von Werkstoffen ohne Glanz und Pomp, zum Beispiel Bronze versilbert. Es gibt nur noch wenige, die dem "schönen" Detail treu geblieben sind, nur die Kunstschmiede demonstrieren der neuen Moderichtung gegenüber eine bemerkenswerte Unabhängigkeit. Die Entwerfer hingegen, für die Möbelstücke über kein Eigenleben verfügen, sondern Teil eines Ganzen sind, gehen selbstverständlich orthodox vor. Kubische Volumen mit eingerahmten, schwarz befransten Flächen, Lüster, Wandleuchten, Gewölbezwickel, Deckenlampen mit simplen Silhouetten und von gewisser Eleganz - kurz, alles Herkömmliche ist heute von Schlichtheit ergriffen. Zu Recht wird Schönheit in der Reinheit ihrer Form gezeigt, in der of a line, in the exactness of a proportion, in the perfection of an arrangement, in that exacting execution which attests serious preliminary study. The art of glassmaking is evolving. Illumined bowls of pressed glass, glass-encased lamps snaking under cornices, these have won their followers. Glass - pure, transparent, and resonant - is a material suited to the contemporary taste for discretion. Chandeliers of blown glass, spheres composed of fastened elements, illumined globes of varying forms, have opened, or at least indicated, new possibilities for decoration. And it is this that seems to be the pleasing discovery characteristic of modern lighting.

We have quite recently seen at furniture exhibitions, lighting fixtures which affect a geometric style, which trace in the darkness a brilliant square, a Greek border, the line broken in a bright seam of light. To what does the artist aspire ? Why these forms ? Evidently, the artists who have imagined them generally intend to create rectilinear ensembles with decorative features dependent on the same aesthetic. In these simple and deliberate architectures which certainly require means of lighting, what style of lighting fixtures would be most harmoniously inserted ? Moreover, since it is necessary to light dwellings, why not derive from the lighting fixture itself a decorative effect ? It is doubtlessly from such concerns that these ingenious models emerge, enigmatic as the elements of a sacred script. We effortlessly identify the luminous sphere, the spreading arms of a chandelier suspended from a ceiling as functional objects which happily satisfy their purposes. But there is something more to these luminous beams traced in the shadows. They possess the spirit. They pose questions. They possess not only an exquisite elegance, but more, a singular, inexplicable allure. Is this the enchantment of mystery ? Is it the enchantment of a geometric perfection to which the human spirit is profoundly sensitive ? Is it the enchantment of the immaterial ? Or simply that of a precious stone, naked and dazzling ?

GUILLAUME JANNEAU

richtigen Proportion, in einer perfekten Anordnung und präzisen Ausarbeitung, was eine umfangreiche Vorarbeit erfordert. Die Glaswaren entwickeln sich fort. Die Schalen aus Preßglas und die sich unter Karniesen schmiegenden und Glühbirnen bedeckenden Schalen haben viele Befürworter gefunden: Diese reine und klare Materie Glas entspricht unserer in Diskretion verliebten Epoche. Die Lüster aus geblasenem Glas, die Licht-Kugeln und die verschiedenartig geformten Glocken haben die neue Formensprache ermöglicht oder zumindest auf sie aufmerksam gemacht. Und das scheint das Neue und Chrakteristische der heutigen, modernen Beleuchtung zu sein.

Seit kurzem konnte man in den Innendekorations-Ausstellungen feststellen, daß die Beleuchtungskörper geometrrische Aspekte aufzeigen: Sie zeichnen ein leuchtendes Viereck in die Nacht, es gibt klassische griechische Formen oder durchbrochene Linien, die an einen Blitz erinnern. Was beabsichtigt man damit ? Wozu diese Formen ? Die Entwerfer wollten ein dekoratives Element mit einbeziehen, das über die gleiche Ästhetik verfügt. Welche Lichtquellen sollte man in dieser schlichten, geometrischen Architektur anwenden, die ja eine Beleuchtung benötigt, ohne daß diese einen Mißklang verursacht ? Wohnungen müssen mit Lampen ausgestattet werden, und man könnte die Beleuchtung als dekoratives Element nutzen. Daher also diese erfinderischen Modelle, die ebenso rätselhaft scheinen wie die Zeichen einer heiligen Schrift. Es liegt etwas besonderes in diesen Leuchtstreifen, sie setzen sich im Kopf fest und beschäftigen einen. Sie stellen Fragen. Sie verfügen nicht nur über eine exquisite Eleganz, sondern haben eine sonderbare, unerklärliche Anziehungskraft. Ist es der Charme des Mysteriums oder der perfekten Geometrie, für den der Mensch höchst empfänglich ist ? Der des Immateriellen ? Oder ganz einfach jene Magie, über den ein reiner, leuchtender Edelstein verfügt ?

GUILLAUME JANNEAU

LE LUMINAIRE

2ème SÉRIE (1930)

TABLE DES PLANCHES

195 ~ Lacroix : Plafonniers, Applique et Lampe, édités par les *Etablissements Damon.*

197 ~ Wolfang Tümpel : 1, Applique. Hildegard Risch : 2, Lampe.
Oswald Herzog : 3, Lampe. Kunstgewerbeschule : 4, Lampe.

199 ~ R. Lalique : Plafonnier et Lampes.

201 ~ R. Lalique : Lustres.

203 ~ R. Lalique : Appareils lumineux.

205 ~ R. Lalique : Lustre et Appliques.

207 ~ J. E. Koula : 1 et 3 , Lampadaire. K. Ort : 2, Lampe

209 ~ Nics Freres : Lustres.

211 ~ Jean Perzel : Plafond et Appareils lumineux.

213 ~ Jean Perzel : Lustres et Lampes.

215 ~ Jean Perzel : Appareils lumineux.

217 ~ Jean Prouvé : Plafonniers, édités Par *D.I.M.*

219 ~ René Prou : 1, Plafonnier glace et métal argenté,
édité par *Pomone*, atelier d'art du Bon Marché ; 2, Plafonnier.

221 ~ Gunter Hirschel-Protach : 1, Lustre. Wilhelm Riphan : 2, Lustre.

223 ~ Paul Zucker : 1, Appareil lumineux. S. von Ravesteyn : 2 et 3, Lampes.

225 ~ Sabino : 1, Plafond et Appareils lumineux ;
2, Porte en fer forgé et verre et colonnes lumineuses.

227 ~ Sabino : Lustres.

229 ~ Sabino : Lustre, Plafonnier et Appareil Lumineux.

231 ~ Sabino : Lustre et Plafonnier.

233 ~ Sabino : 1, Lustre; 2, Monument lumineux.

235 ~ René Herbst et A Salomon : 1, Appareil lumineux.
A. Salomon : 2, Plafond lumineux.

237 ~ Edouard Schenck : 1 et 2, Plafonniers ; 3, Applique.
Marcel Schenck : 4, Applique.

239 ~ Edouard Schenck : 1 et 2, Lustres ; 3, Plafonnier.

241 ~ Raymond Subes : Lustres en fer forgé.

243 ~ Raymond Subes : 1 et 3, Lampadaires ; 2, Applique.

245 ~ E. Fahrenkamp : 1 et 3, lampadaire et applique. 2,
E.G. Aeplund : 2, Lampadaire.

247 ~ Wolfang Tümpel : Plafonnier, Lampe et Applique.

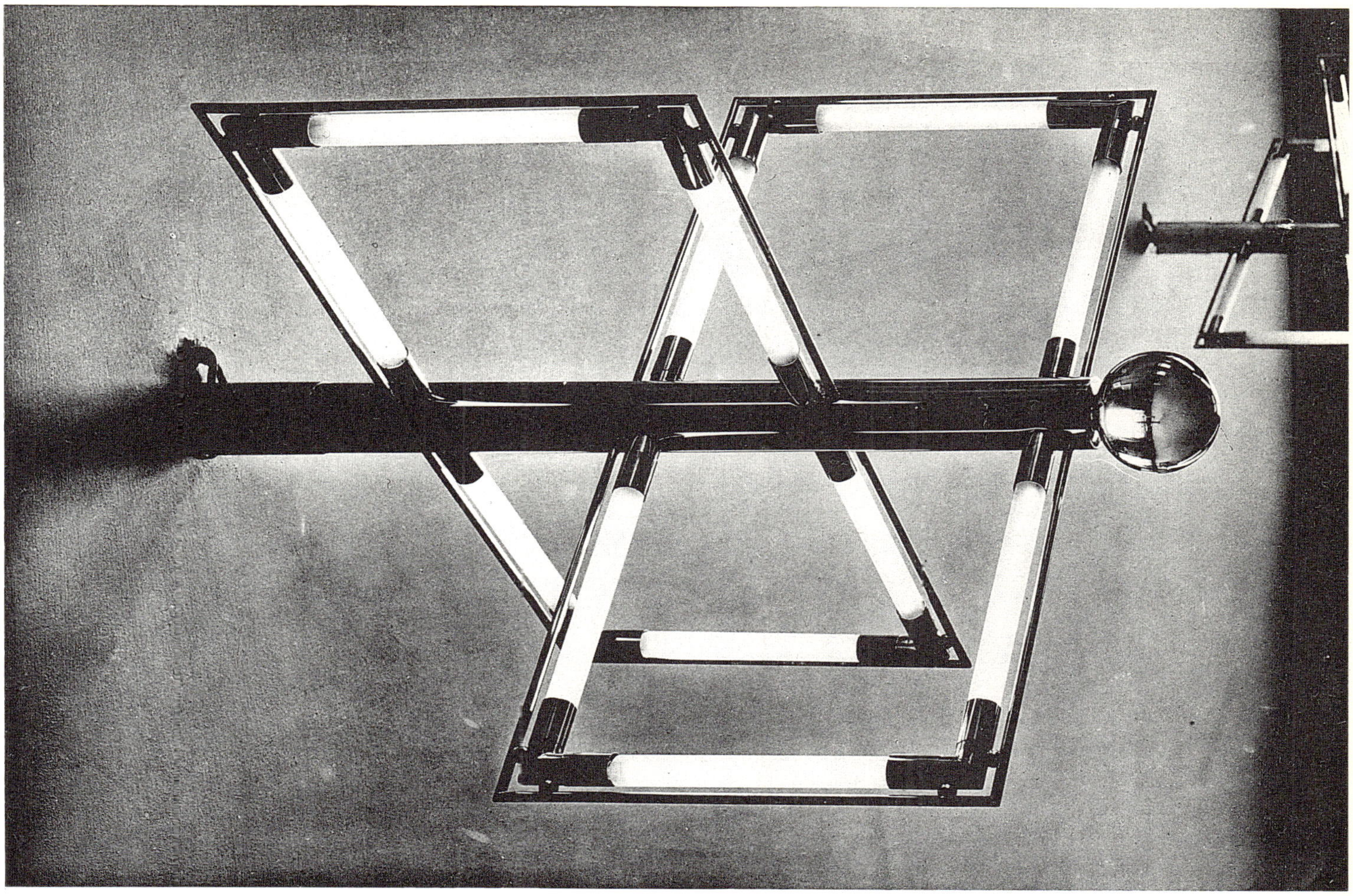

J. Adnet

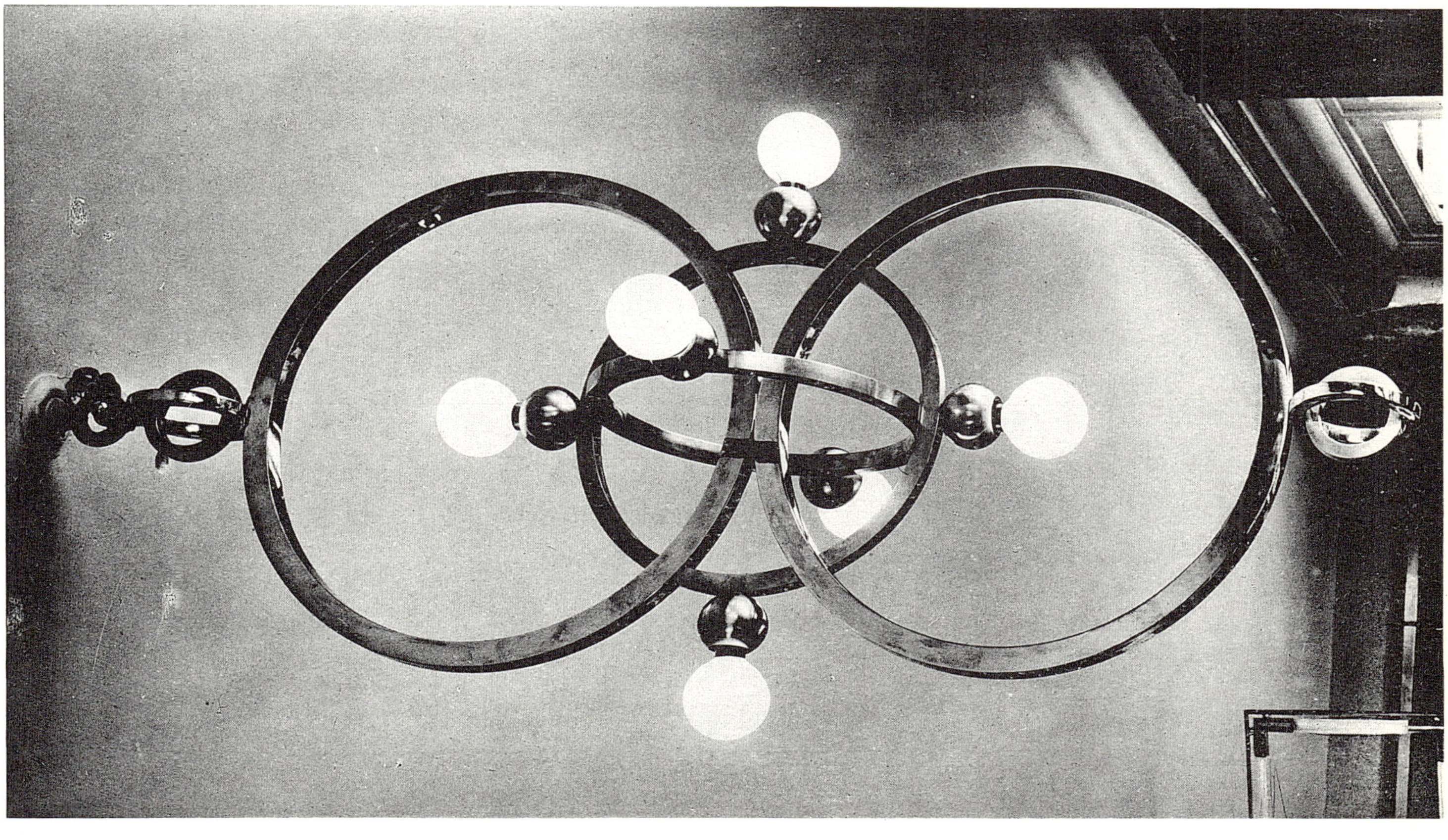

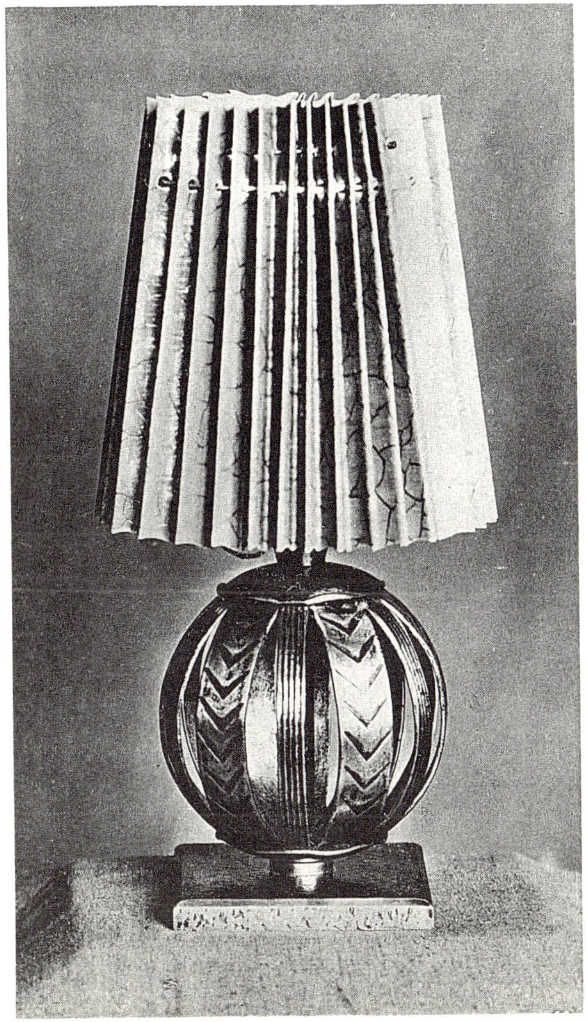

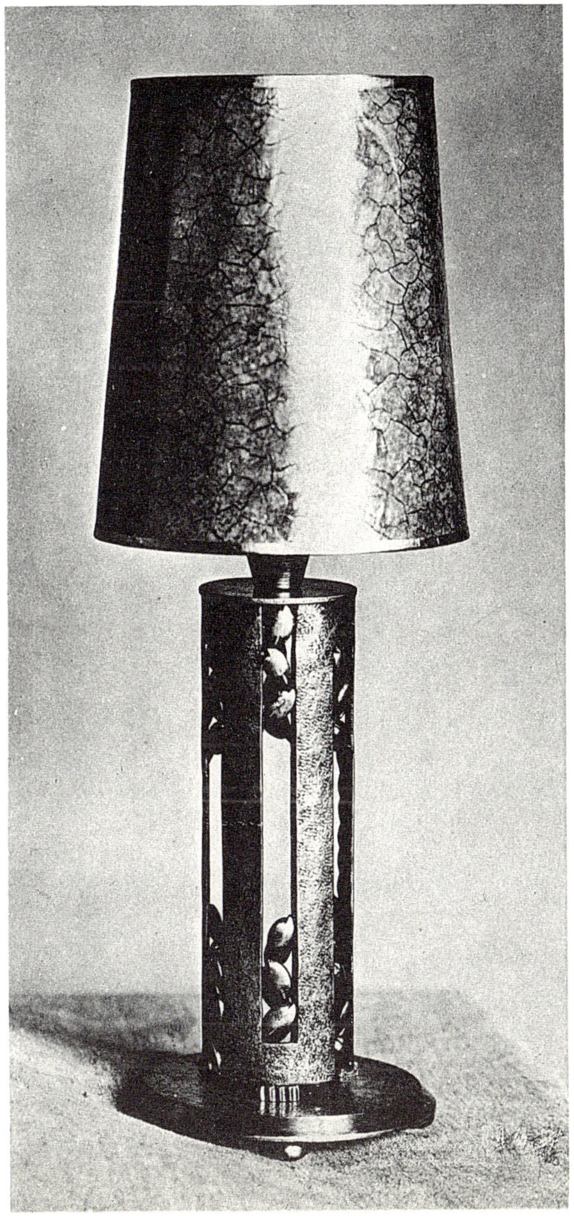

EDGAR BRANDT

EDGAR BRANDT

Pierre Charreau

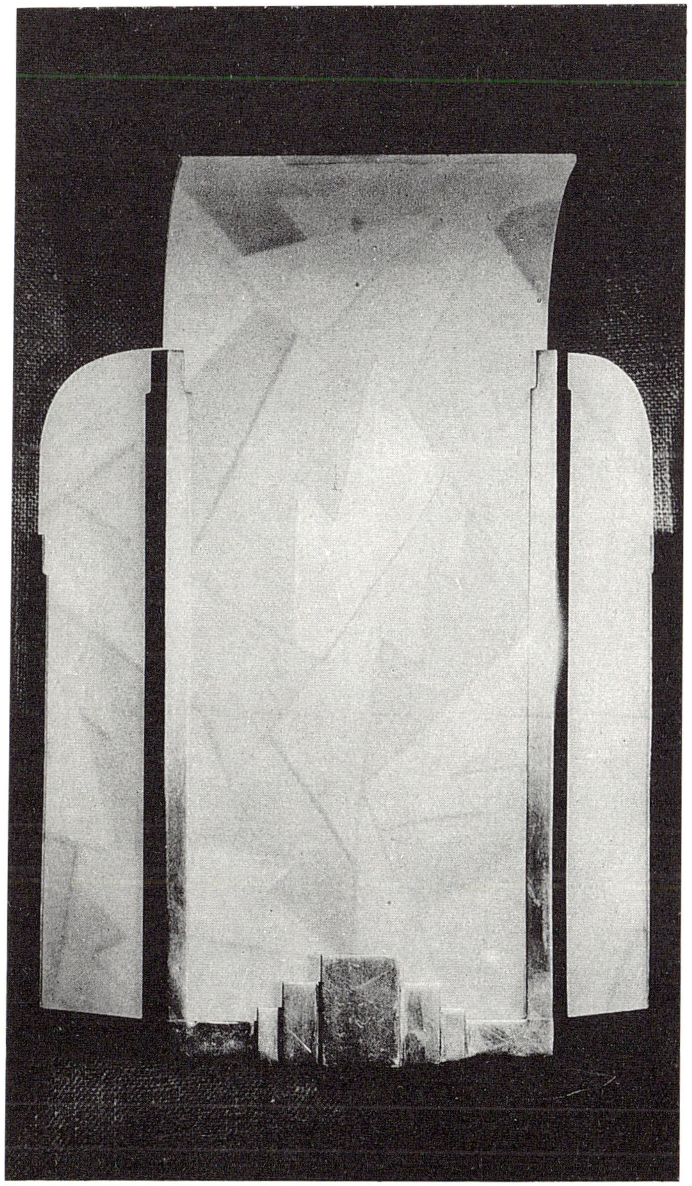

1 et 2 Damon et Daniel Stephan
3 Damon

Desny

DESNY

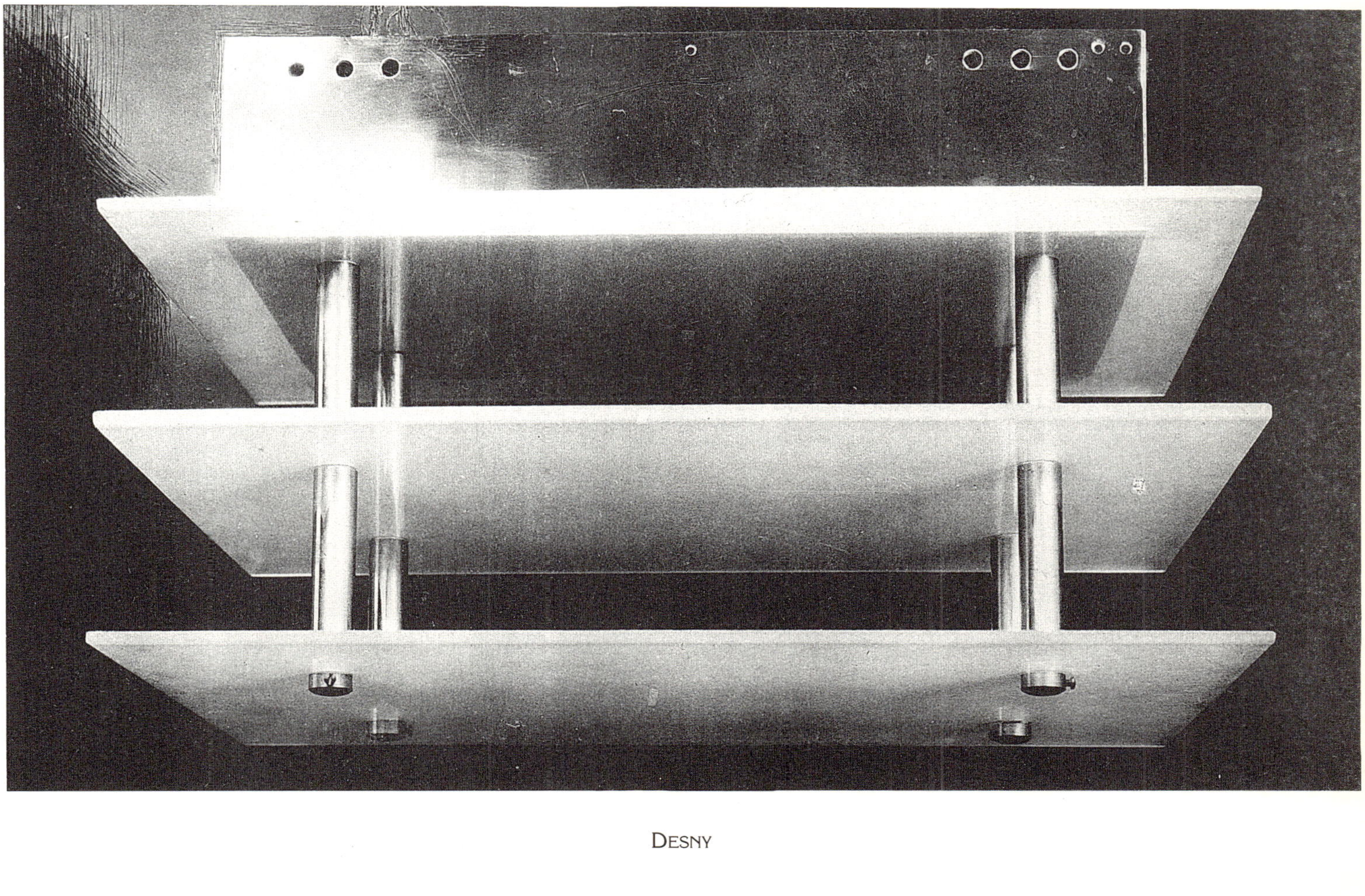

Desny

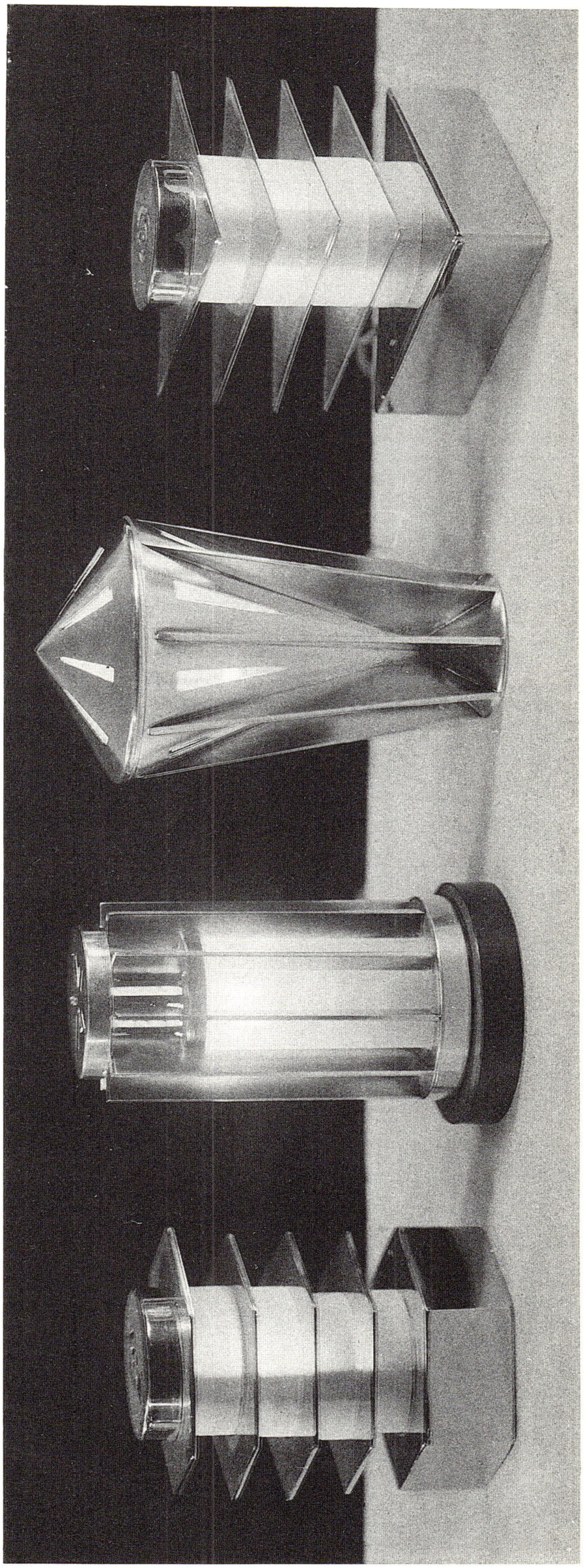

DESNY

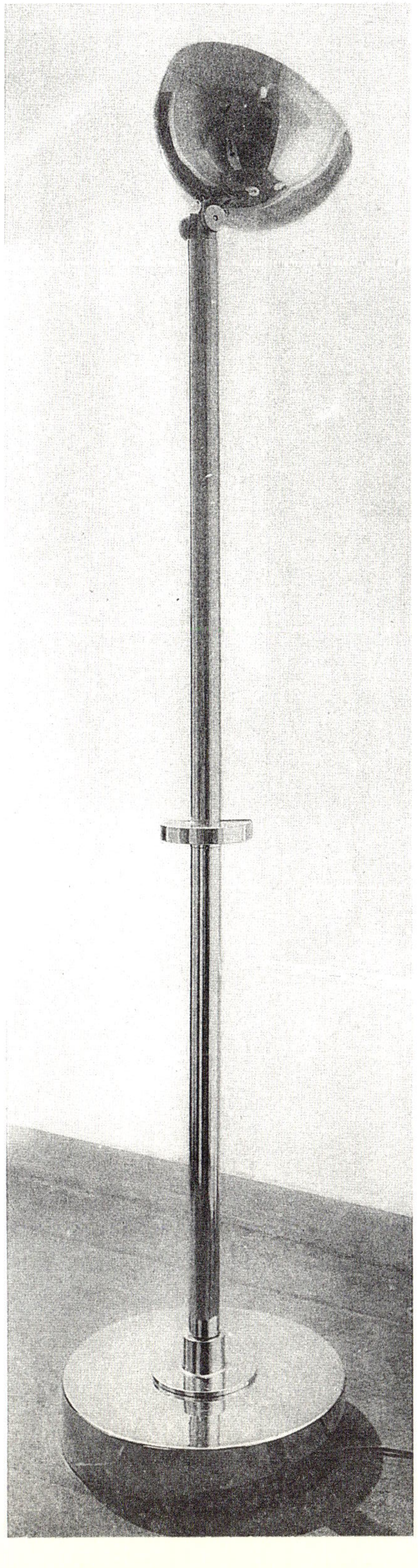

Desny

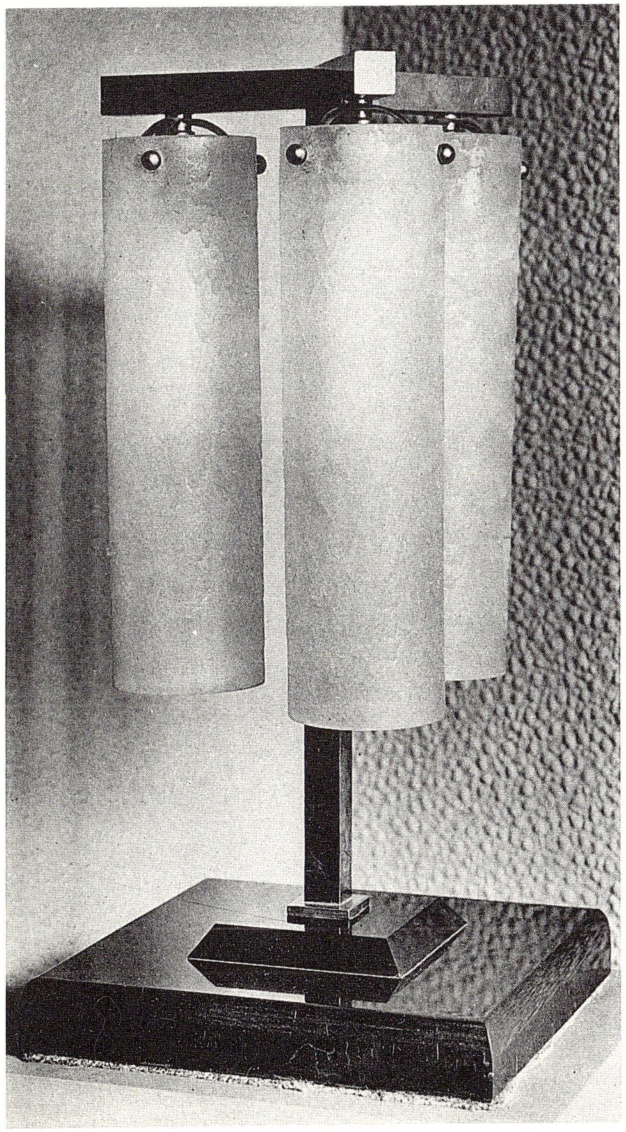 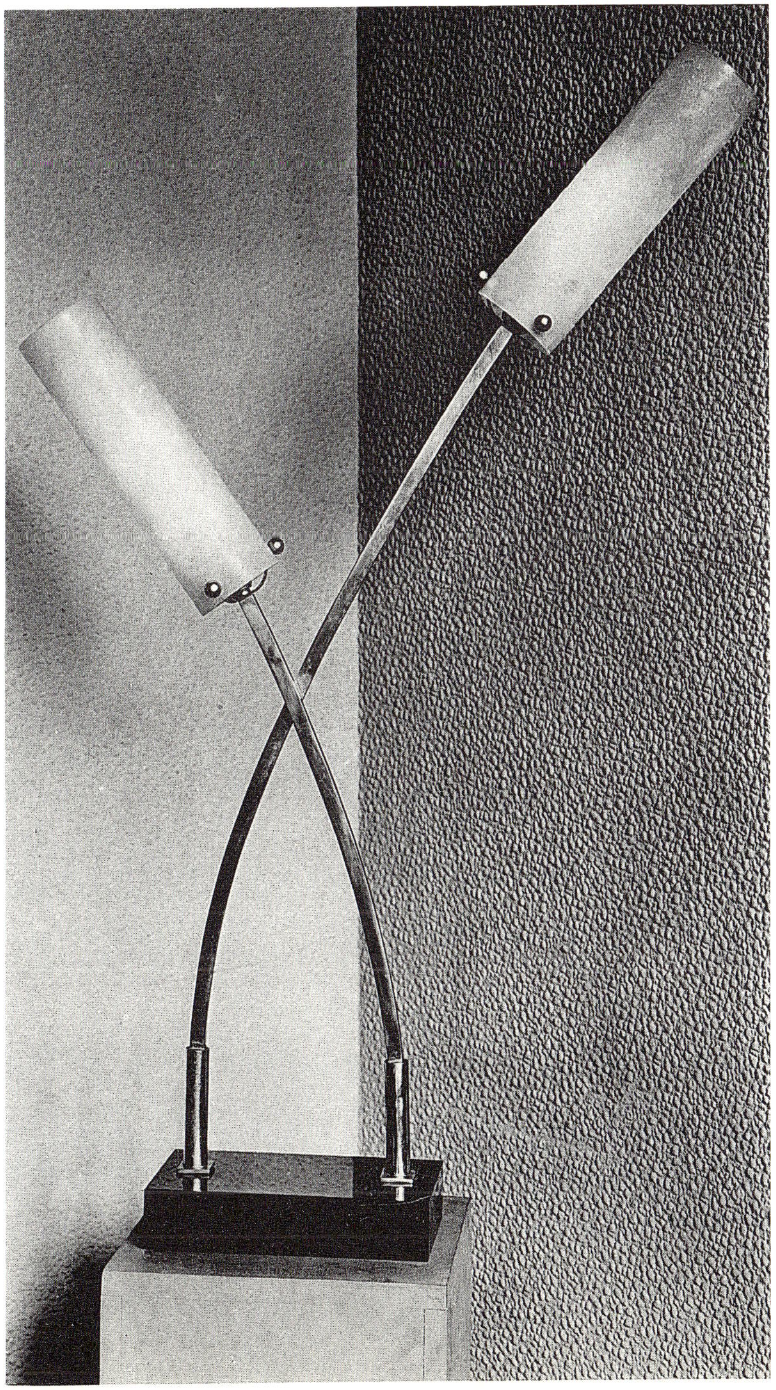 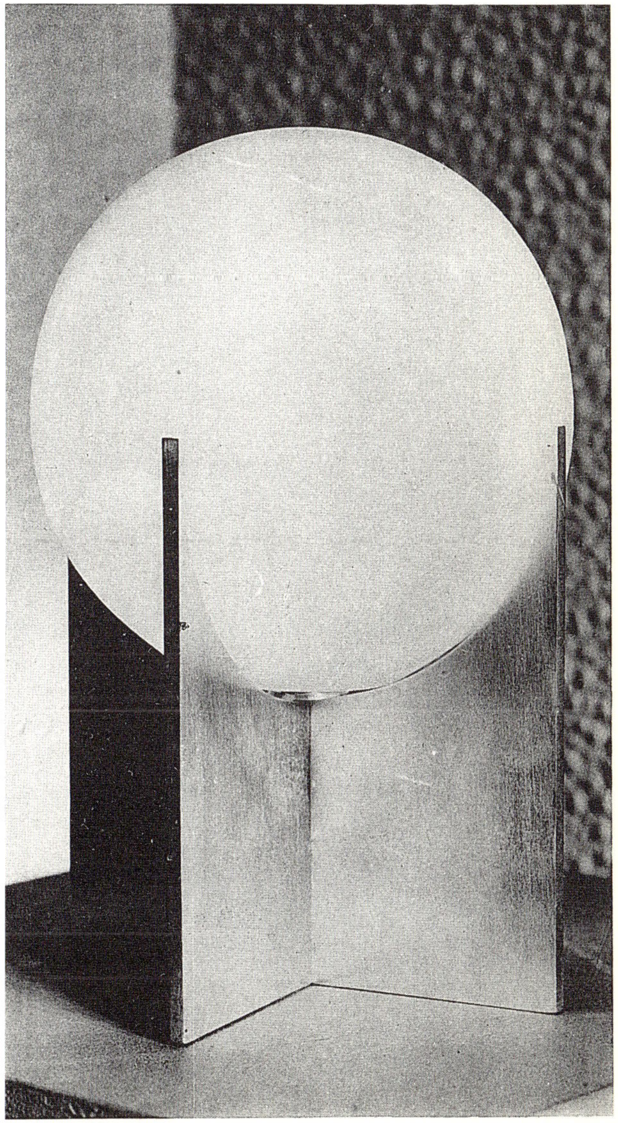

Joubert et Petit édités par D.I.M.

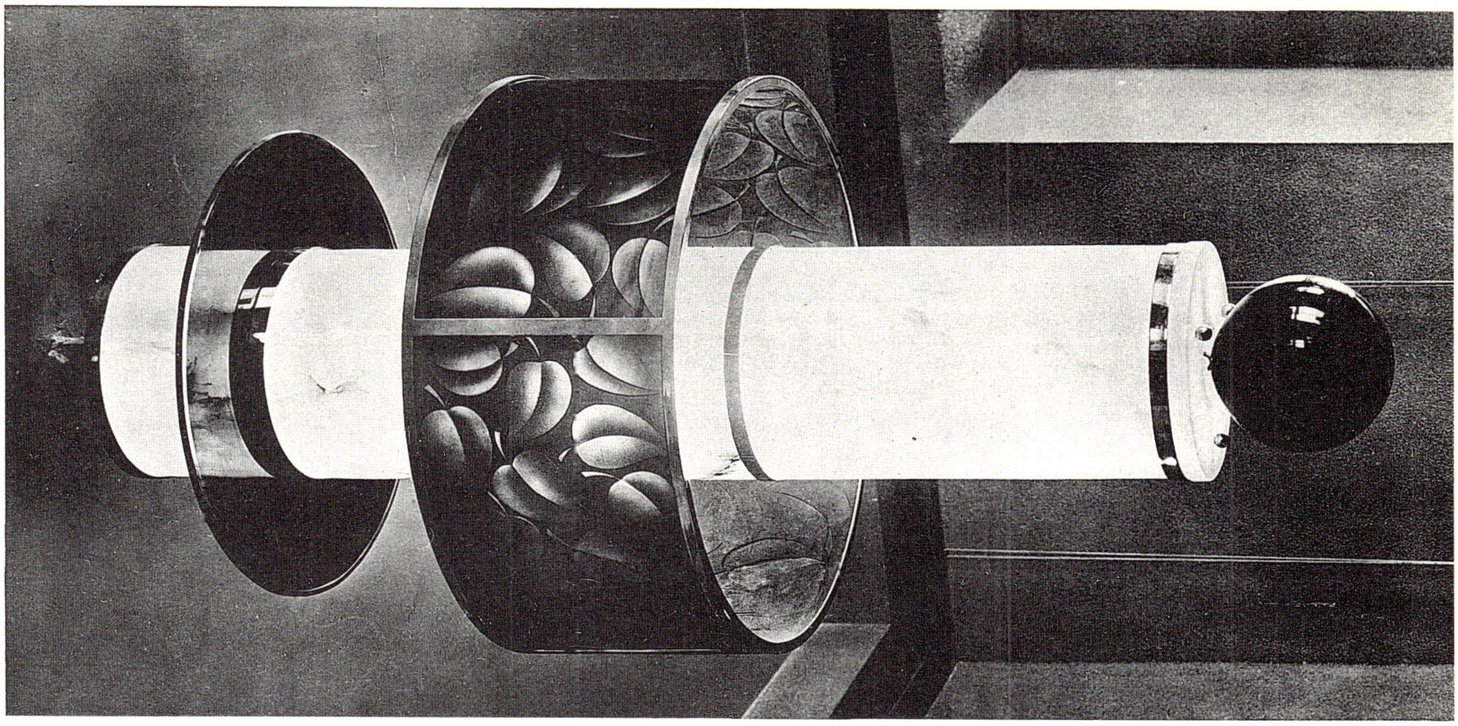

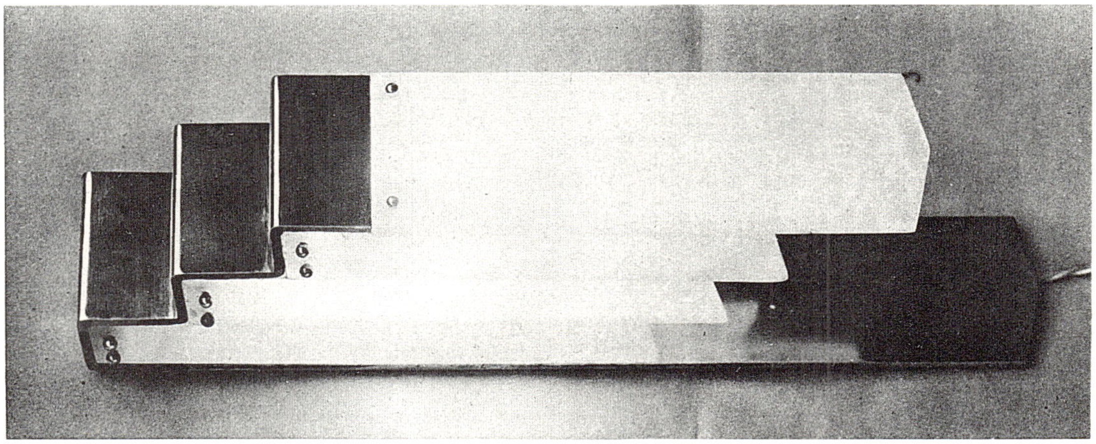

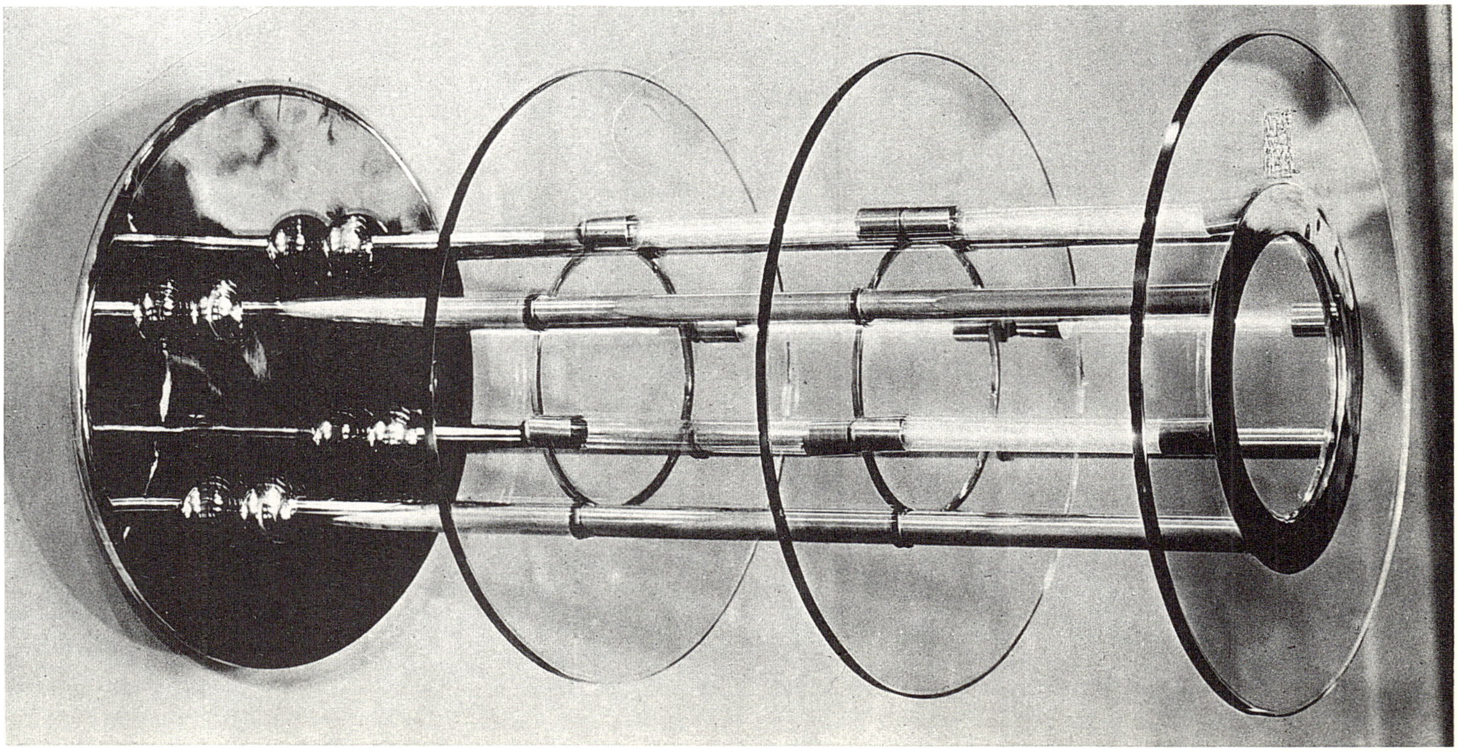

MAURICE DUFRÊNE

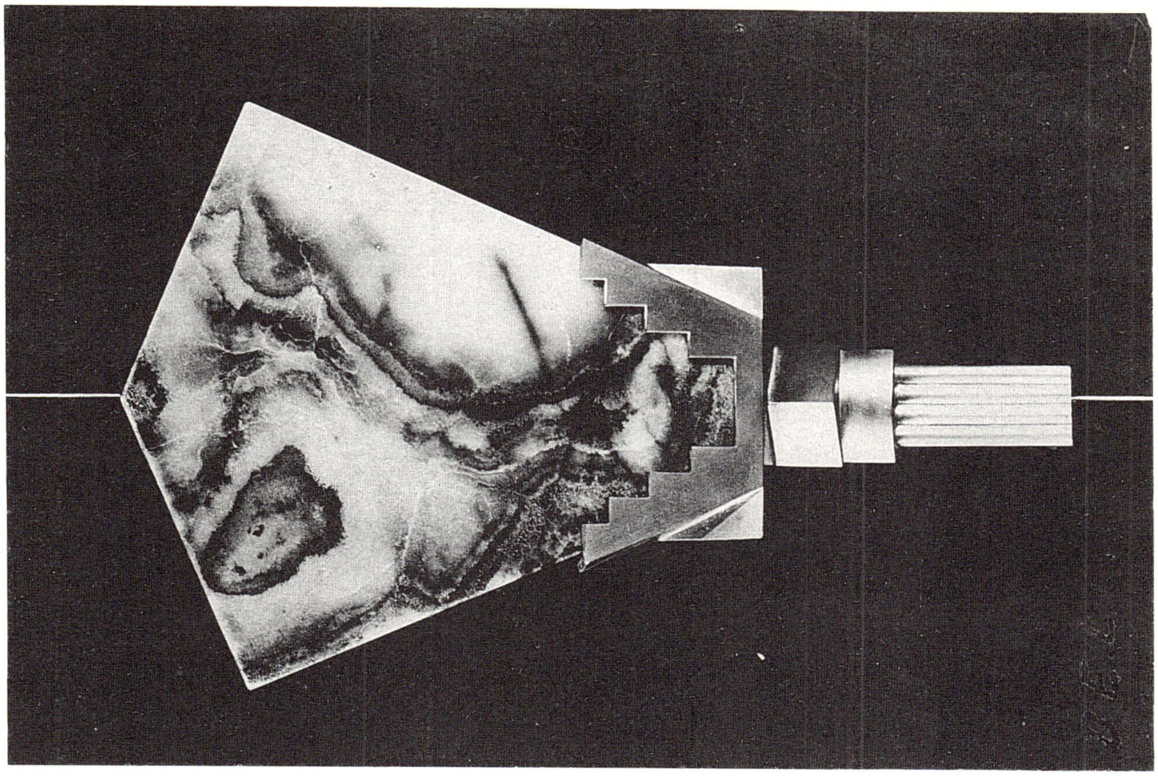

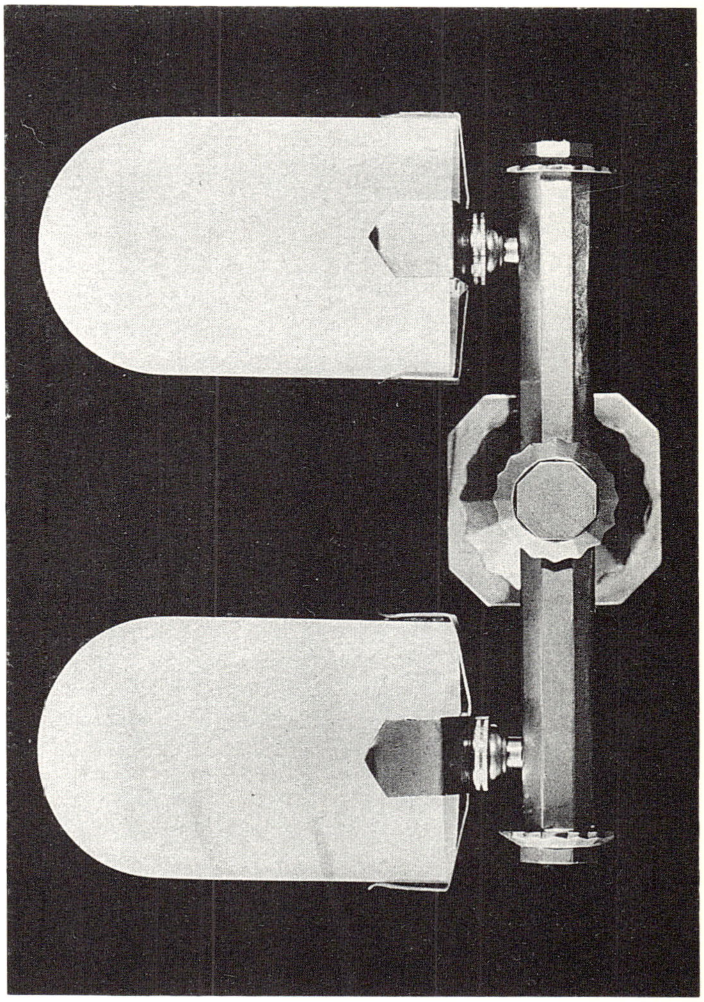

FRANCIS PAUL

1. Harry Rosenthal
2. Richard Herre 3. Heinrick Straumer

Genet et Michon

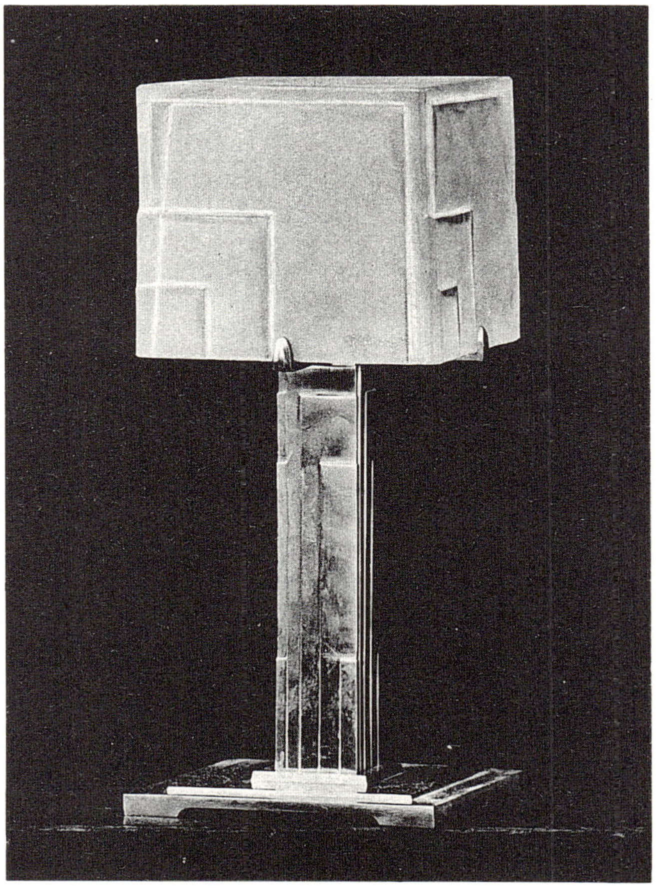

GENET ET MICHON

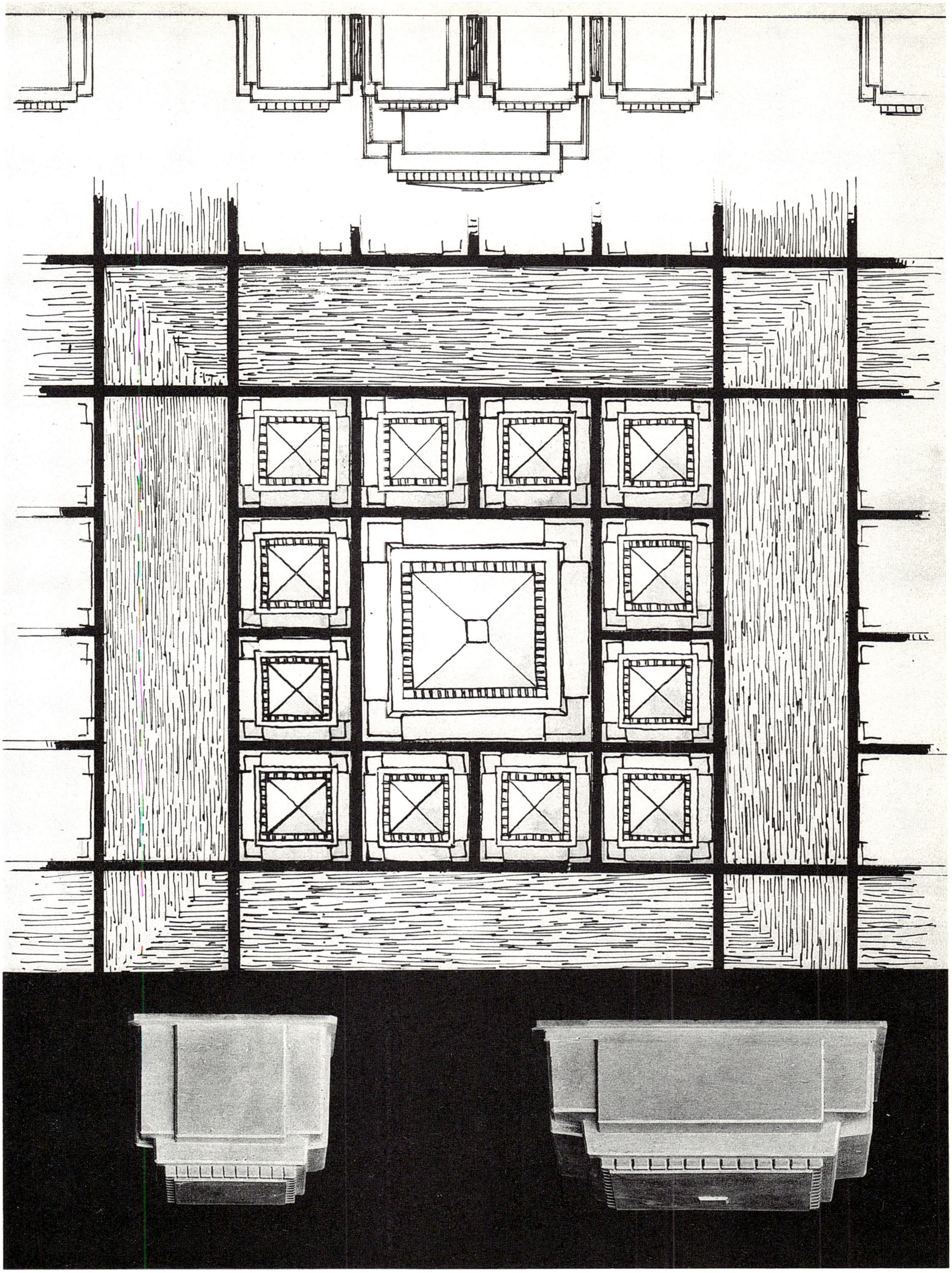

Genet & Michon

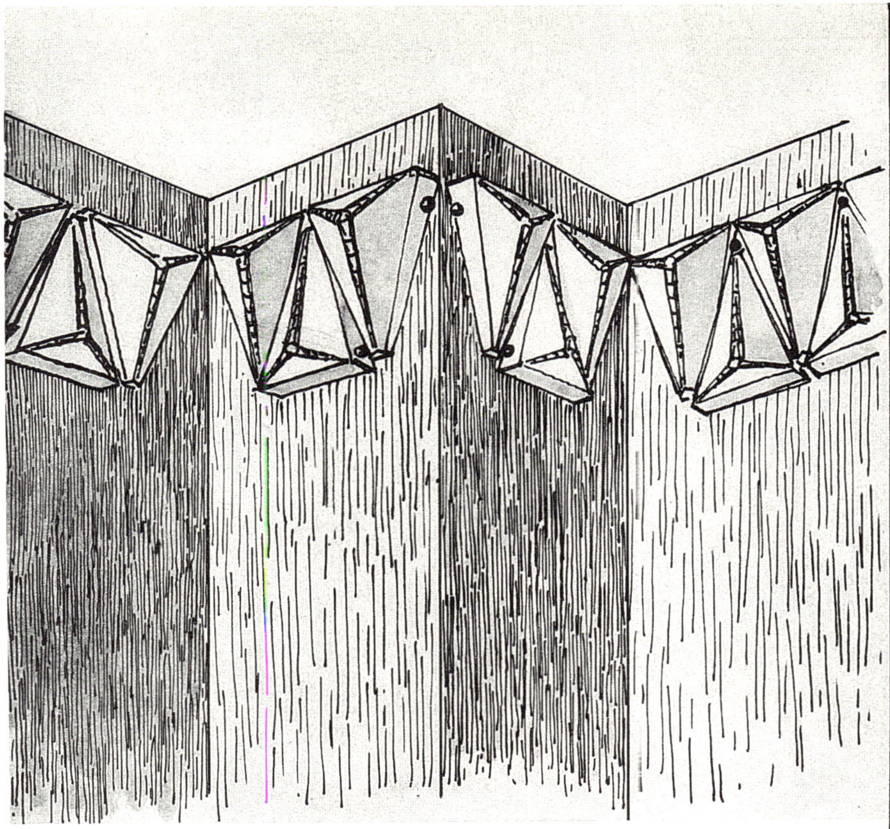

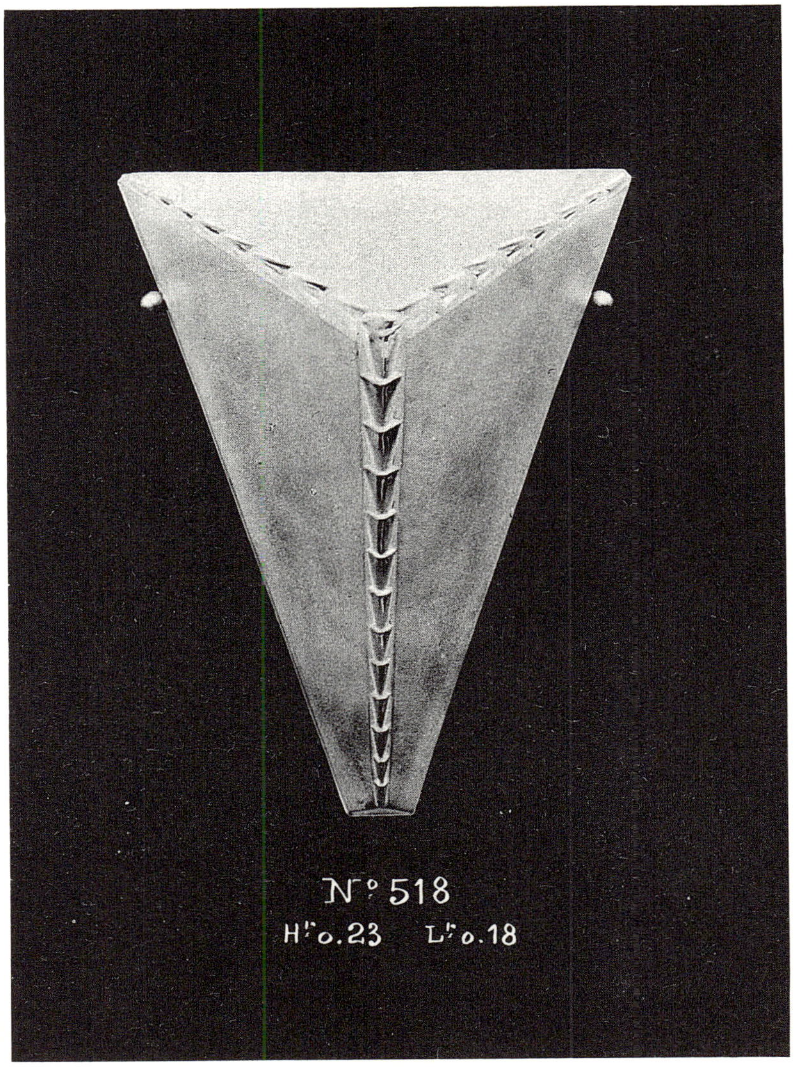

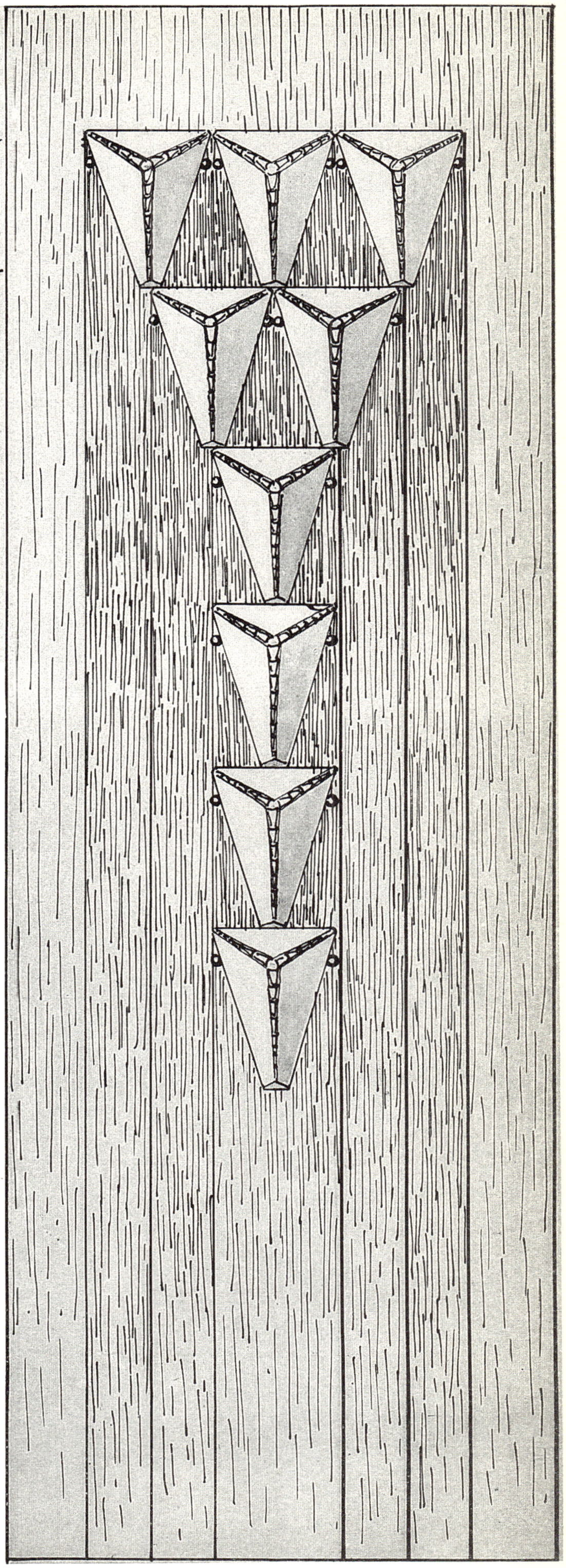

Genet & Michon

Gipsen's Fabriek

GIPSEN'S FABRIEK

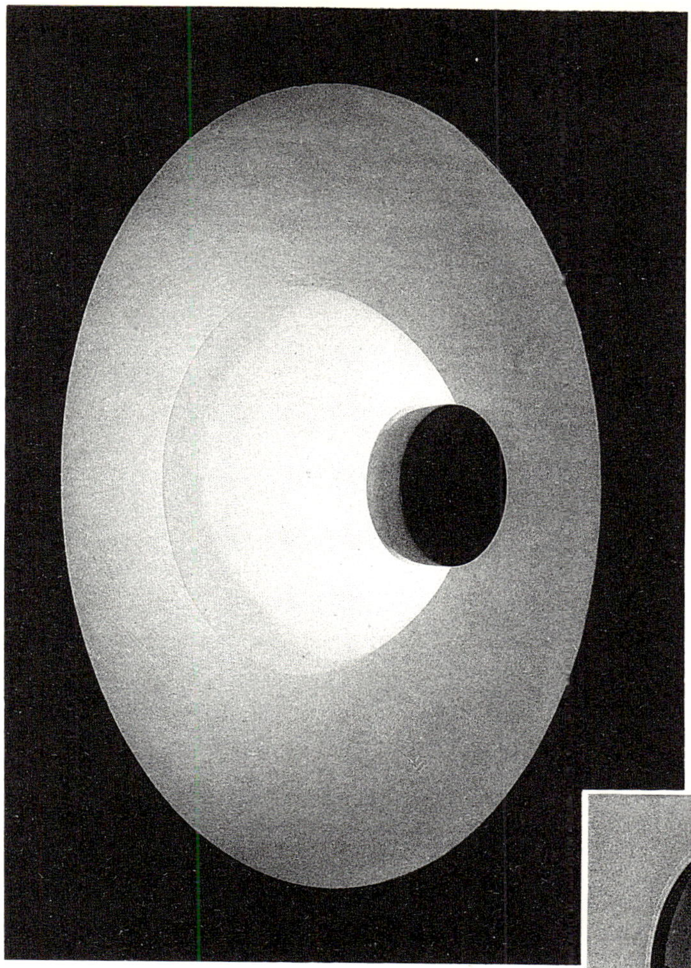

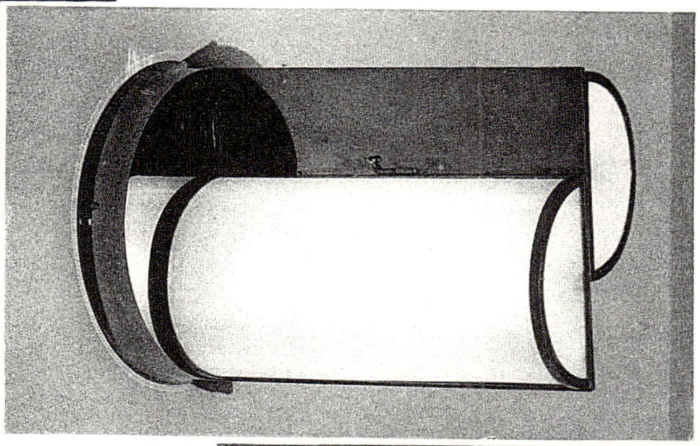

G. GUÉVRÉKIAN

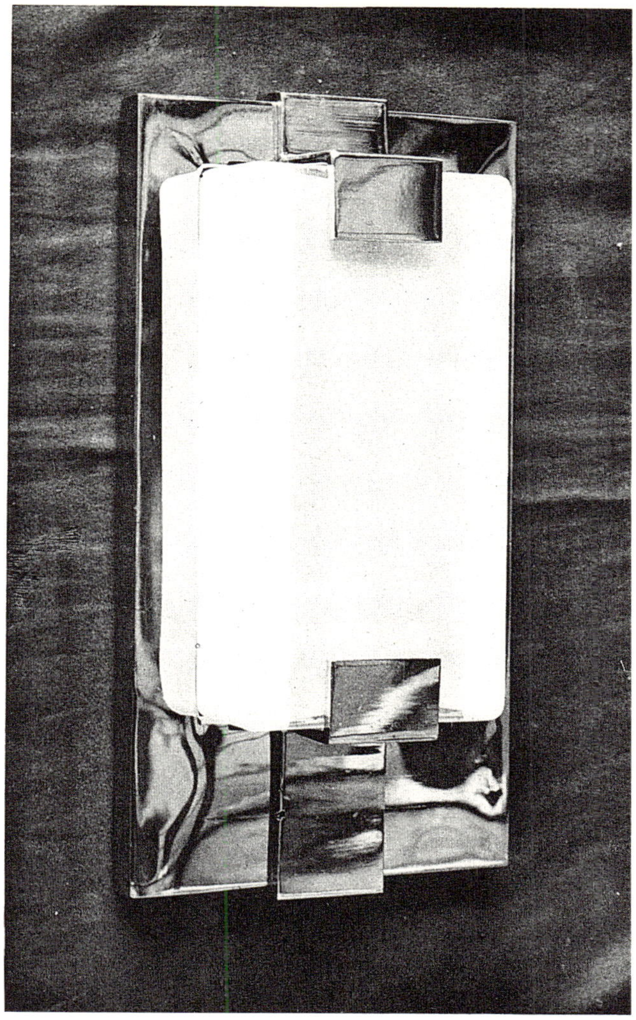

LACROIX

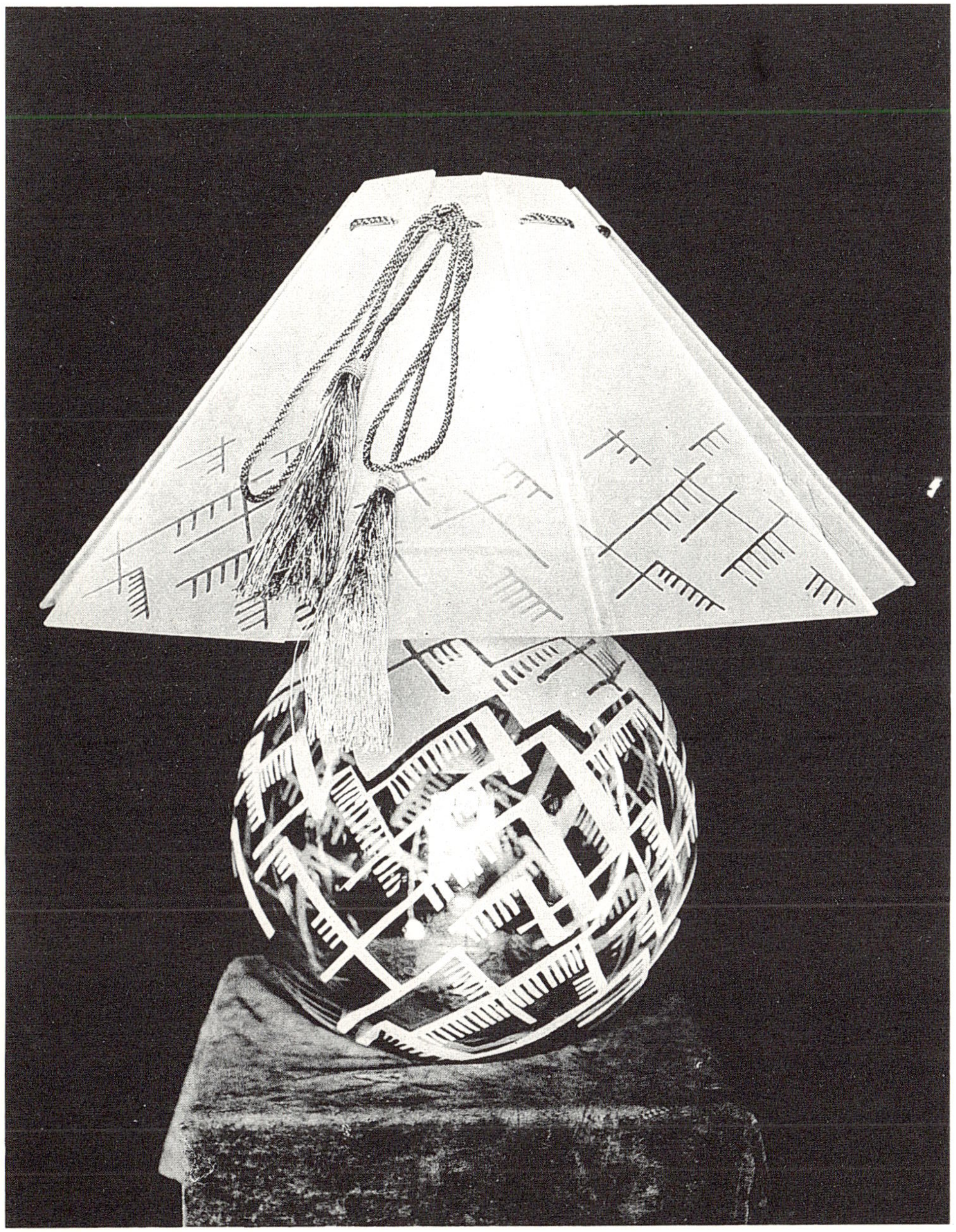

LACROIX

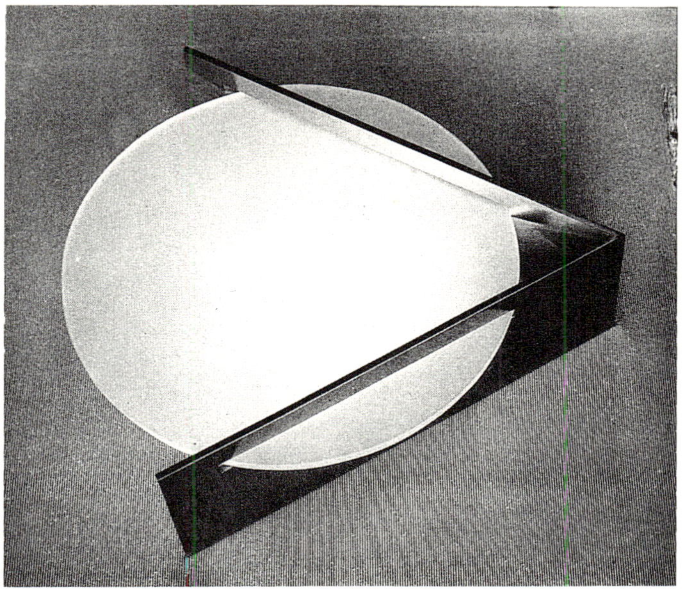

LACROIX

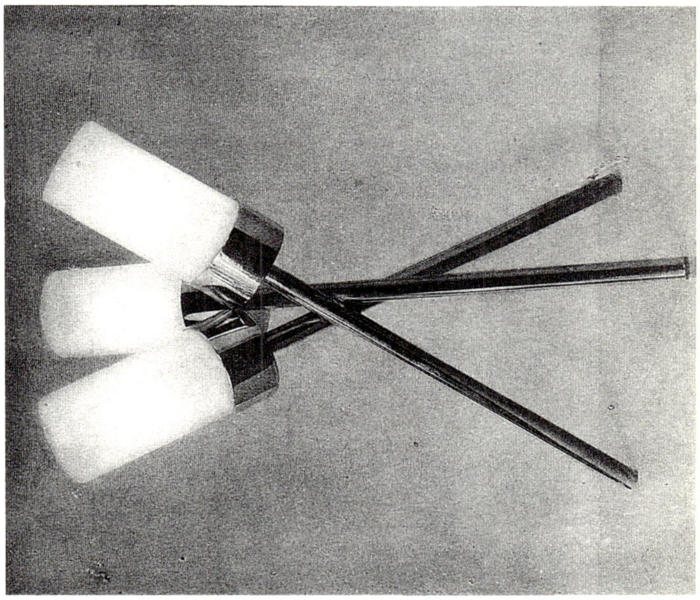

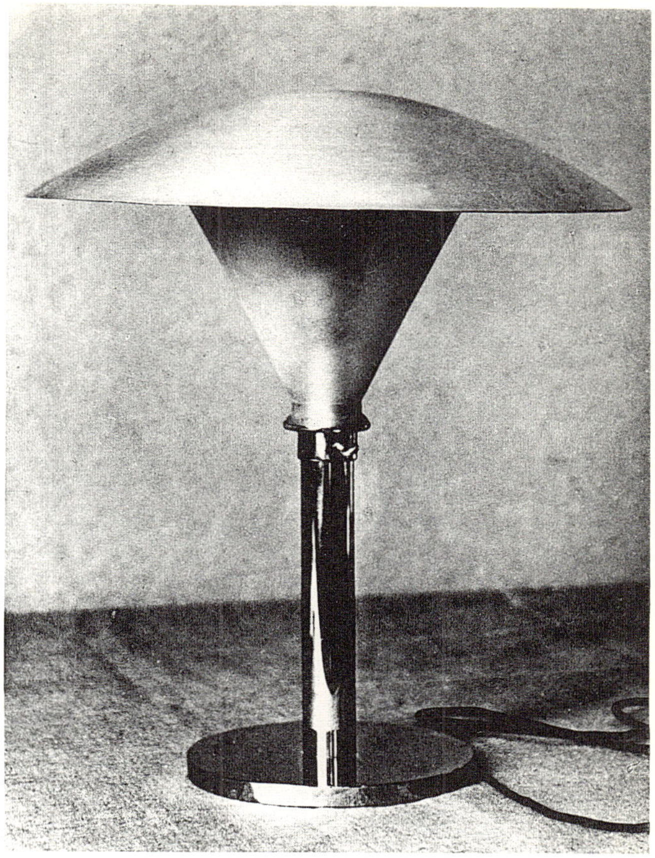

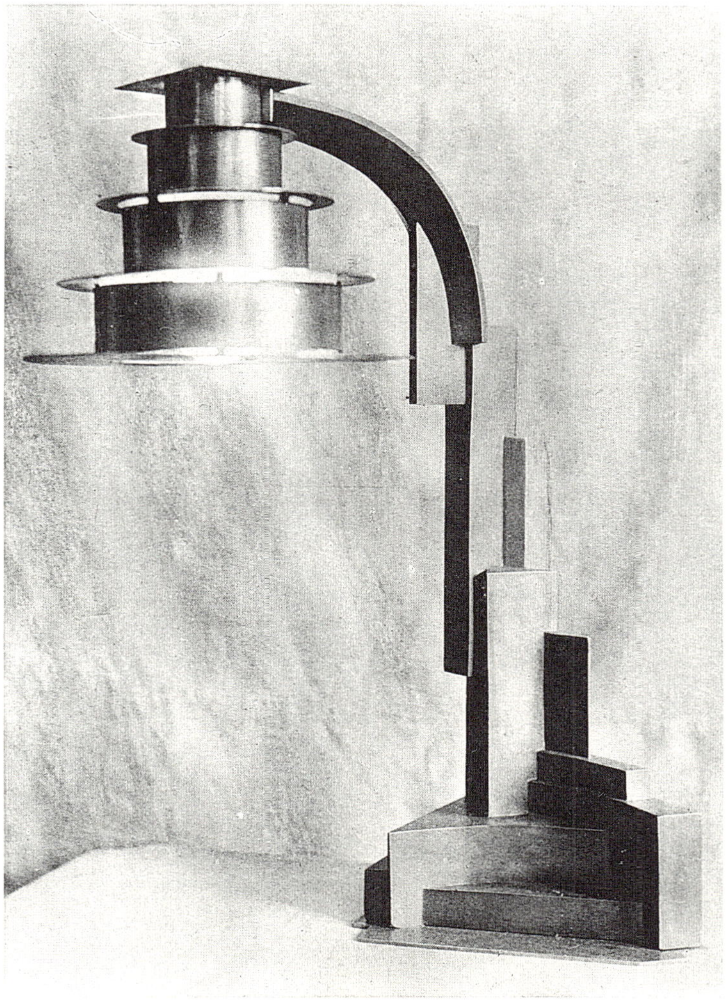

1. Wolfang Tümpel 2. Hildegard Risch
3. Oswald Herzog 4. Kunstgewerbeschule

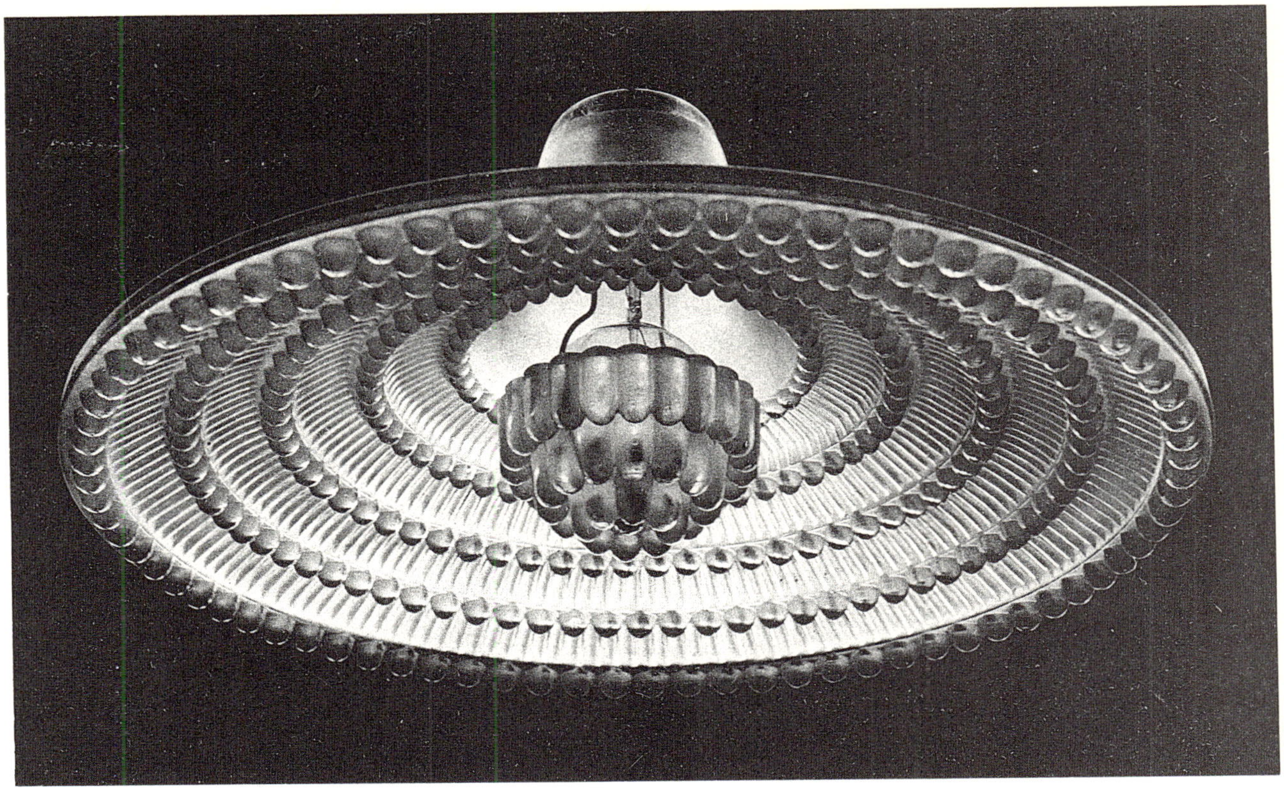

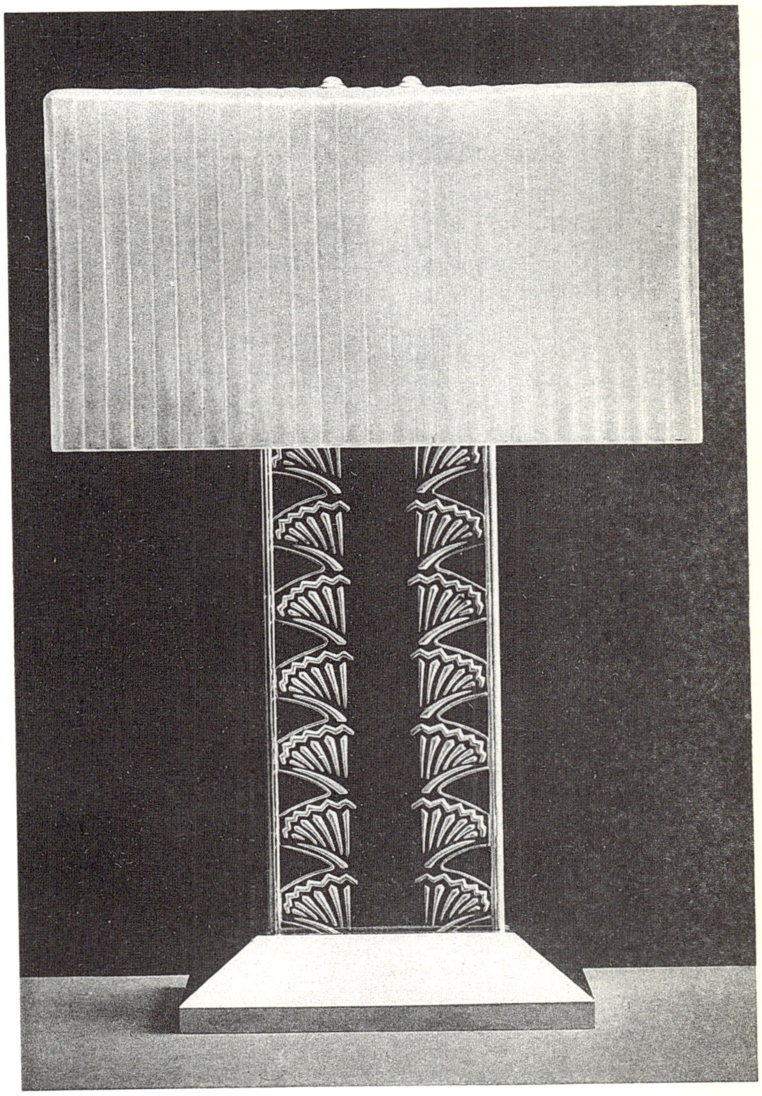

LALIQUE

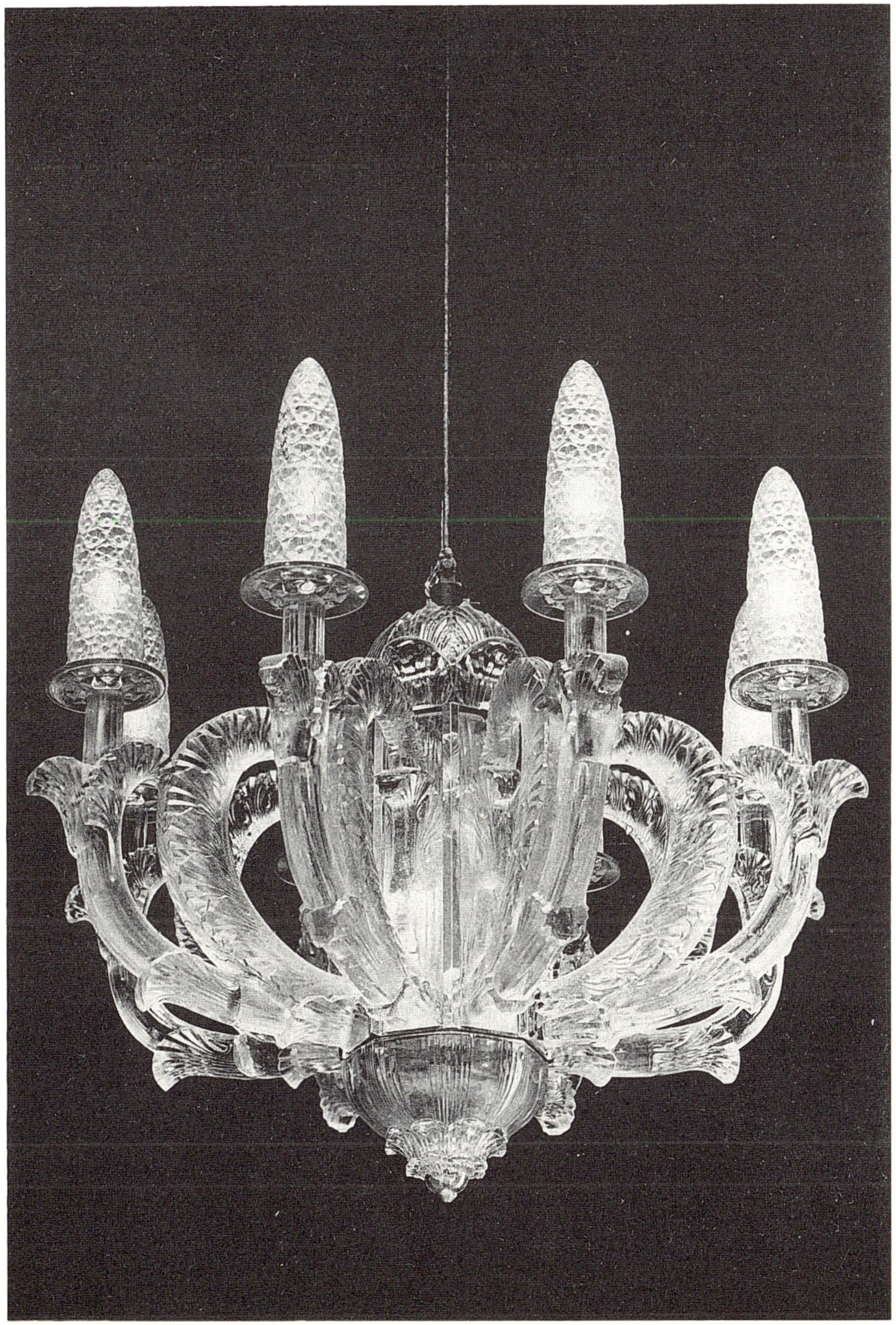

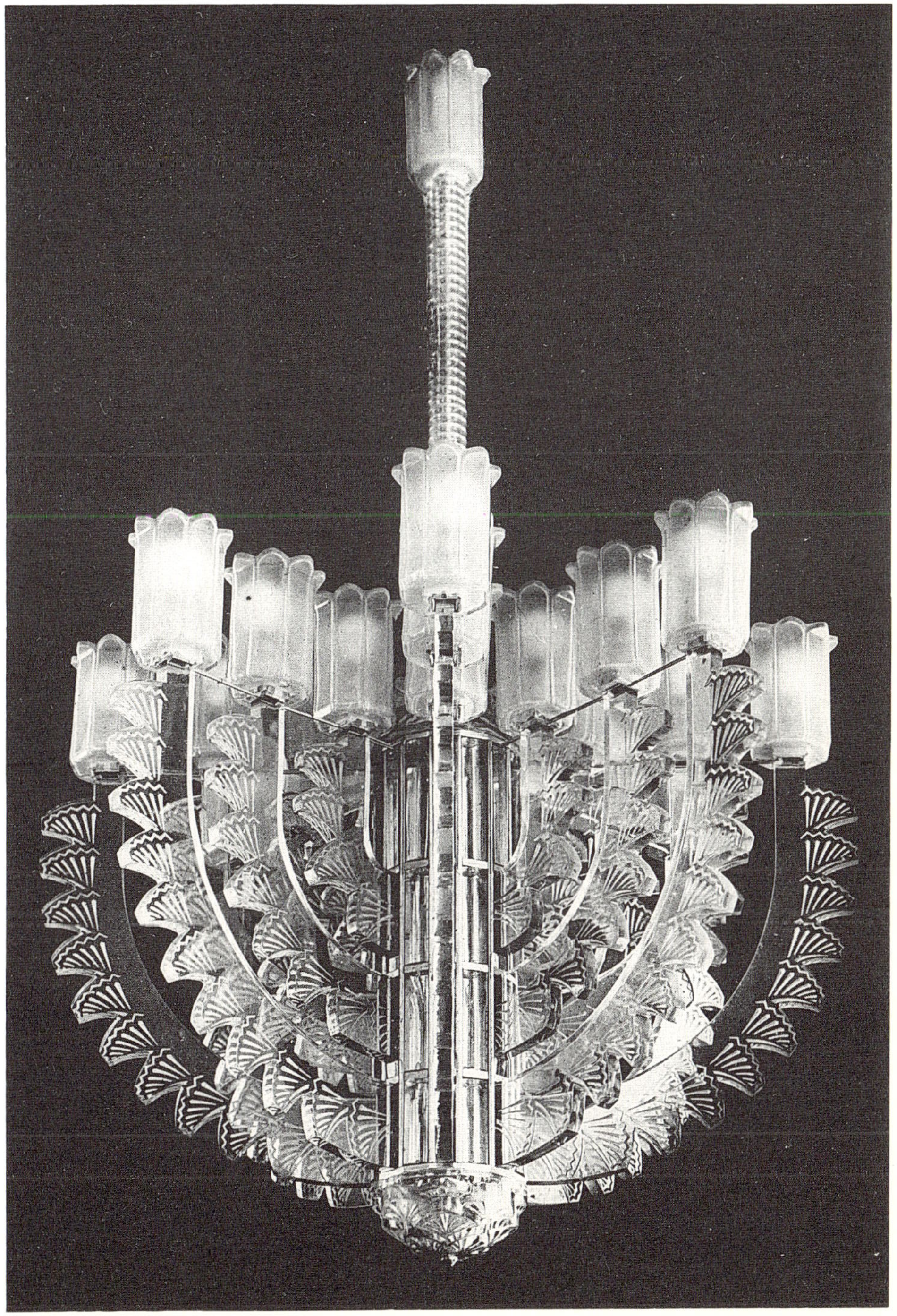

LALIQUE

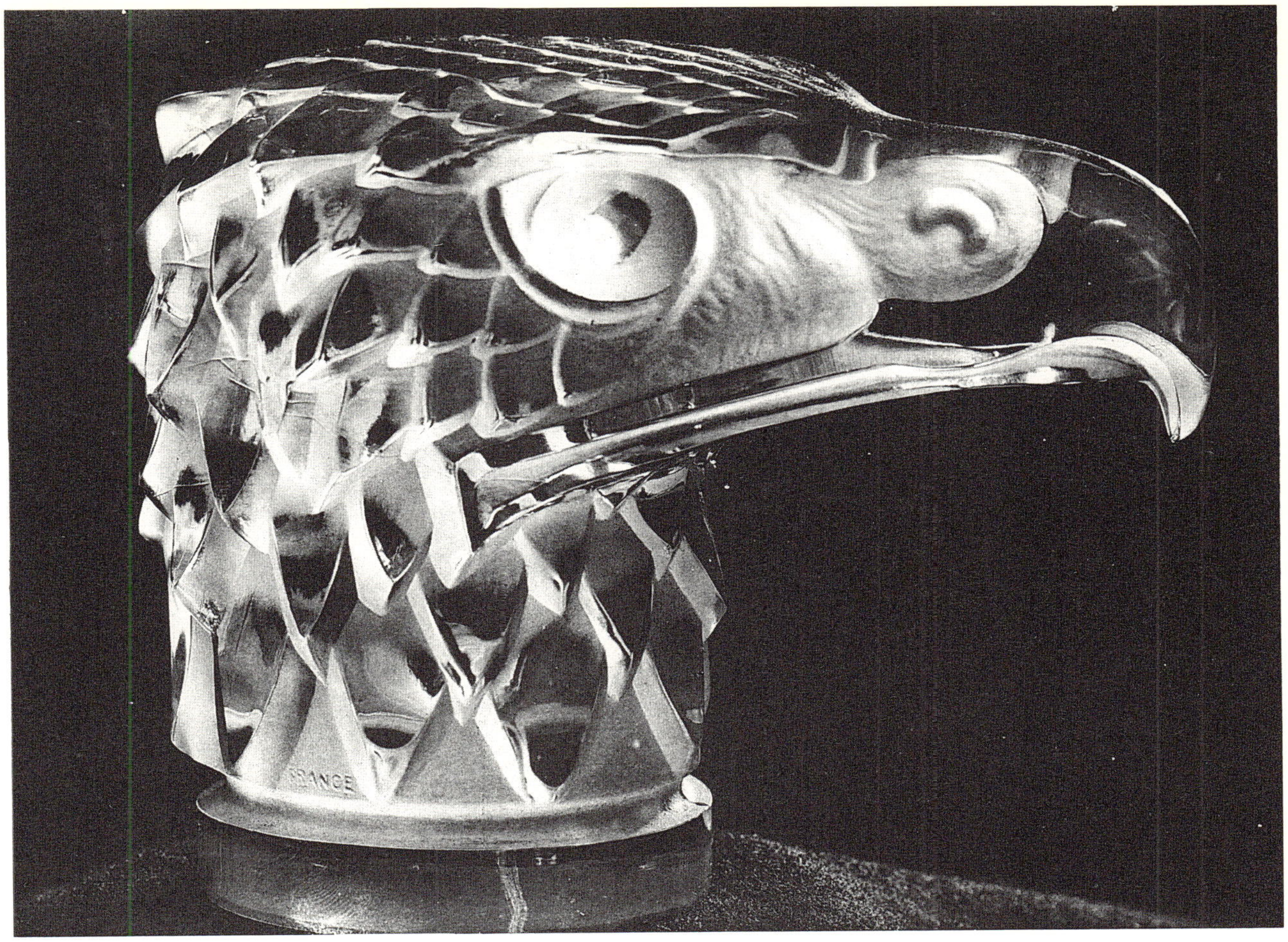

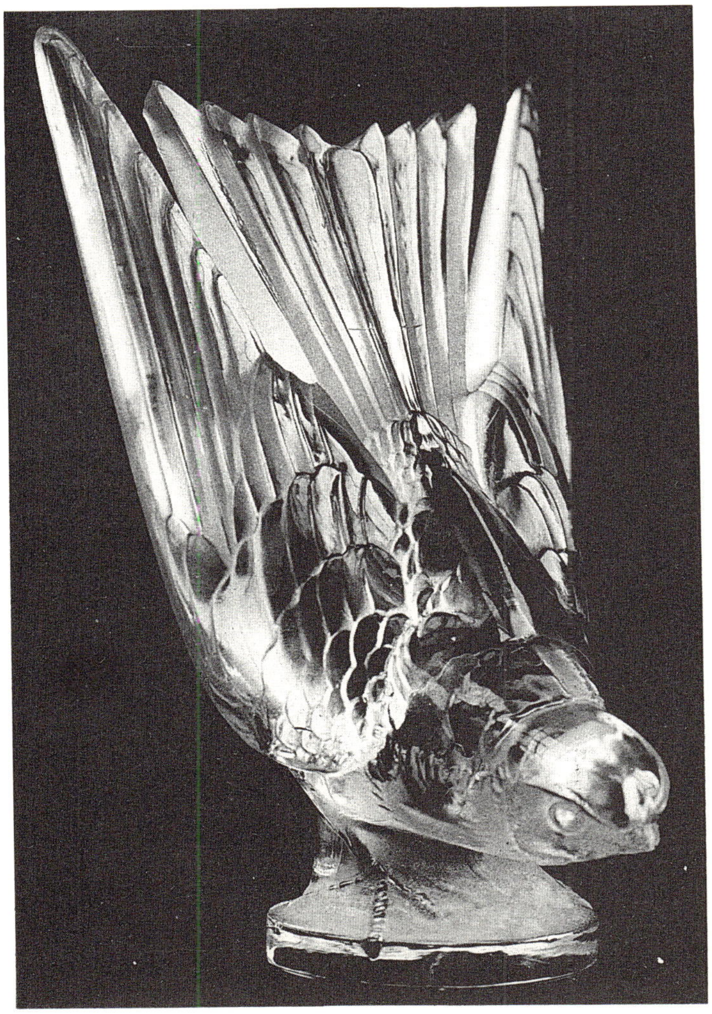

Lalique

R. Lalique

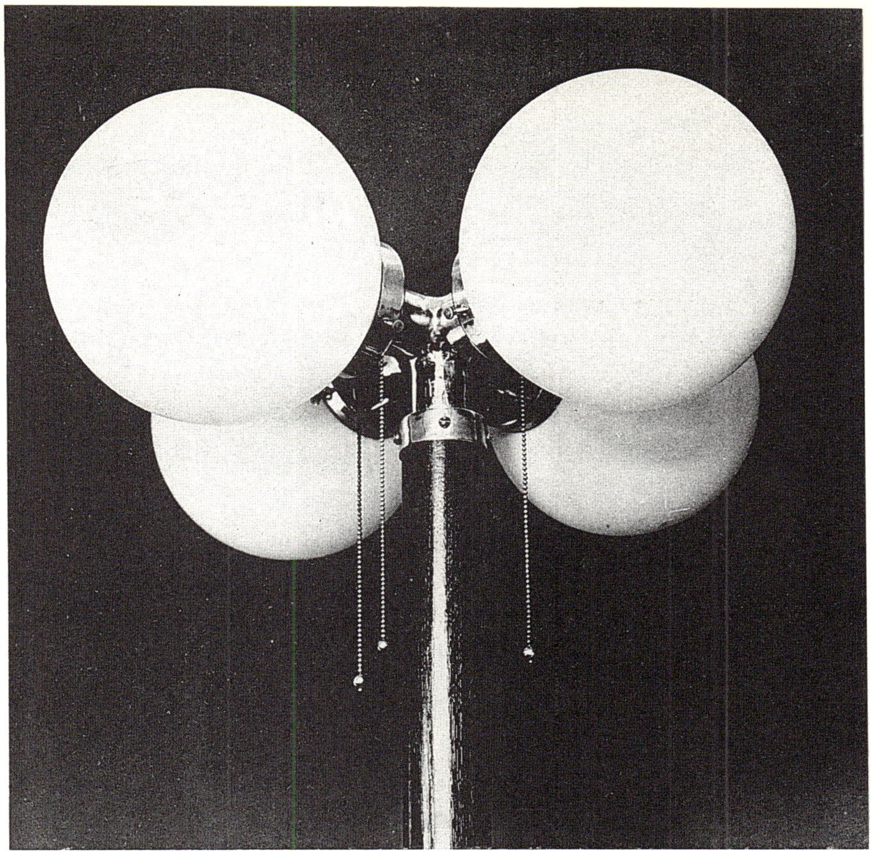

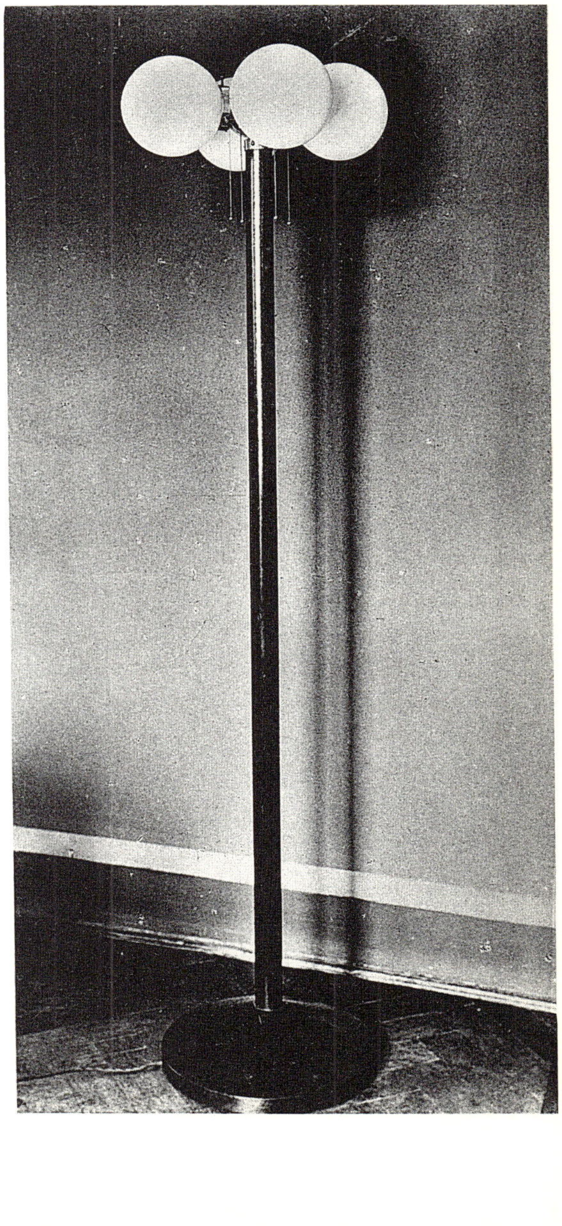

1 et 3 J.E. KOULA
2. K. Ort

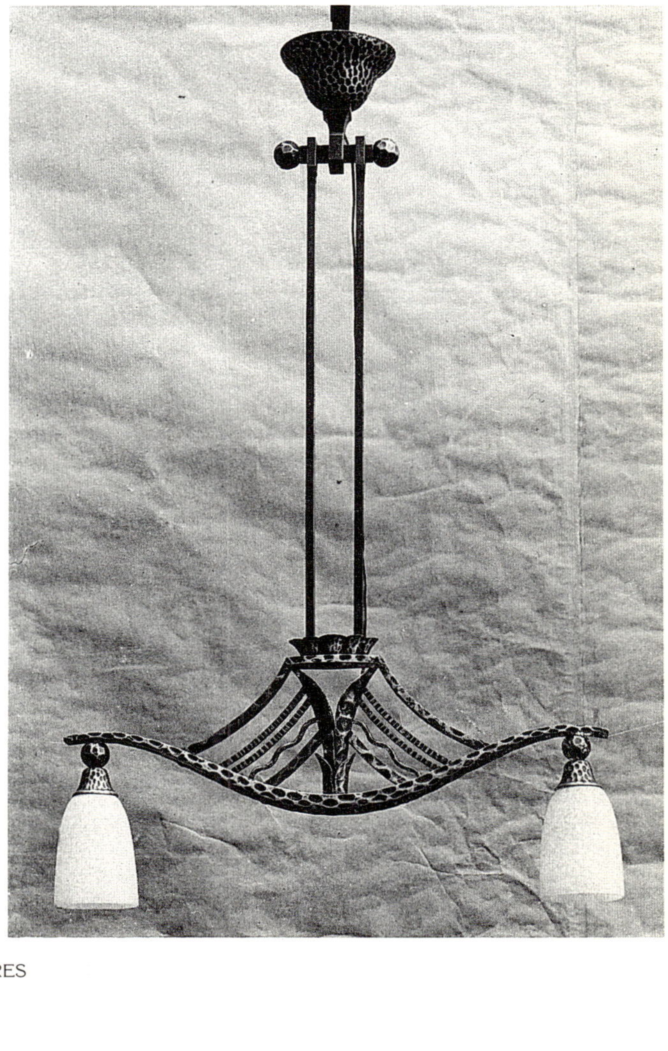

NICS FRÈRES

JEAN PERZEL

Jean Perzel

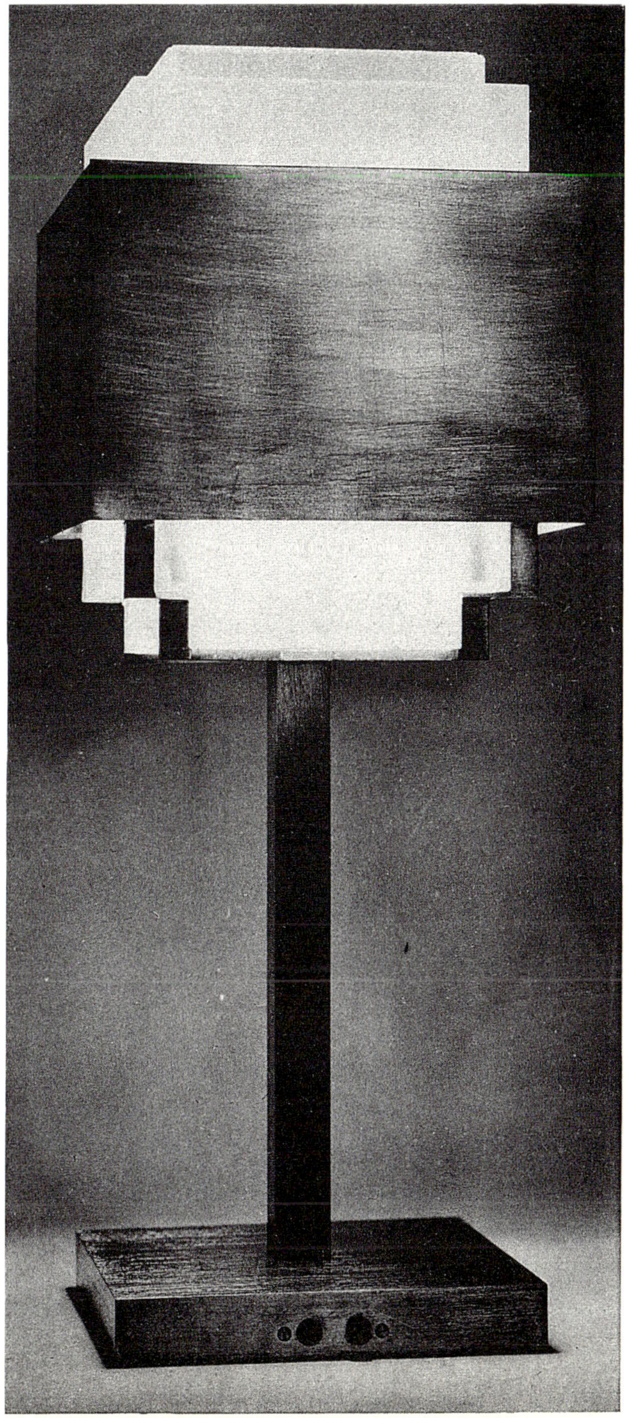

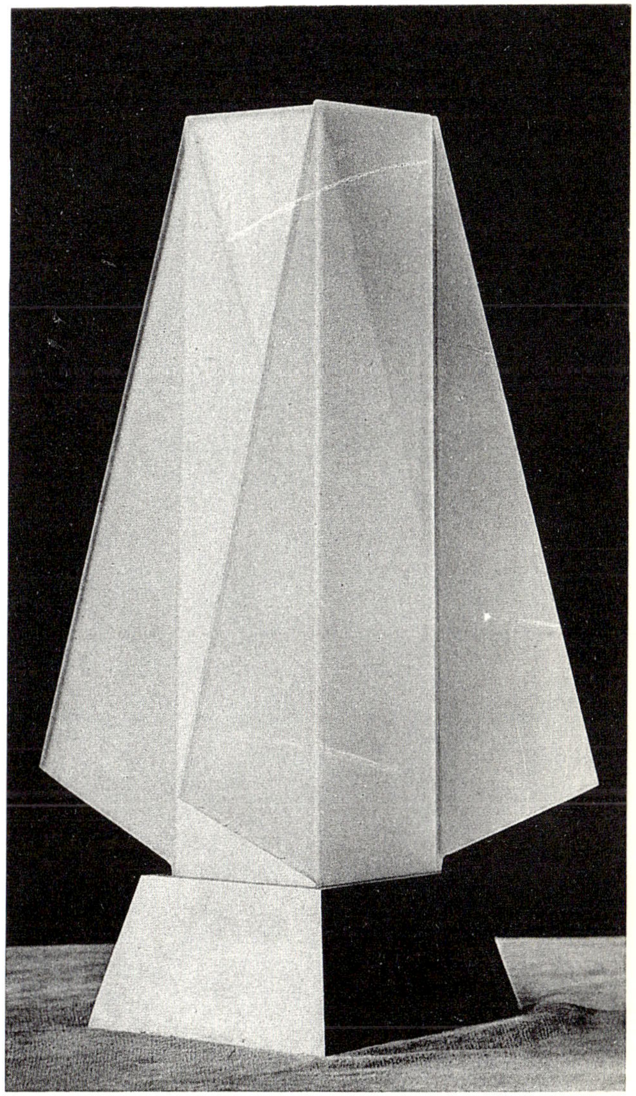

Jean Perzel

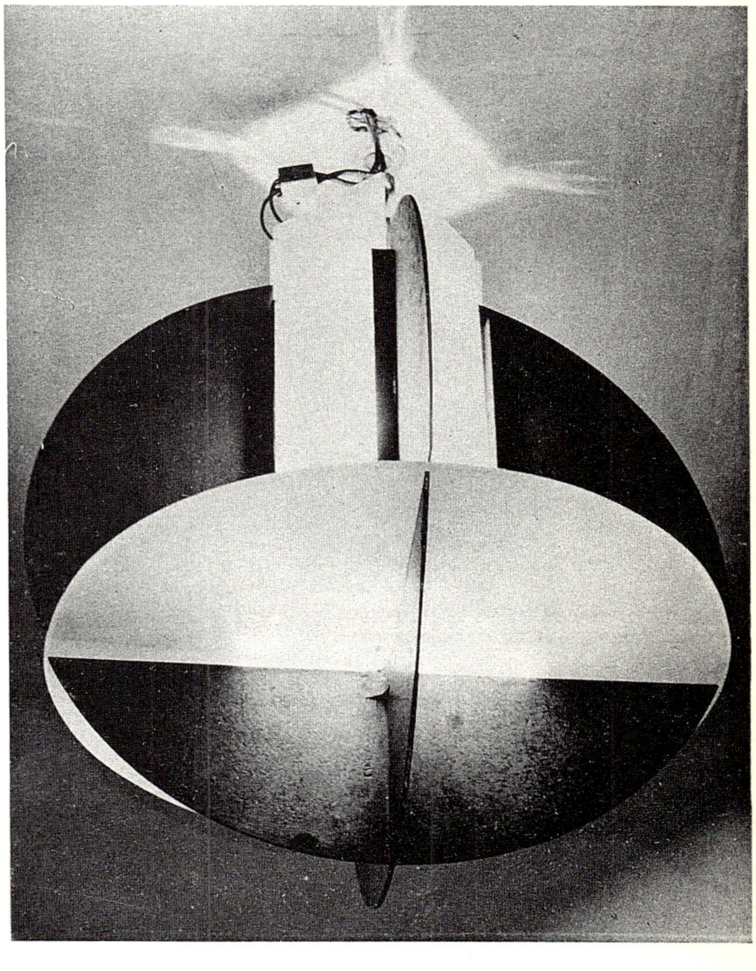

JEAN PROUVÉ

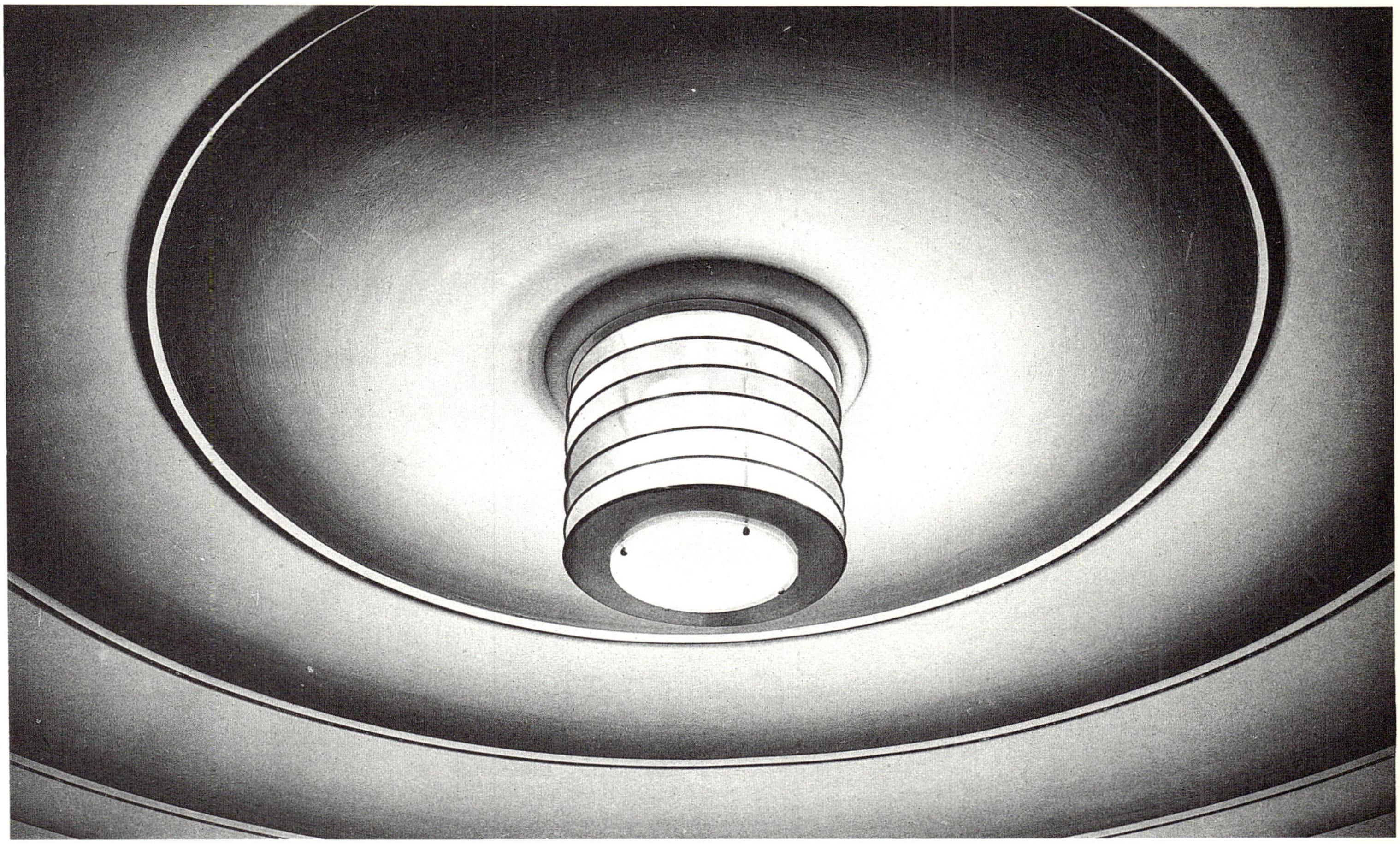

René Prou

1. Gunter Hirschel-Protsch
2. Wilhelm Riphan

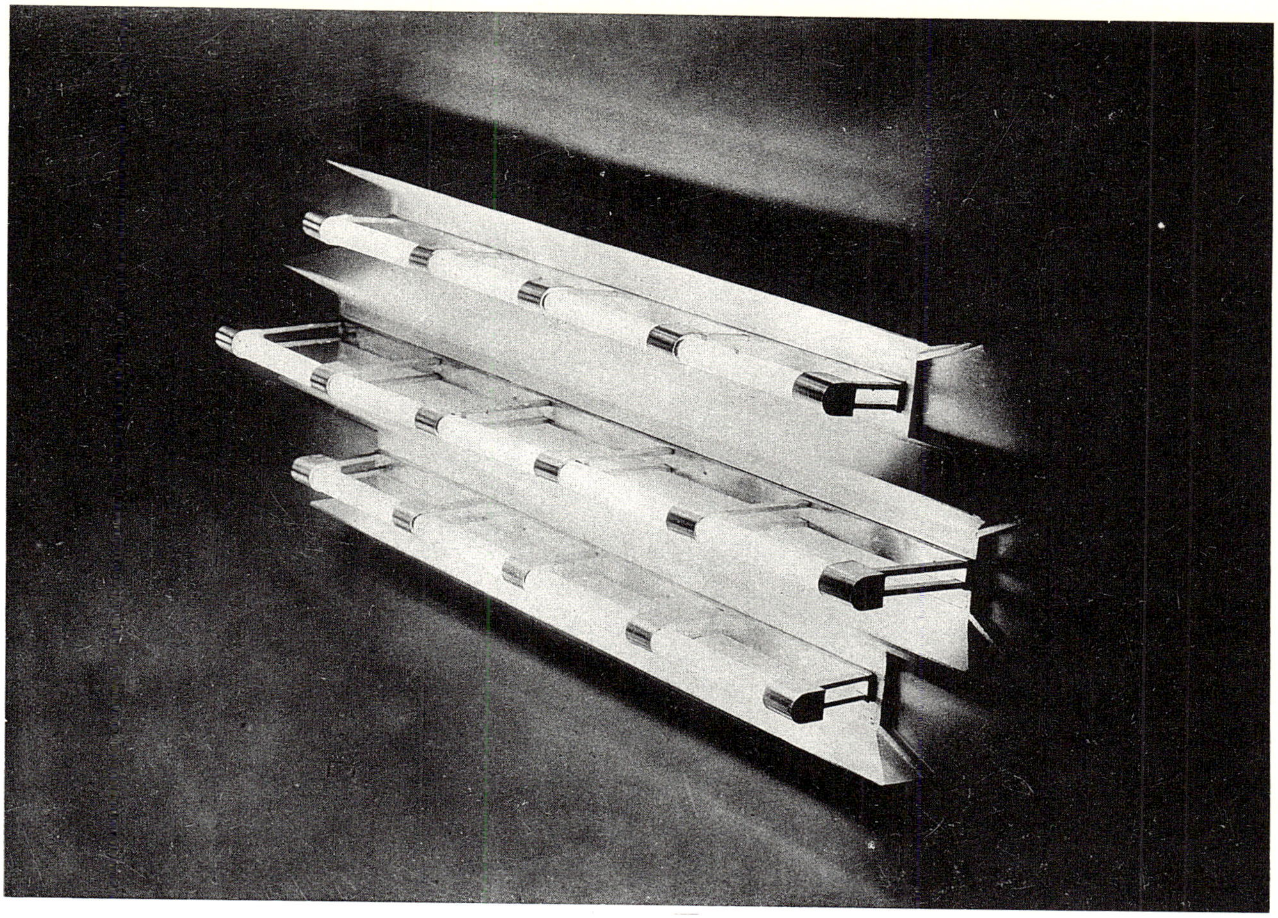

1

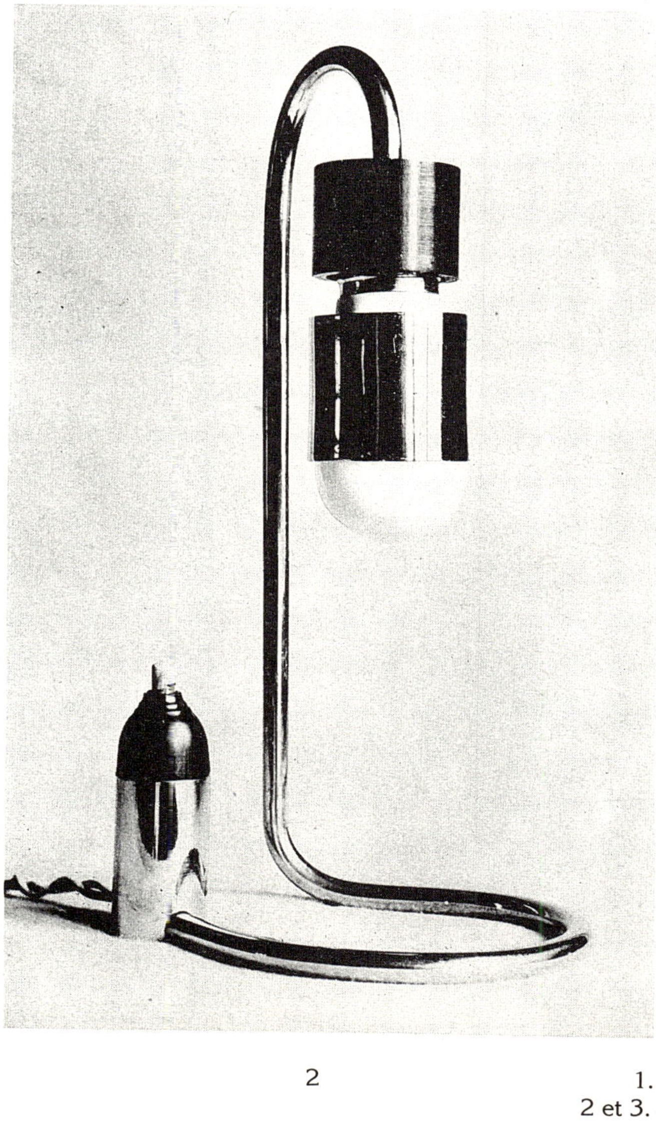

2

3

1. Paul Zucker
2 et 3. S. von Ravesteyn

Sabino

Sabino

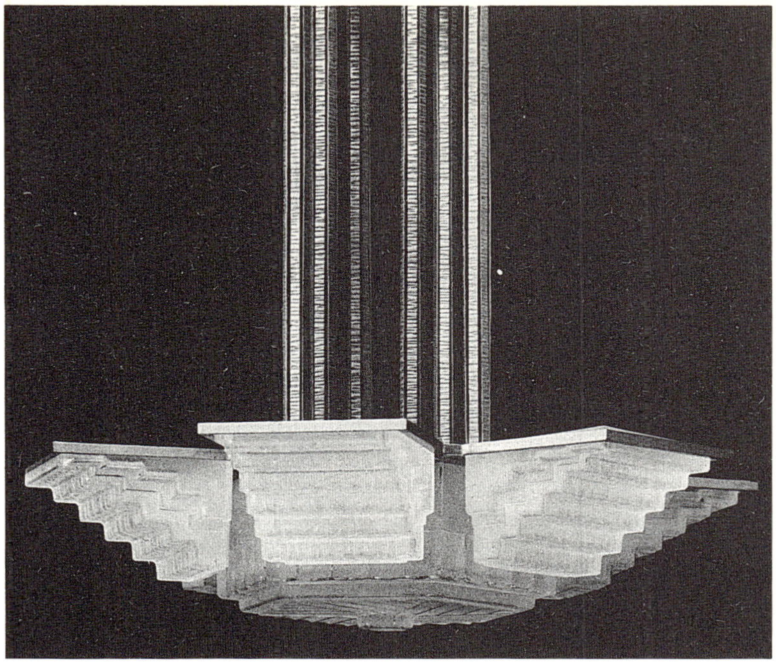

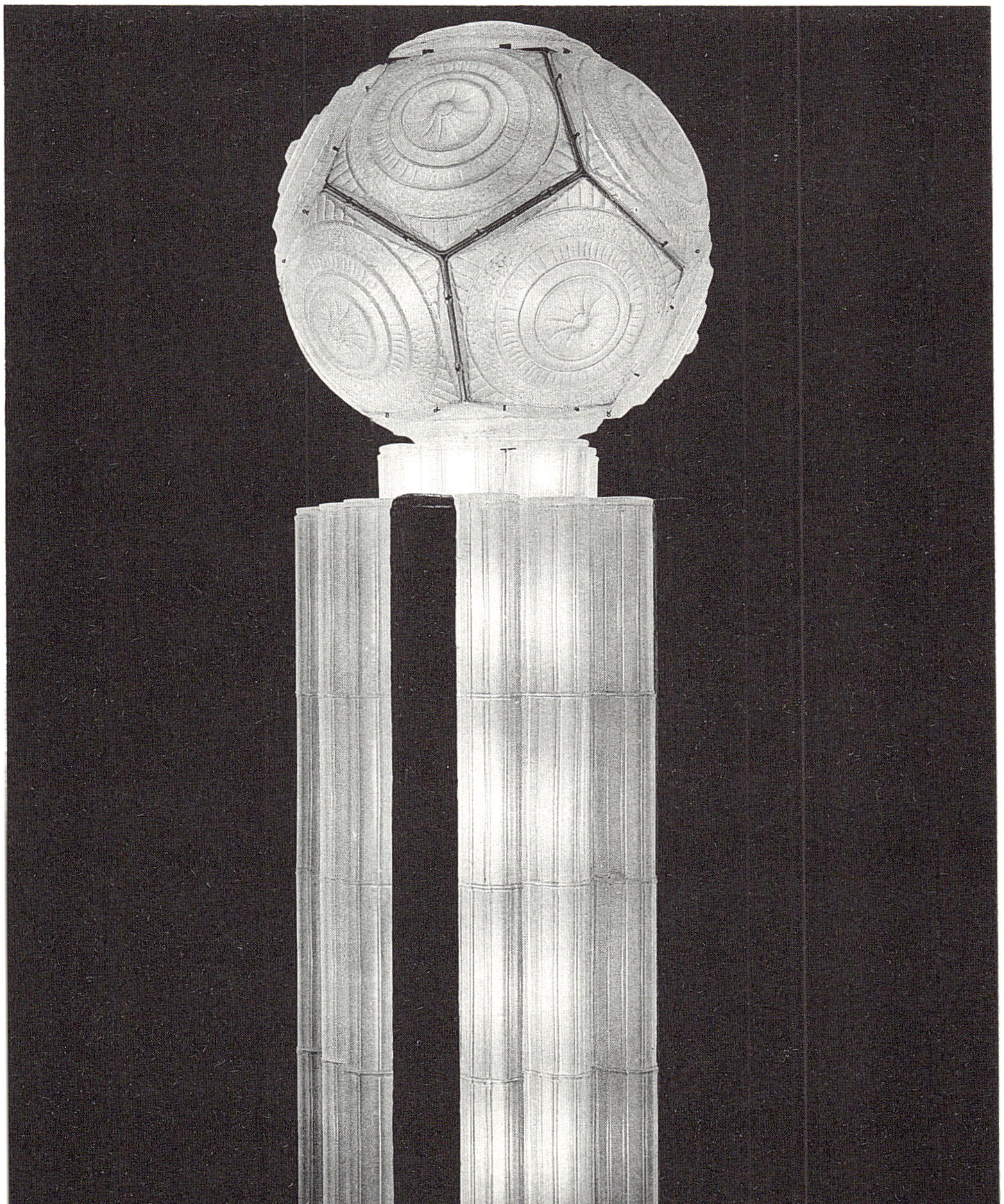

SABINO

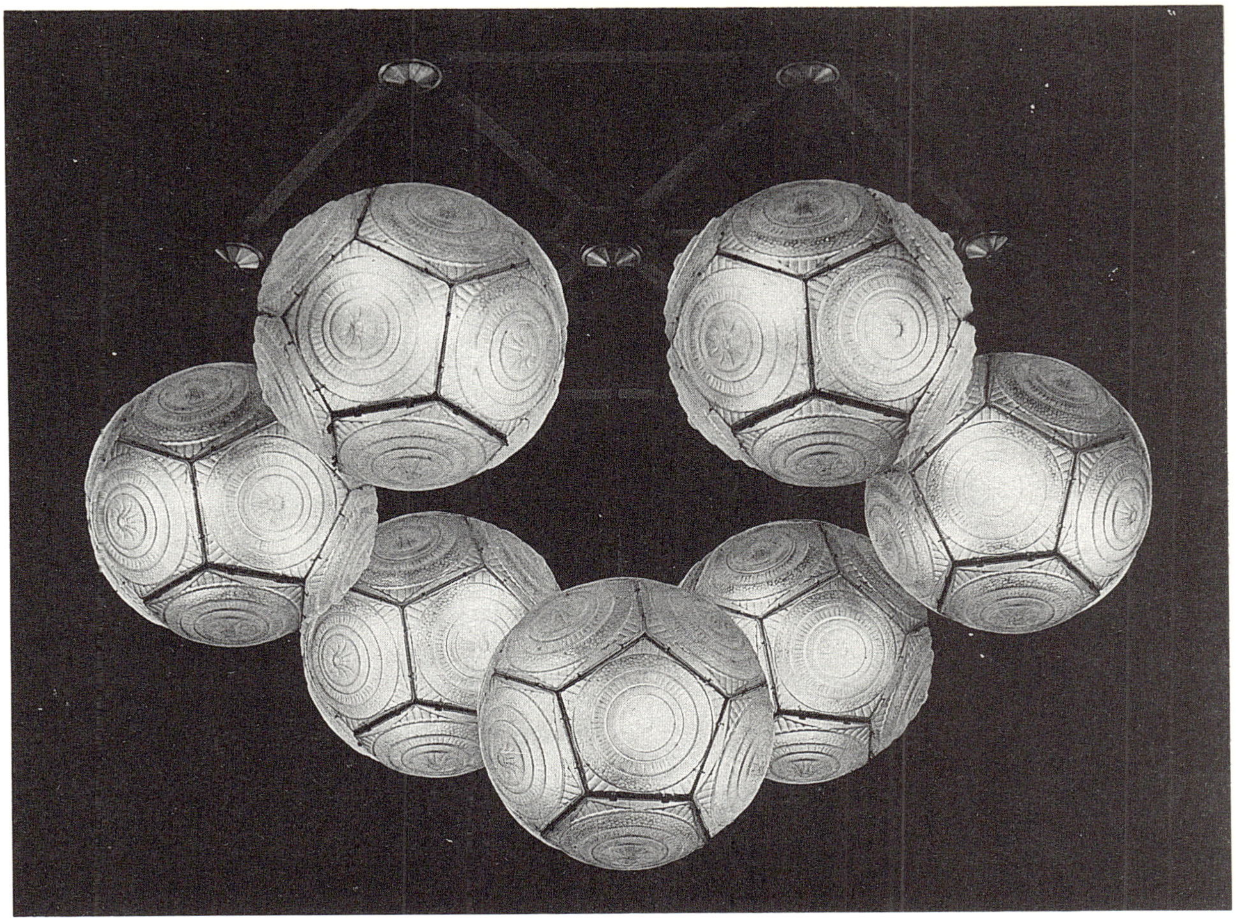

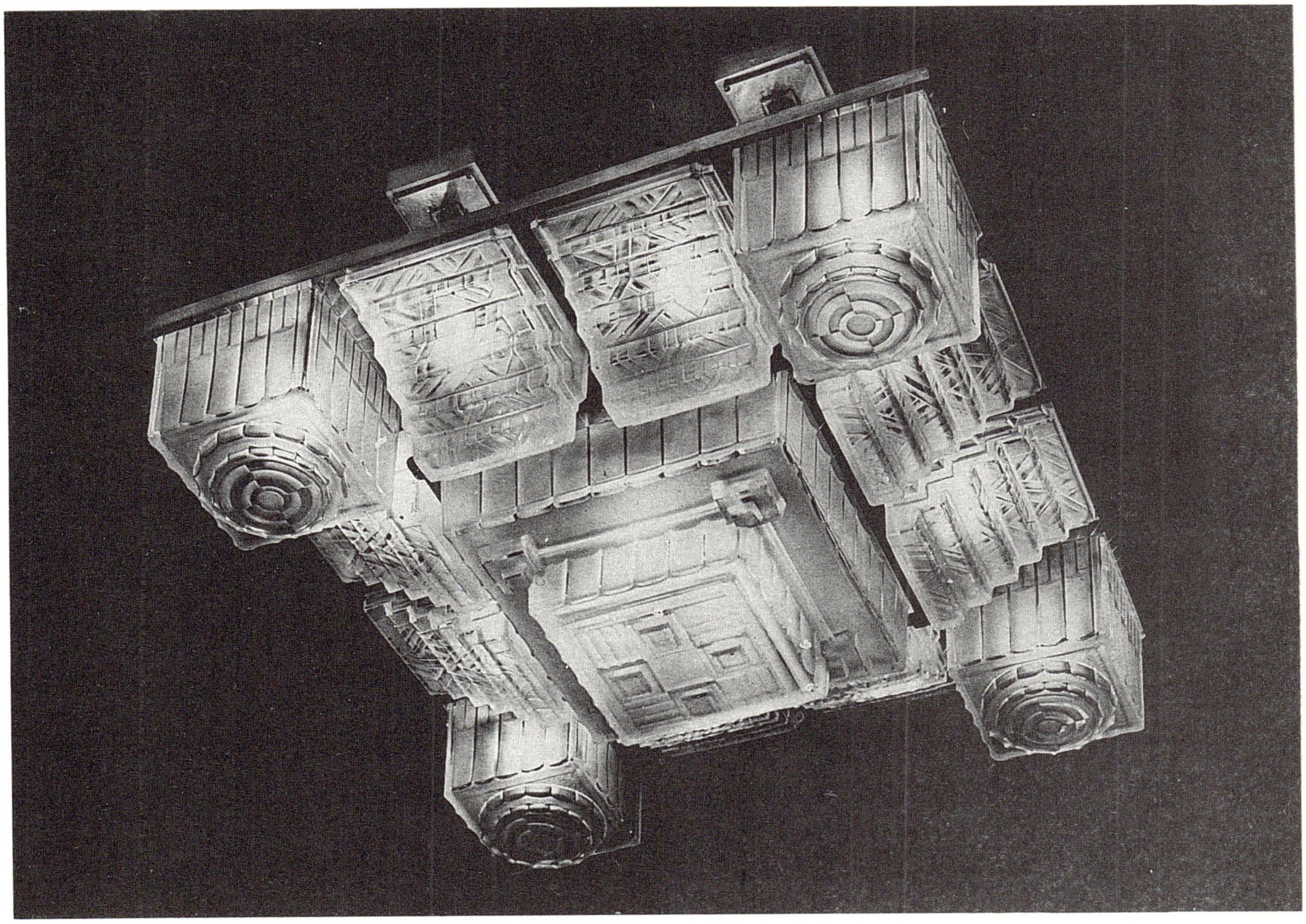

SABINO

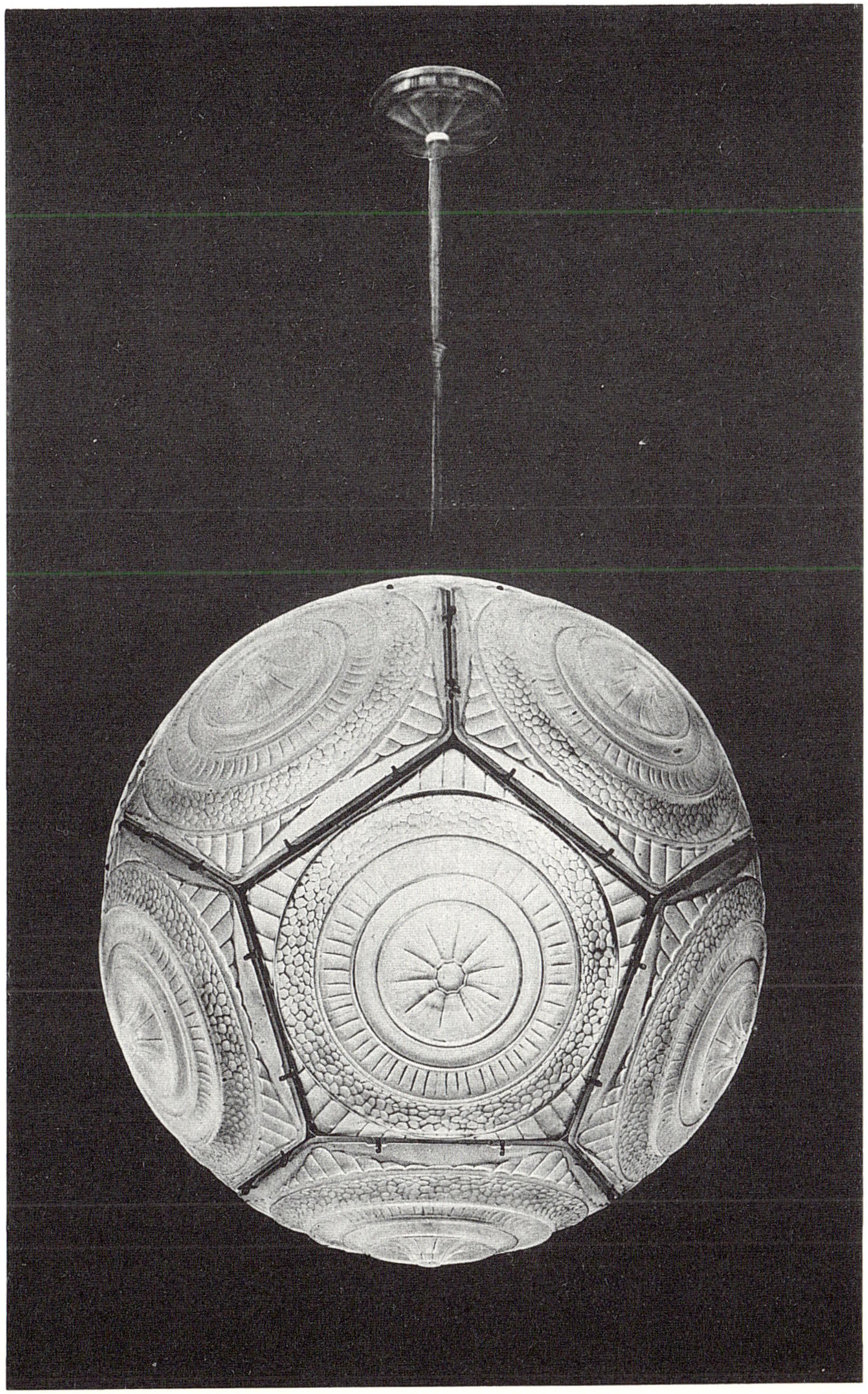

Sabino

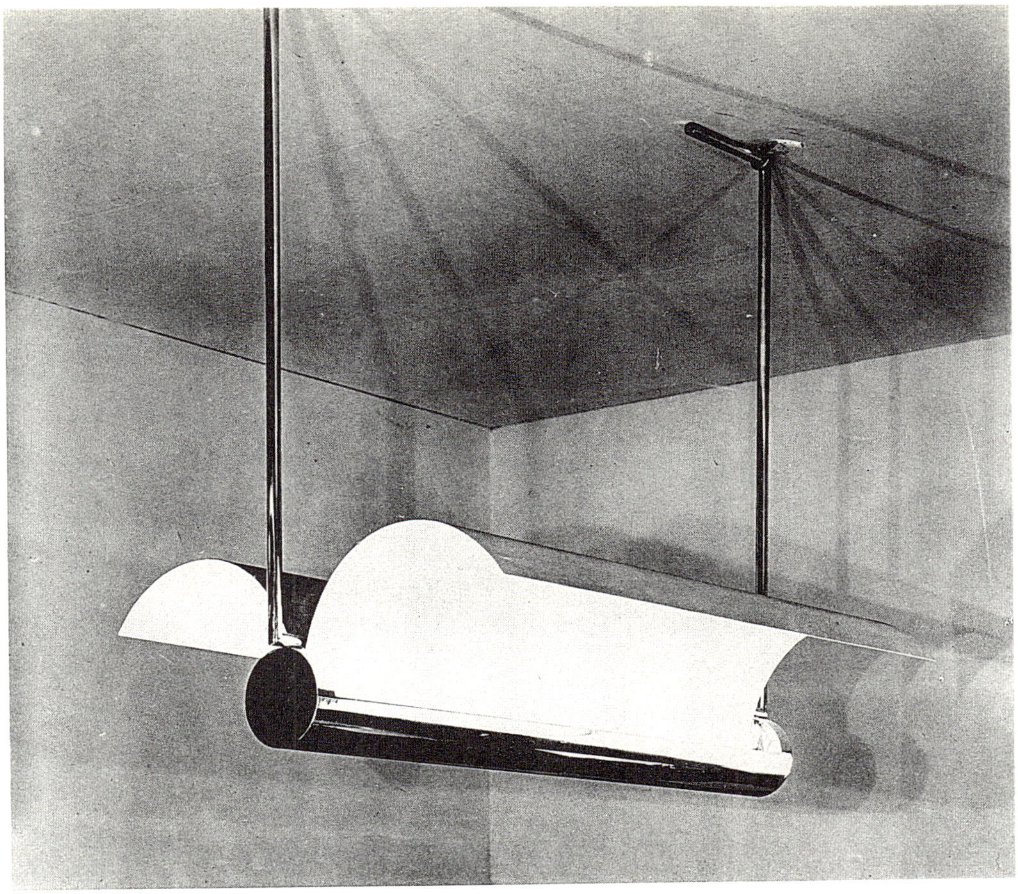

1. René Herbst et A. Salomon
2. A. Salomon

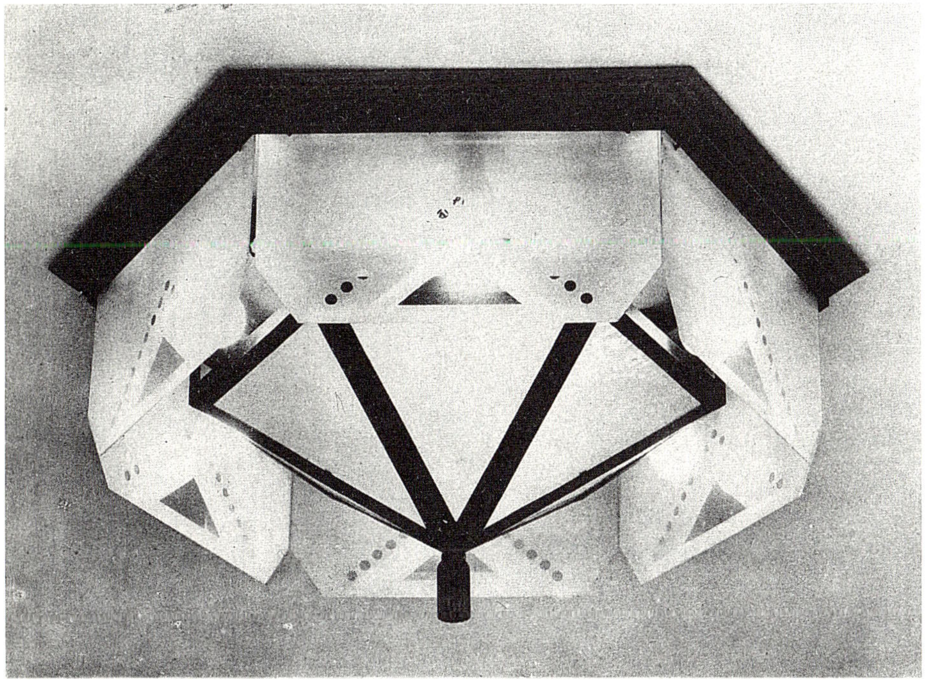

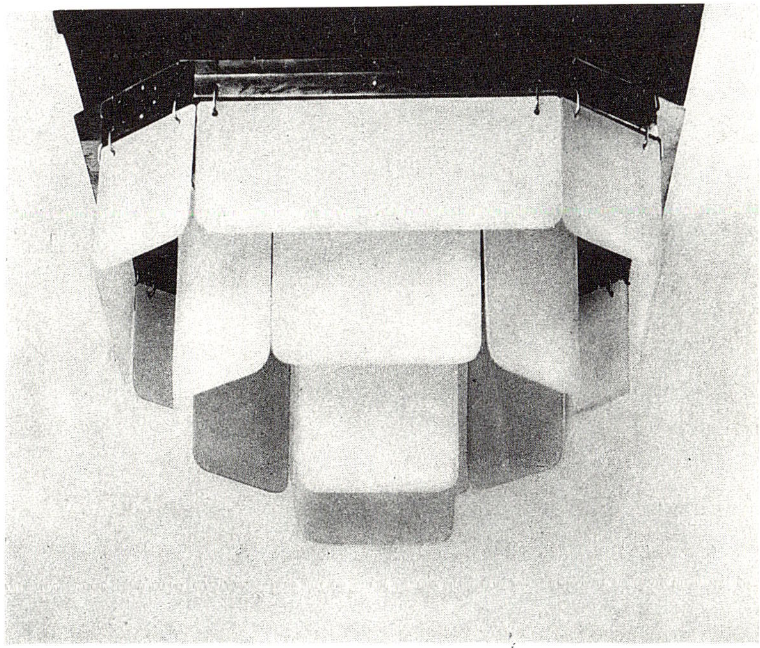

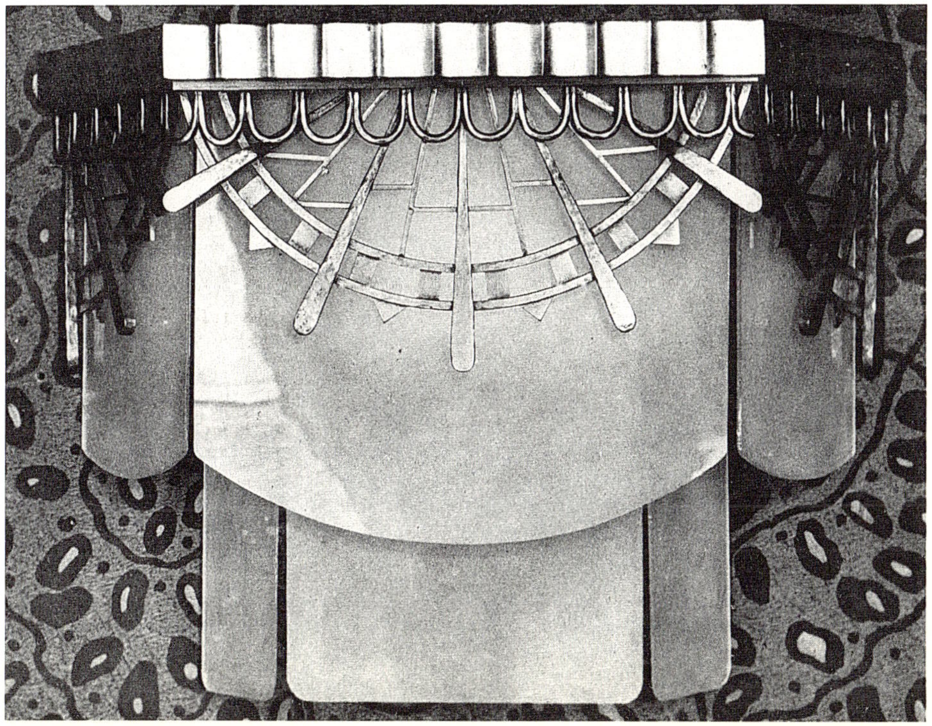

1. 2. et 3. Edouard Schenck
Marcel Schenck

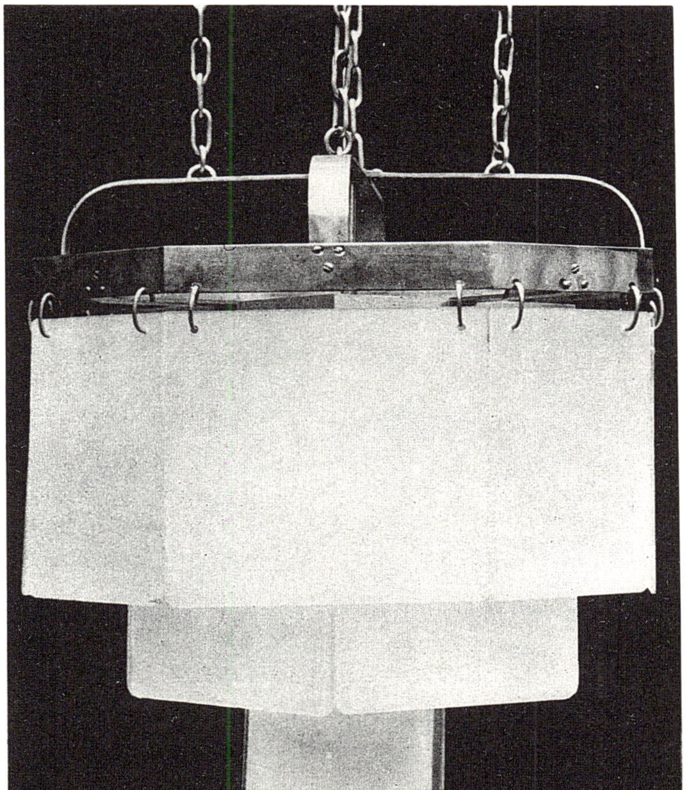

EDOUARD SCHENCK

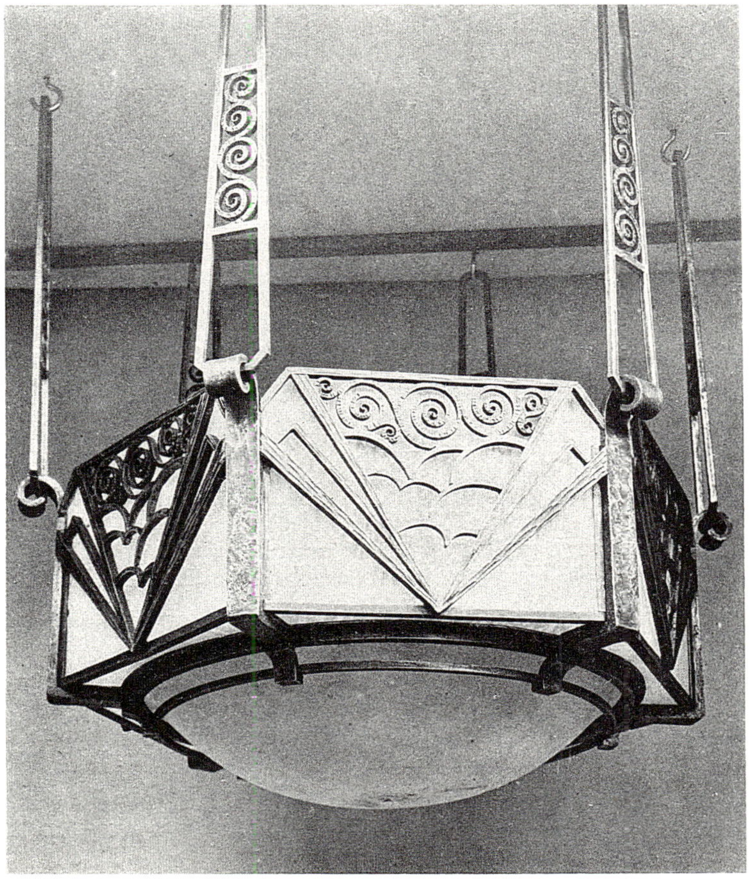

RAYMOND SUBES

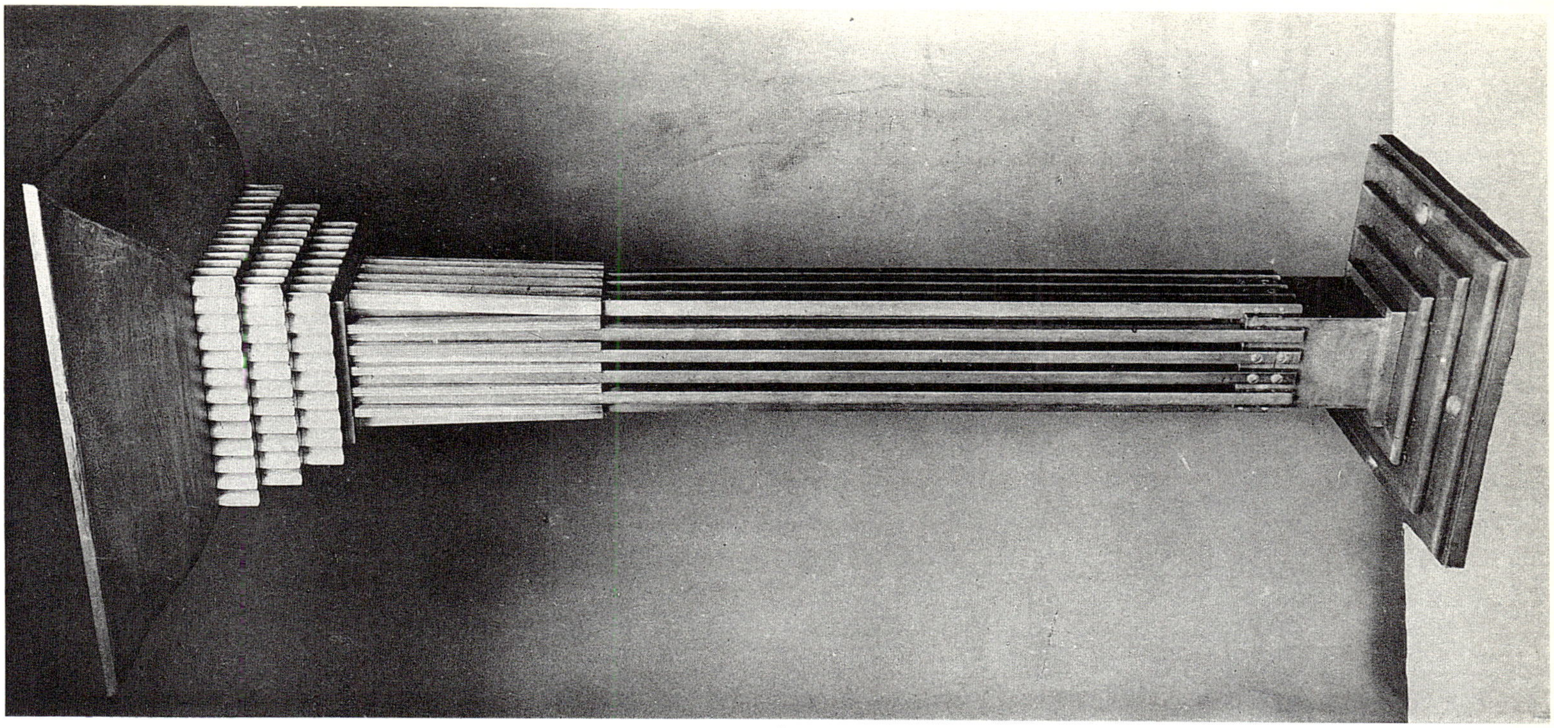

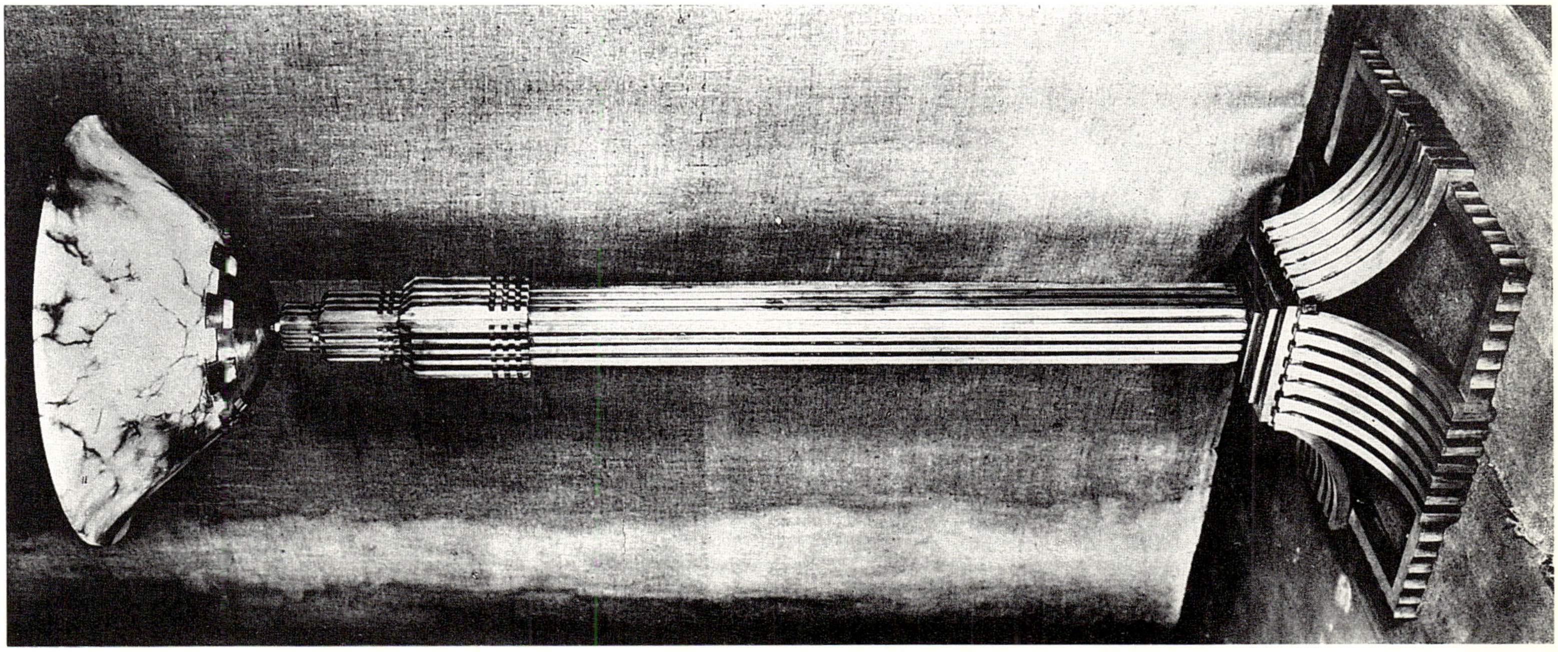

RAYMOND SUBES

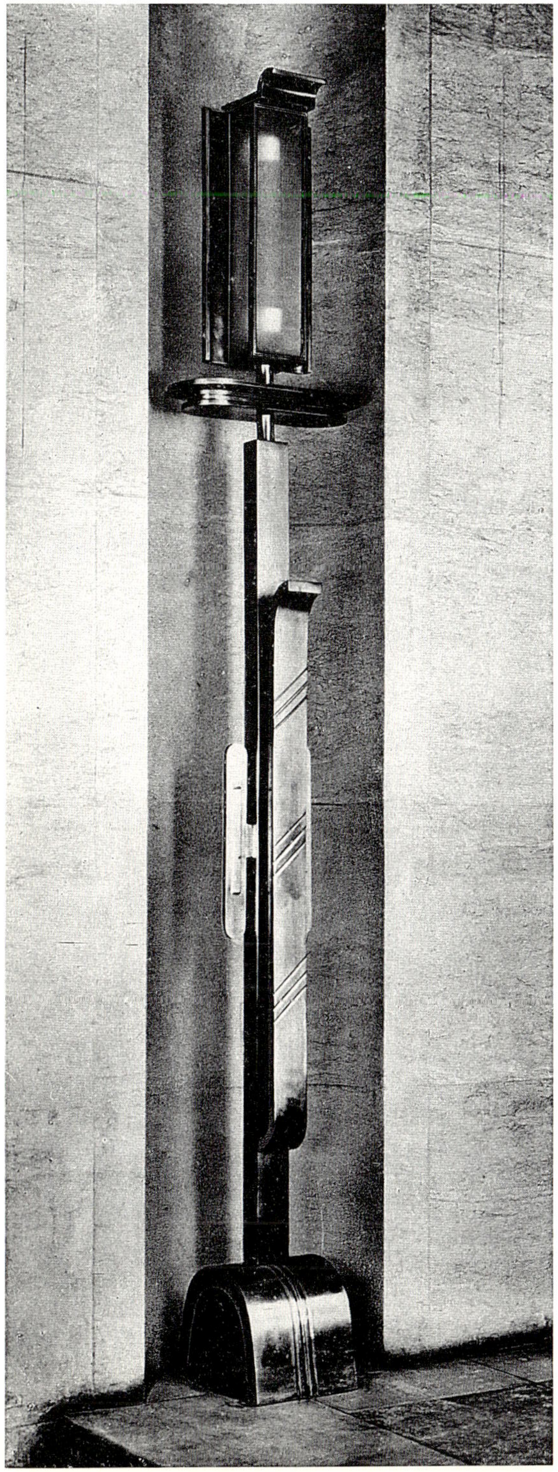

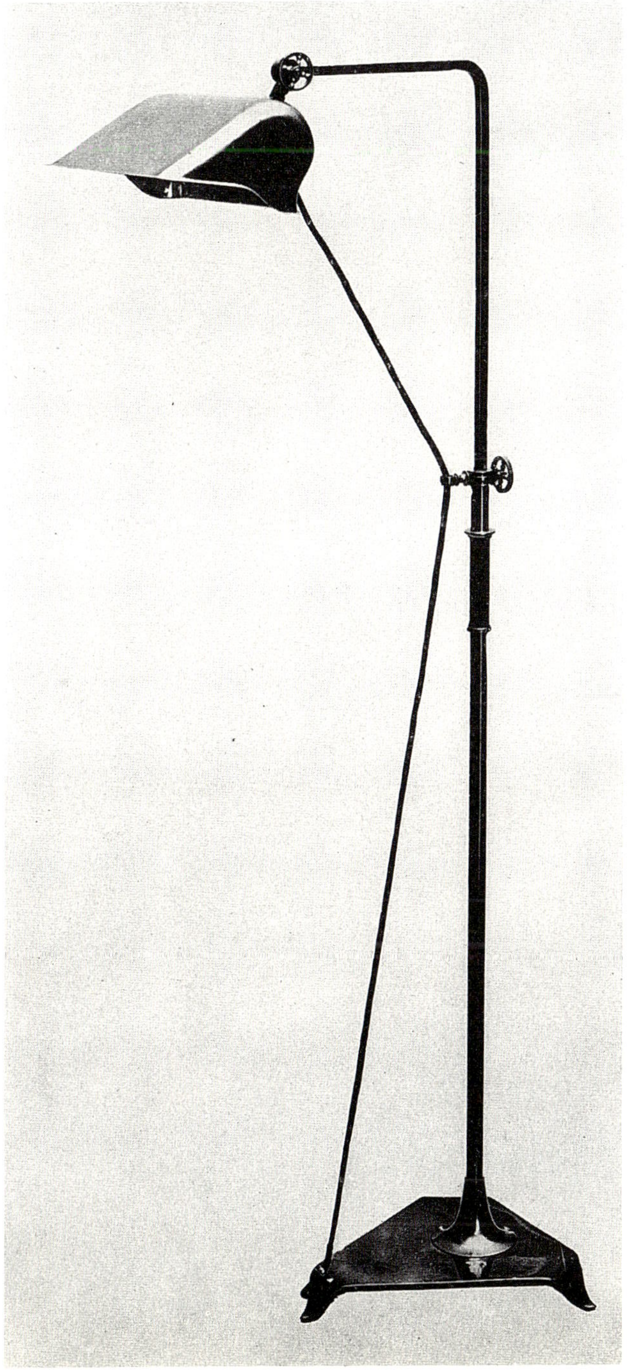

1. et 3. E. Fahrenkamp
2. E. G. Aeplund

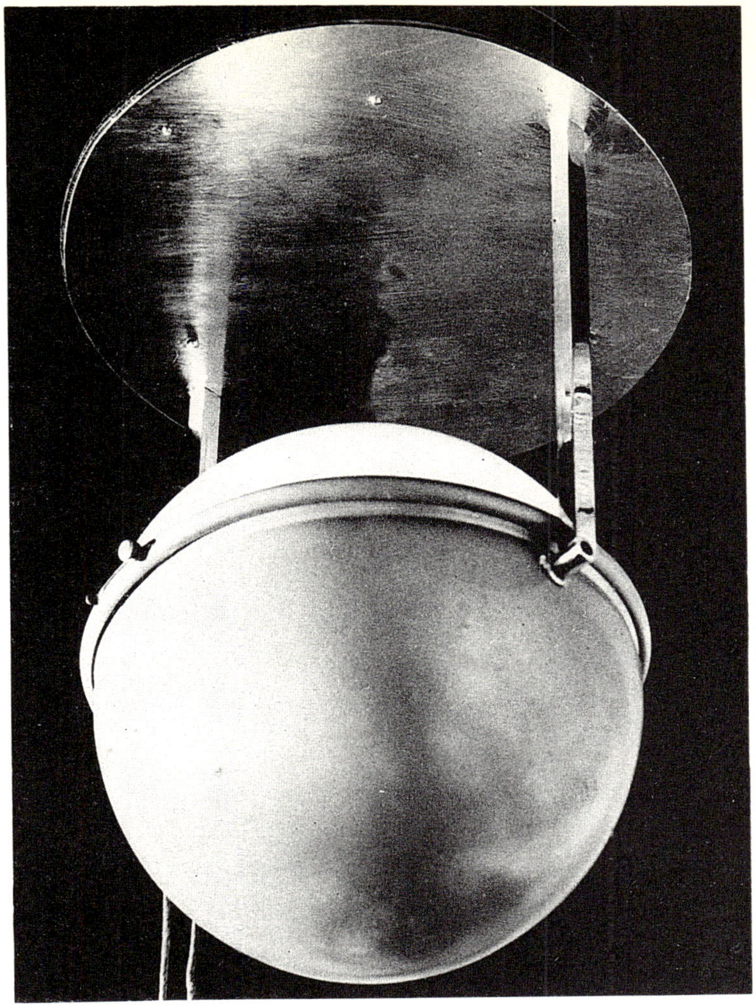

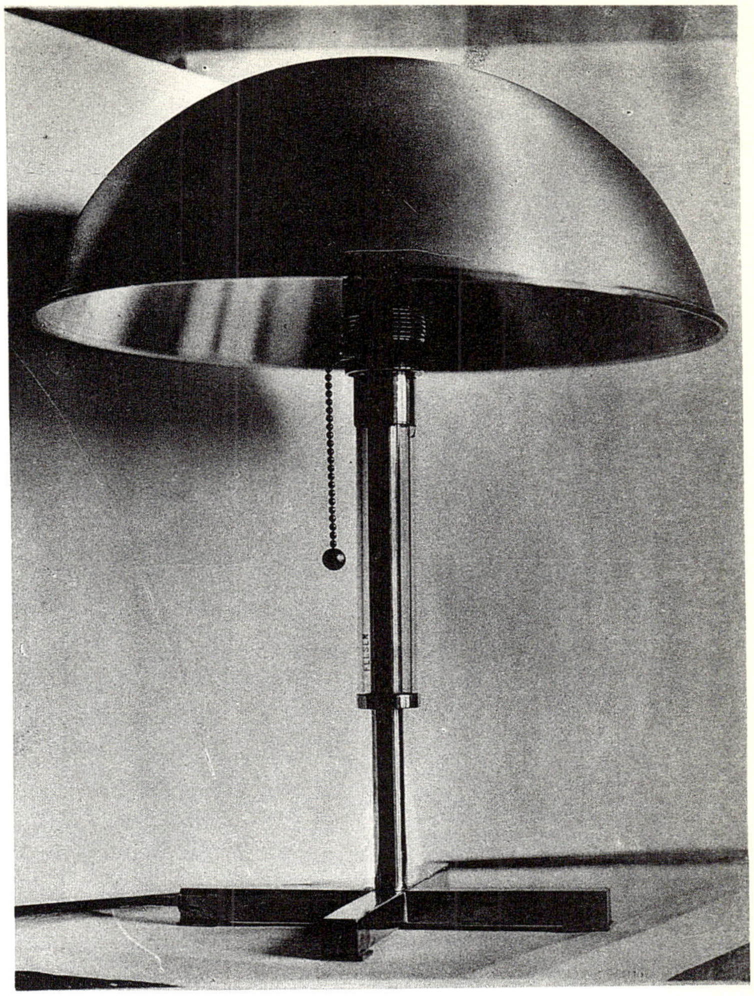

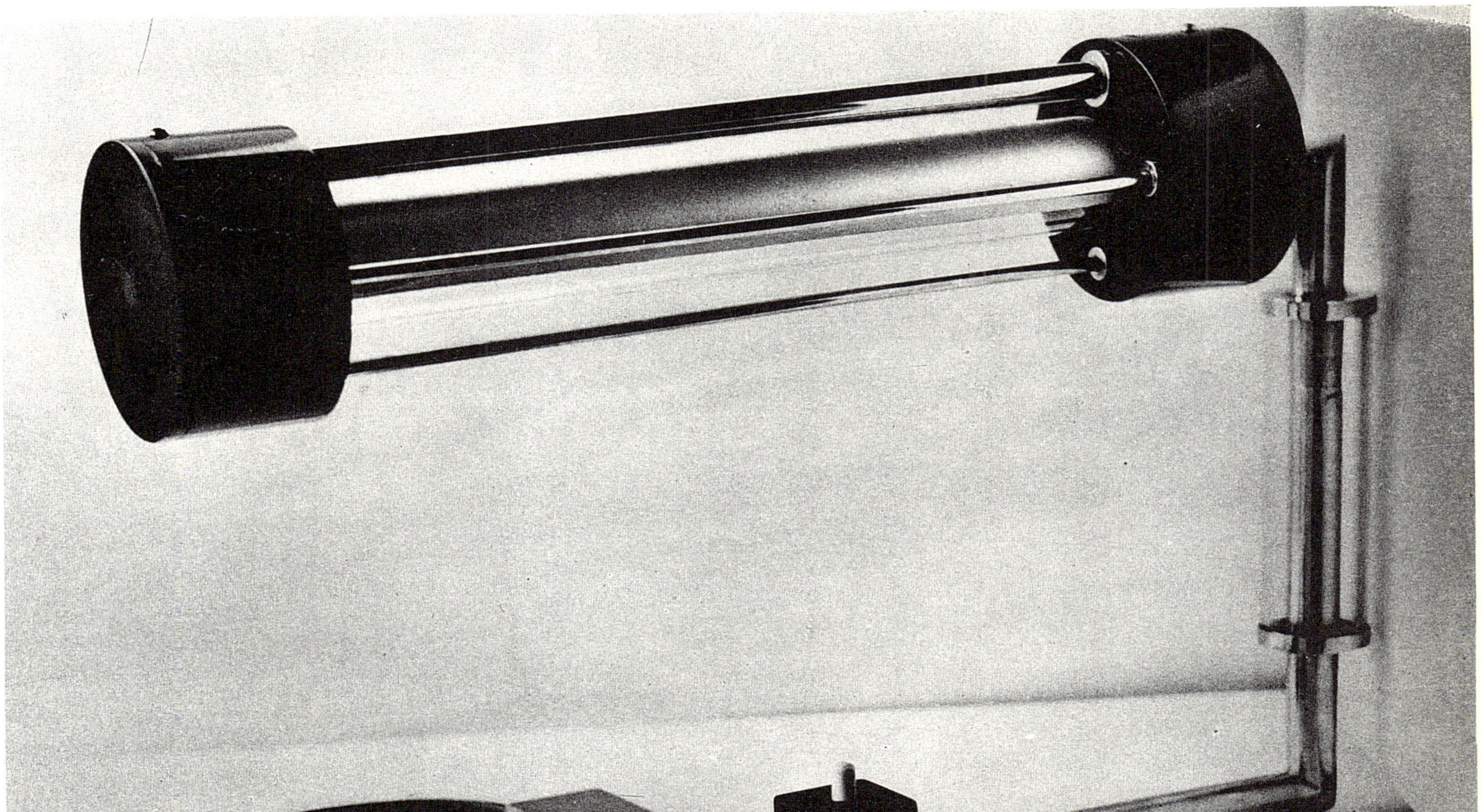

Wolfang Tümpel

GUILLAUME JANNEAU

LE LUMINAIRE

PROCEDES D'ECLAIRAGE NOUVEAUX

EDITIONS CHARLES MOREAU 8 RUE DE PRAGUE PARIS

INTRODUCTION

Dans ce domaine plus qu'en aucun autre, le créateur de modèles doit être un esprit objectif et docile. Un dessinateur de petits meubles peut s'abandonner à sa fantaisie, le céramiste, le ferronnier, le verrier peuvent, dans une large mesure, obéir à leur seule imagination. Toute autre est la position du luminariste, si l'on ose risquer ce terme insolite. Lui, n'à pas à traduire des idées plastiques, mais à résoudre des problèmes concrets ; il n'est pas libre de ses choix, il ne crée pas, dans l'absolu, des formes sans destination, ni d'autre fin que d'être belles. Ses appareils prendront place dans un ensemble préexistant. Il leur faut convenir, donc s'adapter. Or, il travaille sur un élément singulièrement difficile : la lumière. Un éclairage mal réparti, brutal ou trop clair, dénature l'effet d'un ameublement : il accuse des reliefs qui voulaient rester discrets, il aigrit les coloris, il détruit les demi-teintes. C'est pour conjurer ces inconvénients qu'ont été établies la plupart des formes des appareils modernes. Ce n'est point par esprit de système, ni par un goût irrésistible pour le changement, qu'artistes, ingénieurs, industriels, ont étudié des modèles nouveaux. Une raison plus forte le leur commandait : ils cherchent une bonne formule, ils élaborent l'appareil parfait, celui qui sera logique, efficace, et beau. Sans doute, moins ambitieux, quelques décorateurs se plaisent à inventer des combinaisons de pur caprice, parfois amusantes comme des bibelots de mode, et dont il serait injuste de mépriser l'originalité. Mais il serait également injuste de les situer sur le même plan que les modèles exprimant un programme.

La multiplicité même des solutions révèle la complexité du problème. Elles présentent néanmoins quelques traits communs. L'on cesse de considérer l'appareil lui-même, l'objet de bronze, de nickel ou de fer, comme un élément distinct, indépendant du foyer lumineux qu'il porte. On associe intimement les deux parties. Le support de métal renonce à compter, ou s'unit à la lumière ; ainsi tel appareil formé d'un large ruban plat qui s'érige en dessinant deux courbes contraires, dont les concavités se meublent d'un cylindre lumineux, répudie-t-il le nickel aux effets maigres et secs en faveur du fer forgé, dont les savoureuses rudesses contrastent avec le doux rayonnement de la lumière. Toutefois la pluralité des modèles sont des diffuseurs. Il en est de toutes sortes, depuis le globe dépoli, voire opaque, des

Allemands, des Tchécoslovaques, des Anglais, jusqu'aux systèmes de plaques emprisonnant l'ampoule entre leurs plans croisés, créés par Pierre Chareau ; depuis la conque de verre pressé de Genet et Michon jusqu'aux tendres appliques opalines de Ruhlmann ou de Groult. Et la formule qu'on voit se developper dans les boîtes suspendues aux parois carrées bordées de noir exprime, par d'autres moyens, la même idée. Mais voici des appareils faits de tubes lumineux qui dessinent des angles dans l'espace : notons-y l'influence des très modernes enseignes lumineuses ; l'utilisation de l'actualité par la mode, n'est-elle pas la ligne des traditions ? Autre système : voici les appareils en forme de cylindre de moteur bardé de ses ailettes de refroidissement, ou de signal optique, ou de disques captateurs du son. Pourquoi ces ingénieuses allusions seraient-elles moins légitimes que le décor à la Montgolfière des chaises de 1785 et les coiffures à la Frégate ? La mode se saisit à bon droit de l'actualité. Un modèle qui n'est point essentiellement, rigoureusement rationnel, n'a plus qu'un devoir et ne reconnaît qu'une loi : plaire.

Le système classique de lustre est-il rationaliste, ou mieux, l'est-il encore ? Notons qu'il ne présente plus ses lampes au bout de tiges latérales : il les enferme, soit dans un réseau serré de pendeloques et de perles, soit dans des étuis dépolis qui brisent et tamisent les rayons. Il crée de la sorte dans l'air un point décoratif : les Allemands s'attachent à concilier cet effet de volume brillant avec des formes arrêtées, qu'ils tiennent sans doute pour plus modernes, rappelant celles des instruments scientifiques. Toutefois une conception qui paraît séduire à la fois les "luminaristes" et les ensembliers est celle des murs éclairants. On l'adopte partout : en Angleterre, comme en Tchécoslovaquie ; en Pologne, comme en France ; en Allemagne, comme en Hollande. Tantôt c'est le mur entier, fait de dalles de verre gravées, qui s'illumine, tantôt c'est le plafond, tantôt c'est une colonne, tantôt l'ébrasement d'une porte ou d'une baie. Il ne s'agit point là d'éclairages indirects, réfléchis par une voûte blanche et produits par une herse électrique logée sur la saillie d'une corniche. C'est un éclairage direct ; l'appareil lui-même répand sa lumière diffuse et douce. Mais il apparaît qu'un tel système ne laissera pas de déterminer une modification profonde de l'ameublement intérieur. Quelle peinture voisinerait impunément avec la lumière même ? Quel mobilier classique "tiendrait" entre des murs éclairants ? Nous atteignons une étape nouvelle, vers le rationalisme intégral du décor intérieur ; il ne reste plus qu'à dégager ses principes, qu'à formuler son esthétique.

Guillaume Janneau

In this domain more than in any other, the creator of models must be an objective and pliant spirit. A designer of small furnishings can yield to his own fancy. The potter, the ironworker, and the glassmaker can follow their own imaginations. The situation of the lighting designer (if one dares to venture this unusual term) is entirely different. His task is not to realize plastic ideas but rather to resolve concrete problems. He is not free to make his own choices. He does not create, in the absolute sense of creation, forms with no specific function other than to be beautiful. His designs must assume their place within pre-existing ensembles. They have to fit, thus to adapt themselves. Moreover, this designer works with a singularly difficult element, light. Maladapted illumination, too harsh or too bright, distorts the impact of an interior, accenting reliefs that should remain more discrete, sharpening color and obliterating shadows. Most forms of modern lighting fixtures have been conceived to avoid these indecorous effects. It is not at all through willfulness or through a compulsive taste for change that artists, engineers, and industrial designers have investigated new designs. A stronger reason compelled them to do so. They seek a good formulation and work out the perfect fixture, one which is logical, efficient, and beautiful. Less ambitious designers are certainly pleased to conjure up capricious designs which are sometimes entertaining as curiosities of fashion. It would be unjust to despise their originality. But it would be equally unjust to class these with those models which result from the careful study of design problems.

The wide range of solutions underscores the complexity of the design problem. Nevertheless, some common characteristics may be discerned. We cease to regard the fixture itself, the object of bronze, nickel, or iron, as a distinct element independent of the luminous object it supports. The two elements are intimately related. The metal support ceases to stand out. It becomes one with the light. In such a manner a fixture in the form of a large flat ribbon rises in tracing two opposed curves whose concavities are fitted with a luminous cylinder. Rejecting the thin, dry effects of nickel, the designer choses cast iron whose deliciously rough texture contrasts attractively with the gentle radiance of light. The varied designs always employ indirect lighting. Of these there are numerous kinds, from the opaque, frosted globe of the Germans, Czechs, and English, to the systems of plates, created by Pierre Chareau, which confine the bulbs within their

Entwerfer und Designer, die Bleuchtungs-Modelle kreieren, müssen auf diesem Gebiet mehr als auf jedem anderen über einen objektiven und flexiblen Geist verfügen. Ein Designer kleiner Möbel kann sich weitgehendst seiner Phantasie hingeben, ebenso der Keramiker, der Kunstschmied, der Glasbläser; eine ganz andere Stellung hat der Lampen-Designer. Er braucht keine künstlerischen Vorstellungen umzusetzen, muß jedoch konkrete Probleme lösen; er hat keine freie Wahl, und er kann Formen nicht allein ihrer Schönheit wegen erfinden, er muß an seine Abnehmer denken. Seine Kreationen werden in ein bereits bestehendes Umfeld integriert. Sie müssen sich einfügen, also passen. Der Beleuchtungsdesigner arbeitet jedoch mit einem ungewöhnlichen Element: dem Licht. Eine Lampe, die das Licht schlecht verteilt - zu hart oder zu hell -, wirkt sich negativ auf die Einrichtung und das Raumempfinden aus. Durch zu viel Licht werden Reliefs hervorgehoben, die diskret bleiben wollten, zu starkes Licht entstellt die Farben und macht Zwischentöne zunichte. Die meisten Formen der modernen Beleuchtungsobjekte wurden geschaffen, um dies zu verhindern. Nicht durch systematisches Vorgehen oder aufgrund einer unwiderstehlichen Vorliebe für Veränderungen haben Künstler, Ingenieure und Industrielle nach neuen Modellen gesucht. Ein innerer Antrieb befahl ihnen, die richtige Formel ausfindig zu machen und eine perfekte Form zu erarbeiten - rationell, effizient und zudem ansehnlich. Sicherlich weniger ambitioniert waren wohl jene Designer, die rein willkürlich Objekte, zuweilen amüsant wie modische Nippsachen, entwarfen. Es wäre allerdings ungerecht, diese Originalität zu verachten. Genauso ungerecht wäre es aber, sie mit den Modellen gleichzusetzen, die ein klares Programm zum Ausdruck bringen.

Die zahlreichen Lösungen, die sich zuweilen ähneln, bestätigen die Komplexität des Problems. Die eigentliche Lampe aus Bronze, Nickel oder Eisen wird nicht mehr - unabhängig von ihrer Funktion als Lichtquelle - als ein isoliertes Element betrachtet. Beides wird eng miteinder verbunden. Der Träger aus Metall verliert an Gewicht bzw. verbindet sich mit dem Licht. So betrachten wir eine Beleuchtung, bestehend aus einem breiten, flachen Band, das zwei gegenläufige Krümmungen bildet (die Hohlflächen sind mit einem leuchtenden Zylinder ausgefüllt); hier wird statt einer vernickelten Fassung Schmiedeeisen eingesetzt, dessen Rauheit mit dem weich ausgestrahlten Licht kontrastiert. Dennoch stellen die meisten Modelle crossed planes, from the conch-shell of pressed glass conceived by Genet and Michon to the tender opaline wallmounts of Ruhlmann or de Groult. The formulations one sees in the suspended cases of square panels bordered in black express by another means the same idea. Beyond these we see fixtures comprised of luminous tubes which trace angles in space. We observe in these the influence of ultra-modern electric signs.

Thus fashion adapts actuality to its own ends as fashion has done traditionally. Some other examples of this include the fixture in the form of motor cylinders cased in cooling flanges, or fixtures in the forms of optical signals or recording disks. Why should these ingenious illusions be less legitimate than chair designs (c.1785) inspired by Montgolfière's balloon, or late 18th century hair styles in the shapes of sailing ships. Fashion is legitimately inspired by its contemporary setting.

A model which in its essence is not rigorously rational has only one obligation and recognizes only one law: to please. Is the classic lighting system of the chandelier rational, or better, does it remain so? We observe that it no longer presents its lamps at the ends of lateral stems. It encloses them, either in a closed network of crystals and beads, or in opaque cases that break and sift the light. In this manner it creates a decorative focus in the air. The Germans are fond of reconciling this effect of glowing volume with distinct forms which call to mind the shapes of scientific instruments, designs which they assuredly regard as more modern.

Another concept which has seduced both lighting engineers and interior designers is that of the illuminated surface. This idea has been everywhere adopted, in England and in Czechoslovakia, in Poland and in Germany, as well as in France and in Holland. Sometimes this is an entire wall composed of slabs of engraved glass. At times it is a ceiling, a column, or the embrasure of a door or a bay. In these cases it is not at all a matter of indirect lighting reflected by a white vault and produced by an electric light installed in the ledge of a cornice. It is direct lighting, the fixture itself radiating a diffuse and soft light. But it appears that such systems do not allow any significant alteration of the interior appointments. What painting could be mounted with impunity against this very light? What classic furniture would be suitable between glowing partitions? We are thus approaching an integrated rationalism of interior decor. It remains only to determine its principles and to formulate its aesthetic.

Guillaume Janneau

Lichtschirme in mannigfaltigen Ausführungen dar; angefangen von der matten, ja undurchsichtigen Lampenglocke der Deutschen, der Tschechen und der Engländer, bis hin zu den Flachteilen, die zwischen ihren überkreuzten Flächen eine Glühbirne gefangen halten - eine Kreation Pierre Chareaus. Schließlich Lampenschirme aus Preßglas von Genet und Michon sowie freundliche opakfarbene Wandleuchten von Ruhlmann oder Groult. Das Modell der aufgehängten eckigen, schwarz eingefaßten "Schachteln" drückt letztlich auf eine andere Art die gleiche Idee aus. Dann gibt es die aus Leuchtröhren bestehende und Winkel in den Raum zeichnende Lampe: hier ist der Einfluß der modernen Leuchtschilder bzw. Leuchtreklamen zu bemerken. Macht sich die Mode nicht traditionsgemäß Aktuelles zunutze ? Ein anderes System ist das der Leuchten in Form von Motorzylindern, des optischen Signals oder der Schallplatte. Warum sollten diese erfinderischen Anspielungen weniger legitim sein als der Montgolfière-Stuhldekor des Jahres 1785 oder die Haartrachten à la Frégate ? Zu Recht bedient sich die Mode aktueller Erscheinungsformen. Ein Modell, das nicht in erster Linie rigoros rational ist, hat nur eine Pflicht und kennt nur ein Gesetz: es will gefallen.

Ist der herkömmliche Lüster rational oder besser: ist er es immer noch ? Man bemerkt, daß sich seine Glühbirnen nicht mehr seitlich befinden, sondern entweder in einem engen Netz aus Gehänge oder Perlen, oder aber in einem matten Gehäuse, das die Strahlen bricht oder filtert. So stellt der Lüster ein dekoratives Element dar. Die Deutschen legen Wert darauf, diesen glänzenden Volumeneffekt mit bestimmten Formen in Einklang zu bringen, was sie höchstwahrscheinlich für moderner halten und sie an wissenschaftliche Instrumente erinnert. Eine Neuheit, die sowohl die Beleuchtungsdesigner als auch die Innenarchitekten befriedigt, sind Lichtwände. Überall finden sie Anklang: in England und in der Tschechoslowakei, in Polen und Frankreich, in Deutschland wie in Holland. Mal wird die gesamte Glaswand beleuchtet, mal ist es die Decke, eine Säule, eine Türeinfassung oder eine Bogenöffnung. Hierbei handelt es sich nicht um eine indirekte Beleuchtung (die z.B. durch einen weißen Bogen reflektiert wird und von einem Karniesvorsprung, d.h. von oben kommt), nein, es ist eine direkte Beleuchtung. Die Licht-Installation verteilt mattes, weiches Licht. Ein solches System scheint jedoch später keine bedeutende Veränderung der Innenausstattung zuzulassen. Welches Gemälde vermag neben diesem Licht zu bestehen und welche Stilmöbel neben den Leuchtwänden ? Hier erreichen wir eine neue Stufe des integralen Rationalismus bei der Innenausstattung.

Guillaume Janneau

LE LUMINAIRE

3ème SÉRIE (1930 / 1931)

TABLE DES PLANCHES

301 ~ Gilbert Poillerat : Lampes.

303 ~ Sabino : Lampes.

305 ~ Djo-Bourgeois : Appliques et Appareils lumineux.

307 ~ A. Marciniak : Lustres.

309 ~ Adolf Behne : Lampes et Appareils lumineux.

311 ~ Boris Lacroix : Lampes, éditées par *Damon.*

313 ~ Boris Lacroix : Lampes, éditées par *Damon.*

315 ~ Boris Lacroix : Lampes, éditées par *Damon.*

317 ~ Boris Lacroix : Lustre, Appliques et Lampes, édités par *Damon.*

319 ~ Boris Lacroix : Applique et Lustre, édités par *Damon.*

321 ~ Boris Lacroix : Applique et Lampe, éditées par *Damon.*

323 ~ Boris Lacroix : Applique et Lampe, éditées par *Damon.*

325 ~ Nics Freres : Lustres.

327 ~ Nics Freres : Appliques et Lustres.

329 ~ Nics Freres : Lampadaires et Lustre.

331 ~ Bünte et Remmler : Appareil lumineux, Appliques et Lampes

333 ~ J.J. Adnet : Lustres, édités par la *Compagnie des Arts Français.*

335 ~ J.J. Adnet : Lustres, édités par la *Compagnie des Arts Français.*

337 ~ J.J. Adnet : Lustres, édités par la *Compagnie des Arts Français.*

339 ~ Genet & Michon : Lustre et Appliques.

341 ~ Genet & Michon : Lampes.

343 ~ Genet & Michon : Lustres

345 ~ Genet & Michon : Ensemble lumineux pour l'Hôtel Spendid de Dax, *André Granet, architecte.*

347 ~ Genet & Michon : Lustres.

349 ~ Raymond Subes : vases réflecteurs.

351 ~ D.I.M. : Lustre et Lampe.

353 ~ D.I.M. : Lustres.

EDGAR BRANDT

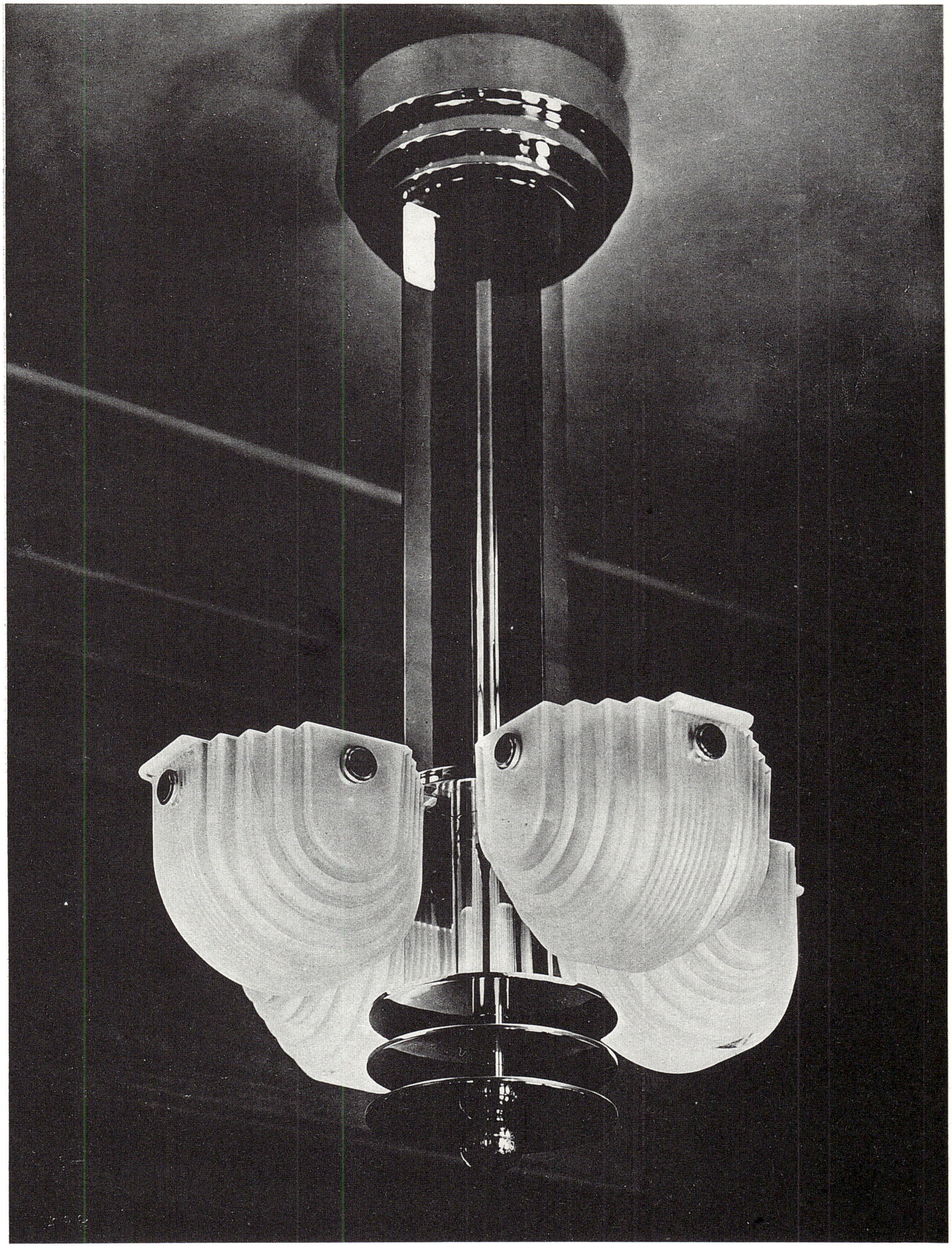

EDGAR BRANDT

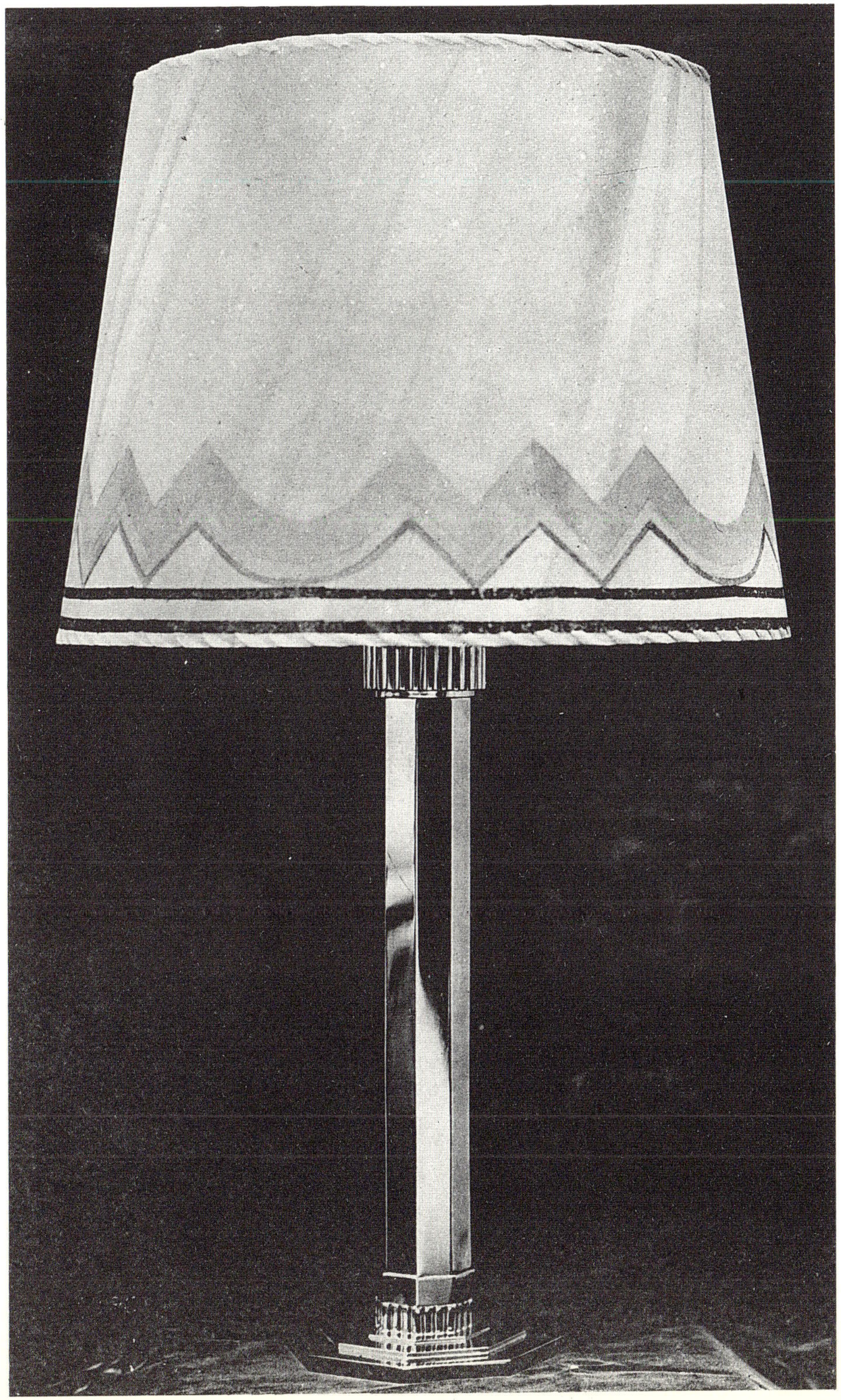

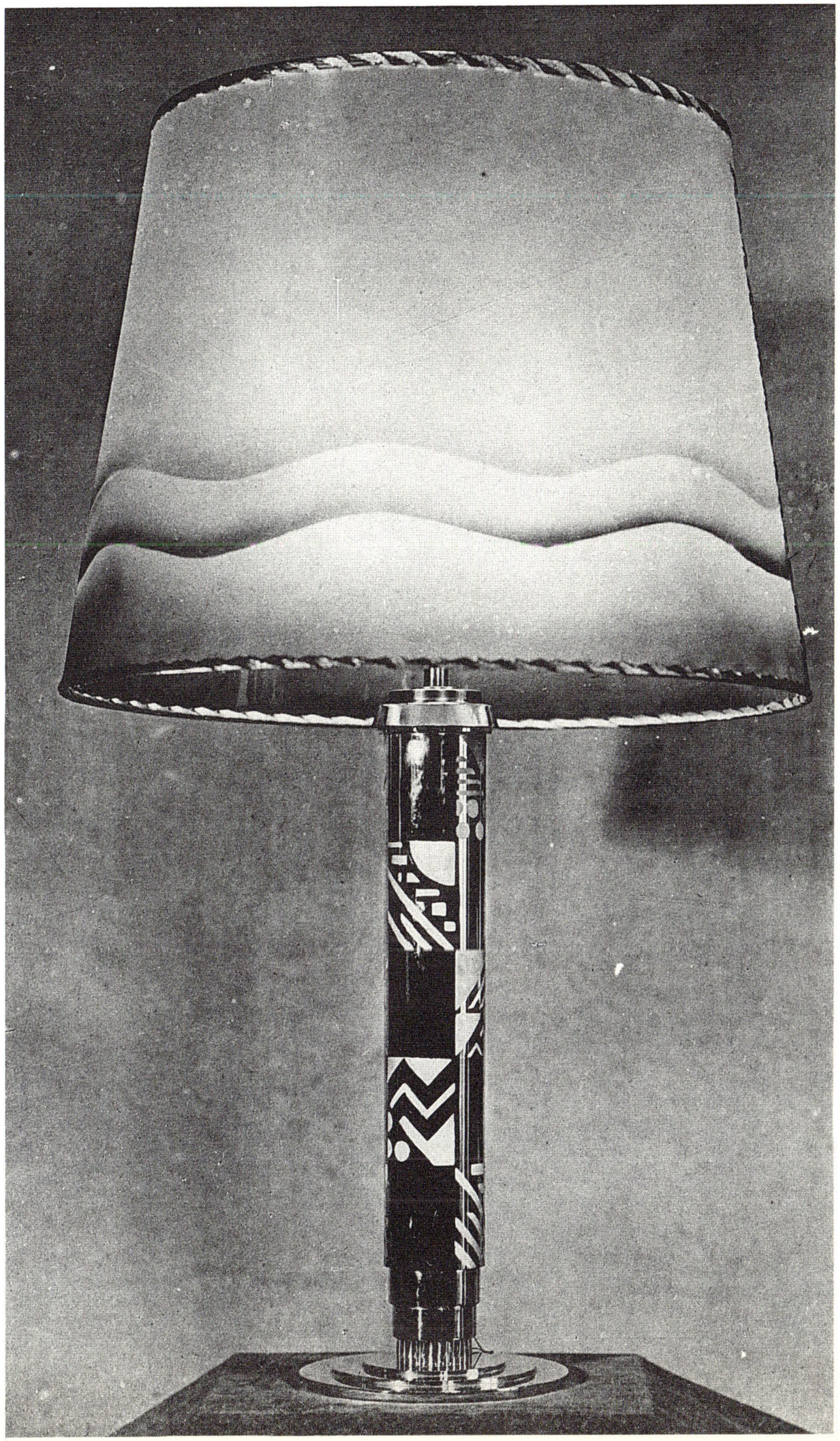

EDGAR BRANDT

Edgar Brandt

EDGAR BRANDT

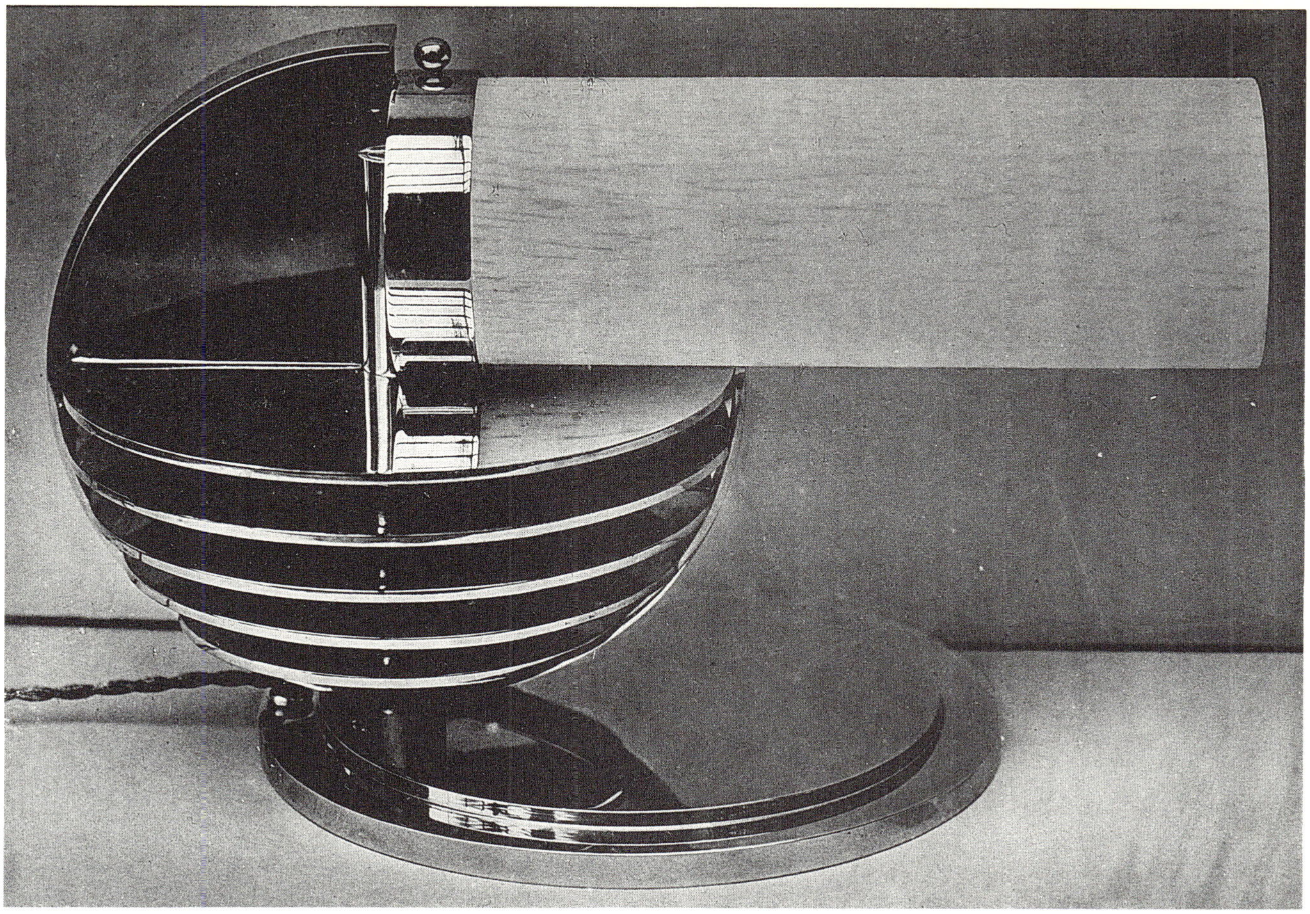

EDGAR BRANDT

Louis Sognot - Charlotte Alix

Maurice Dufrène

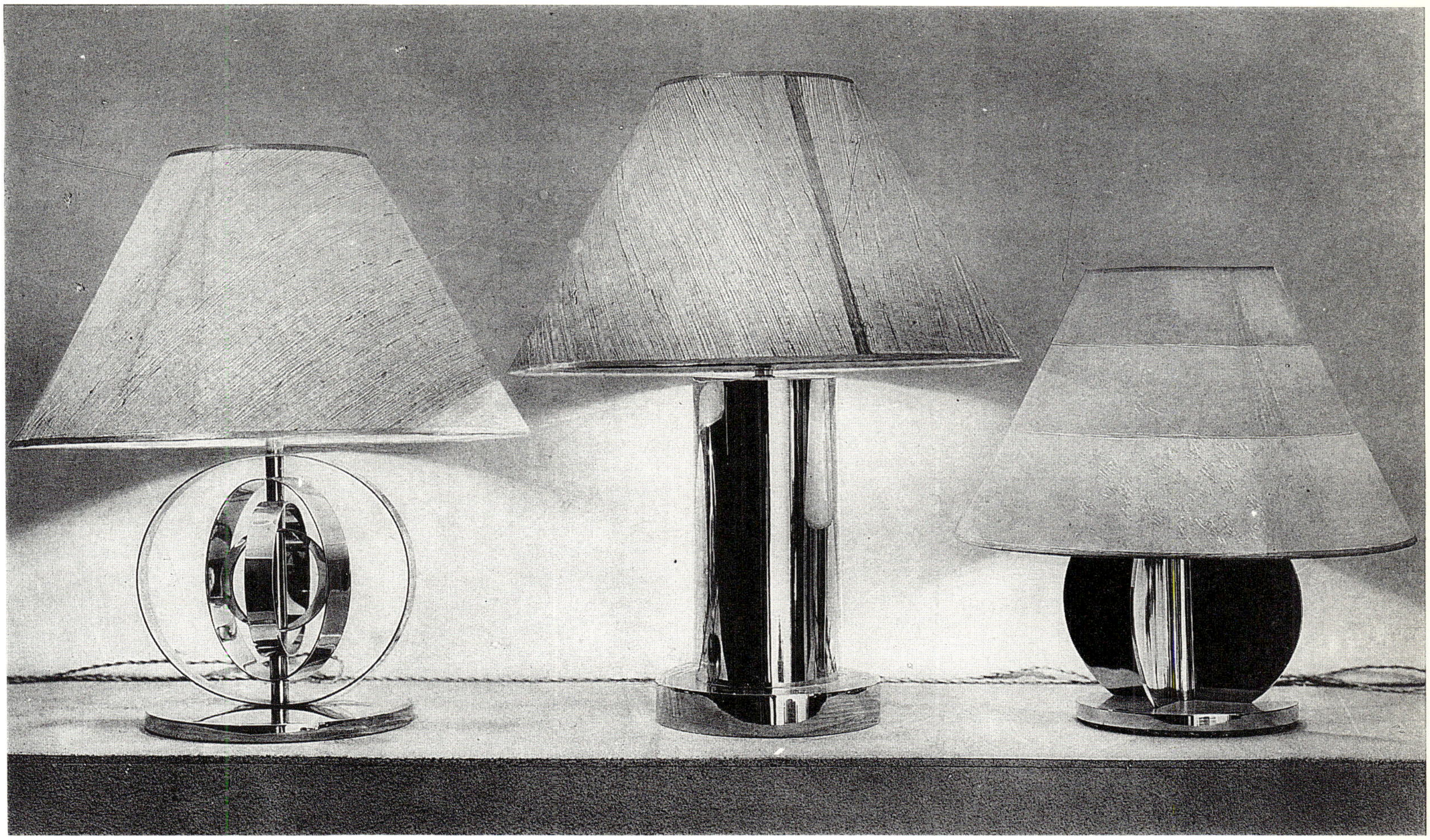

DESNY

Desny

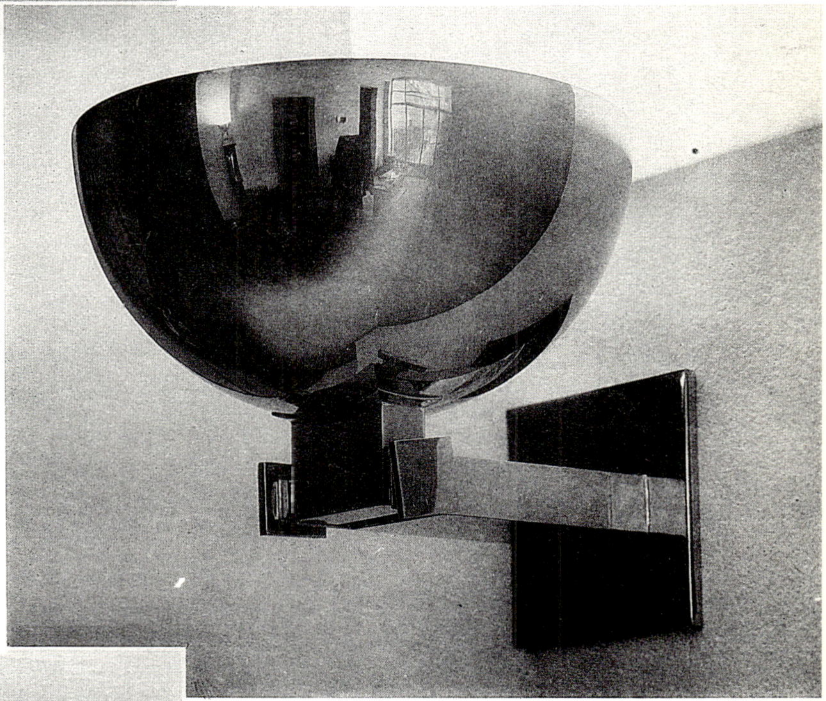

Desny

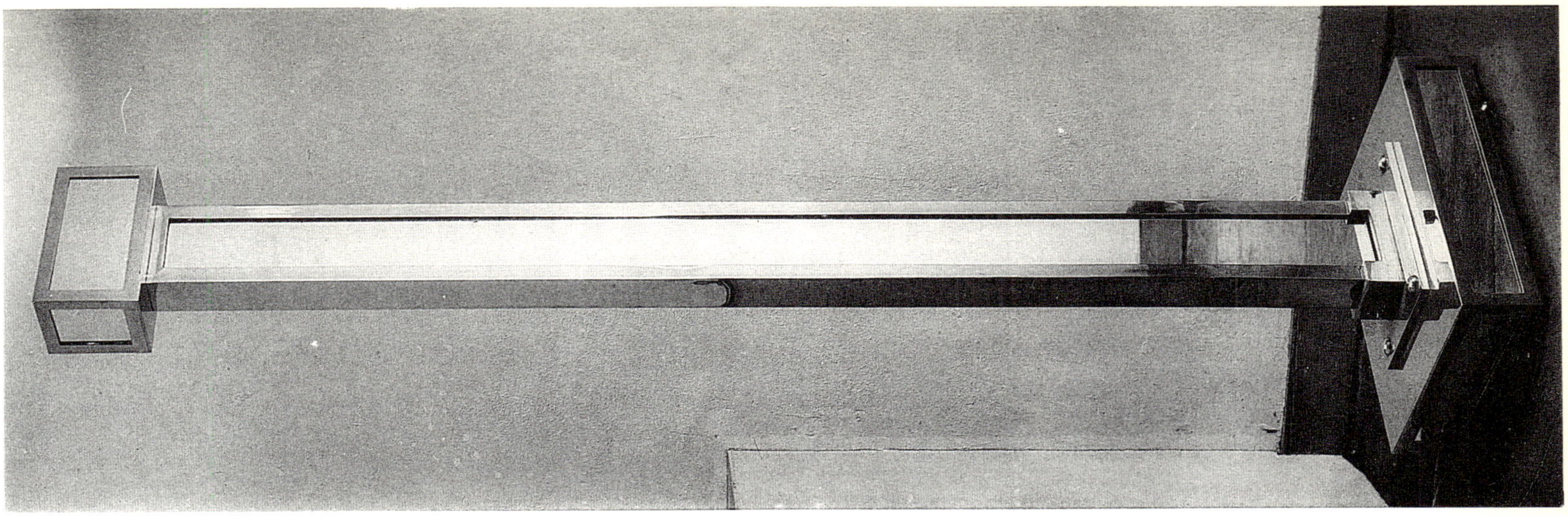

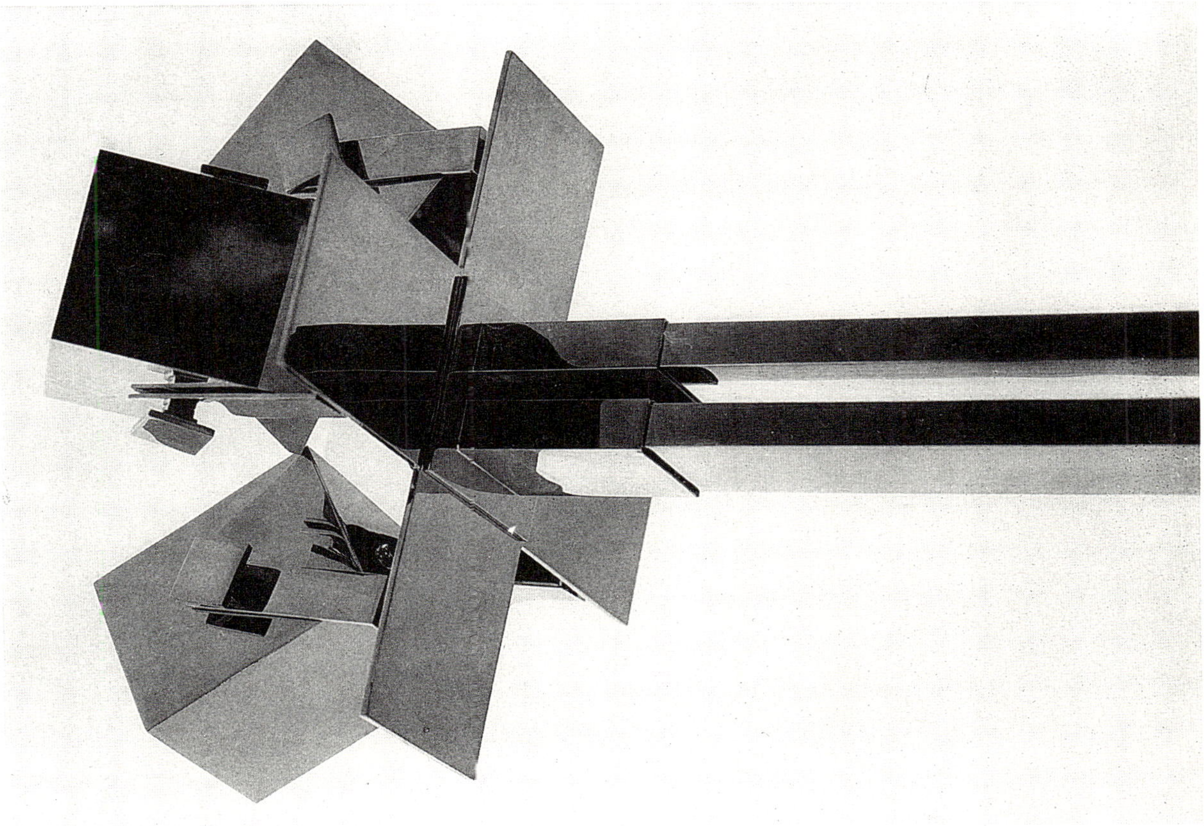

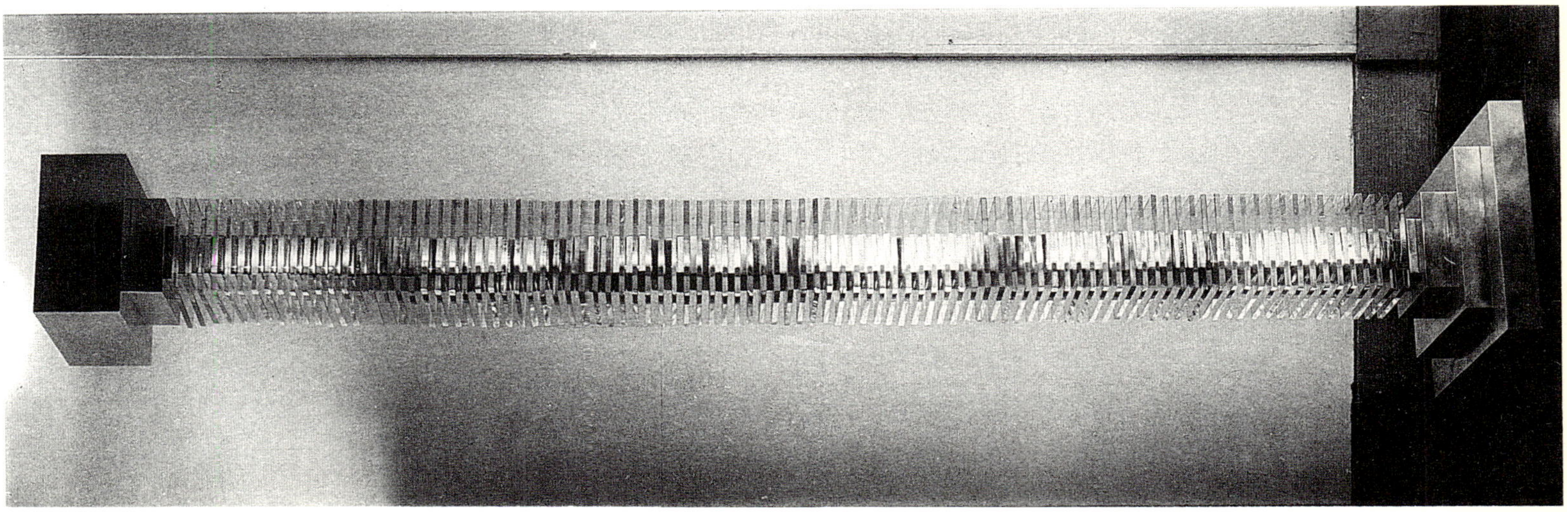

DESNY

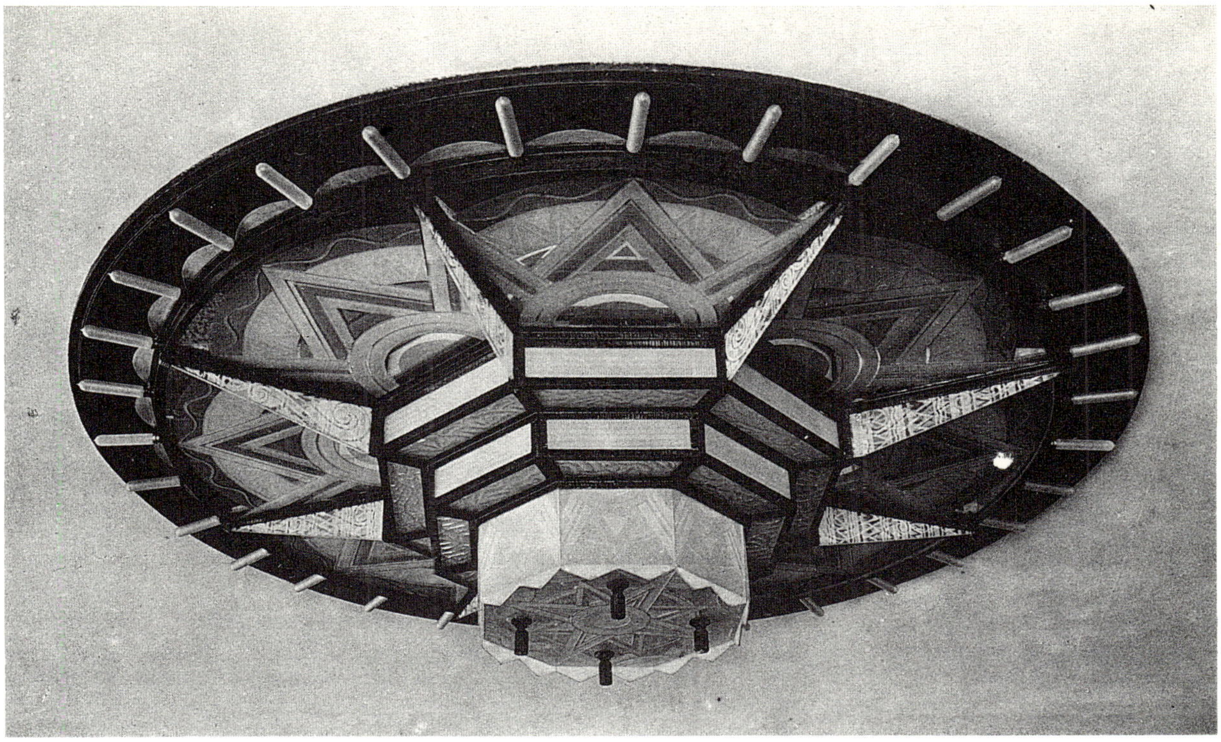

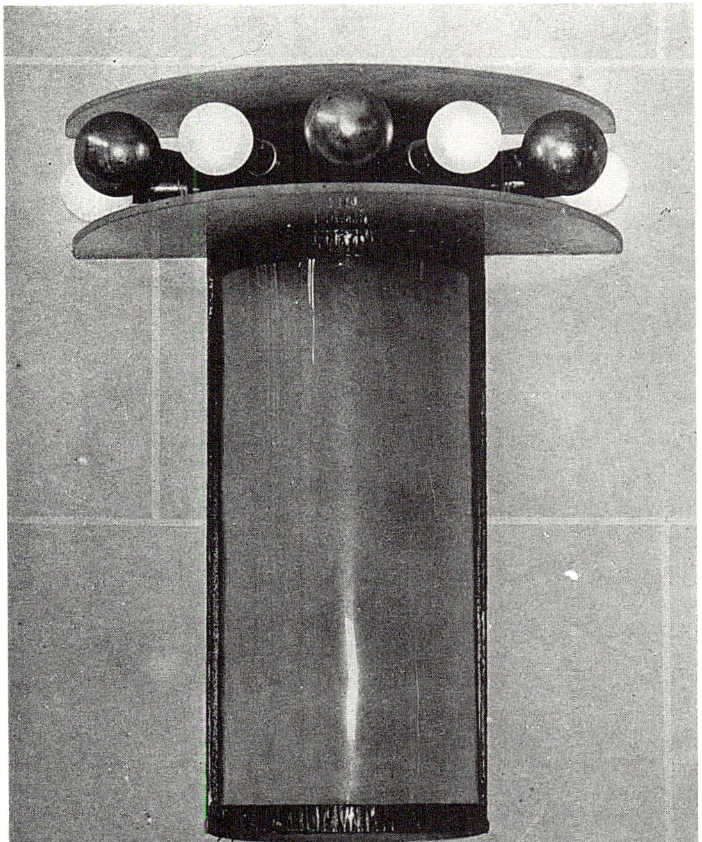

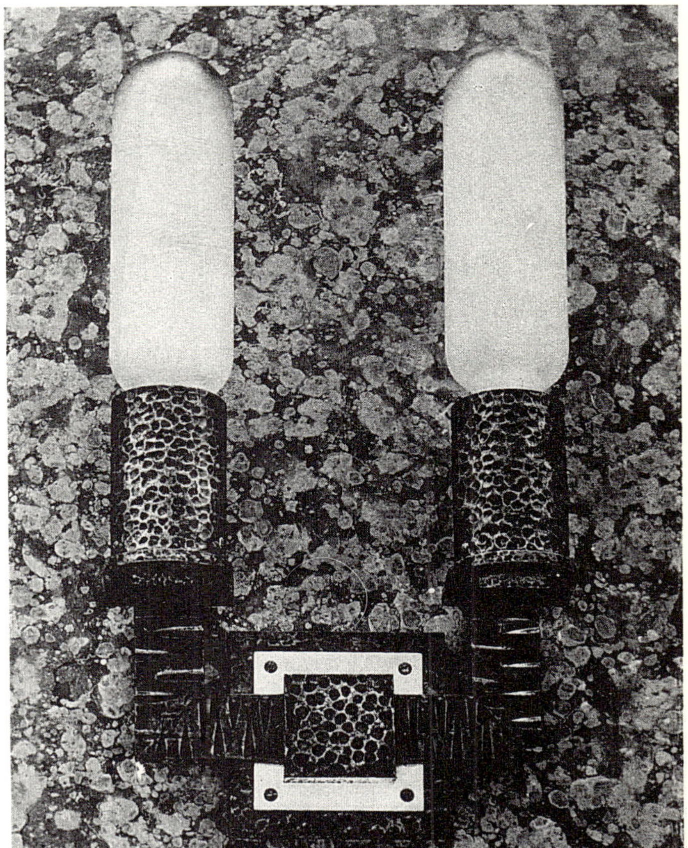

SCHENCK et Fils

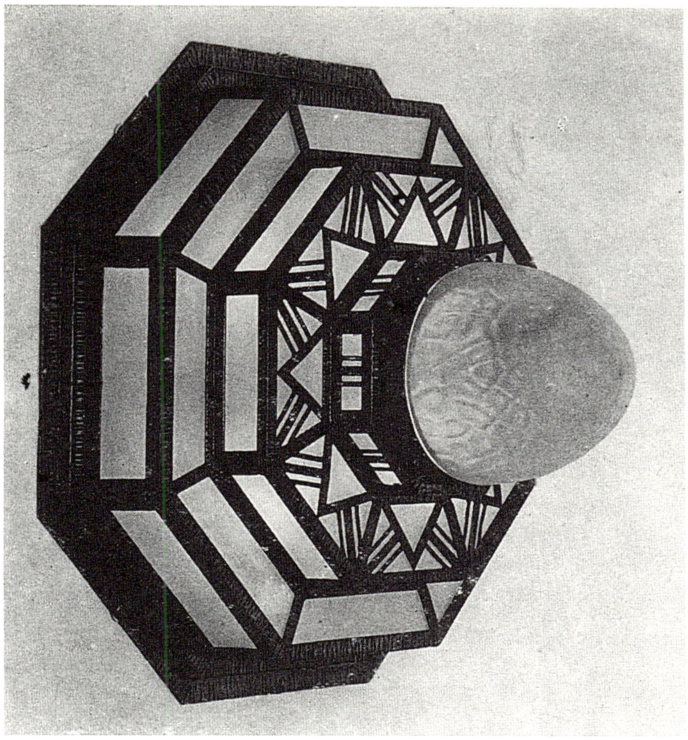

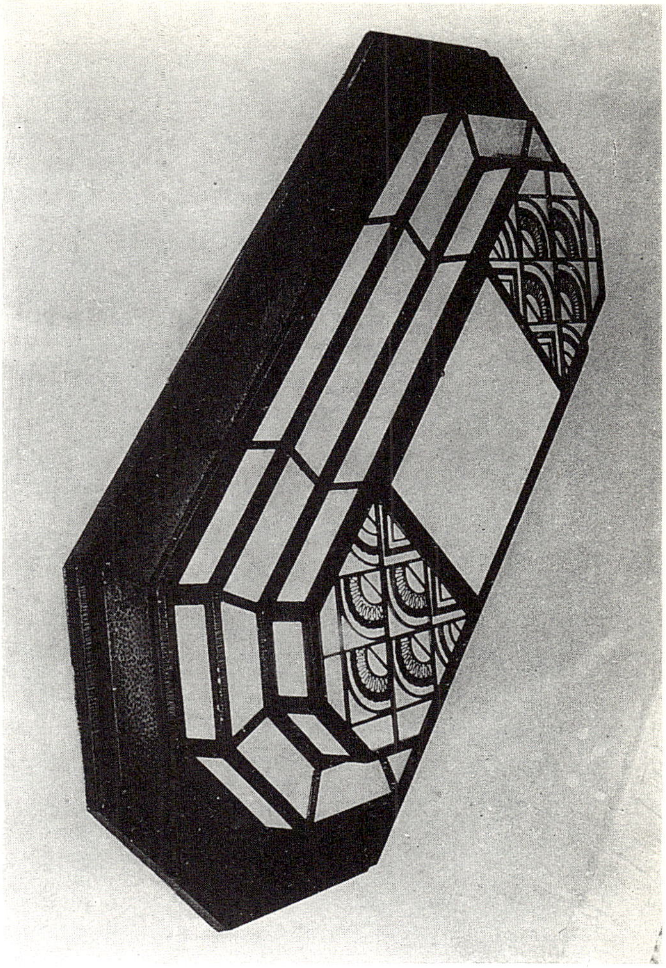

Schenck et Fils

Schenck et Fils

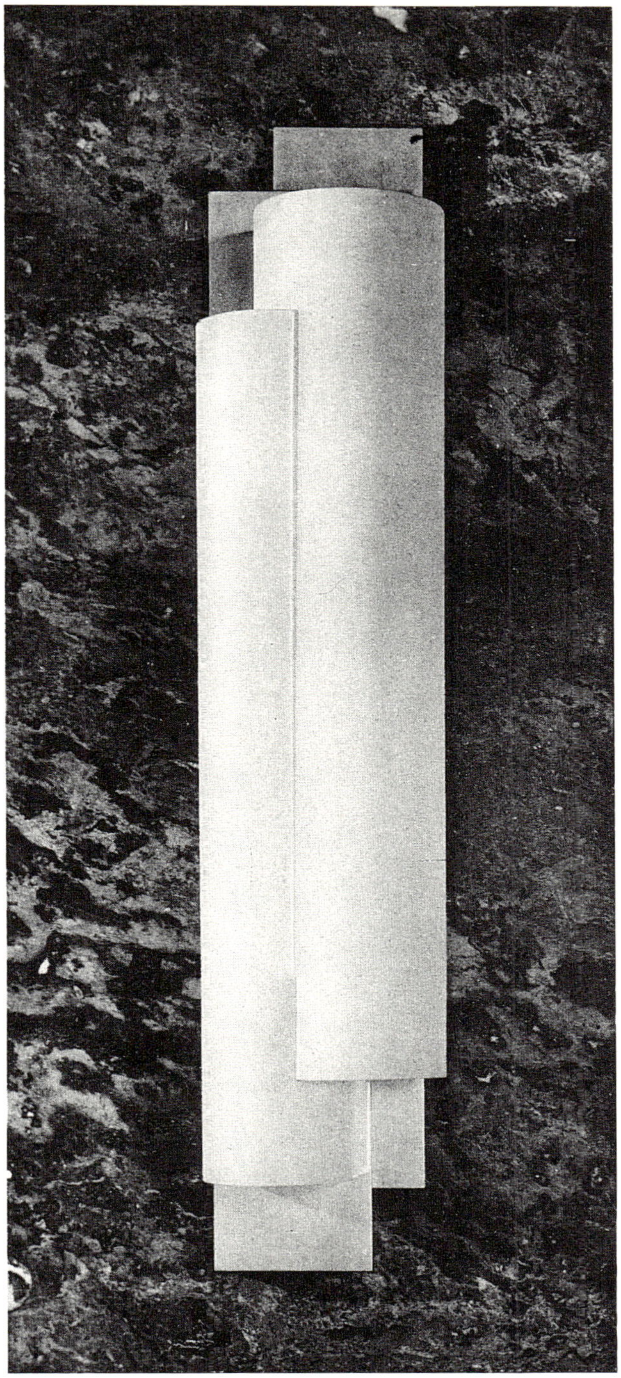

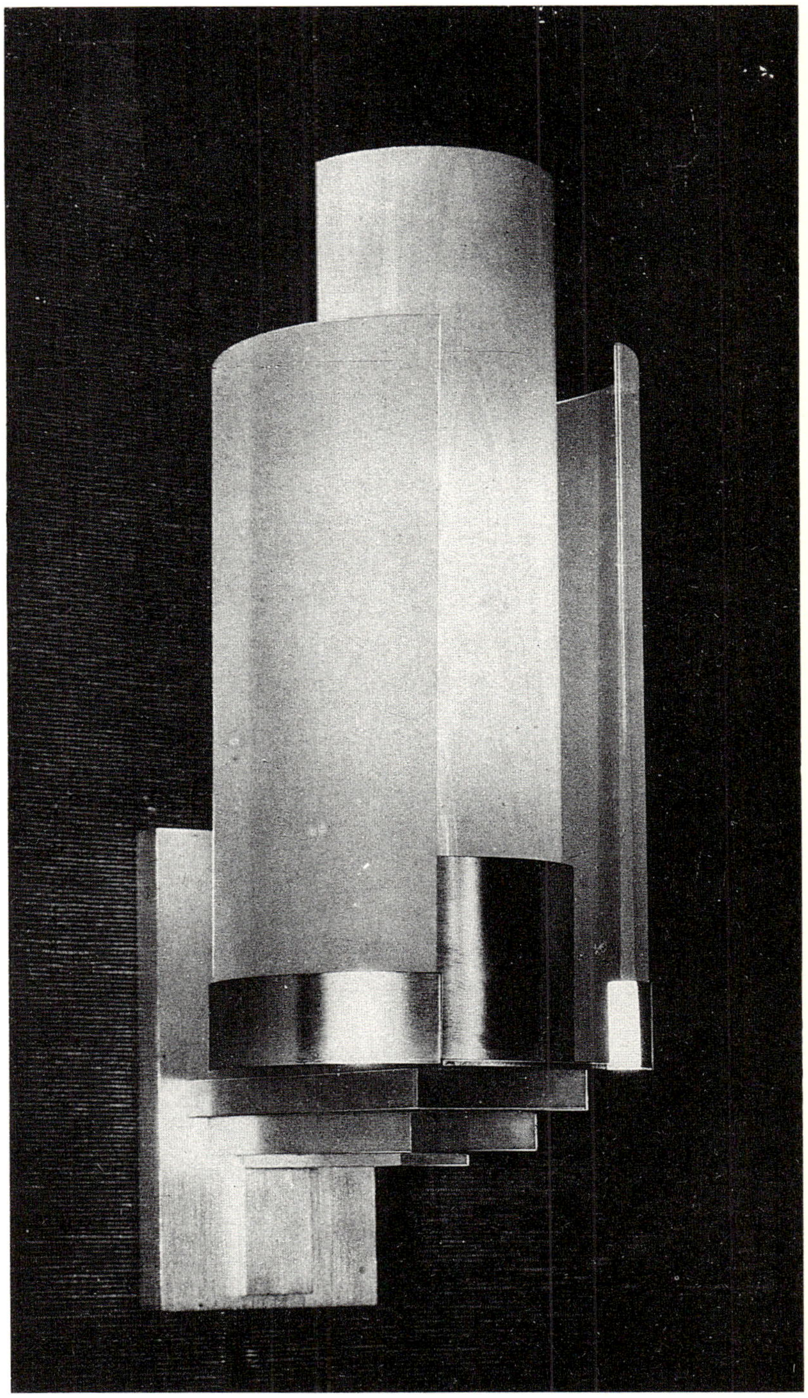

JEAN PERZEL

Jean Perzel

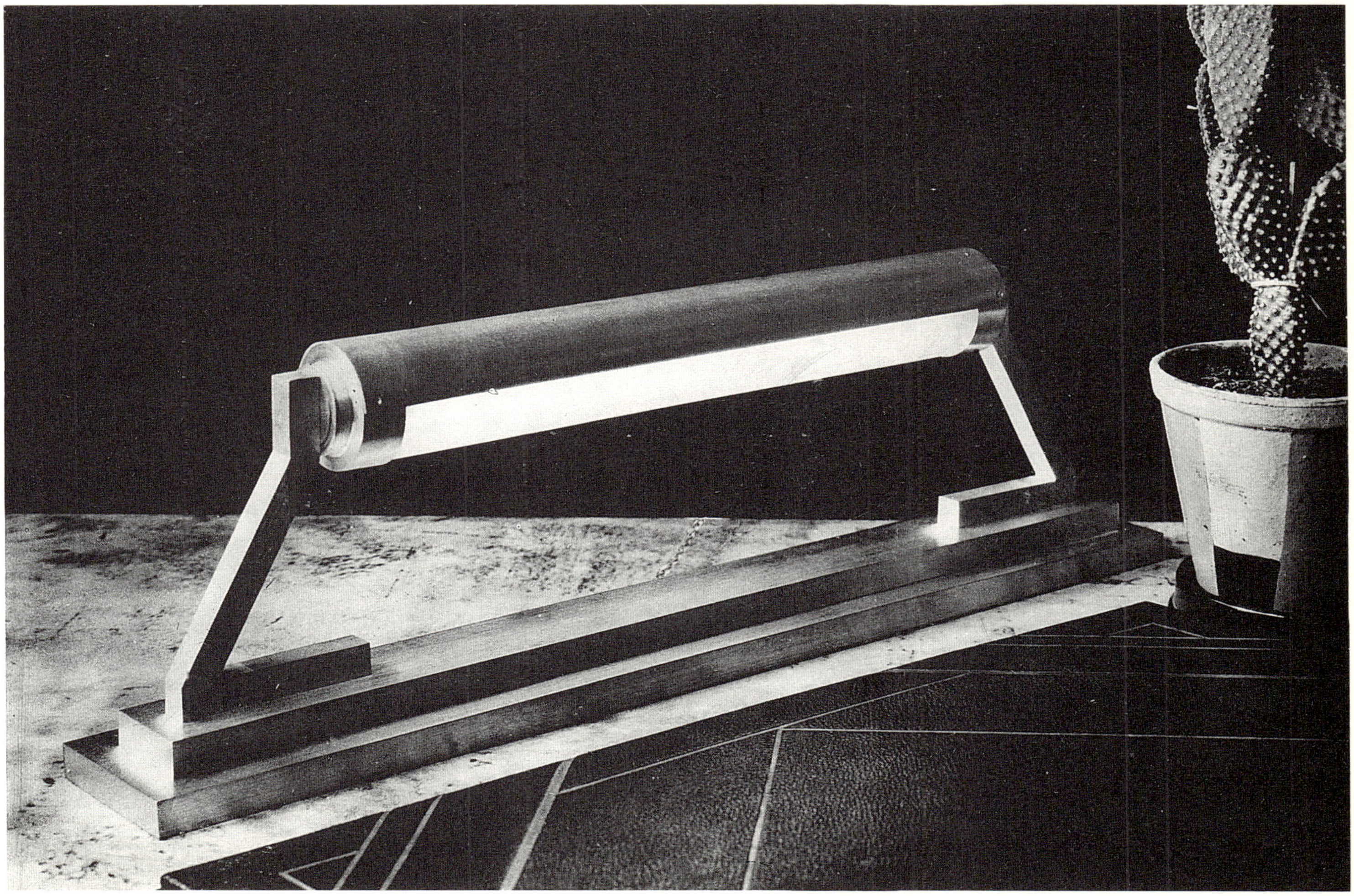

Jean Perzel

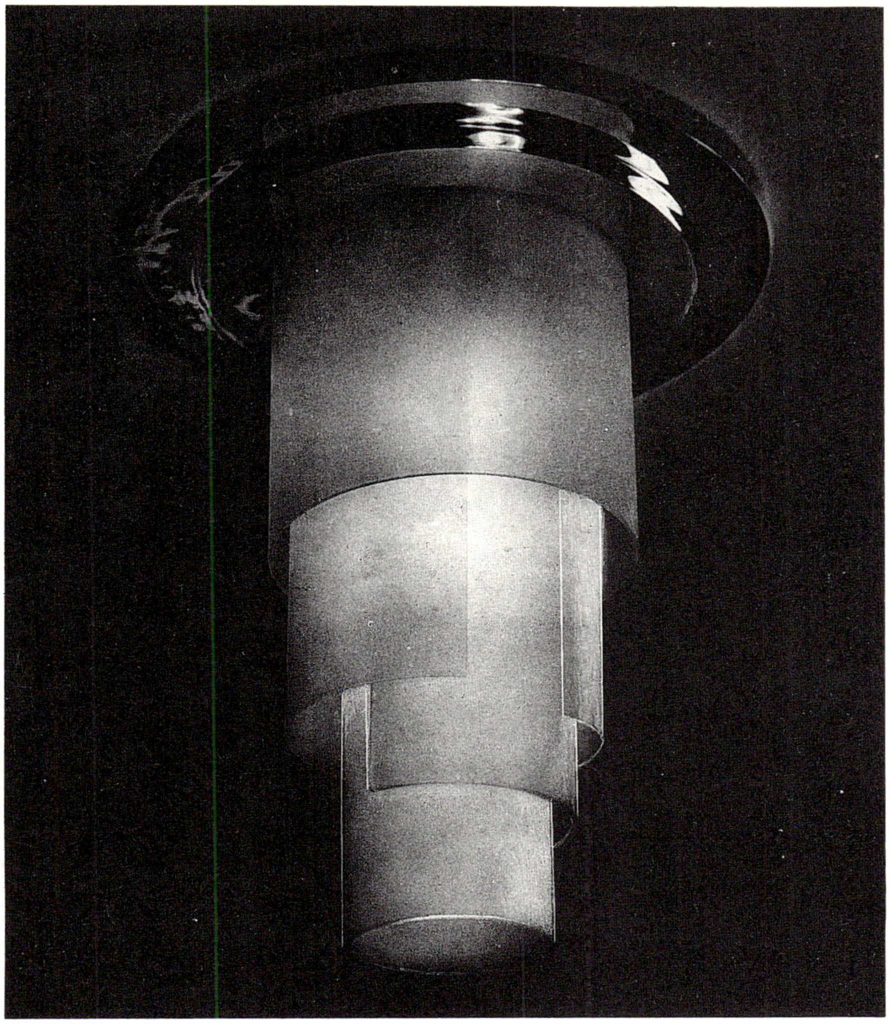

Jean Perzel

JEAN PERZEL

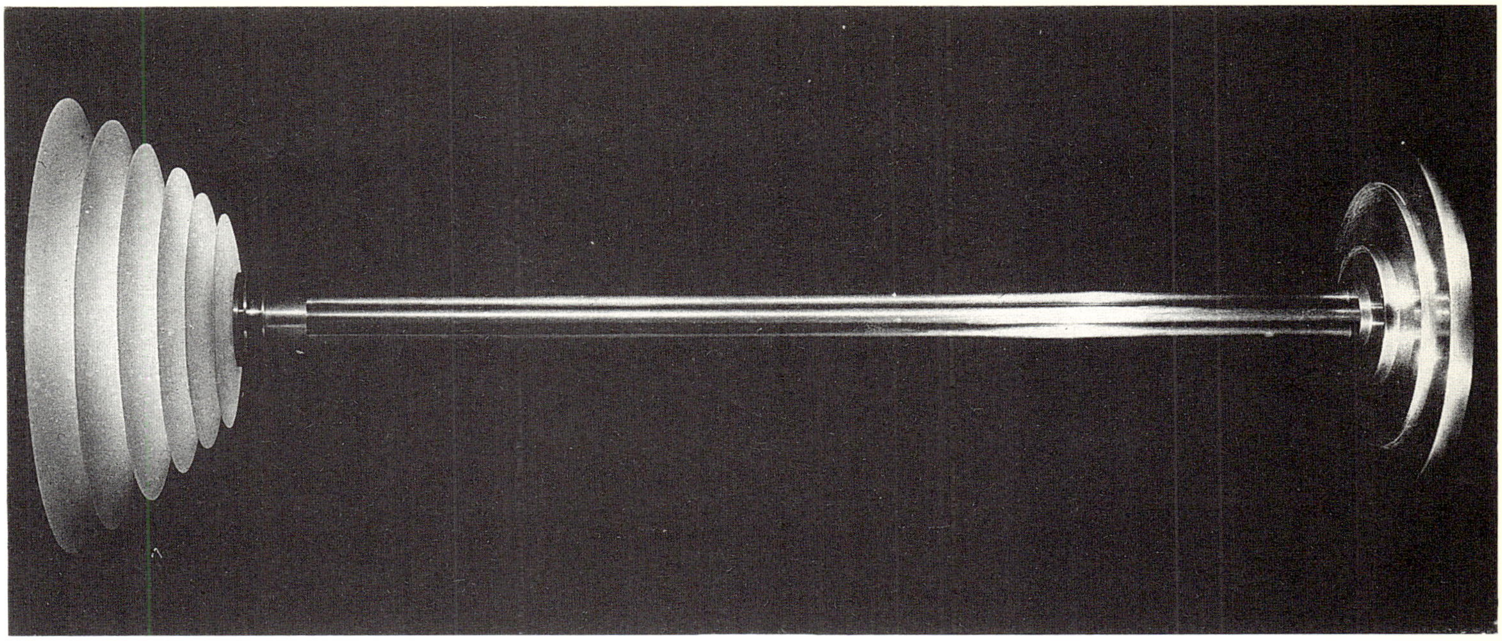

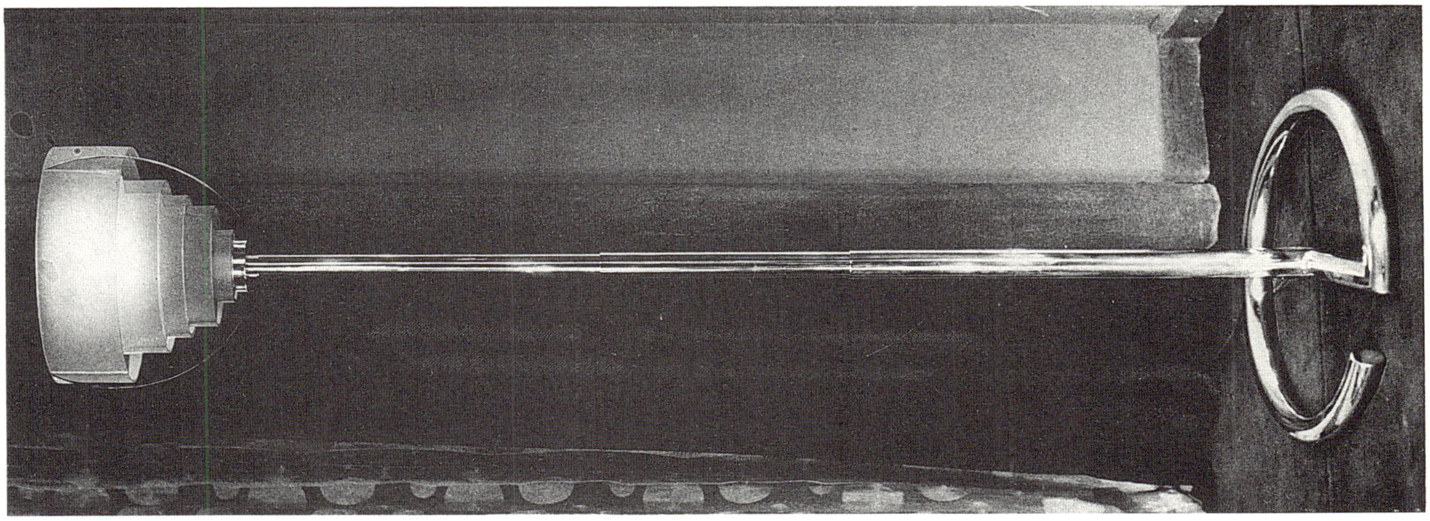

Jean Perzel

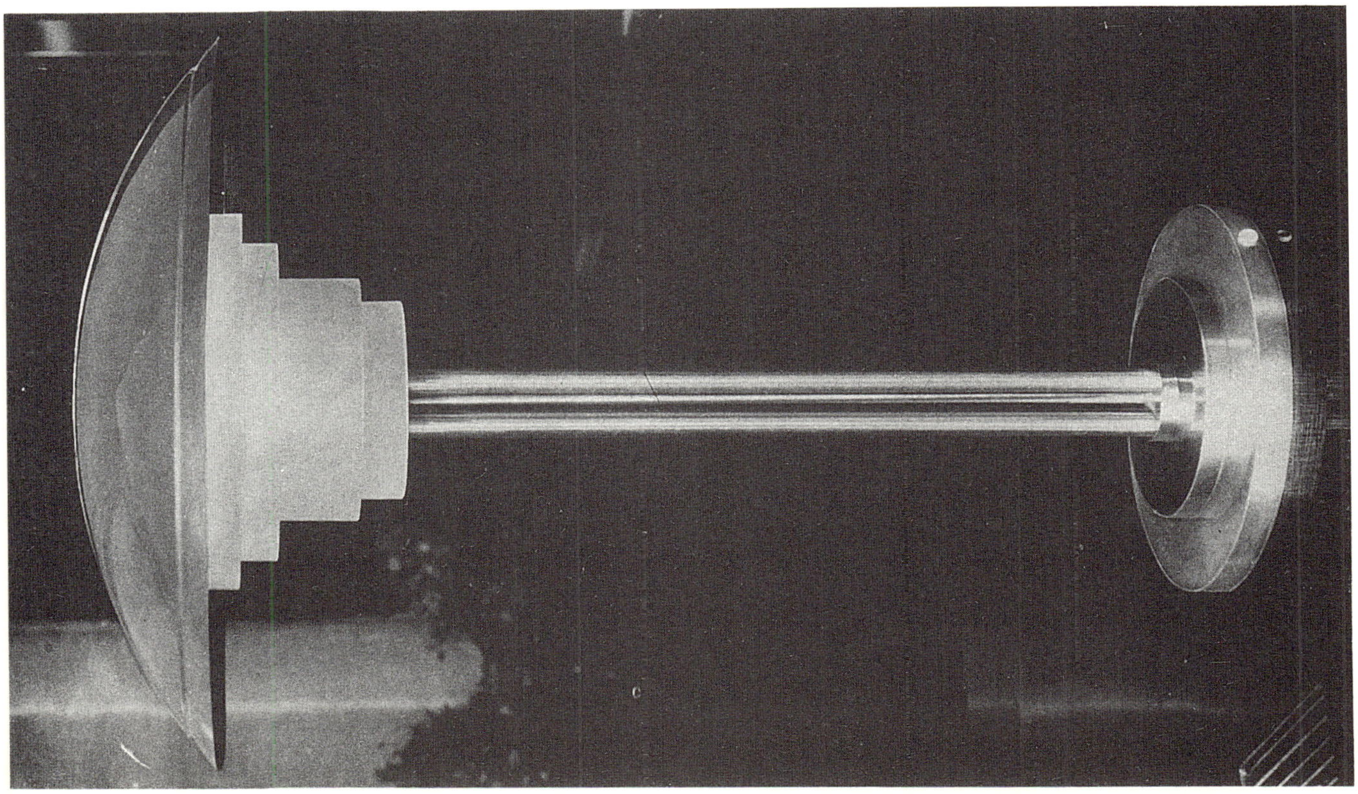

GILBERT POILLERAT

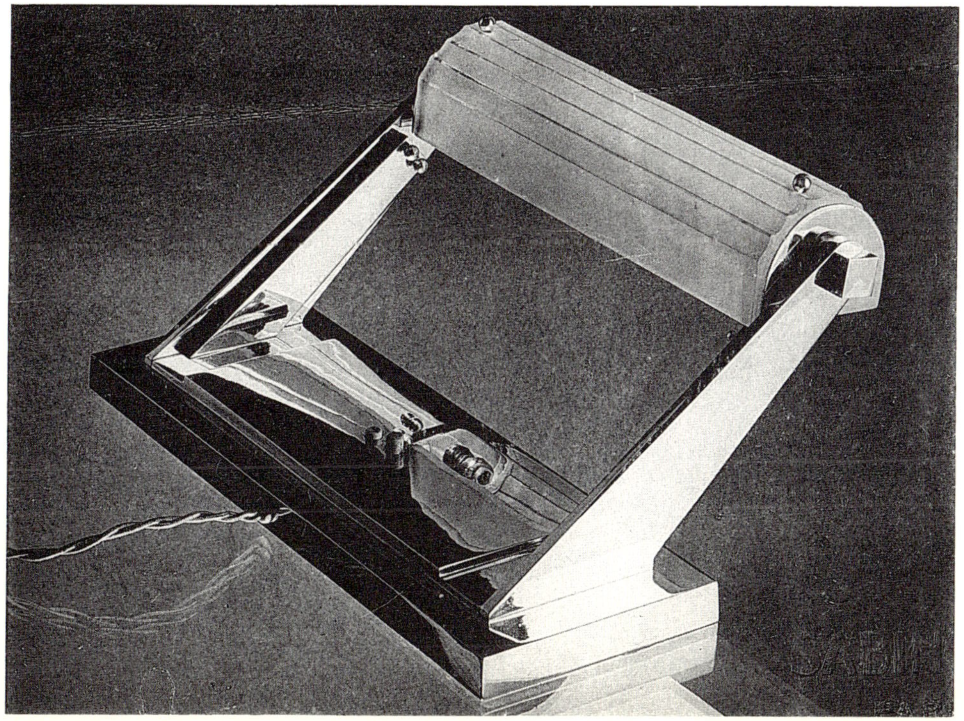

SABINO

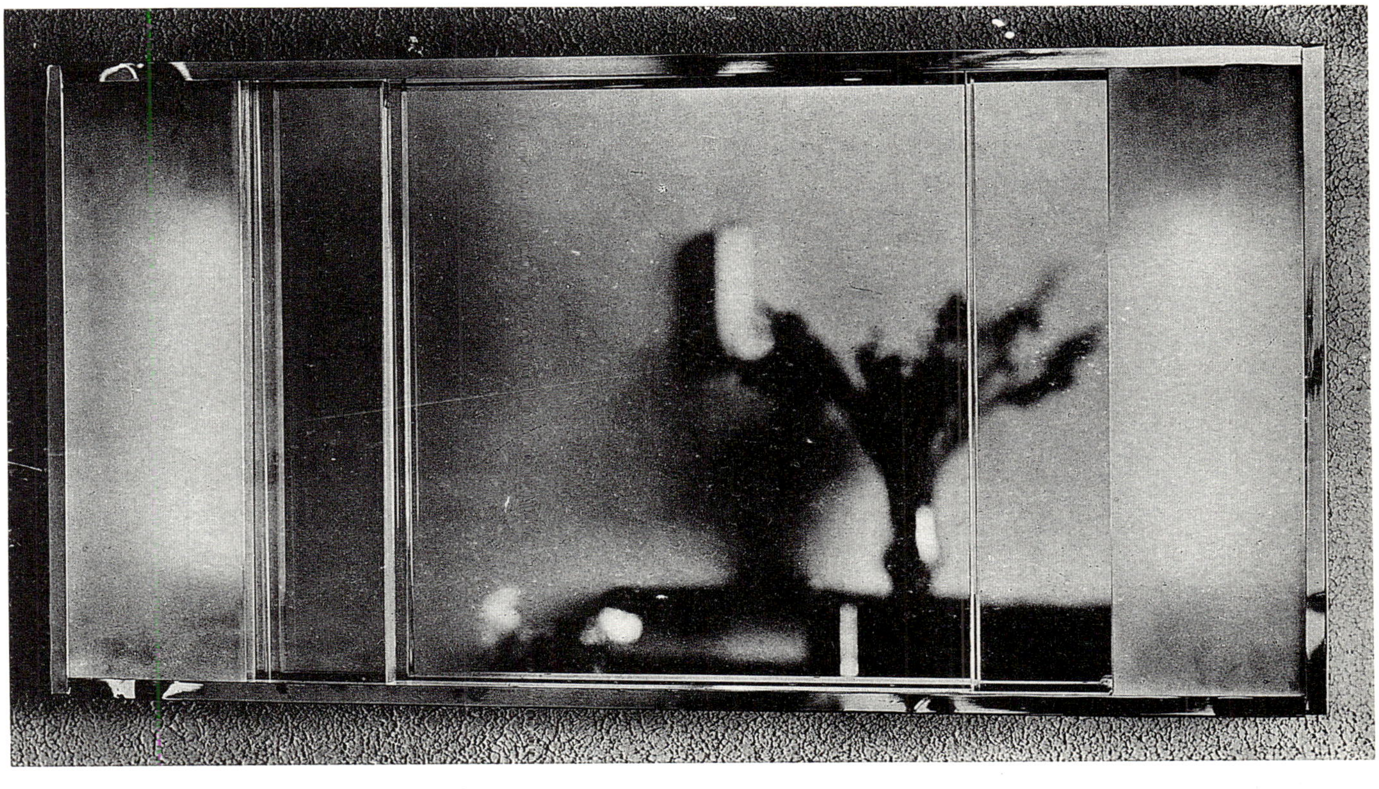

DJO-BOURGEOIS

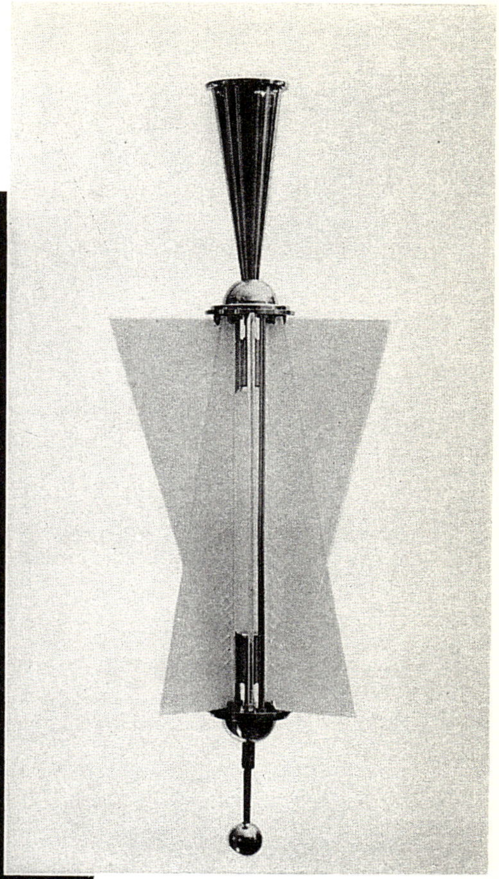

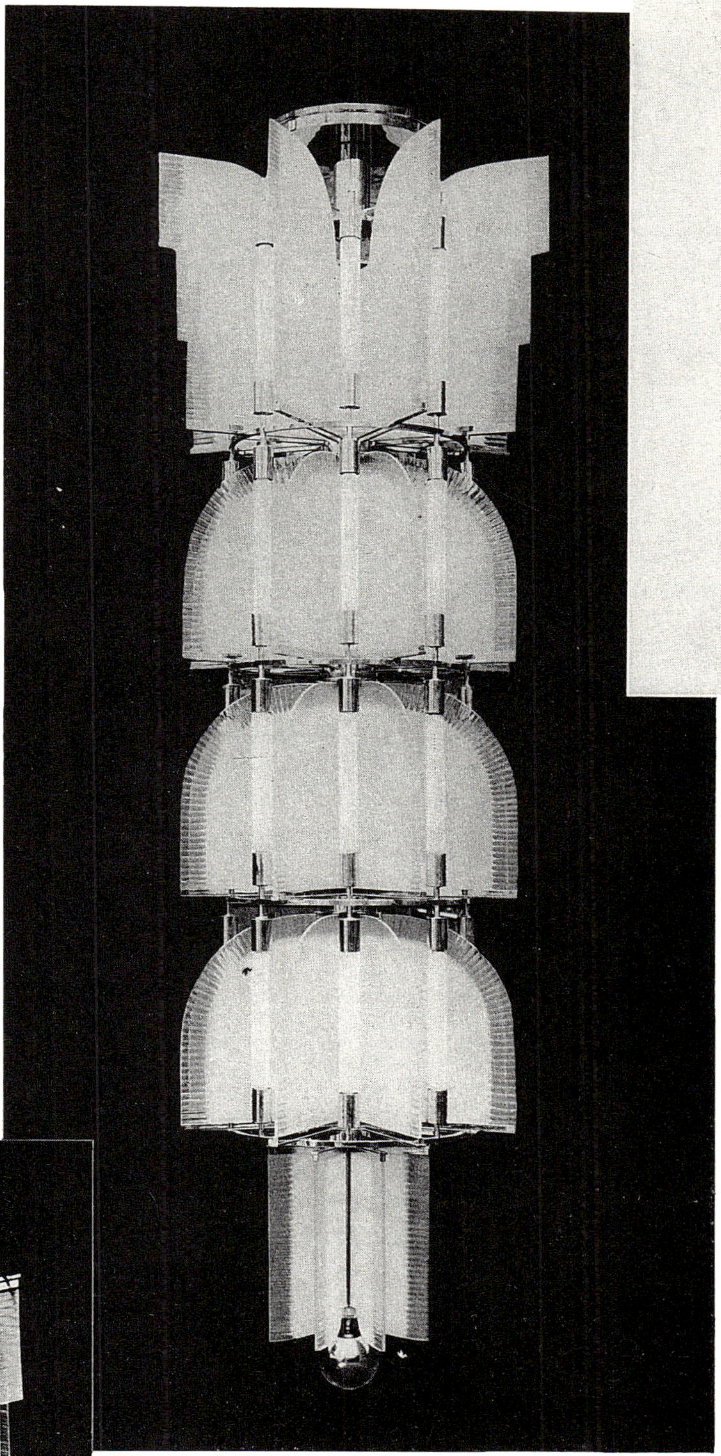

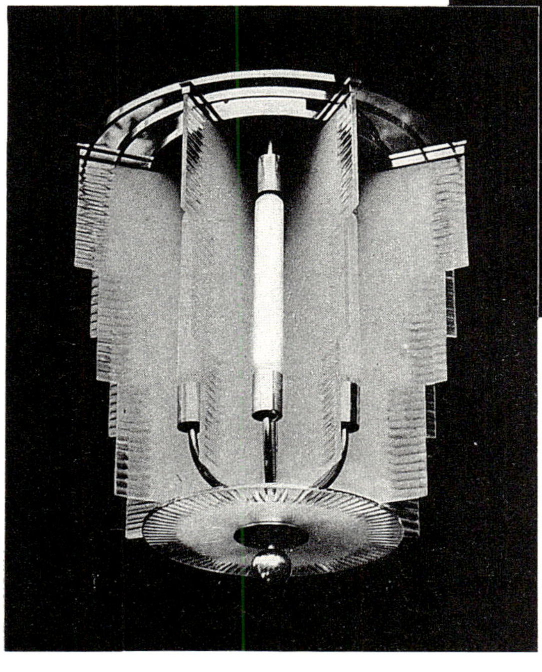

A. Marciniak

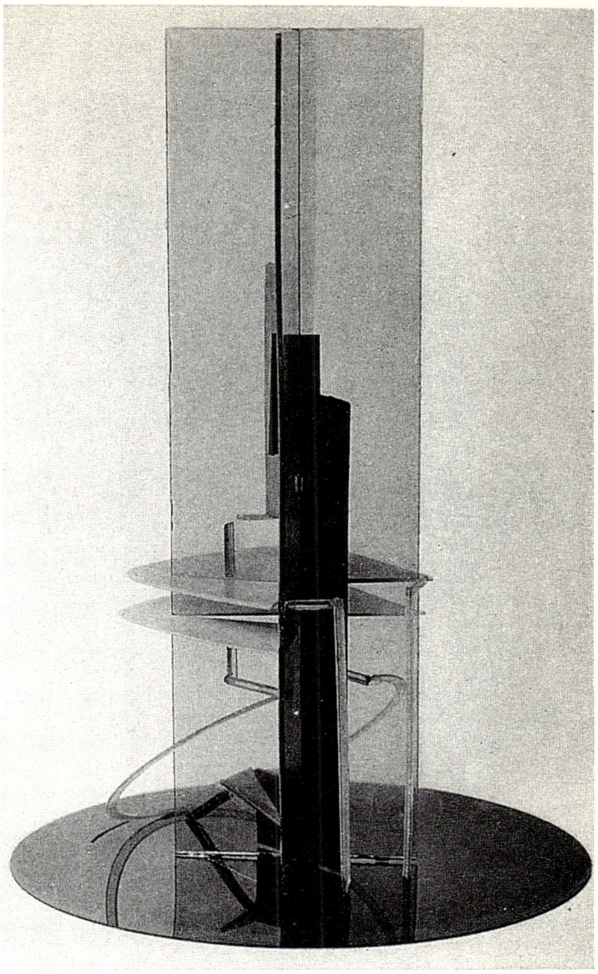

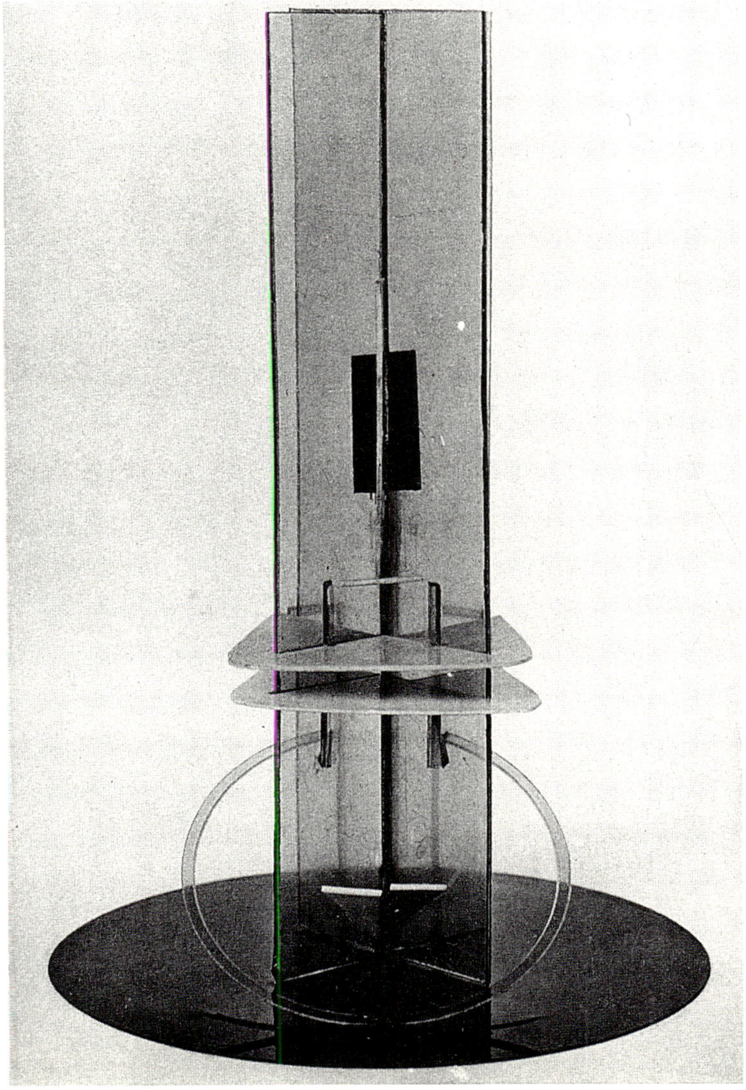

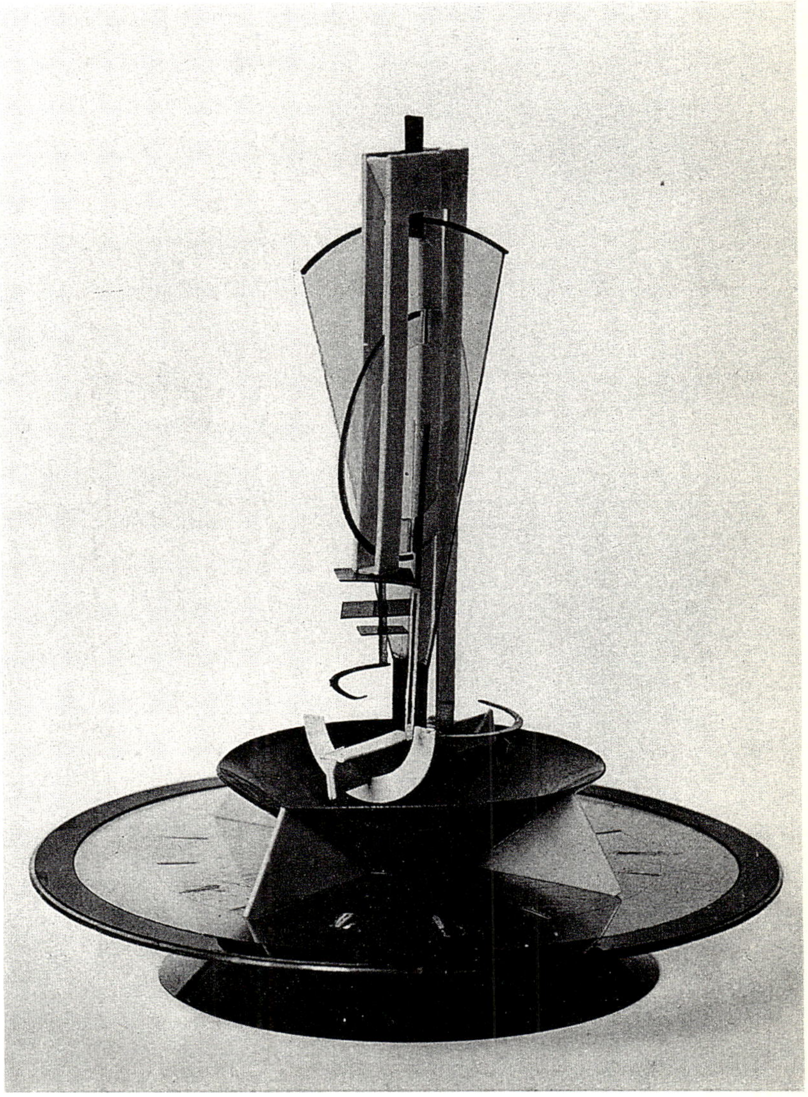

ADOLF BEHNE

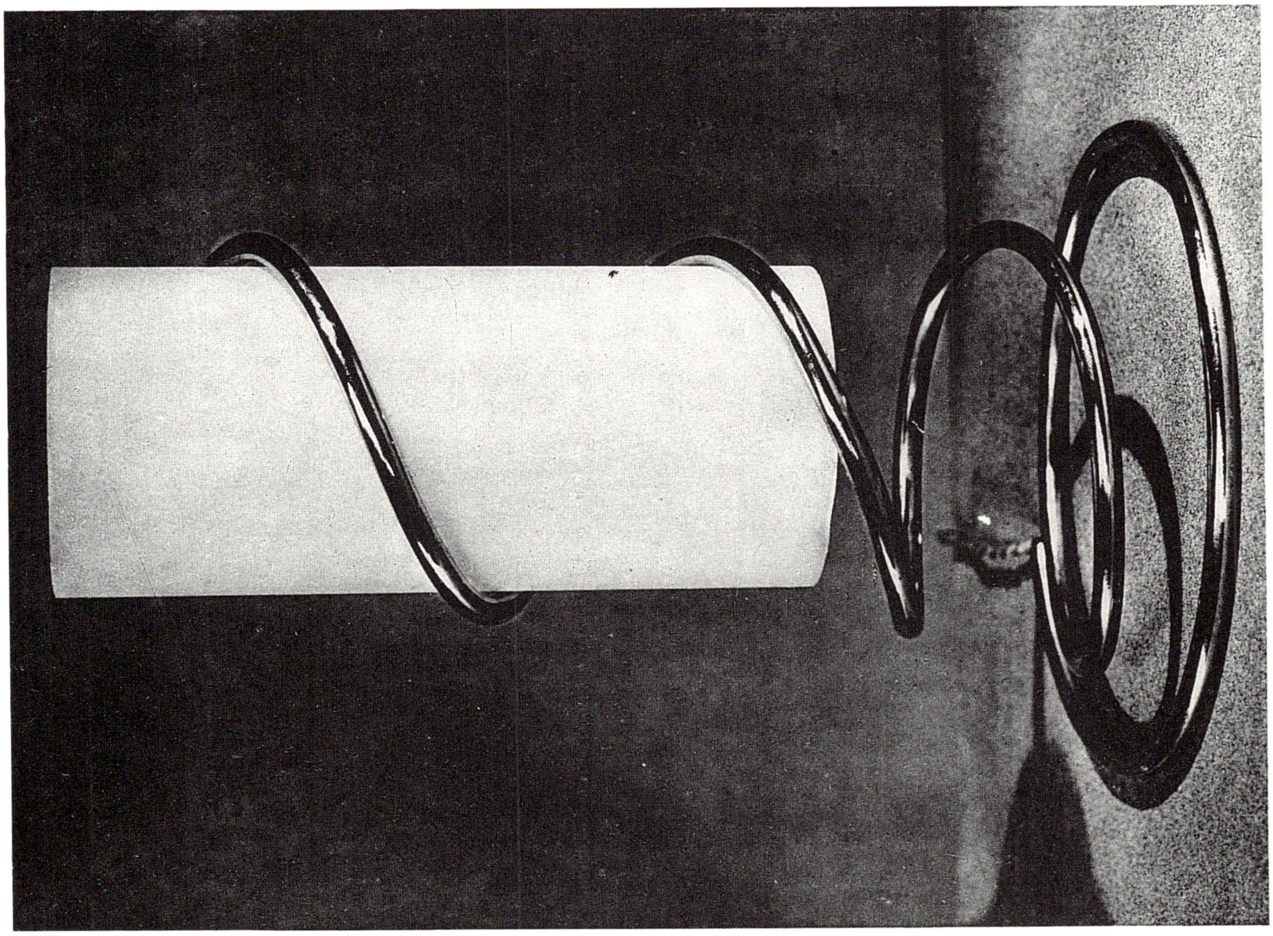

BORIS LACROIX

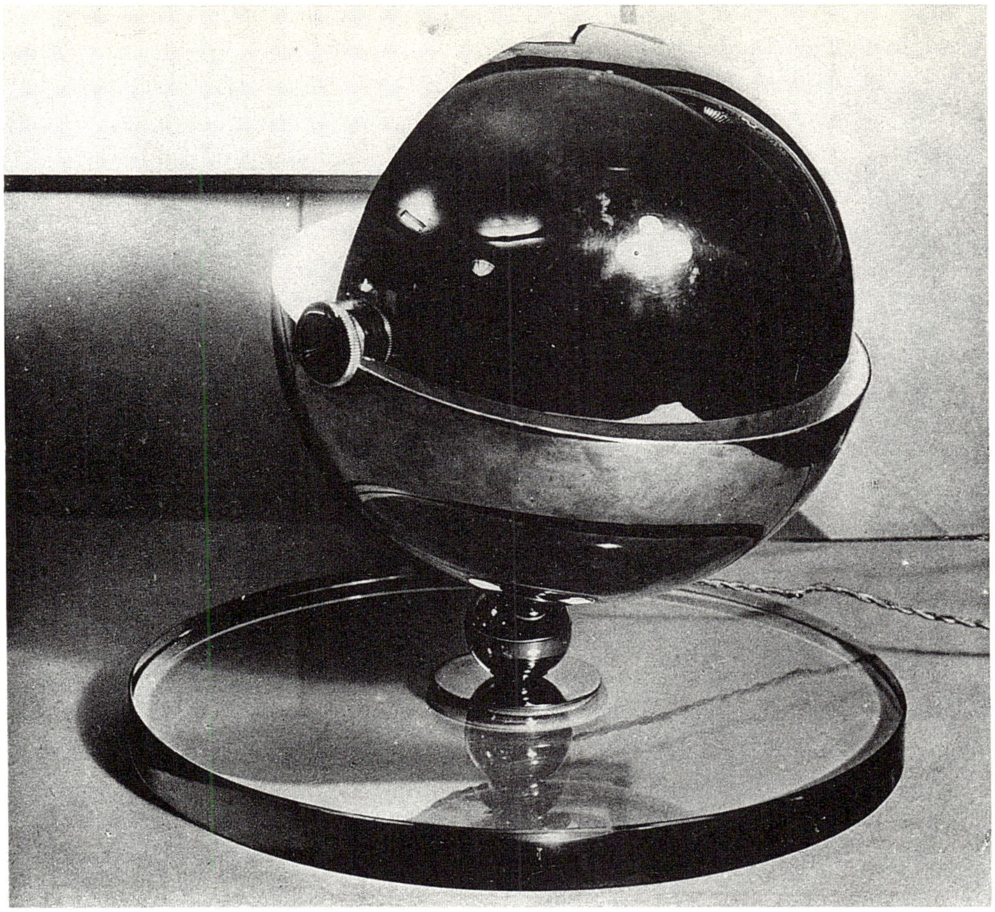

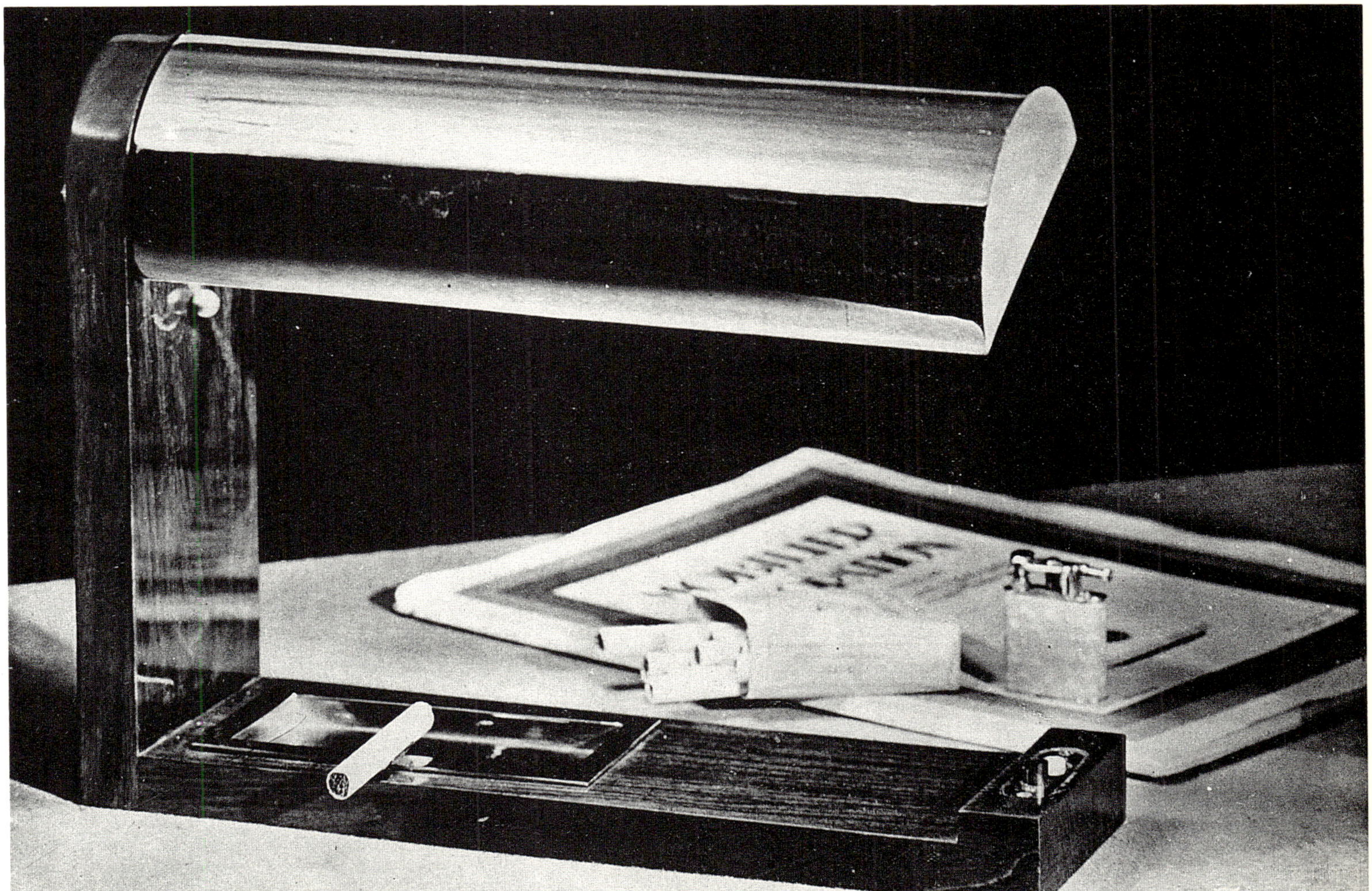

Boris Lacroix

BORIS LACROIX

Boris Lacroix

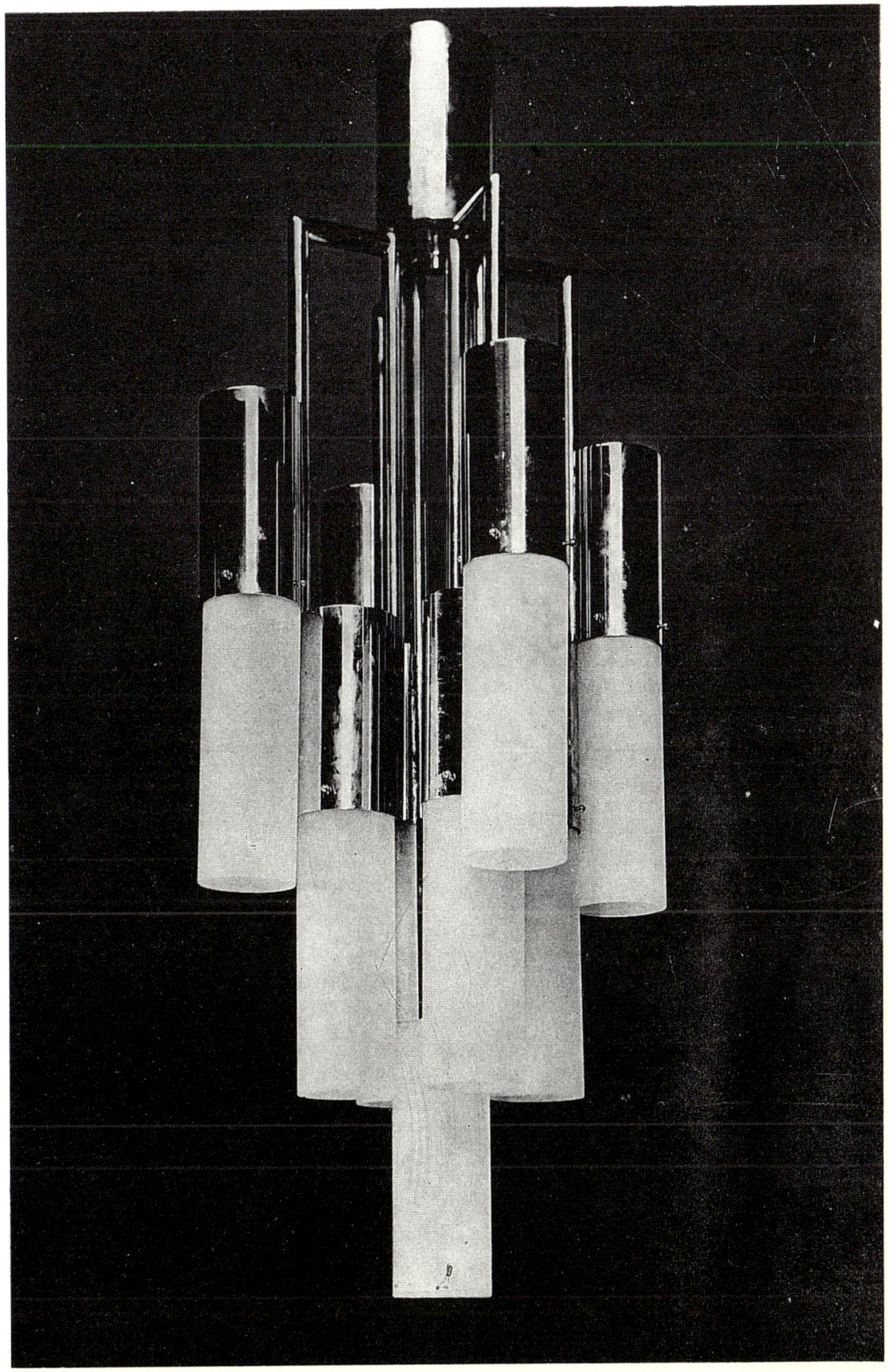

Boris Lacroix

BORIS LACROIX

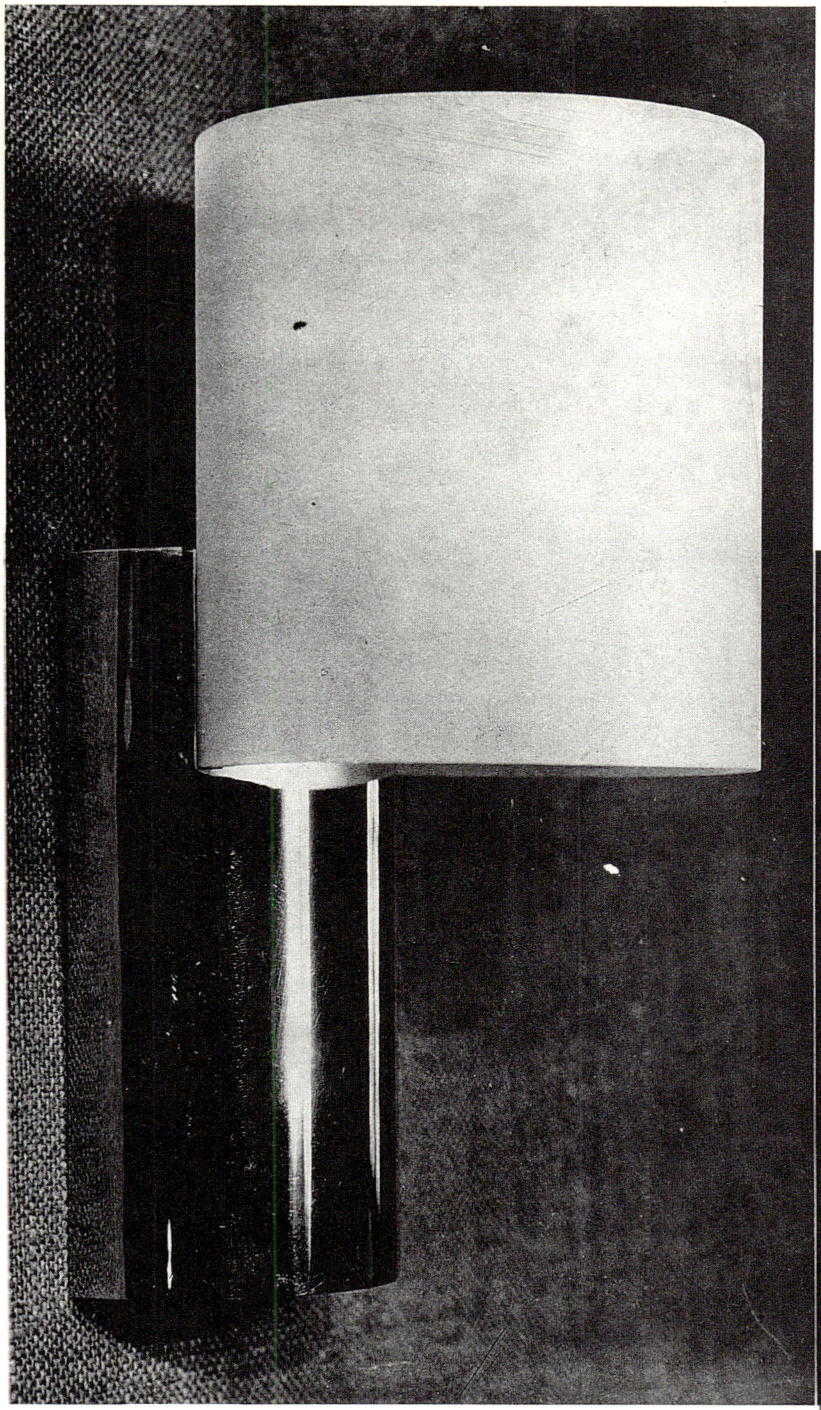

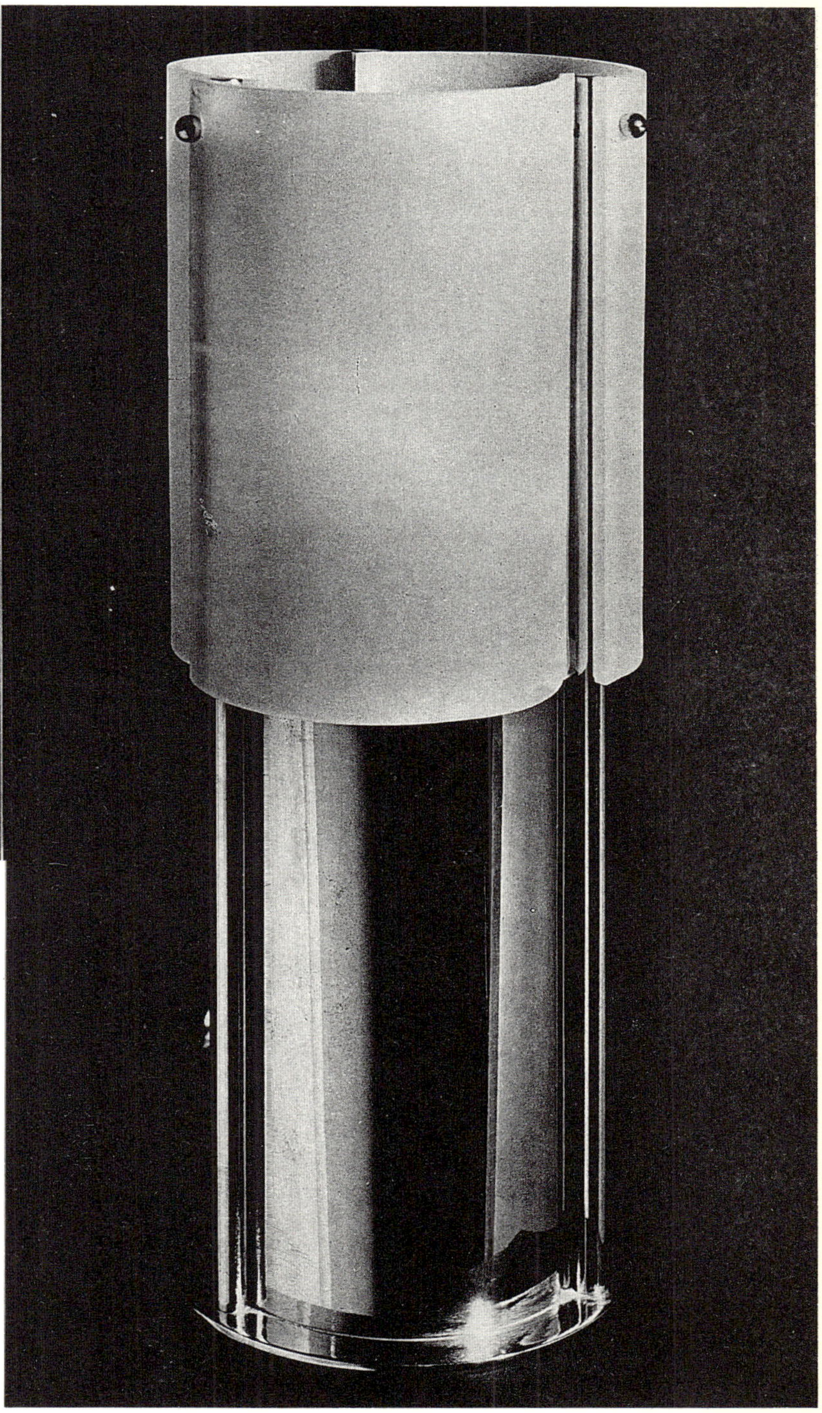

Boris Lacroix

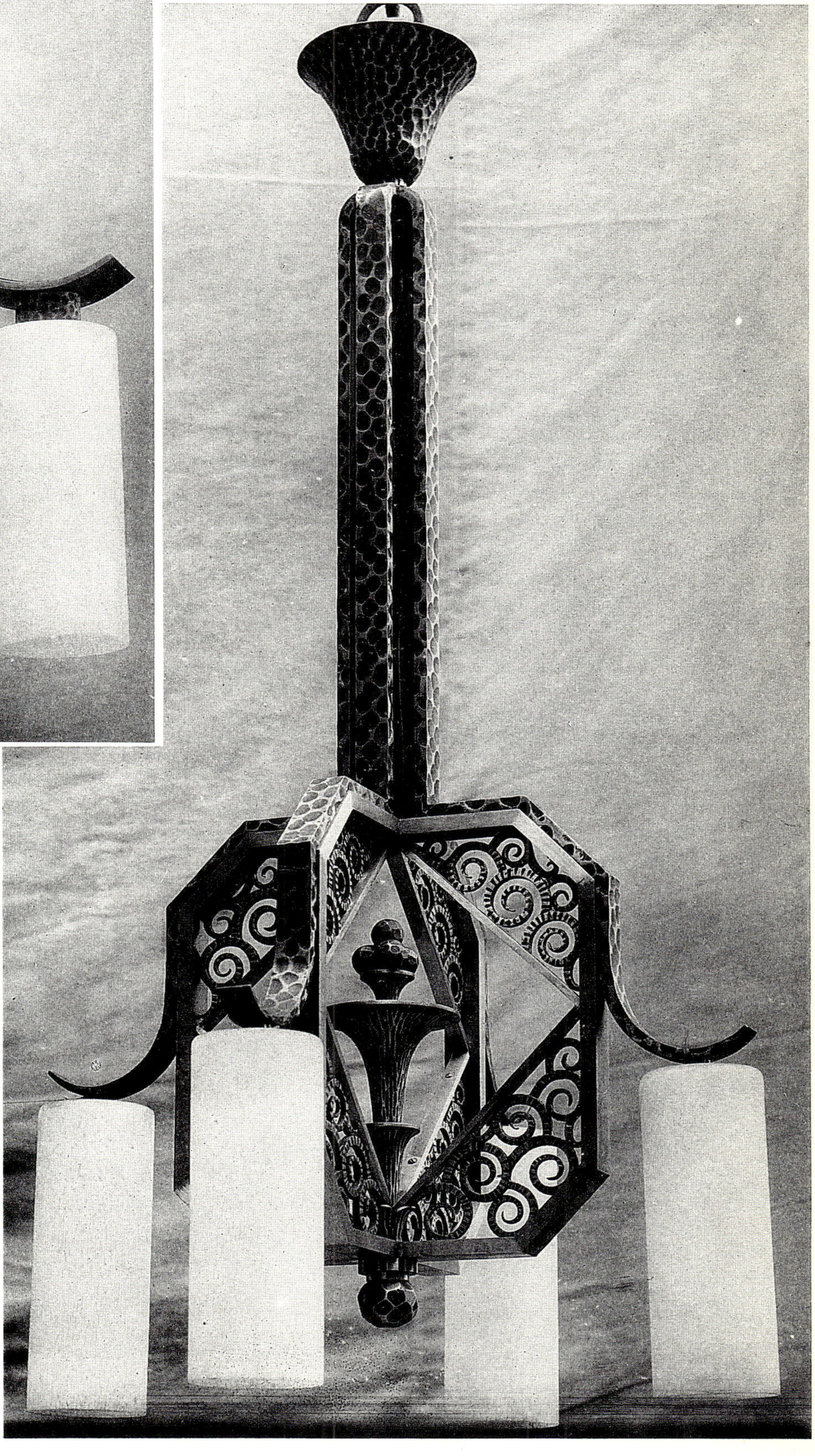

Nics Frères

Nics Frères

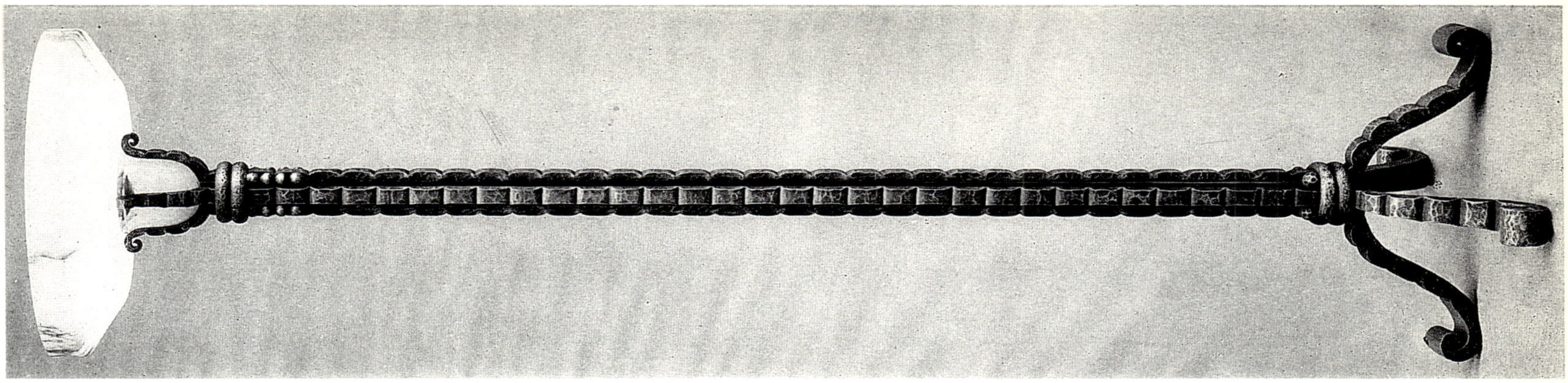

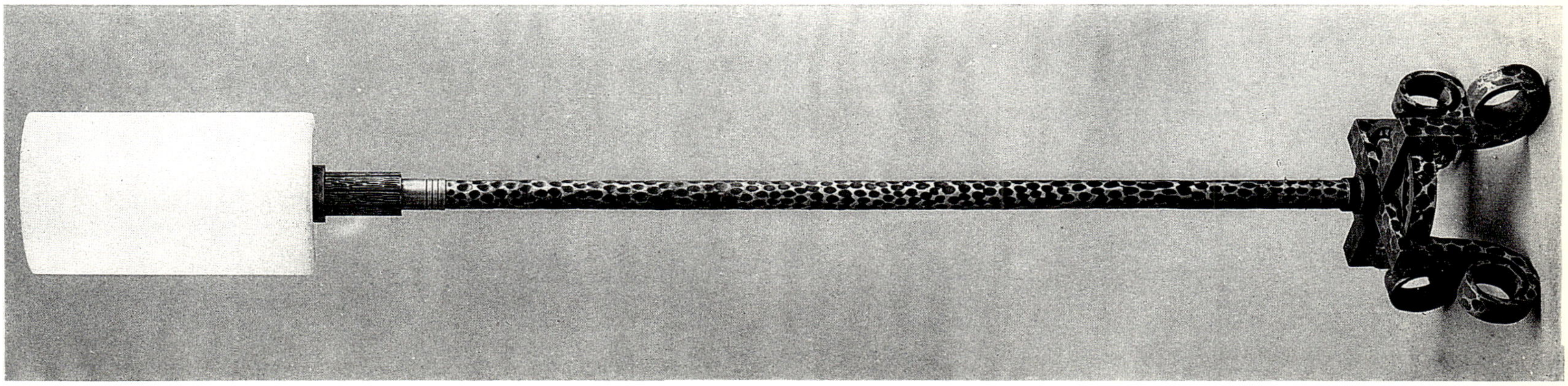

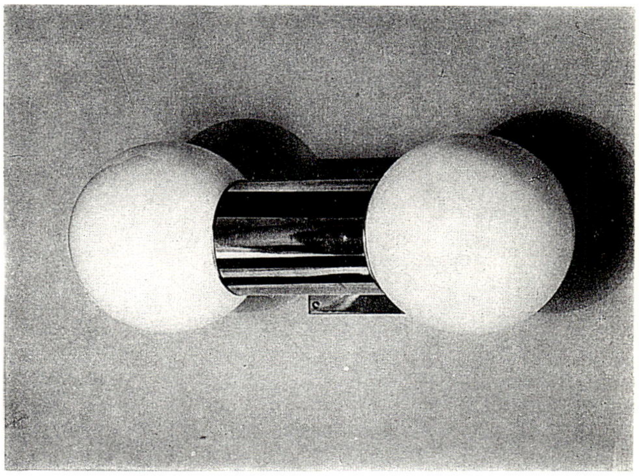

BÜNTE & REMLER

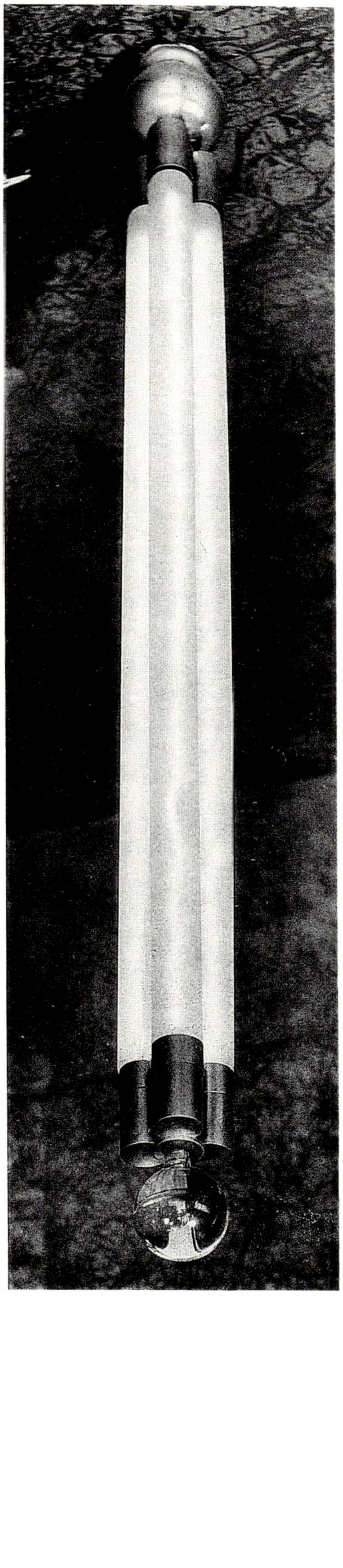

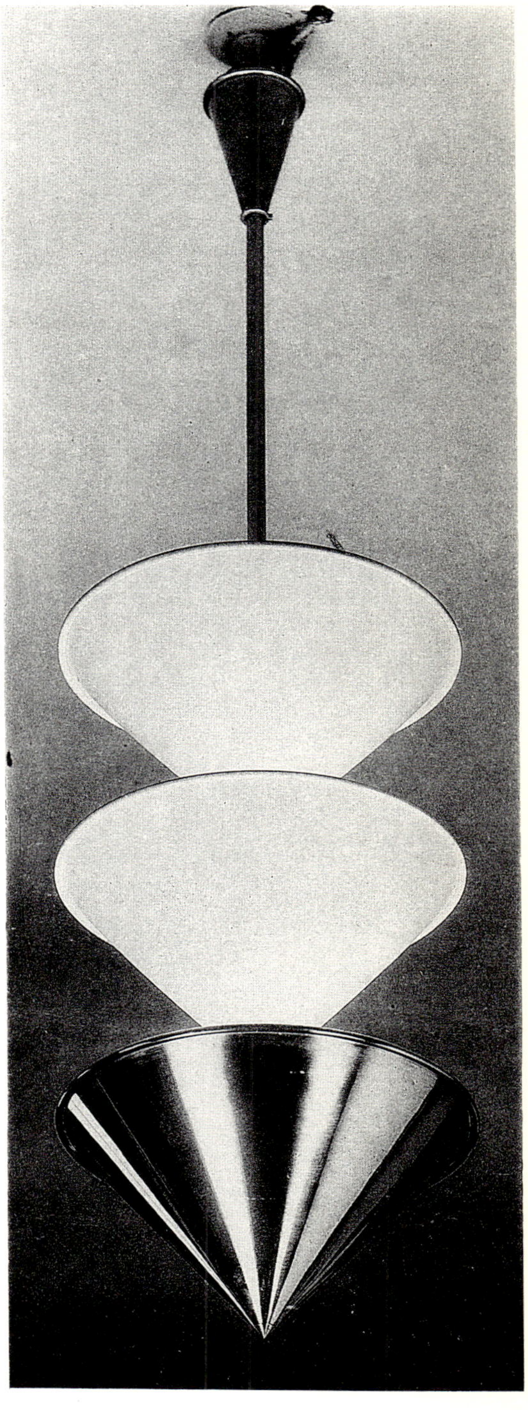

J.J. ADNET

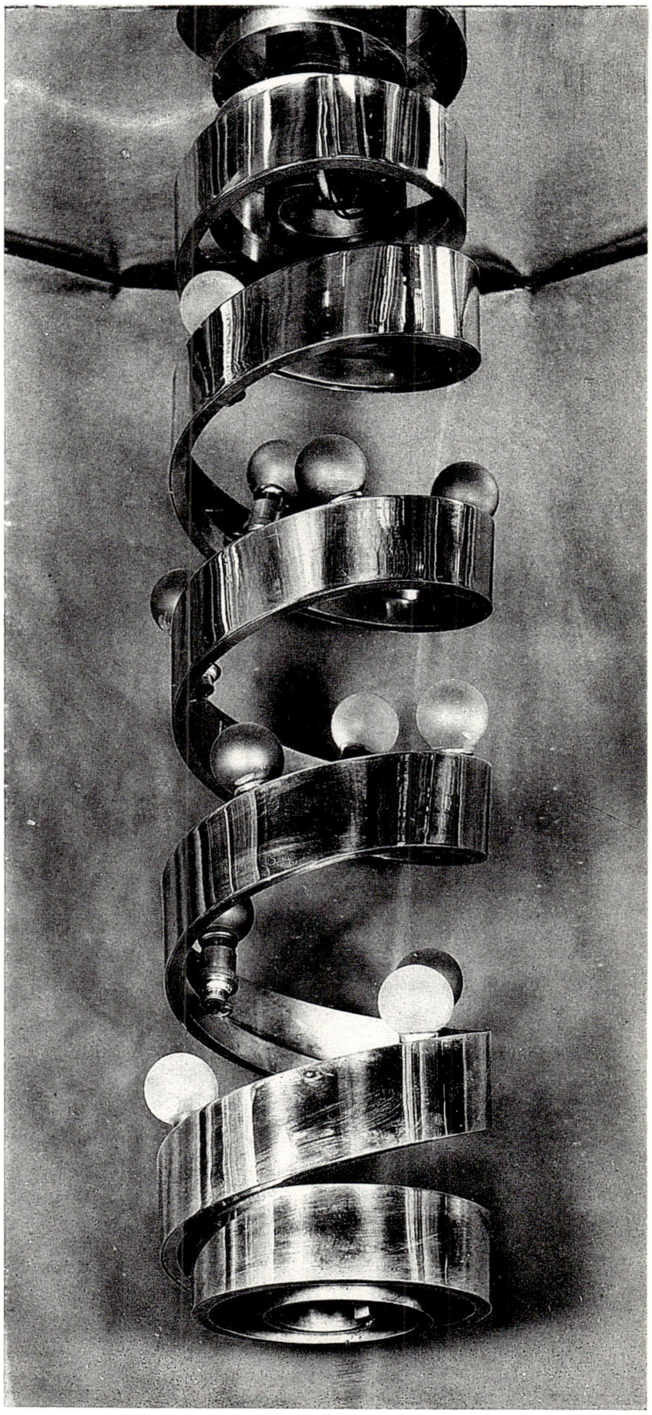

J.J. Adnet

J.J. Adnet

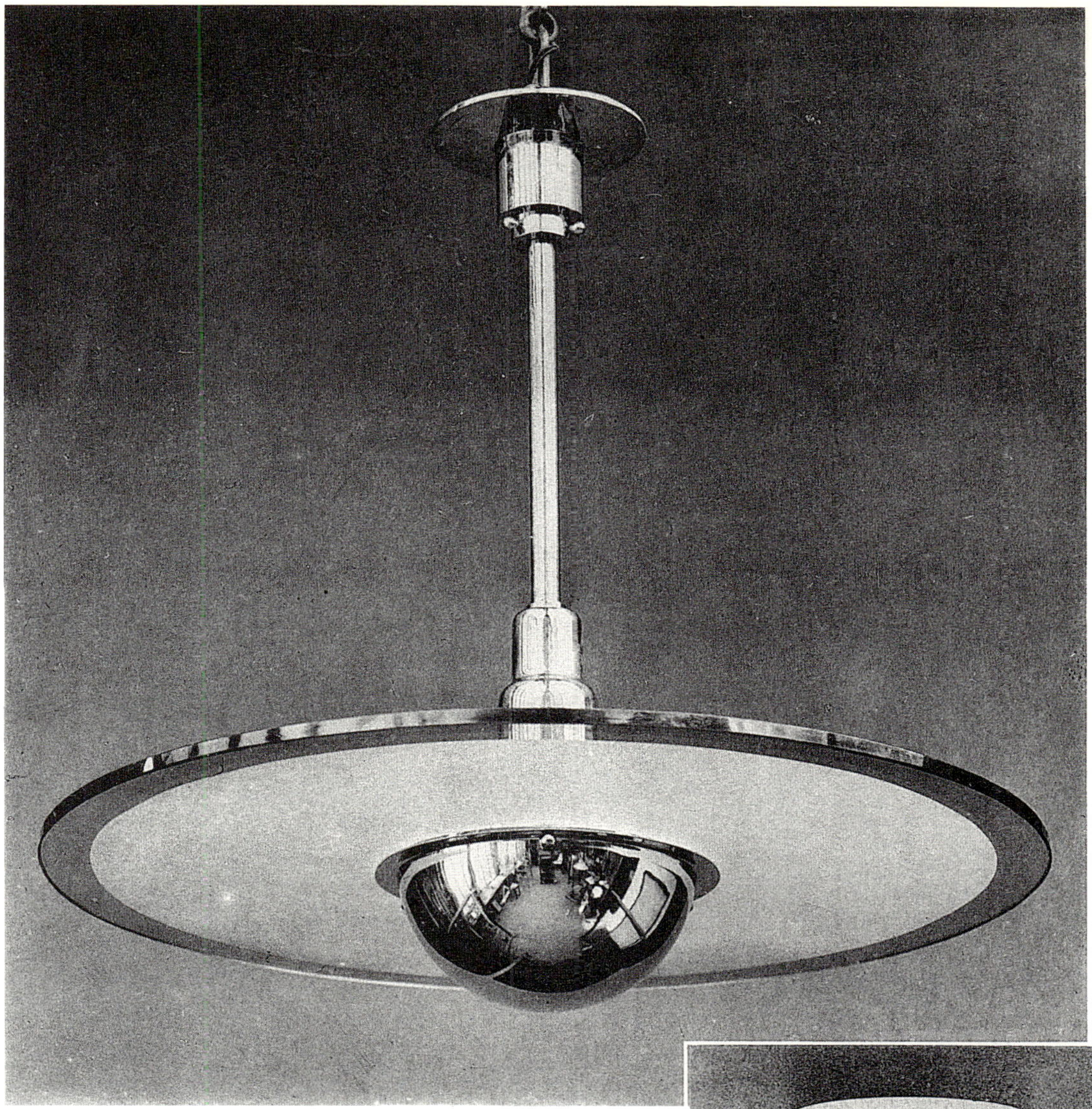

Genet & Michon

GENET & MICHON

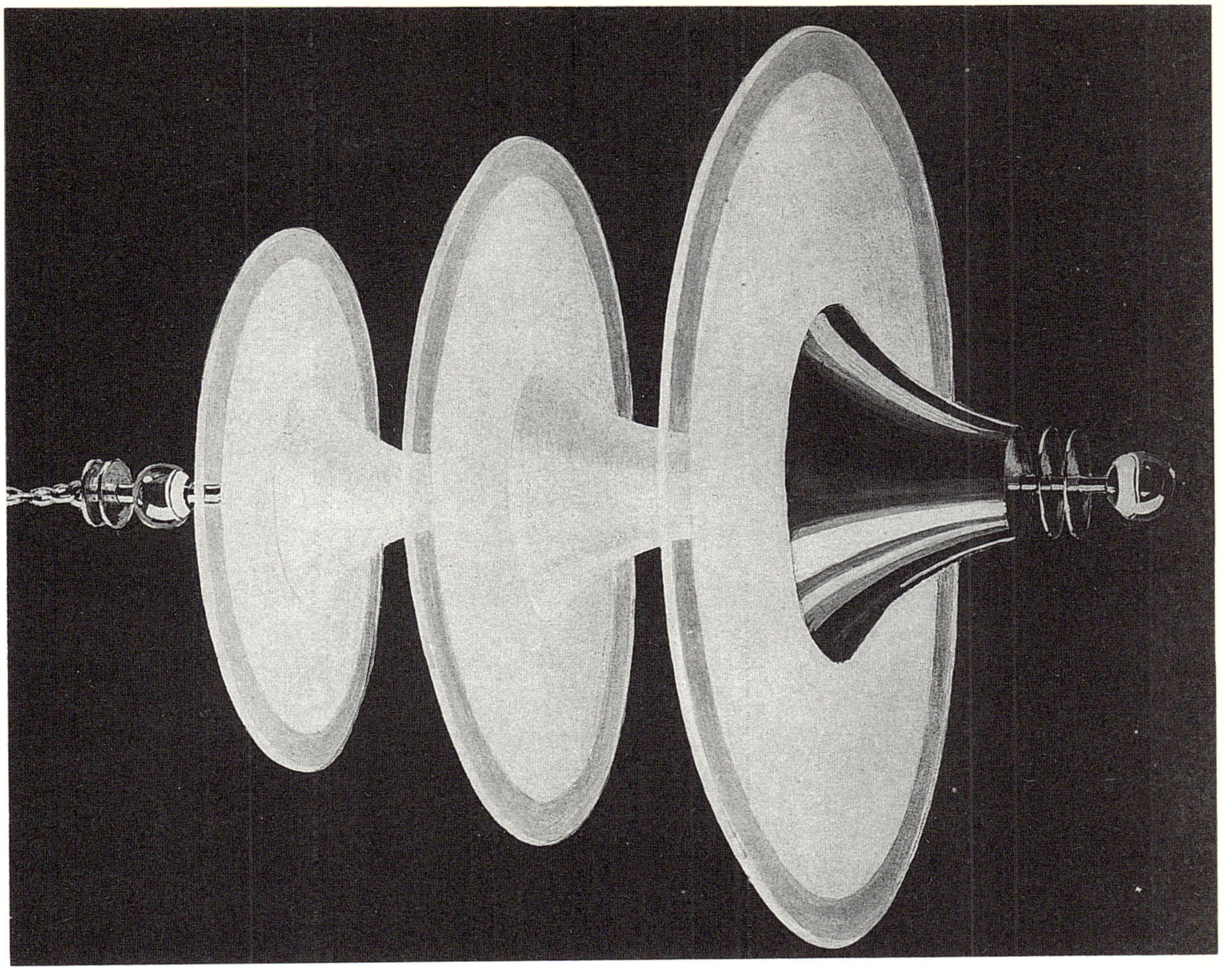

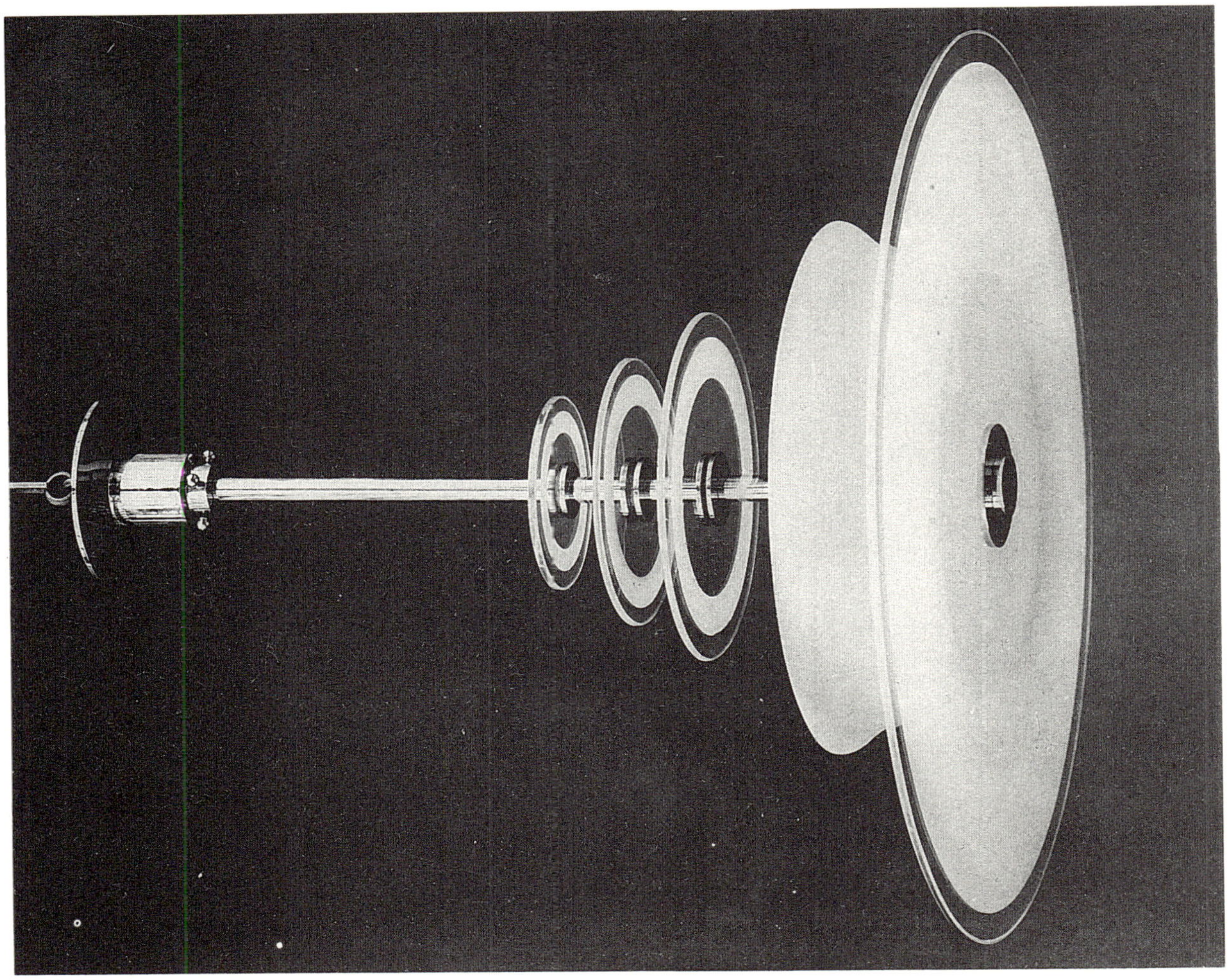

Genet & Michon

Genet et Michon

GENET ET MICHON

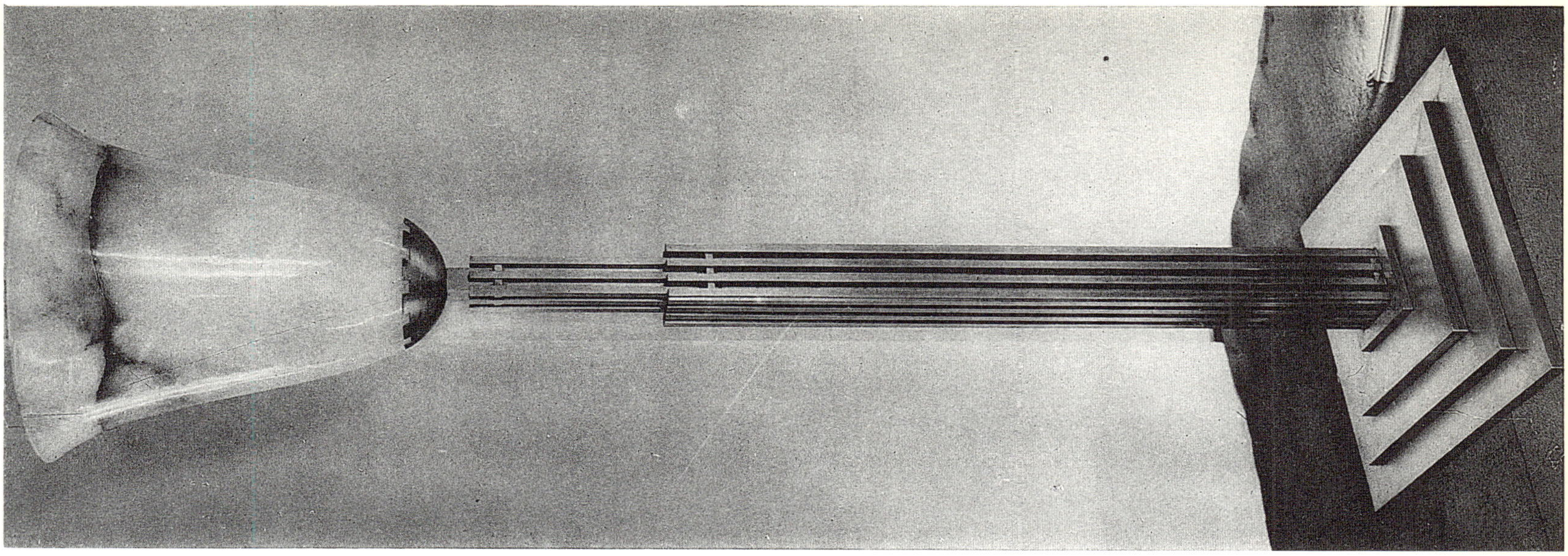

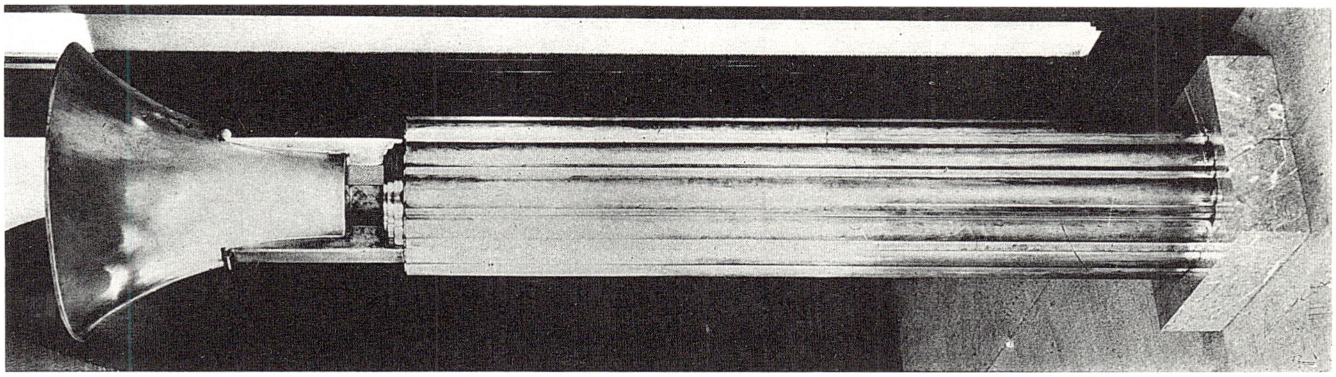

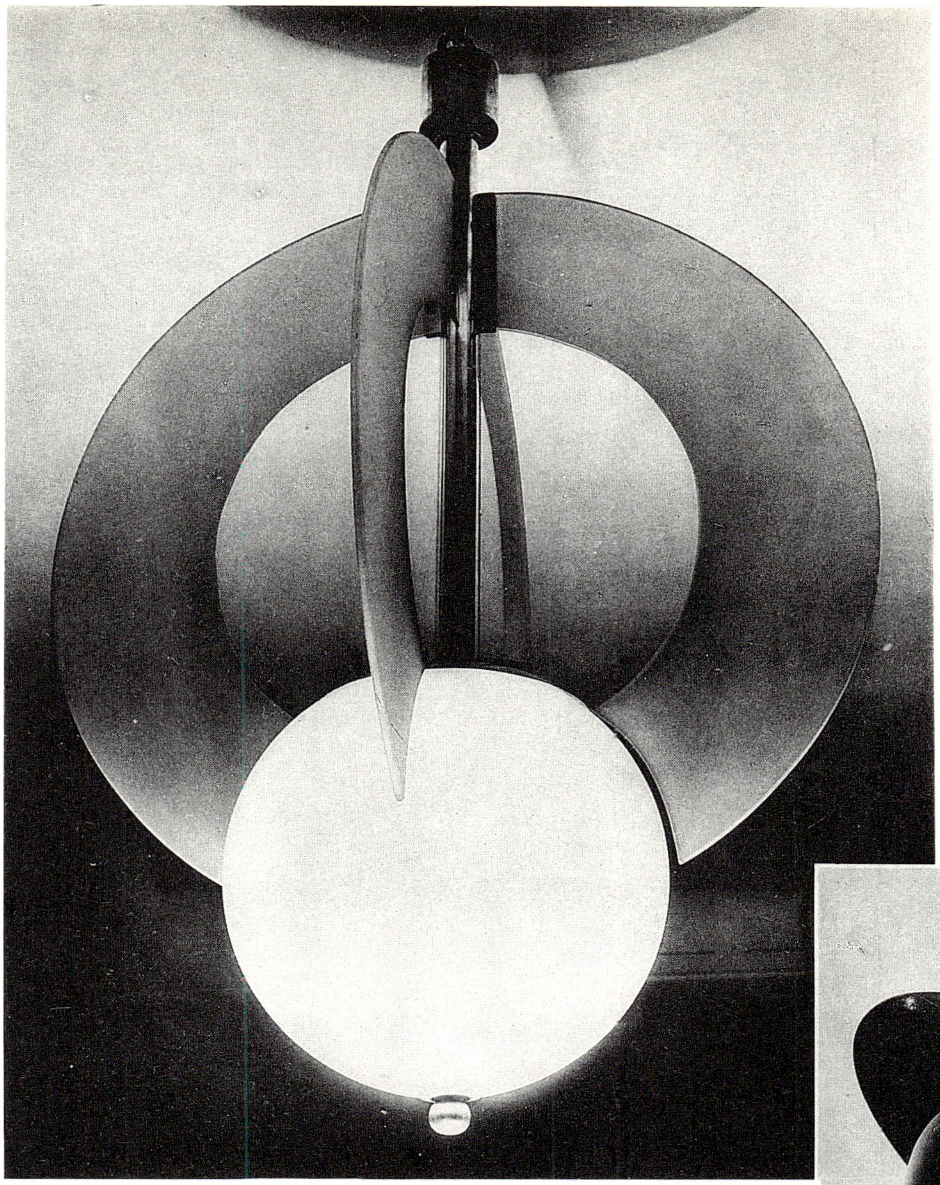

Dim

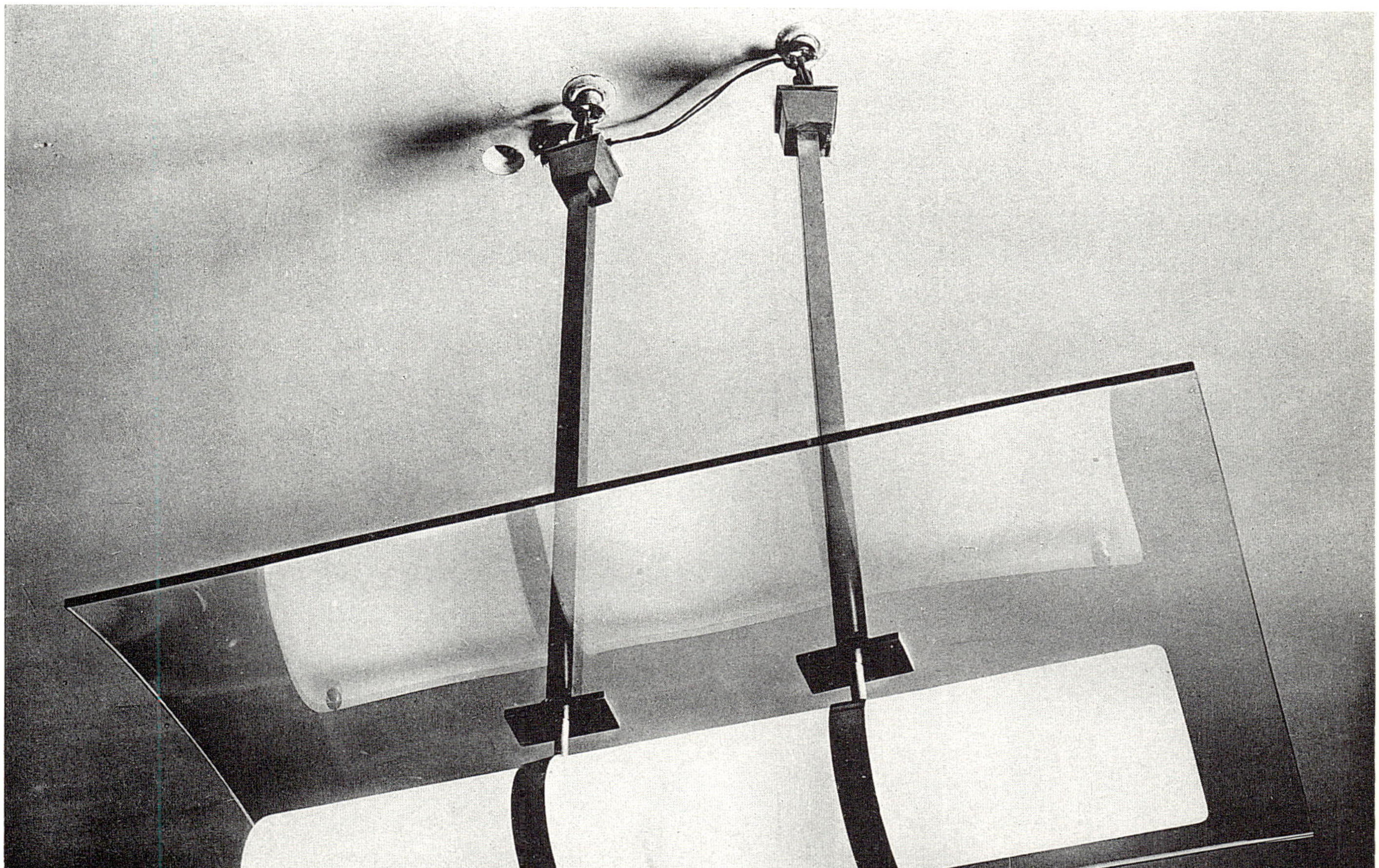

Dim

Exposition Internationale de 1937

Luminaire Moderne

Editions d'Art Charles Moreau 8, rue de Prague XII

Exposition Internationale de 1937

Luminaire Moderne

Editions d'Art Charles Moreau 8, rue de Prague XII

AVANT-PROPOS

Une exposition brille et meurt comme une comète au firmament. C'est le songe d'une nuit d'été, c'est une féerie sans lendemain. Si l'on veut que se prolonge la vertu de ses enseignements, il importe d'en fixer les divers aspects par l'image.

M. Charles Moreau s'y est employé avec le zèle passionné, l'entier désintéressement, la compétence hors de pair dont avaient déjà témoigné ses publications antérieures dédiées aux arts décoratifs. Qu'il reçoive la gratitude de tous ceux — et ils sont nombreux - qui lui devront la joie des yeux et le travail de la pensée.

Son enquête, cette fois encore, s'étend à tous les domaines : architecture et jardins, ensembles mobiliers, sculpture et ferronnerie, luminaire et vitraux.

Sans doute est-il malaisé de définir l'idée centrale qui relie tant d'œuvres éparses. Nous sommes trop gâtés pour juger. Les arbres nous cachent la forêt.

Puis, s'il nous était facile de mesurer les changements survenus depuis 1900, pendant le premier quart du siècle, au lendemain d'une guerre qui avait bouleversé mœurs, idées, cadres sociaux, décor du foyer domestique, comment préjuger des changements qui avaient pu survenir dans les dix dernières années ?

C'est un travail inférieur qui, cette fois, s'est accompli : travail de réflexion, de révision, de sélection. Sûrs de suivre la ligne droite, nos décorateurs craignent moins la grâce flexible des courbes. Sûrs d'éviter le pastiche, ils font place à la tradition. Plus de rigorisme outrancier : les plans s'animent de reliefs, la couleur vient aviver l'aride blancheur des surfaces.

Des programmes plus proches de la vie ; une beauté qui a sa source, moins dans la richesse des matières que dans la maîtrise des techniques. Selon l'expression familière à Debussy "le Dieu de l'art n'a pas coutume de faire beaucoup avec beaucoup, mais tout avec à peu près rien".

Ce n'est certes pas un vain titre que celui de "arts et techniques". Au cours du XIXe siècle, créateurs et éditeurs se sont longtemps ignorés, renouvelant à leur détriment l'apologue bien connu des membres et de l'estomac. Rapprochés il y a douze ans, artistes et industriels suivent aujourd'hui la même route. L'art est la fleur qui éclot sur la tige du métier. Il n'est pas indifférent, en un temps où la machine, après avoir servi l'homme, menace de l'asservir, d'avoir remis ce principe en honneur et en valeur.

La vue de ces documents y contribuera sans doute plus que tous les commentaires. Puisse le lecteur y trouver la fidèle image de la vie sociale d'aujourd'hui. On peut appliquer aux artistes la formule de La Bruyère. Ils ne rendent au public que ce qu'il leur a prêté.

Paul Léon

Membre de l'Institut,
Directeur général honoraire des Beaux-Arts,
Commissaire général adjoint de
l'Exposition Internationale de Paris 1937.

AVANT — PROPOS

An exhibition blazes and dies like a comet in the heavens. It is a summer night's dream, an enchantment without a tommorrow. If we wish to prolong the benefits of its teachings, it is important to set its varied facets in images.

Charles Moreau has assumed this task with passionate zeal, the integrity and unequaled competance of which have already been confirmed in his numerous previous publications dedicated to the decorative arts. To him must go out the gratitude of so many for whom his work has been a visual delight and an intellectual stimulation.

His investigation is once again wide-ranging : architecture, garden design, interior ensembles, sculpture, work in iron, lighting design, and leaded glass.

It is surely difficult to define the central idea which unifies such varied work. We are too jaded to judge. We can't see the forest for the trees.

And then, if it was easy for us to measure the changes undergone during the first quarter of the century, and in the aftermath of a war that uprooted morals, ideas, social structure, and the decor of the domestic interior, how can we characterize the changes that have emerged in the last ten years ?

It is an internal labor which this time has been accomplished, a labor of reflection, revision, and selection. Confident in the use of straight lines, our designers have less feared the flexible grace of curves. Confident of avoiding parody, they have made room for the traditional. The more extreme the rigor, the more design is animated with reliefs, and color brings life to the arid white of surfaces.

This is a program closer to life where the source of beauty is found less in the richness of materials than in the mastery of techniques. As in Debussy's well-known remark, "the God of art is not in the habit of doing much with much, rather all with almost nothing."

"Arts and Techniques" is no empty title. Throughout the course of the nineteenth century artists and manufacturers long ignored each other, repeating to their loss the well-known fable of the limbs and the stomach. Brought together over the past dozen years, artists and industrialists travel the same road today. Art is a flower which blossoms upon the stem of craft. It is important to reassert the honor and the

VORWORT

Eine Ausstellung glänzt und stirbt wie ein Komet am Firmament. Es ist ein Sommernachtstraum, ein Eintags-Märchen. Und wenn man Lehren daraus ziehen möchte, ist es angebracht, die verschiedenen Aspekte mit Hilfe von Bildern festzuhalten.

Charles Moreau hat sich dem mit Begeisterung und Eifer gewidmet, ganz uneigennützig und mit unvergleichbarer Kompetenz; seine früheren Veröffentlichungen haben das bewiesen. Mögen sich ihm all jene - es sind nicht wenige - erkenntlich zeigen, die ihm den Augenschmaus und die gut durchdachte Arbeit zu verdanken haben.

Sein Interesse gilt vielen Bereichen: der Architektur und den Gärten, dem Mobiliar und der Bildhauerei, der Kunstschmiedearbeit und der Beleuchtung sowie der Glasmalerei.

Es ist zeifellos nicht leicht, die Grundidee zu definieren, die so viele Einzelwerke verbindet. Wir sind zu verwöhnt, um überhaupt ein Urteil fällen zu können. Zu viele Bäume verbergen den Wald.

Es fällt uns hingegen leicht, die Veränderungen seit 1900 zu sehen, d.h. Veränderungen eines Vierteljahrhunderts, hauptsächlich jene nach dem Krieg, durch den unsere Sitten, unsere Vorstellungen, unser sozialer Lebensrahmen, ja unsere Hauseinrichtungen durcheinandergerieten. Wer hätte die großen Neuerungen der letzten zehn Jahren vorhersehen können ?

Die Arbeit, um die es hier geht, kommt aus dem Innern: eine Arbeit der Reflexion, der Überprüfung, der Selektion. Überzeugt, sich auf dem rechten Weg zu befinden, befürchten unsere Entwerfer und Designer nun weniger die geschmeidige Eleganz der Bogenlinien. Und weiterhin überzeugt, keine Nachahmung vorzunehmen, machen sie der Tradition Platz: keine übertriebenene Strenge mehr, Ebenen werden von Reliefs belebt, Farbe frischt öde weiße Flächen auf.

Die Programme scheinen jetzt lebensnäher, mit einer Schönheit, die weniger dem reichhaltigen Material entspringt als der beherrschten Technik. An dieser Stelle soll Debussy zitiert werden: "Der Gott der Kunst hat nicht die Gewohnheit, vieles aus vielem zu machen, sondern alles aus fast nichts".

"Arts et Techniques" ist gewiß kein Hübertriebener Titel. Im 19. Jahrhundert ignorierten sich Schriftsteller und Verleger lange Zeit und verlängerten so zu ihrem eigenen Nachteil die bekannte Lehrfabel über die Glieder und den Magen. Seit gut zehn Jahren sind sich Künstler und Industrielle näher gekommen und gehen

value of this principle at a time when the machine, after having served man, threatens to enslave him.

The perusal of these pages will surely contribute to this end more than any commentary. Let the reader find here the faithful image of the social life of today. One can apply to the artists La Bruyère's formulation : "They return to the public only what the public has lent to them."

PAUL LÉON, MEMBRE DE L'INSTITUT
DIRECTEUR GÉNÉRAL HONORAIRE DES BEAUX-ARTS,
COMMISSAIRE GÉNÉRAL ADJOINT DE
L'EXPOSITION INTERNATIONALE DE PARIS, 1937.

heute in dieselbe Richtung. Die Kunst ist die Knospe, die auf dem Stiel des Metiers aufblüht. In einer Zeit, wo der Mensch bedroht ist, zum Sklaven der Maschine zu werden (nachdem diese ihm Dienste geleistet hat), ist es wichtig, dieses Prinzip aufzuwerten und hervorzuheben.

Das Betrachten dieser Dokumente ist zweifellos lehrreicher als jeglicher Kommentar. Möge der Leser mit ihrer Hilfe ein realistisches Bild des heutigen sozialen Lebens finden. In Bezug auf die Künstler äußerte La Bruyère folgenden treffenden Satz: "Sie geben der Öffentlichkeit nur das zurück, was diese ihnen geliehen hat."

*PAUL LÉON, INSTITUTSMITGLIED, EHREN-GENERALDIREKTOR
DER PARISER KUNSTAKADEMIE,
STELLVERTRETENDER GENERALKOMMISSAR DER
INTERNATIONALEN PARISER AUSSTELLUNG DES JAHRES 1937.*

INTRODUCTION

L'exposition a été tracée dans les arbres. Les jardins qui encadrent la plupart des bâtiments sont donc également fonction de cette circonstance favorable.

Du fait que l'achèvement des constructions a été sensiblement retardé, les plantations d'encadrement ont dû être réalisées en peu de jours, et si elles donnent cependant l'impression d'un décor floral complet, ce résultat est sans nul doute dû au site déjà existant et aux tours de force accomplis par les Horticulteurs.

La section des jardins, sur le quai d'Orsay et le port du Gros-Caillou, comprend plusieurs terrasses ornées de fontaines et d'emmarchements, sur lesquelles les Exposants ont pu mettre en valeur des végétaux de caractères différents : plantes de rocailles, cactées, conifères, arbres fruitiers, etc.

Au centre, un bâtiment de toile abrite les expositions florales temporaires, qui continuent à chaque période de floraison l'effet brillant obtenu par les floralies internationales qui se sont tenues au Grand Palais au début de Juin.

A cette occasion, la nef entière du Palais était transformée en un grand parterre de plantes annuelles et vivaces, de rosiers, qui montaient en terrasses successives jusqu'au premier étage.

Au Champs-de-Mars, tout le parterre central forme un vaste tapis au centre gazonné, dont on a pu admirer la magnifique section réservée aux dahlias.

Le Centre des Métiers, le Centre Régional et les Sections Etrangères sont abondamment pourvus de plantations, et l'on a particulièrement admiré les Jardins du Groupe de la Céramique, le Théâtre de Verdure, les Jardins de la Côte d'Azur ainsi que ceux de l'Egypte, de la Pologne, de la Hongrie, de l'Angleterre et de la Suisse. Le Jardin d'Hiver de la Belgique mérite une mention toute spéciale.

Enfin, à la Porte Maillot, le Centre Rural et le Centre Artisanal, abrités sous les ombrages des vieux arbres de cette portion de l'ancienne zône militaire, donnent, par leurs jardins plantés sans affectation, l'impression qu'on est dans la vraie campagne.

En résumé, sauf la grande unité du parterre central du Champs-de-Mars, les jardins de l'Exposition forment une série de petits ensembles pittoresques, appropriés aux constructions très diverses qu'ils avaient pour mission d'encadrer et d'harmoniser.

JACQUES GREBER
ARCHITECTE EN CHEF DE L'EXPOSITION

INTRODUCTION

The exhibition has been laid out in the trees. The gardens which frame most of the buildings are then in harmony with this favorable setting. Because the completion of construction was significantly delayed, the surrounding planting had to be accomplished in only a few days. If they nevertheless give the impression of a complete floral decoration, this result is with no doubt due to the attributes of the site and the remarkable accomplishments of the horticulturalists.

The Garden Section along the Quai d'Orsay to the Port du Gros-Caillou, includes several terraces ornamented with fountains and stepped levels upon which the exhibitors have been able to show to advantage varied plants and environments : annuals, rock gardens, cactus, conifers, fruit trees, etc.

In the center, a temporary canvas structure shelters floral exhibition which extend into successive periods of flowering the brilliant effects obtained at the *Floralies Internationales* which were held at the Grand Palais at the beginning of June. On this occasion the entire nave of the Palais was transformed into a huge flower bed of annuals, perennials, and rose bushes which rose in successive terraces up to the first floor.

At the Champ-de-Mars, the entire flower bed forms a vast carpet around a central lawn. There we can admire a magnificent section devoted to dahlias.

The Crafts Pavillion and the Foreign Pavillions are set in lavish plantings, among the most admirable of which are the gardens around the ceramics display, the *Théâtre de Verdure*, the gardens of the Côte d'Azur, as well as those of Egypt, Poland, Hungary, England, and Switzerland. The winter-garden of Belgium merits special mention.

Finally, at the Porte Maillot, the *Centre Rural* and the *Centre Artisanal*, shaded under the great trees of this section of the old military reservation, give by their gardens arranged without artifice the impression that one is truly in the country.

In brief, excepting the grand unity of the central flower-beds at the Champ-de-Mars, the Exposition Gardens form a series of small and picturesque ensembles, appropriate to the diverse constructions they were charged to frame and harmonize.

JACQUES GREBER,
ARCHITECTE EN CHEF DE L'EXPOSITION

EINFÜHRUNG

Die Ausstellung findet zwischen Bäumen statt. Die Gärten, die die meisten Gebäude umgeben, profitieren somit ebenfalls von diesem Vorteil.

Durch die Tatsache, daß sich die Fertigstellung der Ausstellungs-Bauten sehr hinauszögerte, mußten die Anpflanzungen innerhalb von nur wenigen Tagen erfolgen; wenn sie dennoch den Eindruck eines vollkommenen Blumendekors vermitteln, dann ist dieses Ergebnis auf die bereits vorhandene Anlage und die Glanzleistung der Gärtner zurückzuführen.

Der Gartenbereich am Quai d'Orsay und Port du Gros-Caillou umfaßt mehre mit Springbrunnen und Treppen geschmückte Terrassen, auf denen die Aussteller die verschiedensten Pflanzen präsentieren konnten: einjährige Pflanzen, Zierpflanzen, Kakteen, Koniferen, Obstbäume usw.

In der Mitte sind in einem großem Zelt die temporären Blumenschauen zu sehen, die in jeder Blütezeit das glänzende Ergebnis der Ausstellung "Floralies Internationales" wiederholen, die Anfang Juni im Grand Palais stattfand.
Zu diesem Anlaß wurde das gesamte Schiff des Grand Palais mit den verschiedensten Pflanzen, auch Rosenstöcken, dekoriert, die terrassenartig bis zur ersten Etage hochstiegen.

Am Champ-de-Mars bildet das Mittelparterre einen riesigen Rasenteppich, dessen wunderschöner Dahlienbereich besondere Bewunderung hervorruft.

Das Centre des Métiers, das Centre Régional und die Sections Etrangères sind reich bepflanzt, und ganz besonders bewundert werden die Jardins du Groupe Céramique, das Théâtre de Verdure, die Jardins de la Côte d'Azur sowie die ägyptischen, polnischen, ungarischen, englischen und Schweizer Gärten. Der belgische Wintergarten verdient es, besonders erwähnt zu werden.

An der Porte Maillot verleihen das Centre Rural und das Centre Artisanal (Landwirtschafts- und Handwerkszentrum) im Schatten alter Bäume aufgrund ihrer natürlich bepflanzten Gärten den Eindruck, daß man sich mitten auf dem Land befindet.

Mit Ausnahme des großen Mittelparterre am Champ-de-Mars kann man zusammenfassend sagen, daß die Gärten der Ausstellung eine Reihe kleiner, pittoresker Einheiten bilden, die sich für Bebauungen unterschiedlichster Art eignen. Zweck dieser Ausstellung war es ja, diese einzurahmen und in Einklang zu bringen.

JACQUES GREBER
VERANTWORTLICHER ARCHITEKT DER AUSSTELLUNG

LUMINAIRE MODERNE (1937)

TABLE DES PLANCHES

409 ~ P. GENET ET L. MICHON : 1, Miroir lumineux ; 2 et 3, Appliques.

411 ~ P. GENET ET L. MICHON : Flambeaux et croix lumineuse de l'autel du pavillon Pontifical, *JACQUES DROZ et C. SANLAVILLE, architectes.* P. GENET ET L. MICHON
P. FARGETTE : 2, Lampadaire au Pavillon de l'U.C.A.F., *P. TOURNON, architecte.*

413 ~ P. GENET ET L. MICHON : Lampes de travail.

415 ~ E. MARTIN : 1 et 3, Lampadaires, éclairage indirect ; 2, Lustre bronze et verre.

417 ~ LUCIEN GERFAUX : 1, Lustre en bronze ; 2, Lampes et vases lumineux.

419 ~ BAGUÉS : 1, Plafonnier avec boules de cristal ; 2, Miroir avec bras de lumière ; 3, Lutre, éclairage indirect.

421 ~ ROBERT CAILLAT : 1, Lustre bronze avec baguettes en verre ; 2, Applique verre opale rose ; 3, Lampadaire, éclairage indirect.

423 ~ E. BOUVIER : 1, Lustre *dessiné par E. H. MARTIN* ; E. BOUVIER : 2 et 3, Applique bronze oxydé et 1 lampadaire bronze, éclairage indirect.

425 ~ L. BONVOISIN : 1 et 3, Lampes de travail ; 2, Lampadaire bronze, éclairage direct et par réflexion.

427 ~ L. BONVOISIN : 1 et 2, Appliques bronze doré et laqué ; 3, Lustre bronze, éclairage direct et indirect.

429 ~ FRANCIS PAUL, édité par *RENÉ POTTIER* : Plafonnier et appliques.

431 ~ FRANCIS PAUL, édité par *RENÉ POTTIER* : 1, Plafonnier verre et métal ; 2, Lampe de travail en cuivre ; 3, Lampadaire, éclairage semi-indirect.

433 ~ RENÉ POTTIER : 1 et 3, Lampes de bureau à réflecteur mobile ; 2 et 4, Vases lumineux métal et glace.

435 ~ RENÉ POTTIER : 1 et 4, Appliques ; 2, Plafonnier ; 3, Lustre métal et glace.

437 ~ RENÉ POTTIER : 1, Lustre métal et verre ; 2, Lampadaire, éclairage semi-indirect.

439 ~ CH. MILDÉ ET CIE, collaborateur R. LECOQ : Lampadaire, bronze doré et opale, plafonnier, applique métal et verre opale.

441 ~ HENRY DELISLE : 1, Lustre bronze et cristal ; 2, Cartel bronze argenté et glace. 3, Lampadaire bronze et cristal.

443 ~ HENRY DELISLE : 1, Applique bronze et tulipe en opale ; 2, Applique bronze argenté et cristal ; 3, Lampe de travail en bronze.

445 ~ EDMOND ETLING : 1, Lampe métal et cristal, dessinée par G. BONNET ; 2, Lampe dessinée par E. LAPLANCHE ; 3, Présentation de lampes.

447 ~ EDMOND ETLING : Lampes, vases, dessinés par BONNET, GUILLARD et E. LAPLANCHE.

449 ~ EDMOND ETLING : Lampes dessinées par DUNAIME et CORCKET.

451 ~ E. KOHLMANN, édité par HOLOPHONE : Lustre et applique en métal laqué, ornés de motifs sculptés par F. GANEAU, éclairage direct et indirect combiné par P. JUGET, ingénieur.

453 ~ JEAN PERZEL : 1, Applique métal chromé avec dalles optiques, éclairage par la tranche ; 2, Pendule lumineuse.

455 ~ JEAN PERZEL : 1, Applique métal laqué, verre et dalle optique ; 2, Applique métal chromé. 3, Applique, éclairage direct et indirect à travers une lentille concave.

457 ~ JEAN PERZEL : Lampe de bureau ; 2, Lustre métal laqué et verre dépoli, éclairage direct et indirect par lentille anti-aveuglante.

459 ~ JEAN PERZEL : 1, Applique, éclairage indirect et semi-indirect ; 2, Lampe métal.

461 ~ JEAN PERZEL : Ensemble.

463 ~ JEAN PERZEL : Ensemble.

Vues intérieures du Pavillon du Luminaire
E. PRINTZ et E. KOHLMANN, Décorateurs

P. Fargette

1. et 2. P. Fargette
3. P. Fargette et M. Gensoli

1. et 3. P. Fargette
2. P. Fargette et M. Gensoli

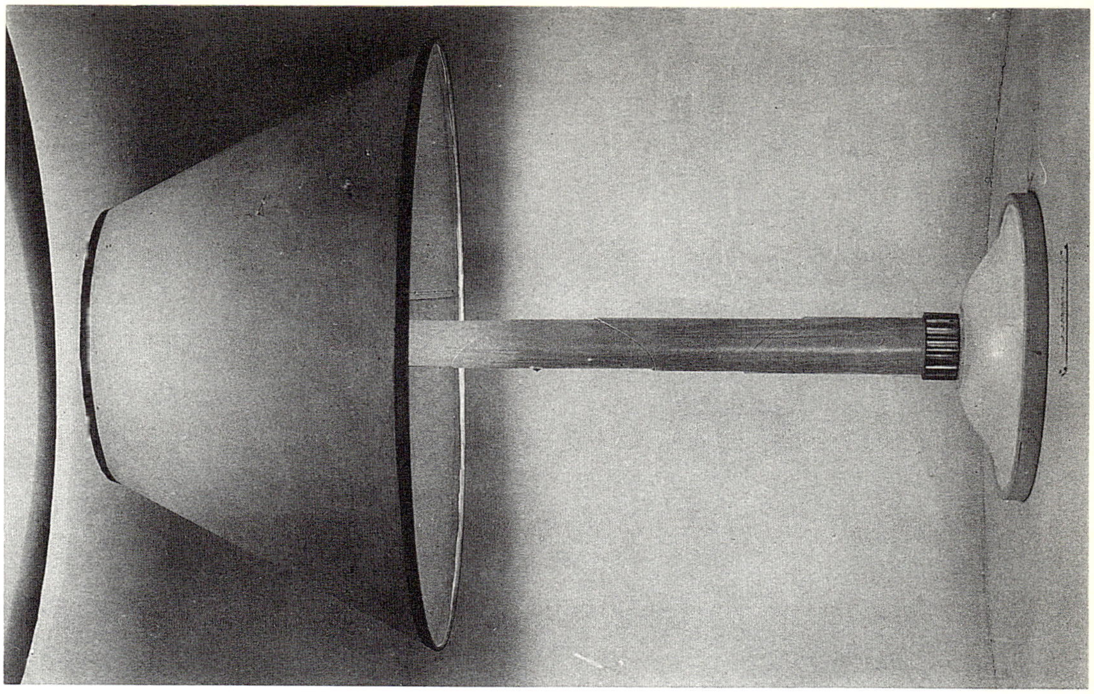

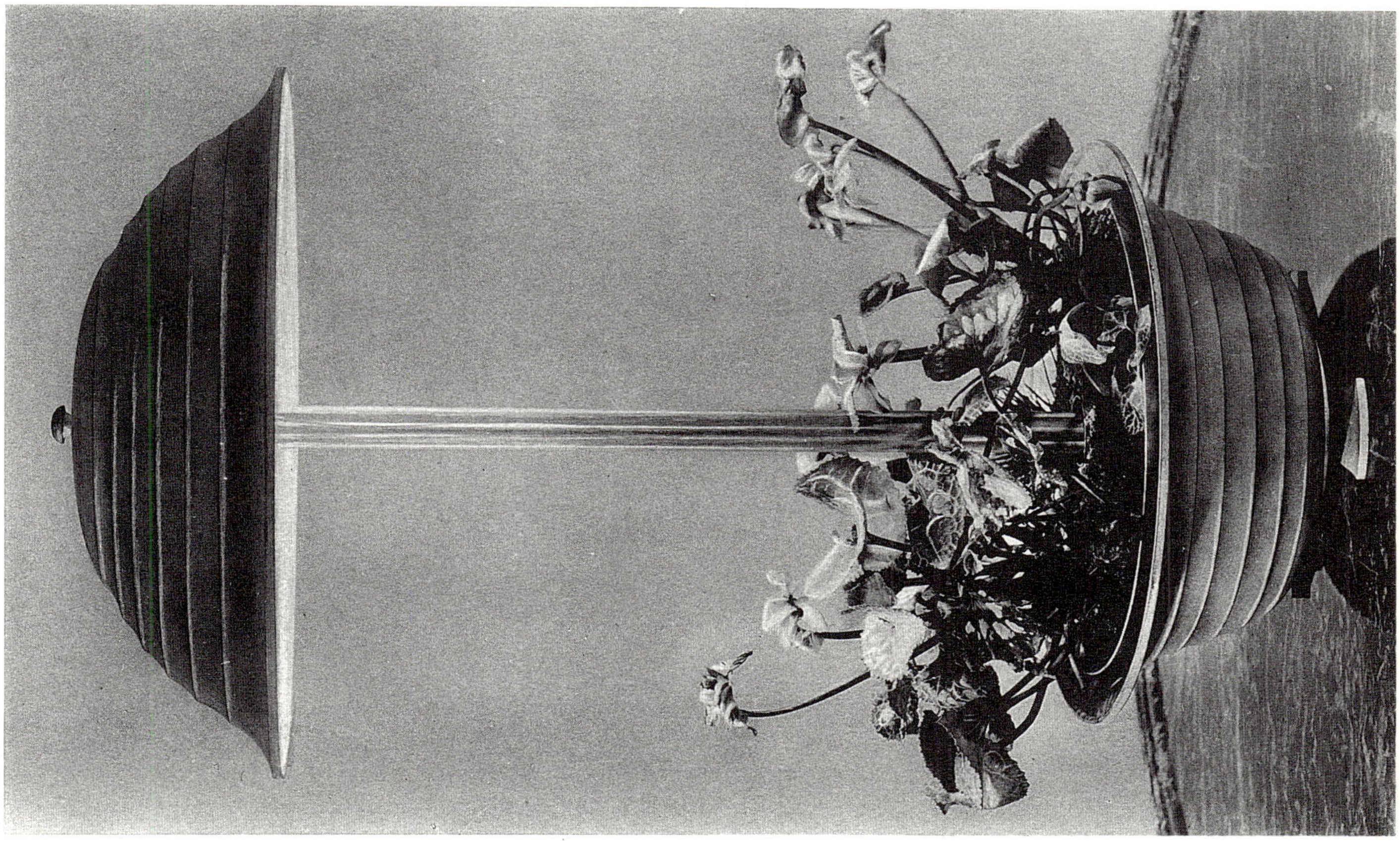

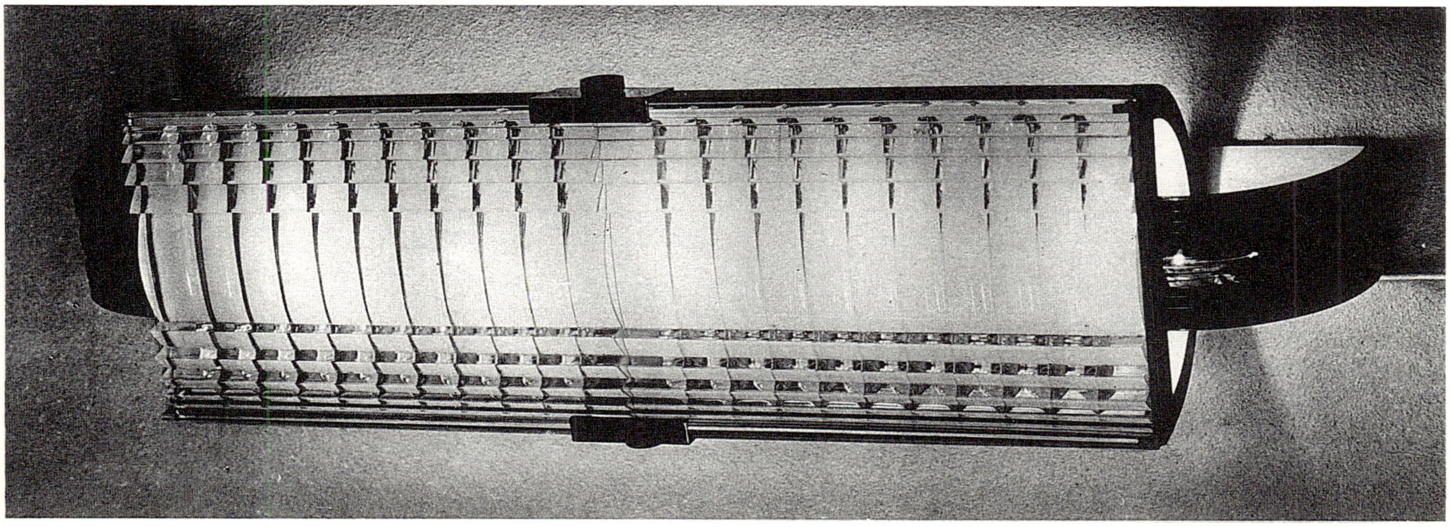

P. FARGETTE

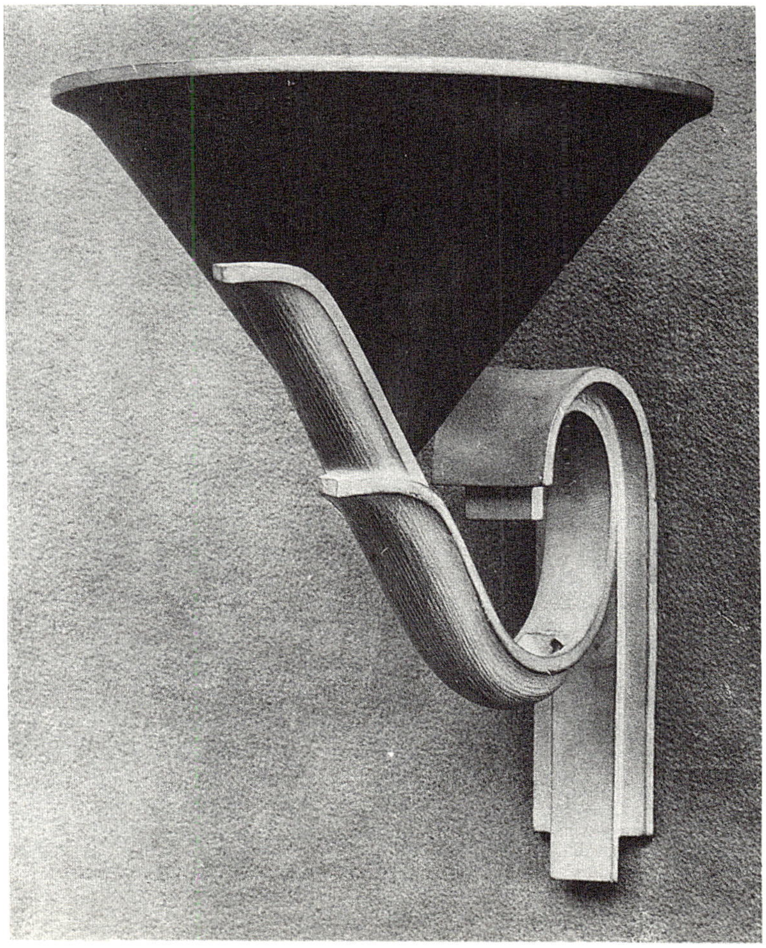

P. FARGETTE

P. FARGETTE - Lustre et Vase.
M. GENSOLI et P. FARGETTE. - Potiche lumineuse.

Renon

J. ADNET

J. LELEU

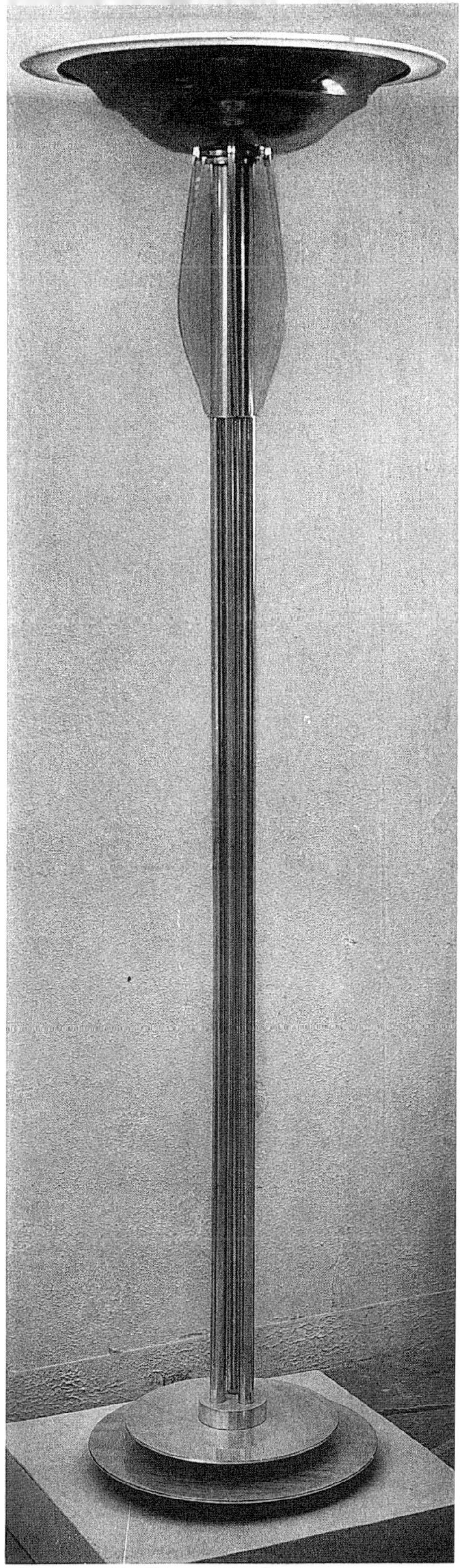

Ateliers Stylus - A. Tissot

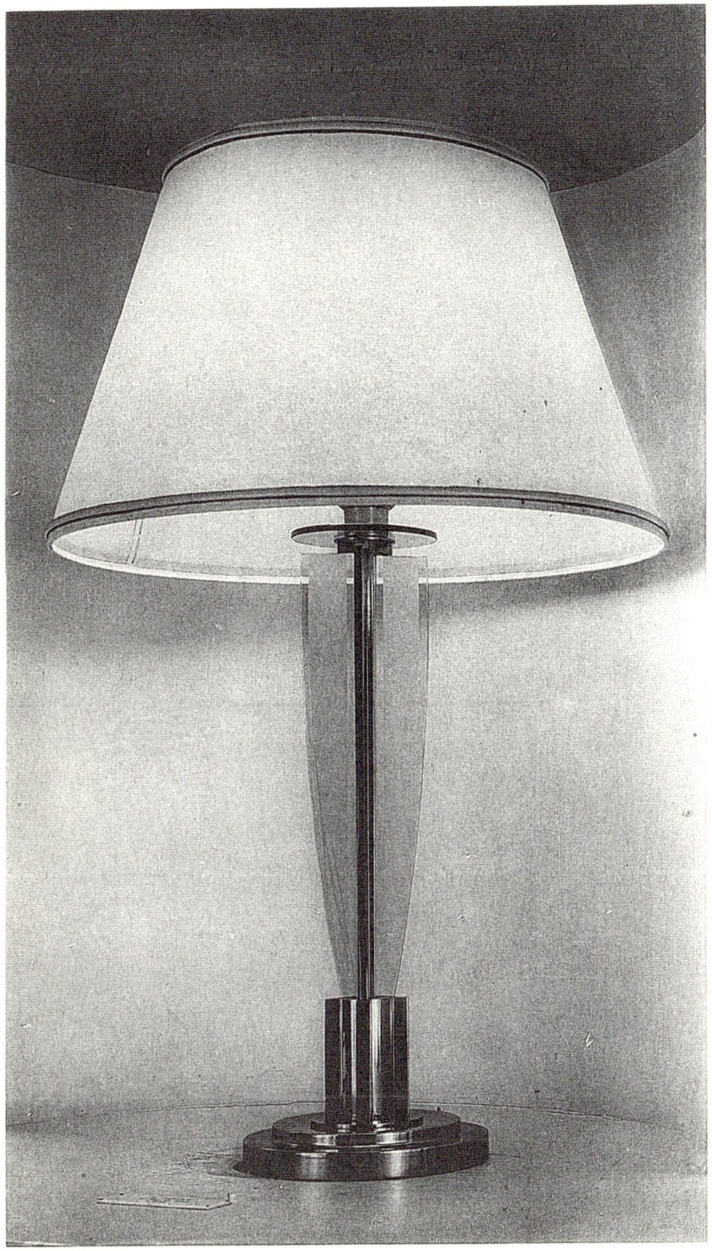

Sabino

A. Labouret

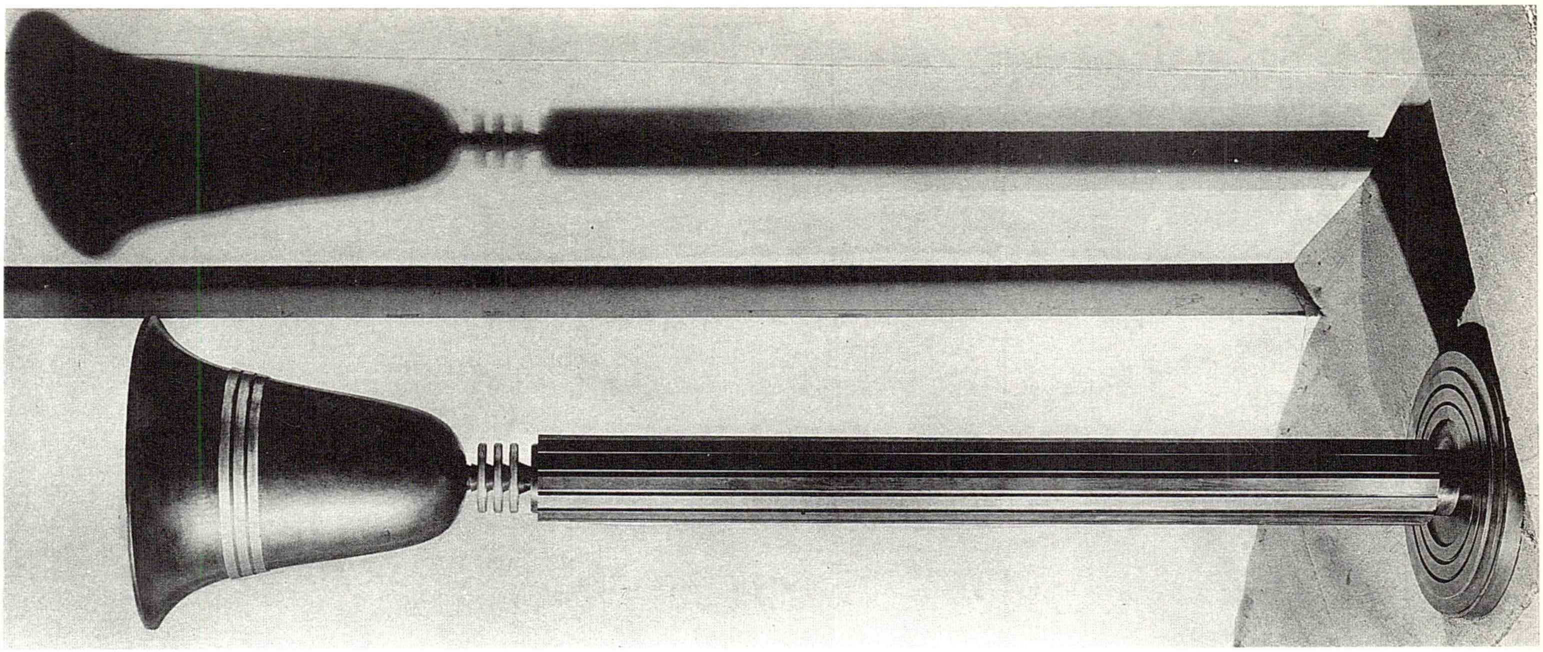

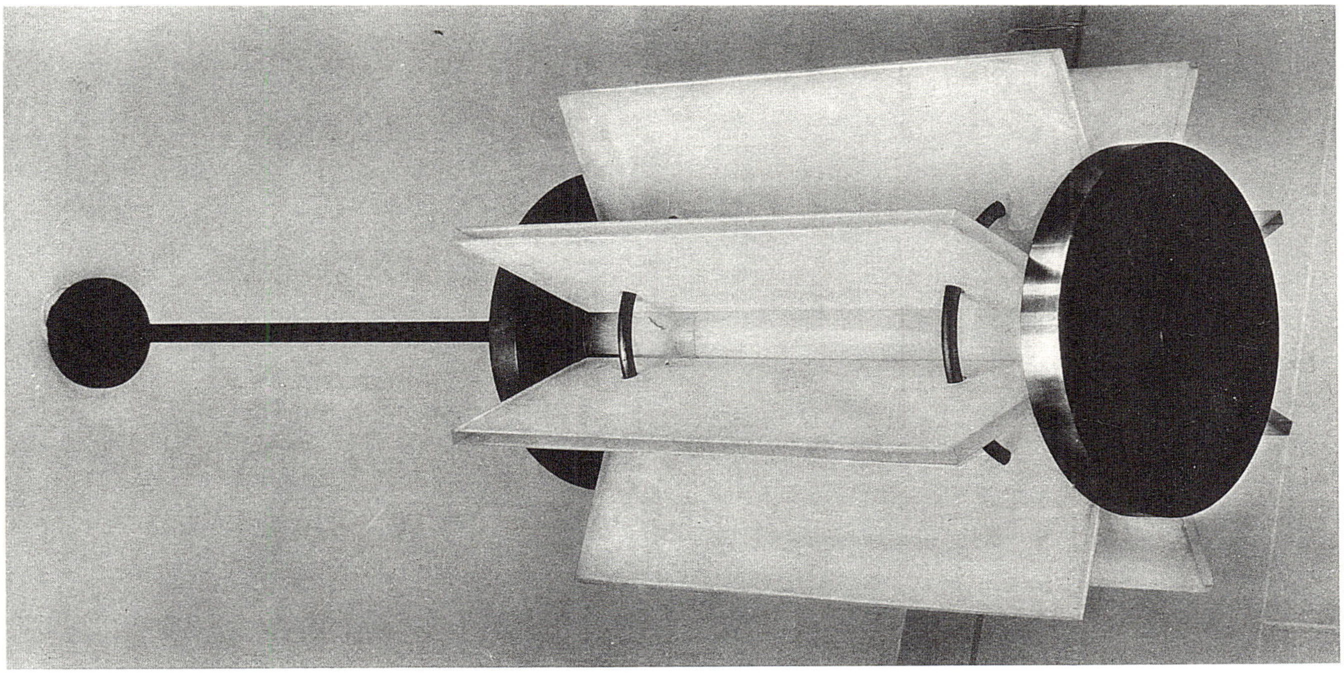

RAYMOND SUBES

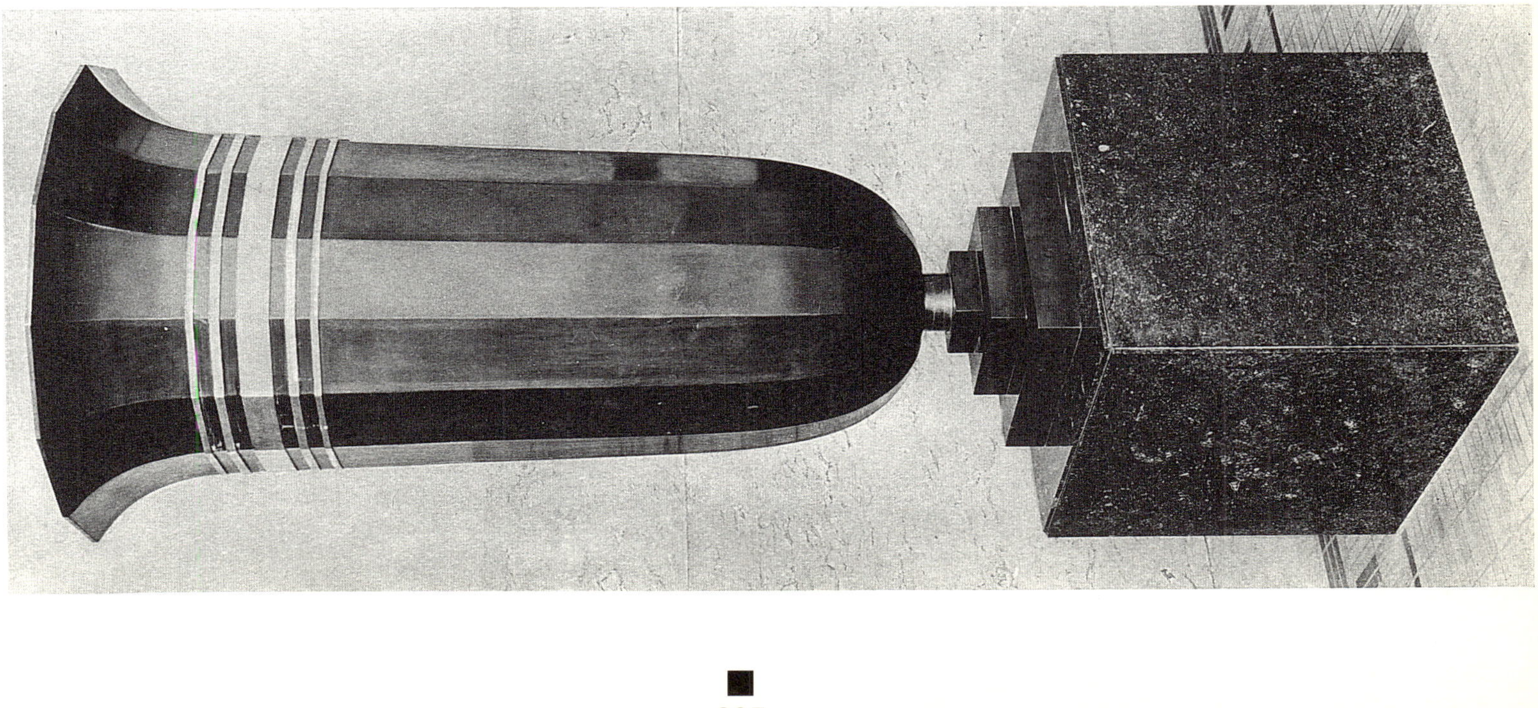

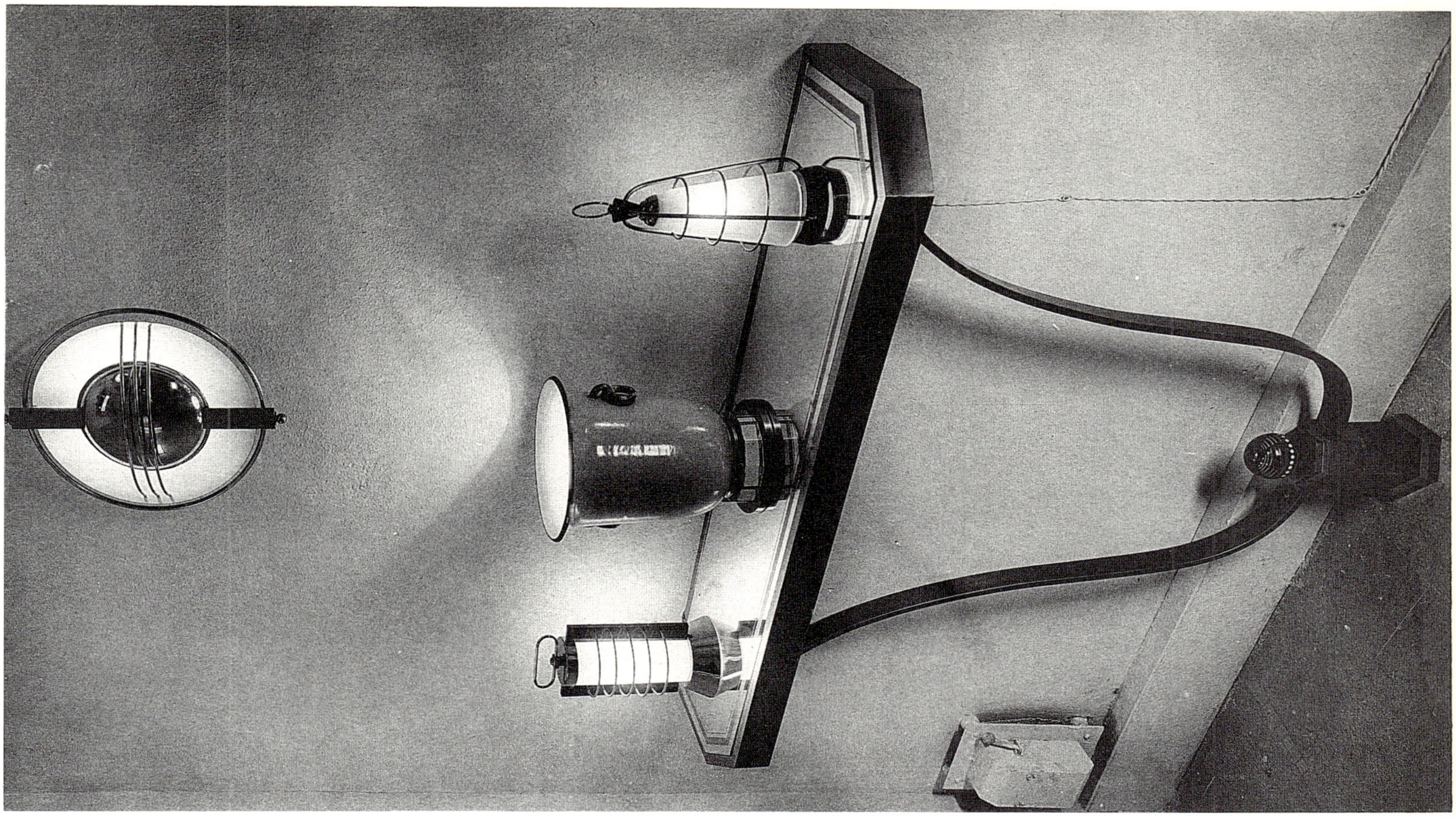

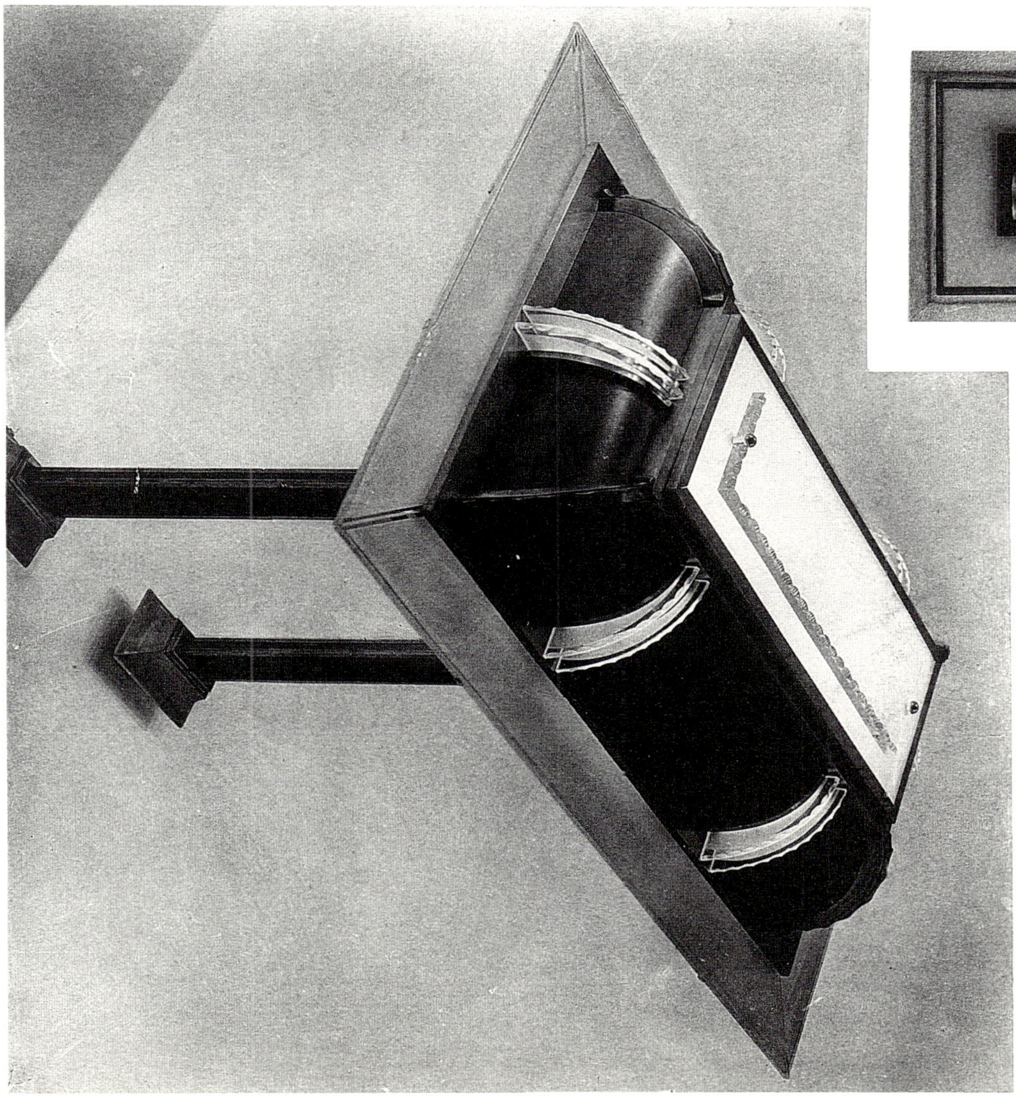

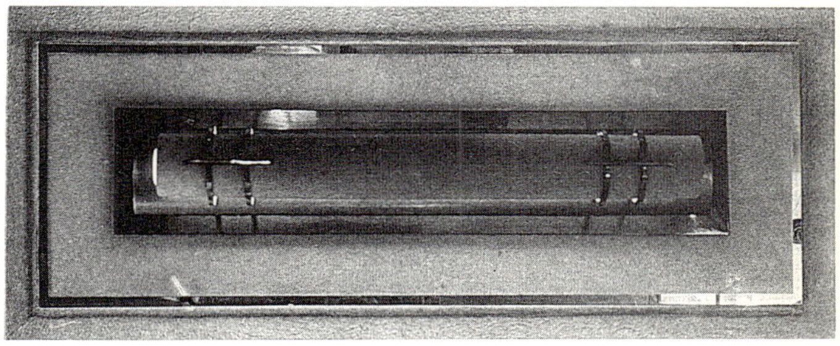

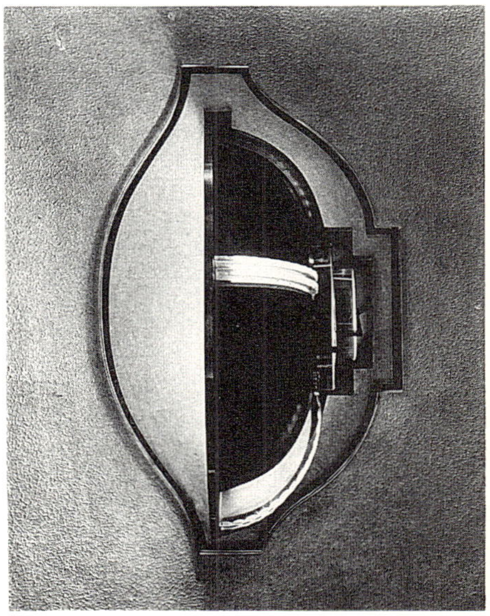

F. ANDRAUD

Galey Frères

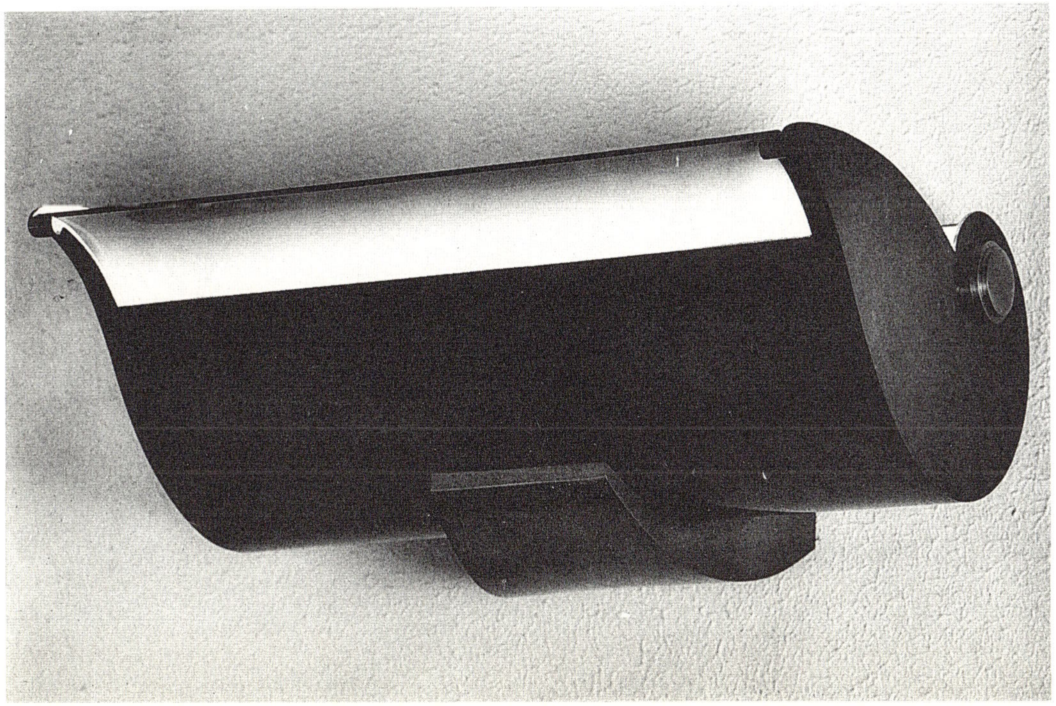

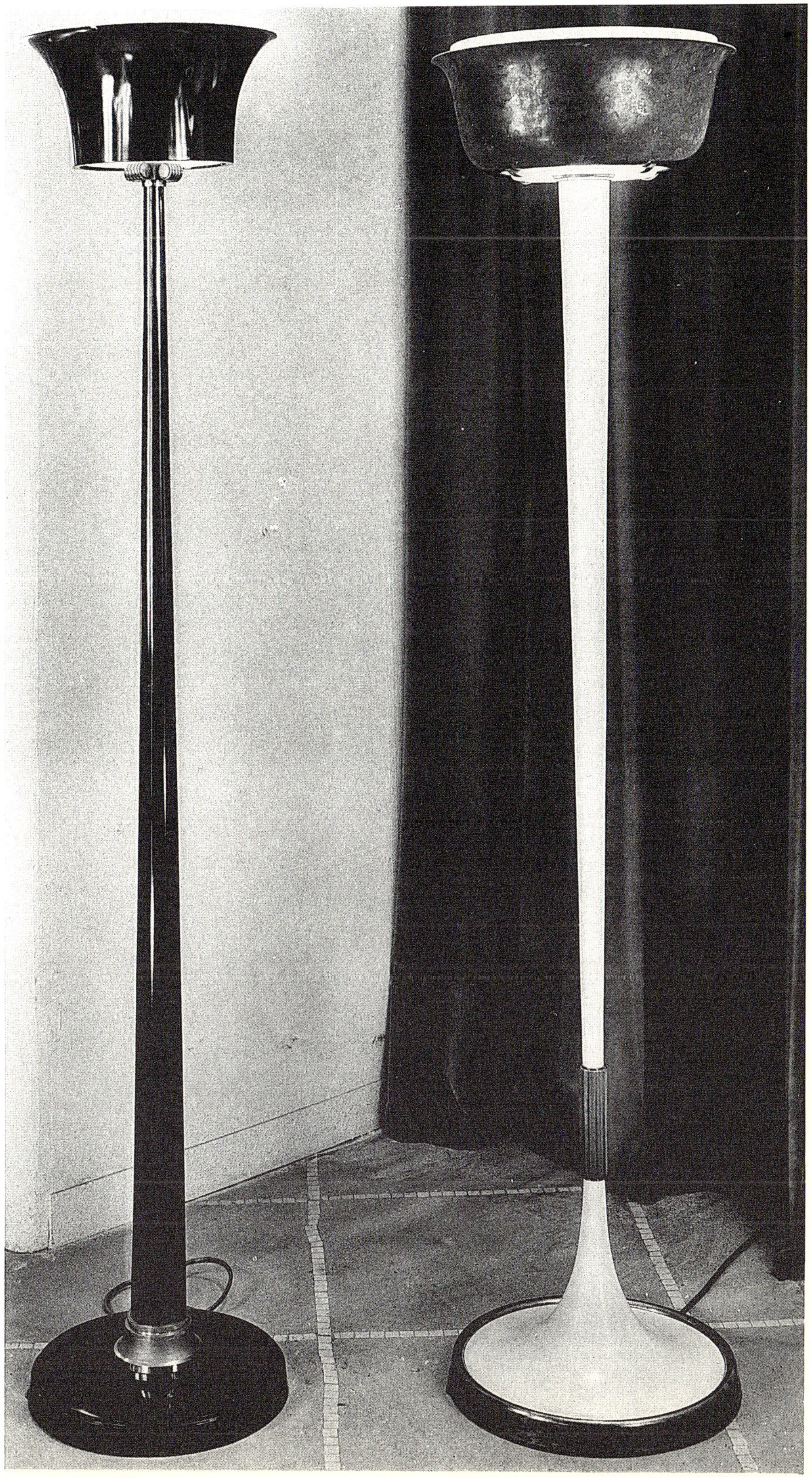

GALEY FRÈRES

Galey Frères

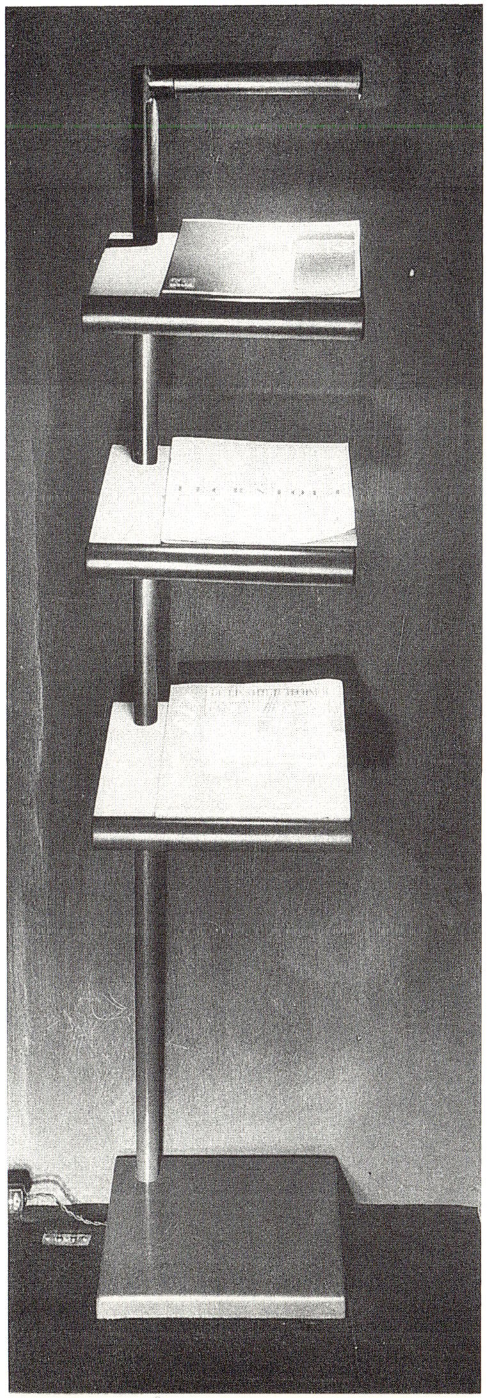

1. F. P. Jourdain, Louis et A. Salomon
Table éclairante (Cette table est imprimée à l'envers)
2. et 3. A. Salomon. Edité par Société d'électricité Mors.

P. Genet et L. Michon

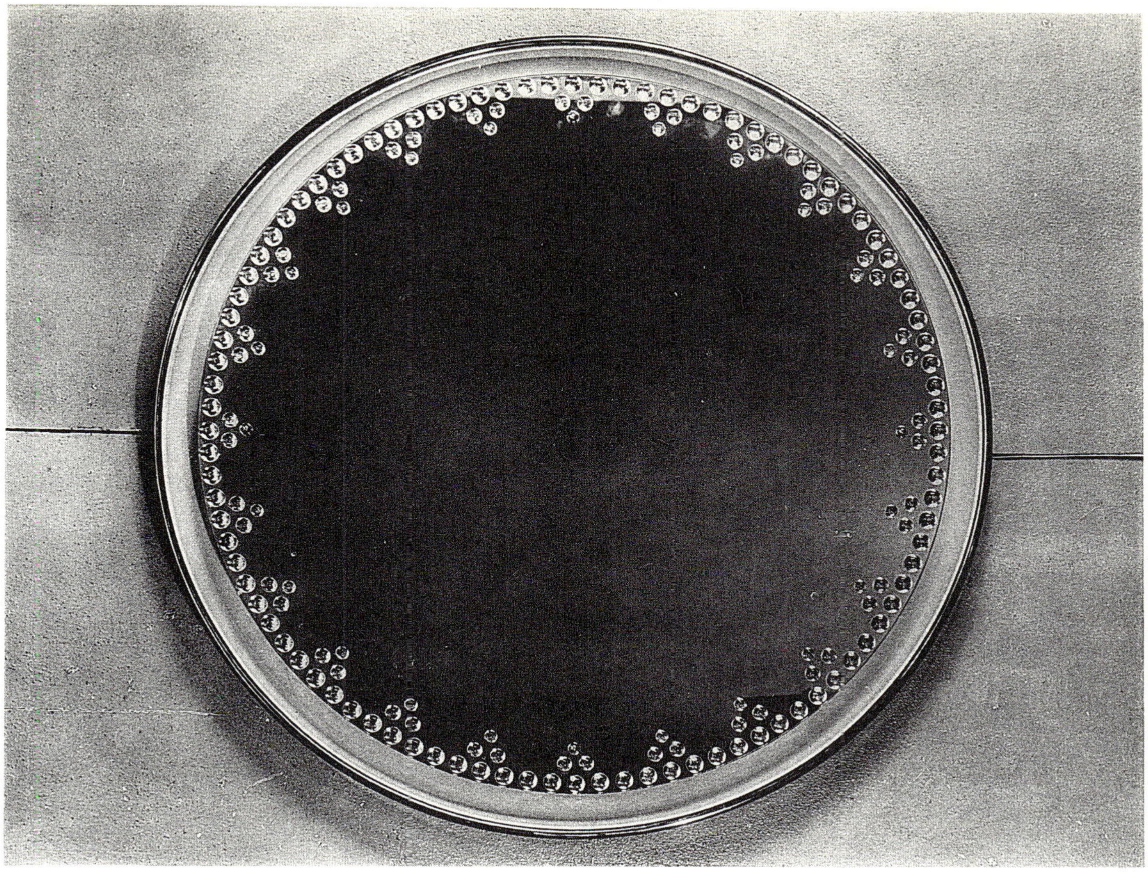

Genet et Michon

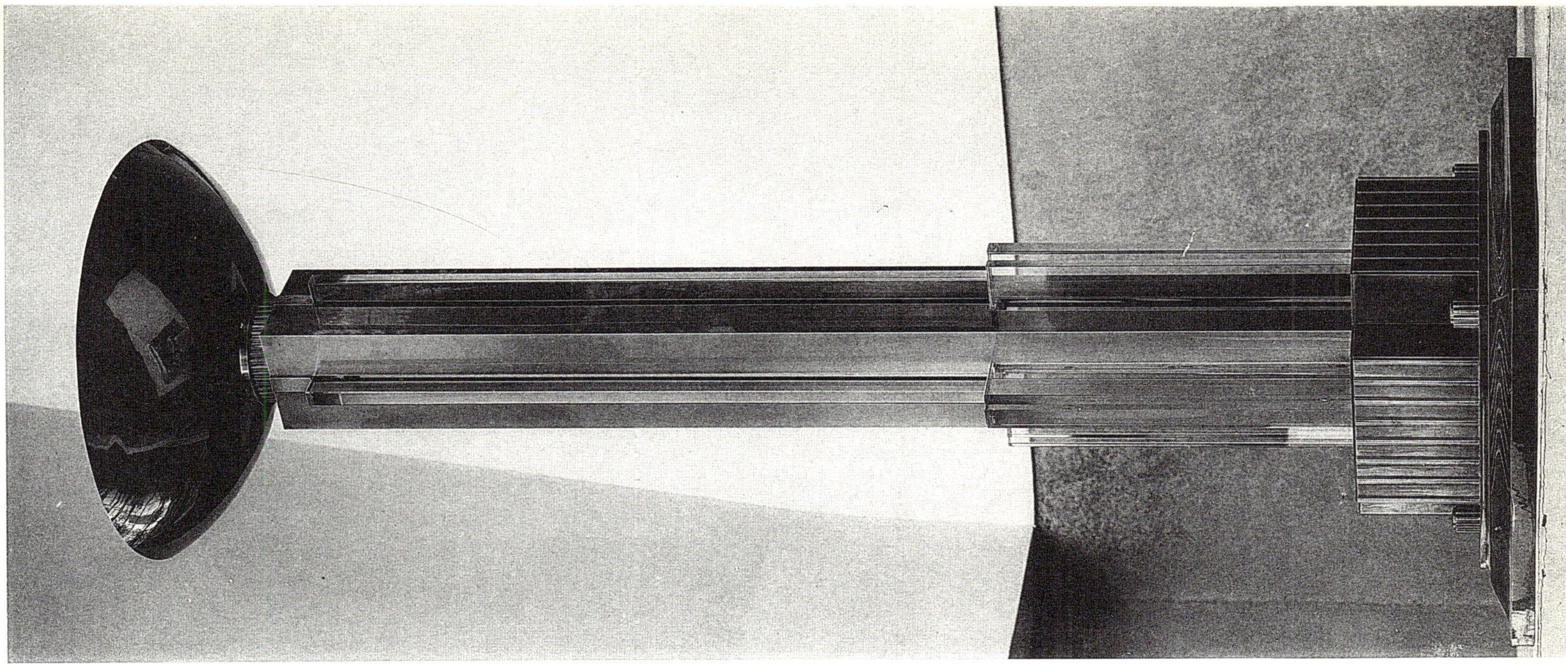

P. Genet et L. Michon

P. GENET ET L. MICHON

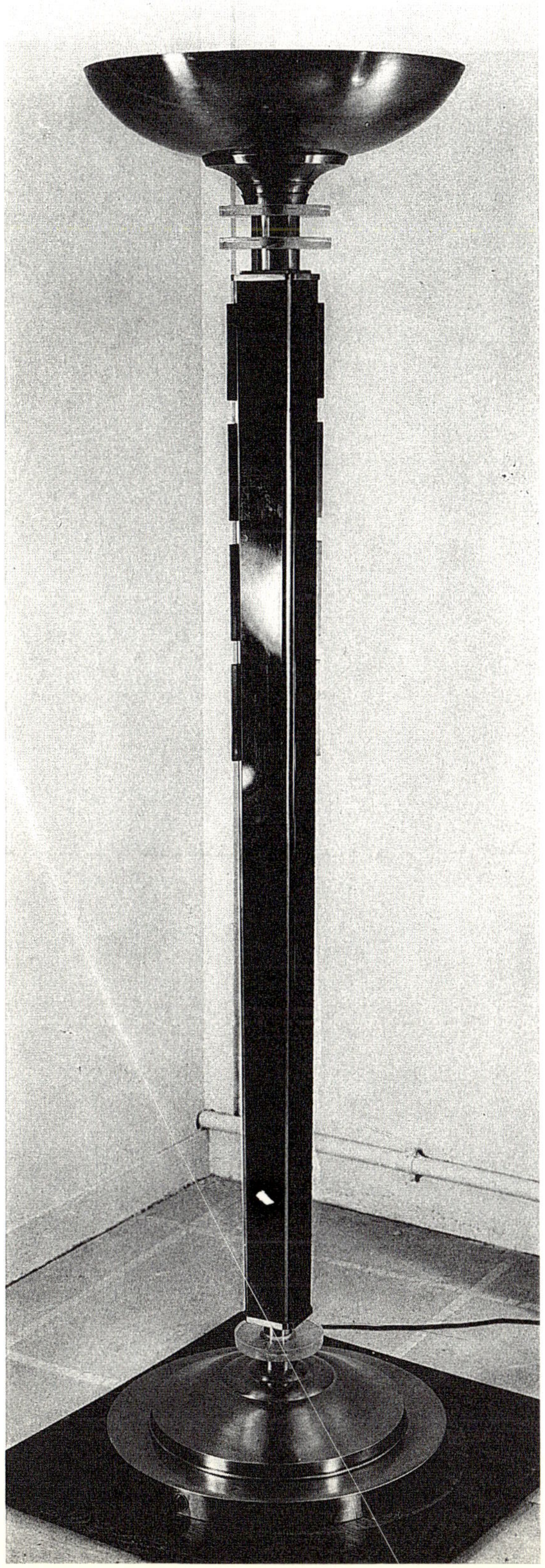

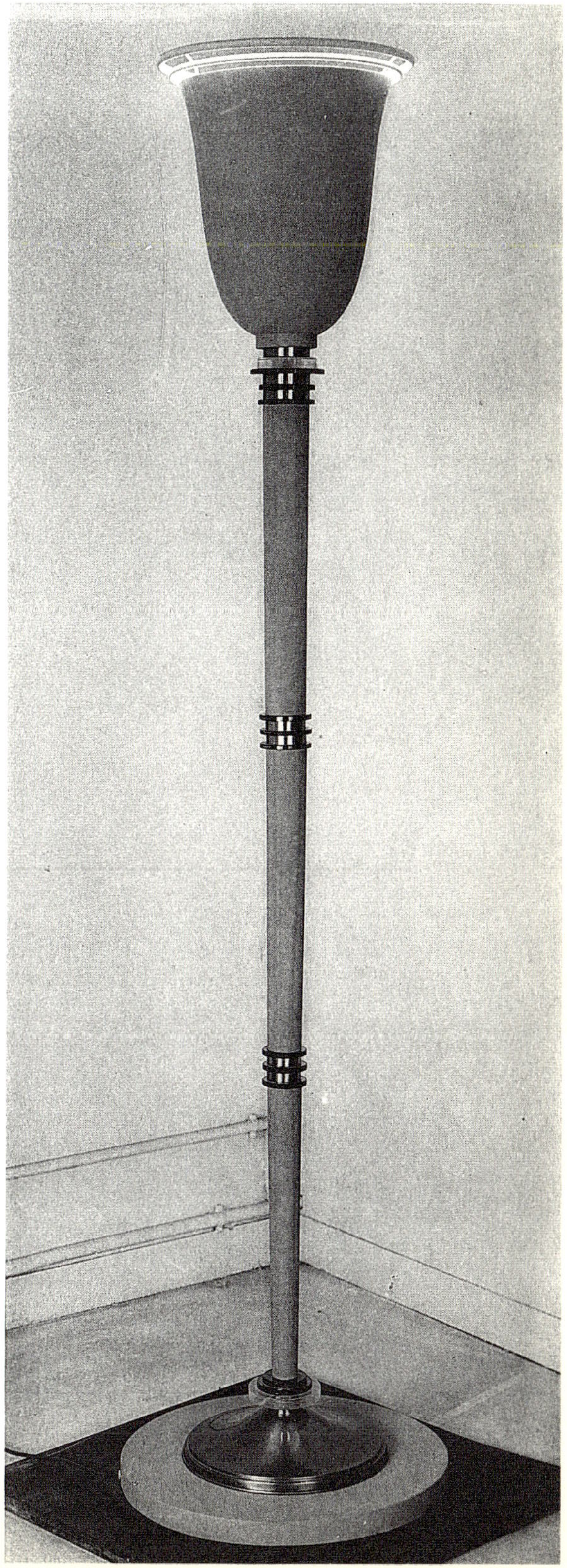

E. Martin

LUCIEN GERFAUX

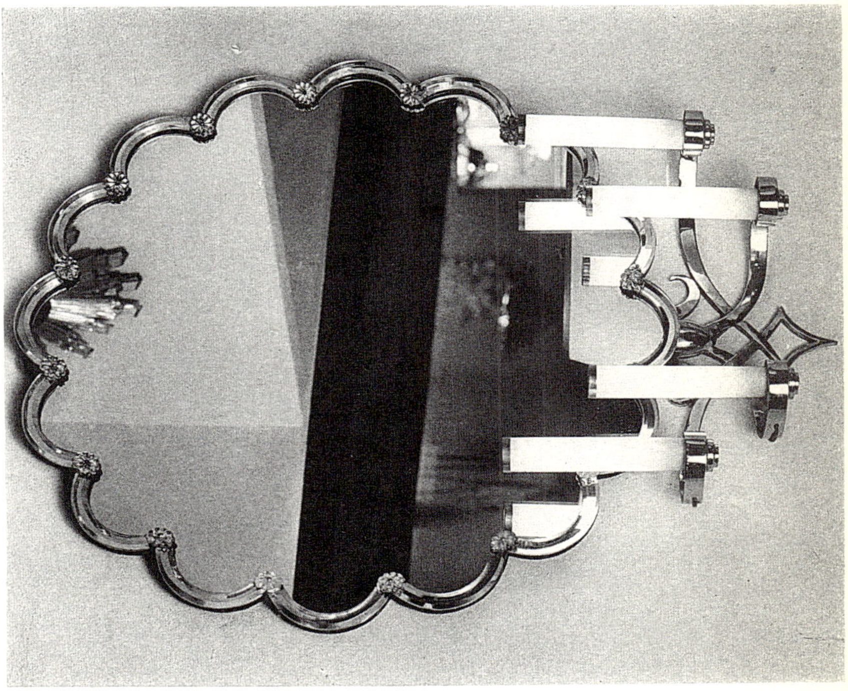

BAGUÈS

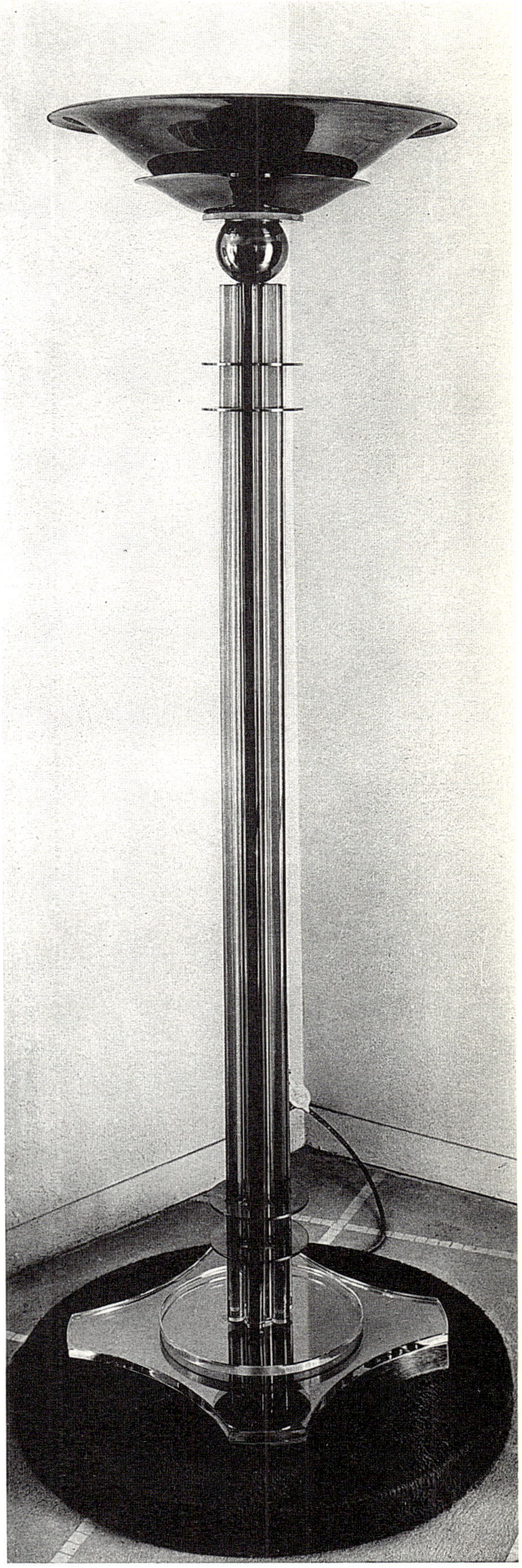

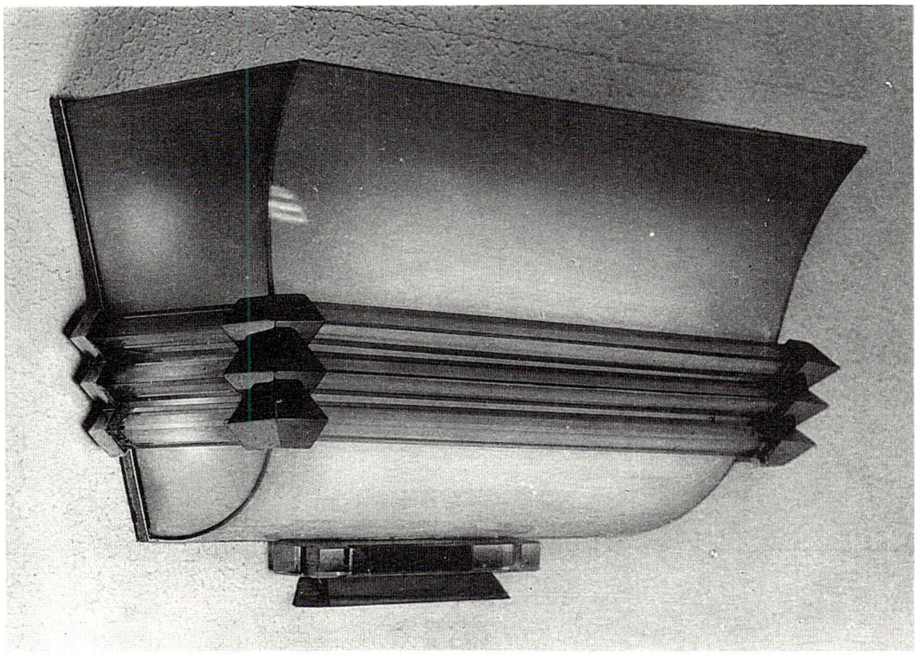

ROBERT CAILLAT

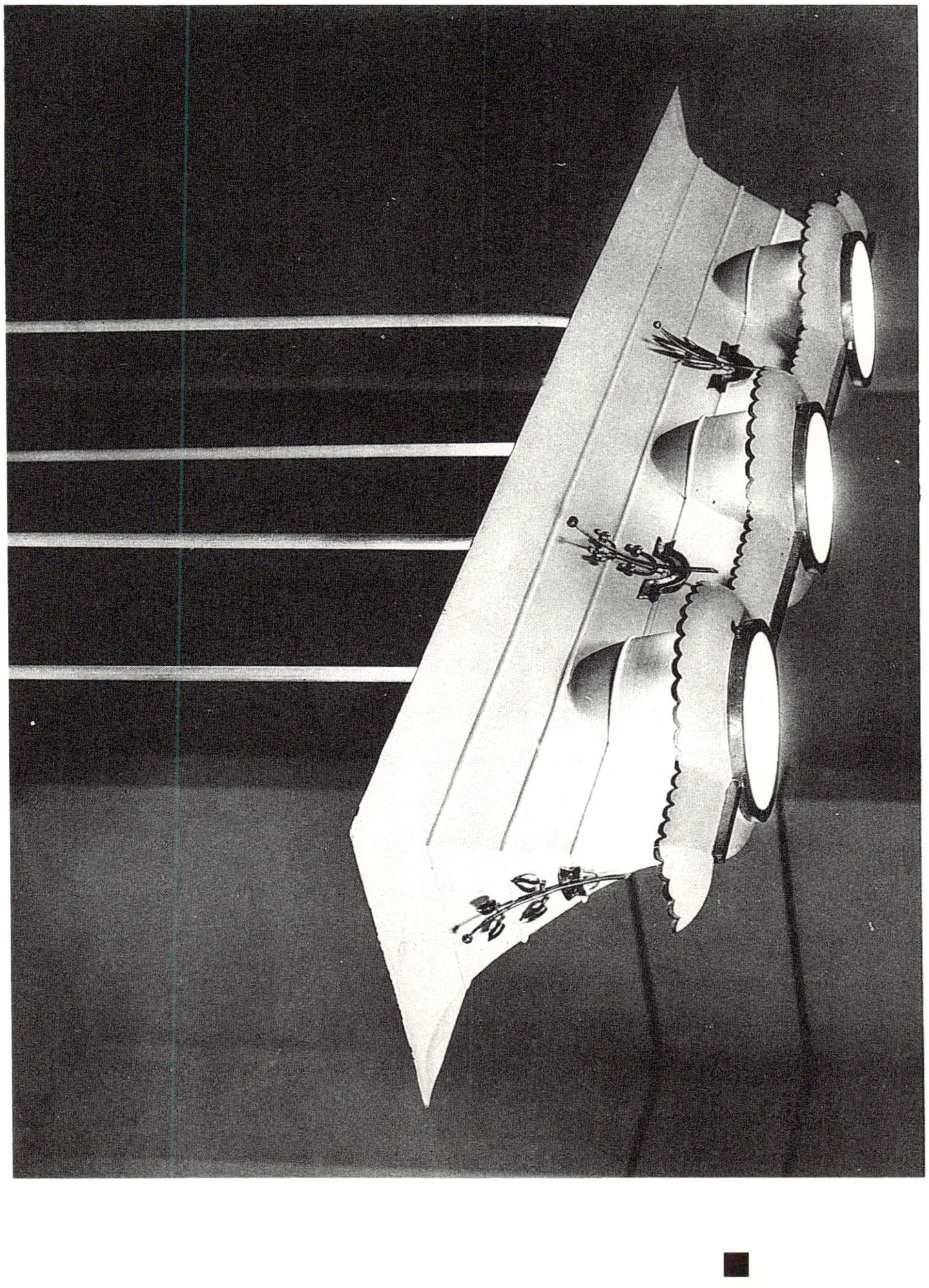

E. Bouvier

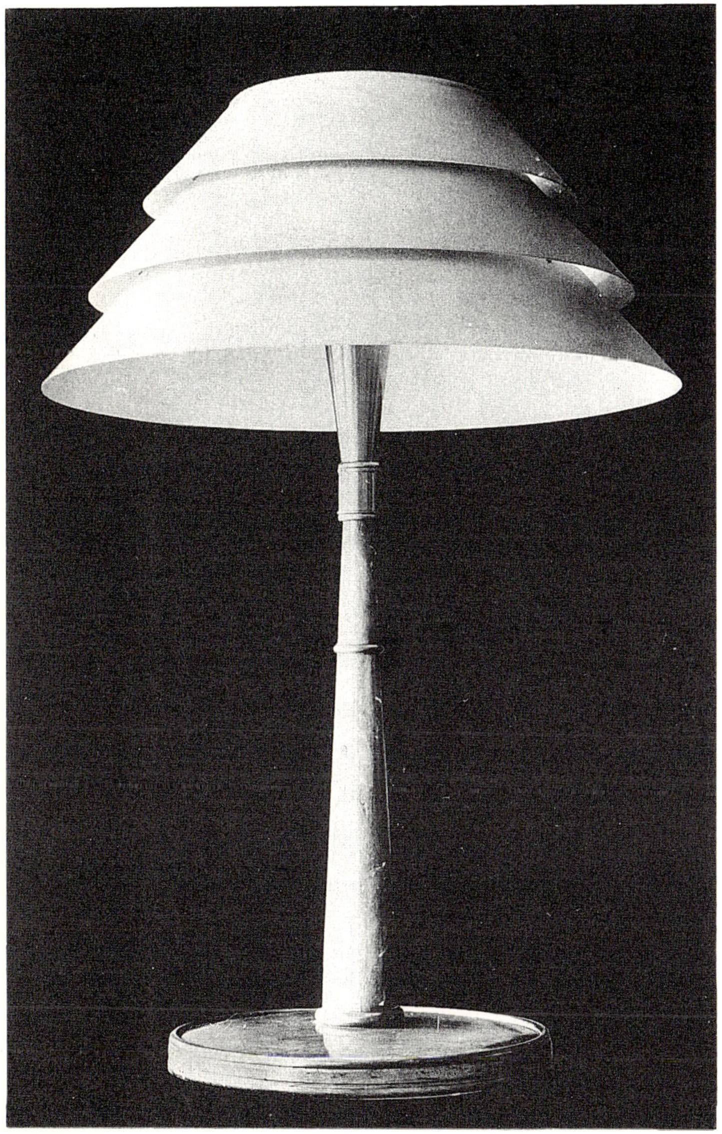

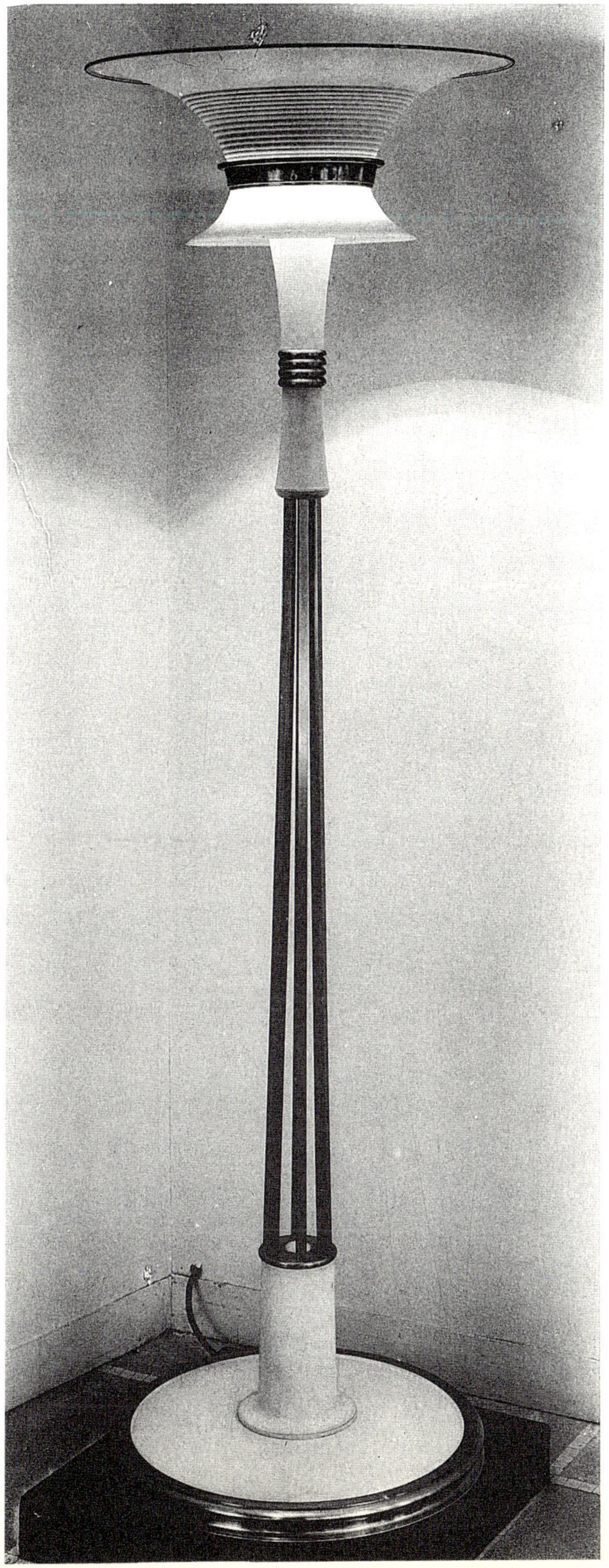

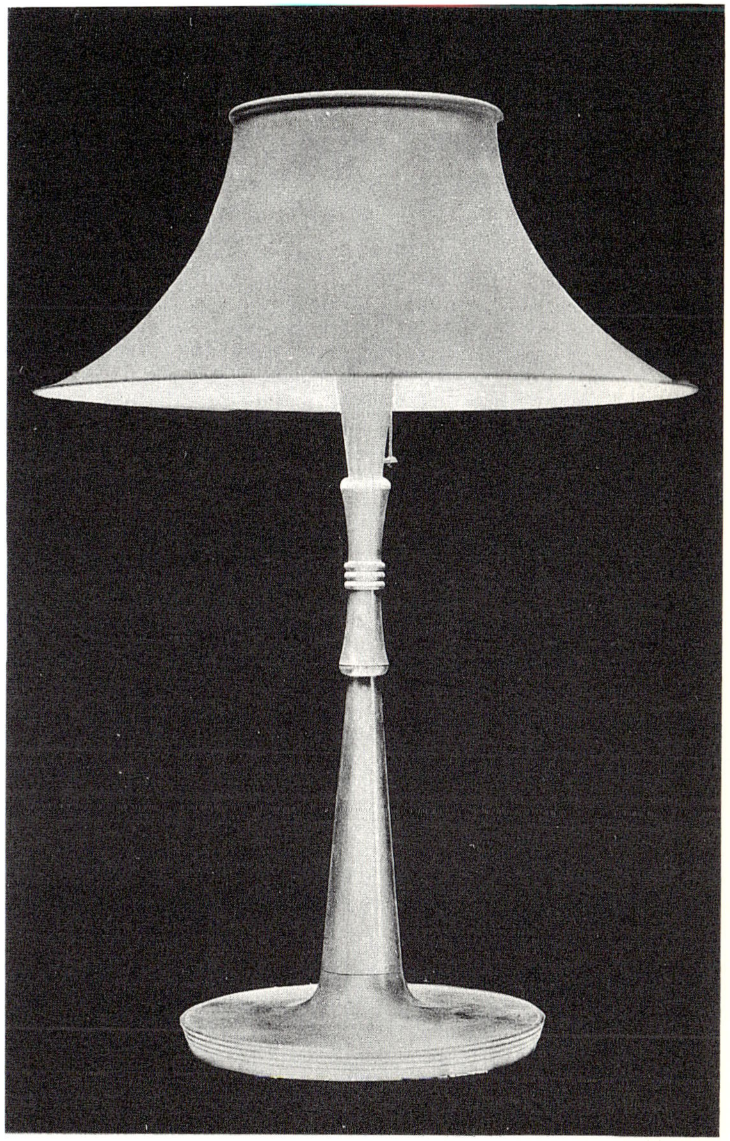

L Bonvoisin

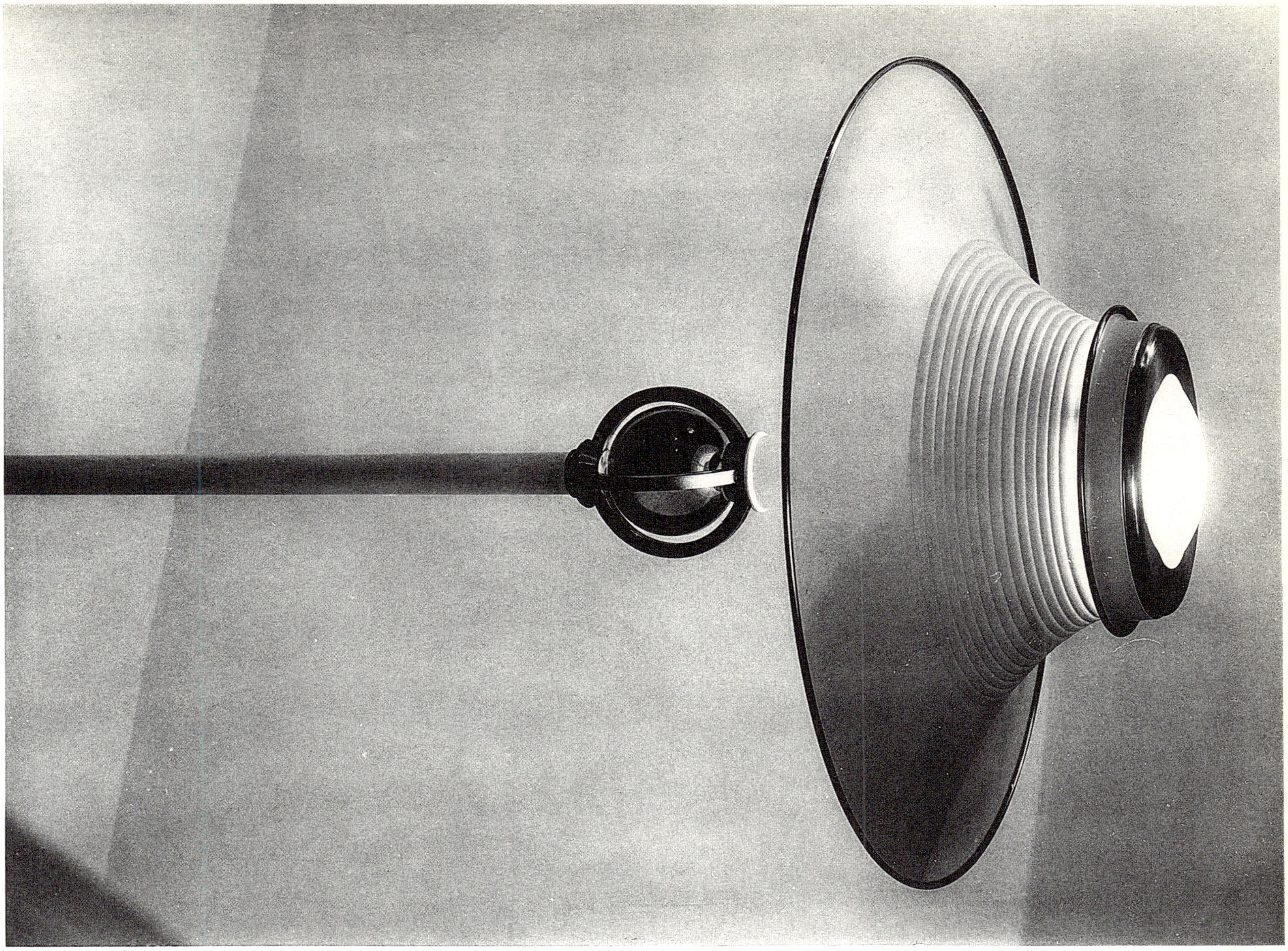

L BONVOISIN

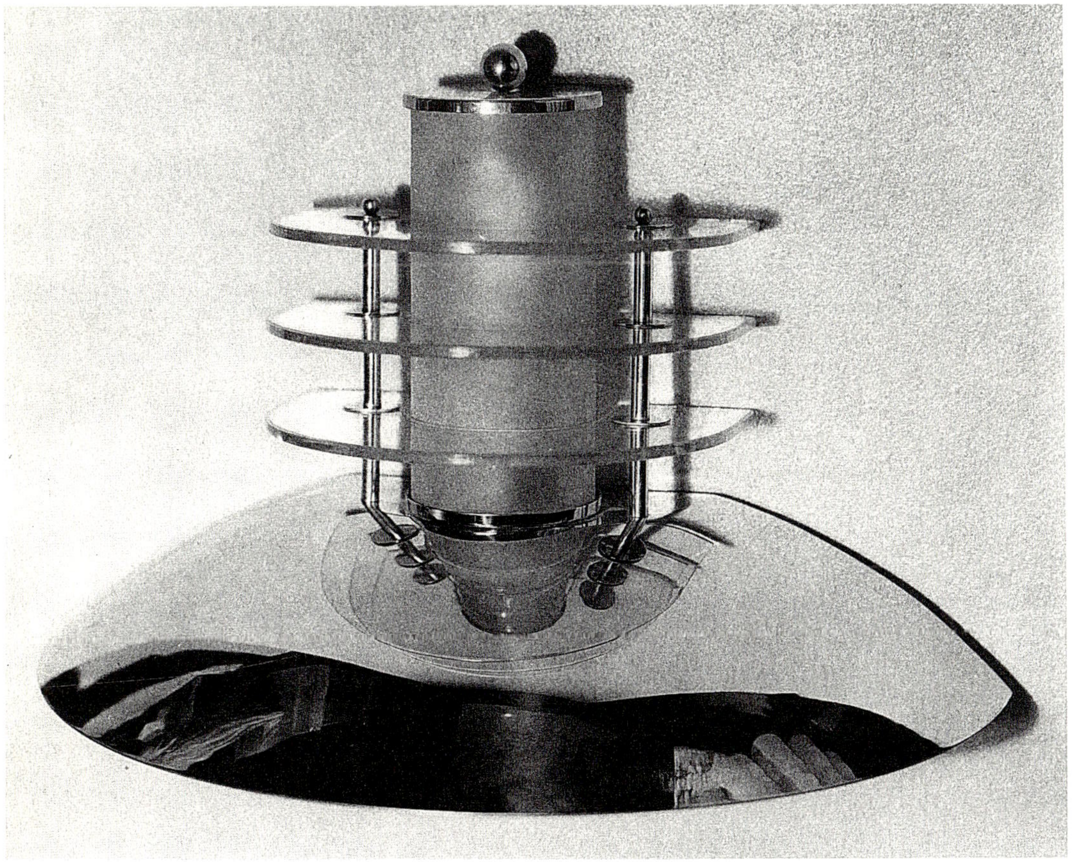

Francis Paul, édité par René Pottier

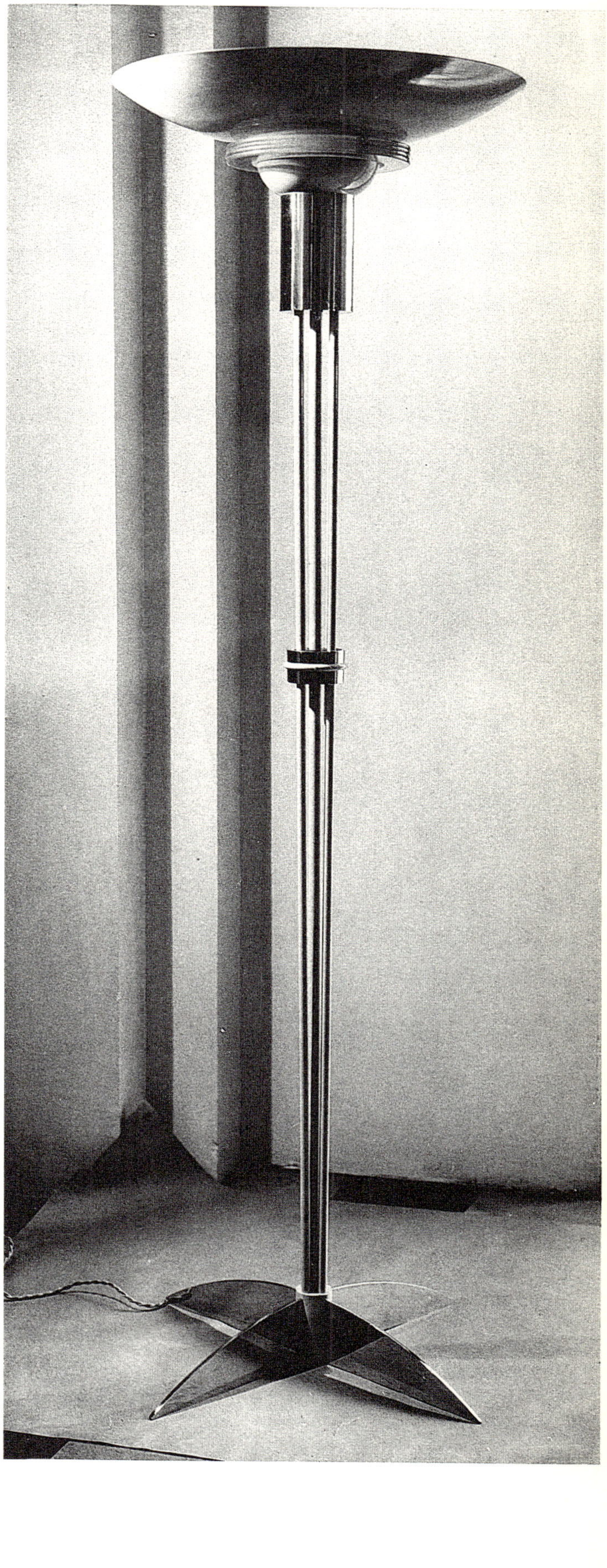

Francis Paul, édité par René Pottier

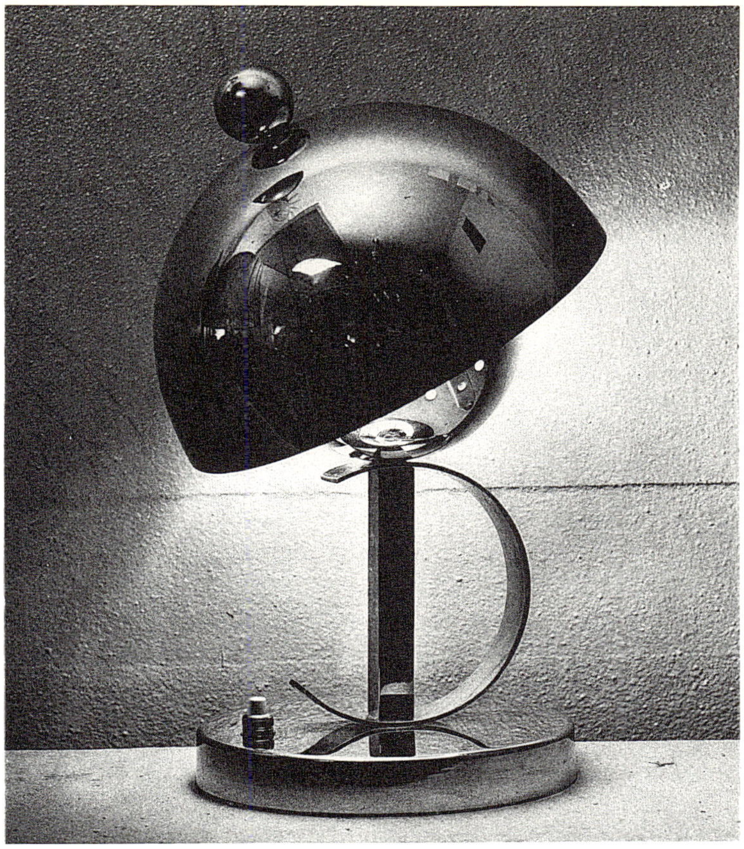

René Pottier

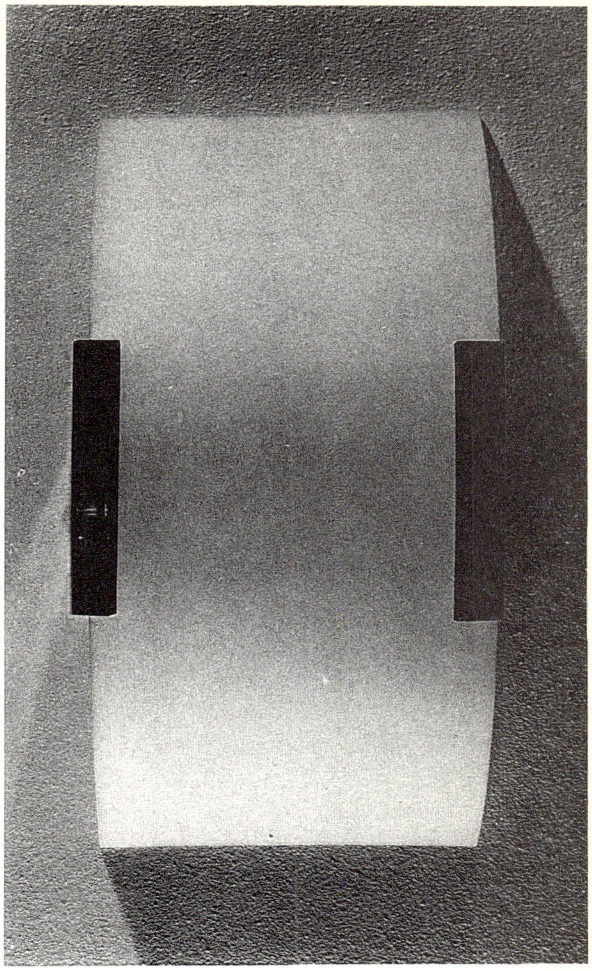

René Pottier

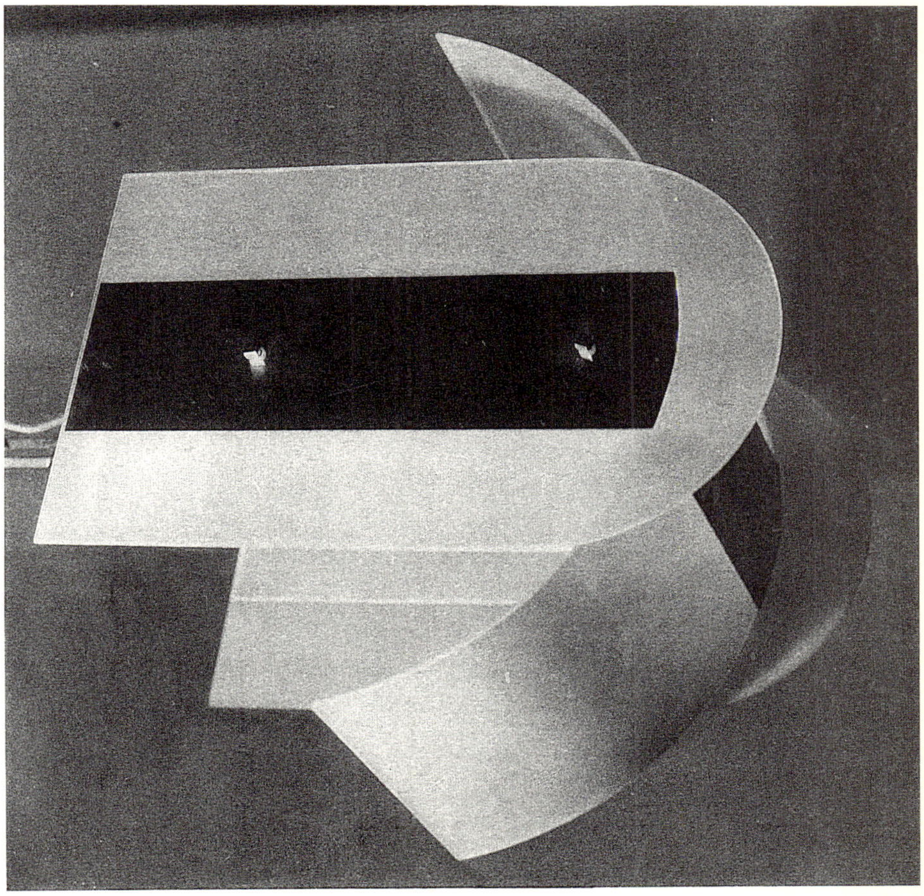

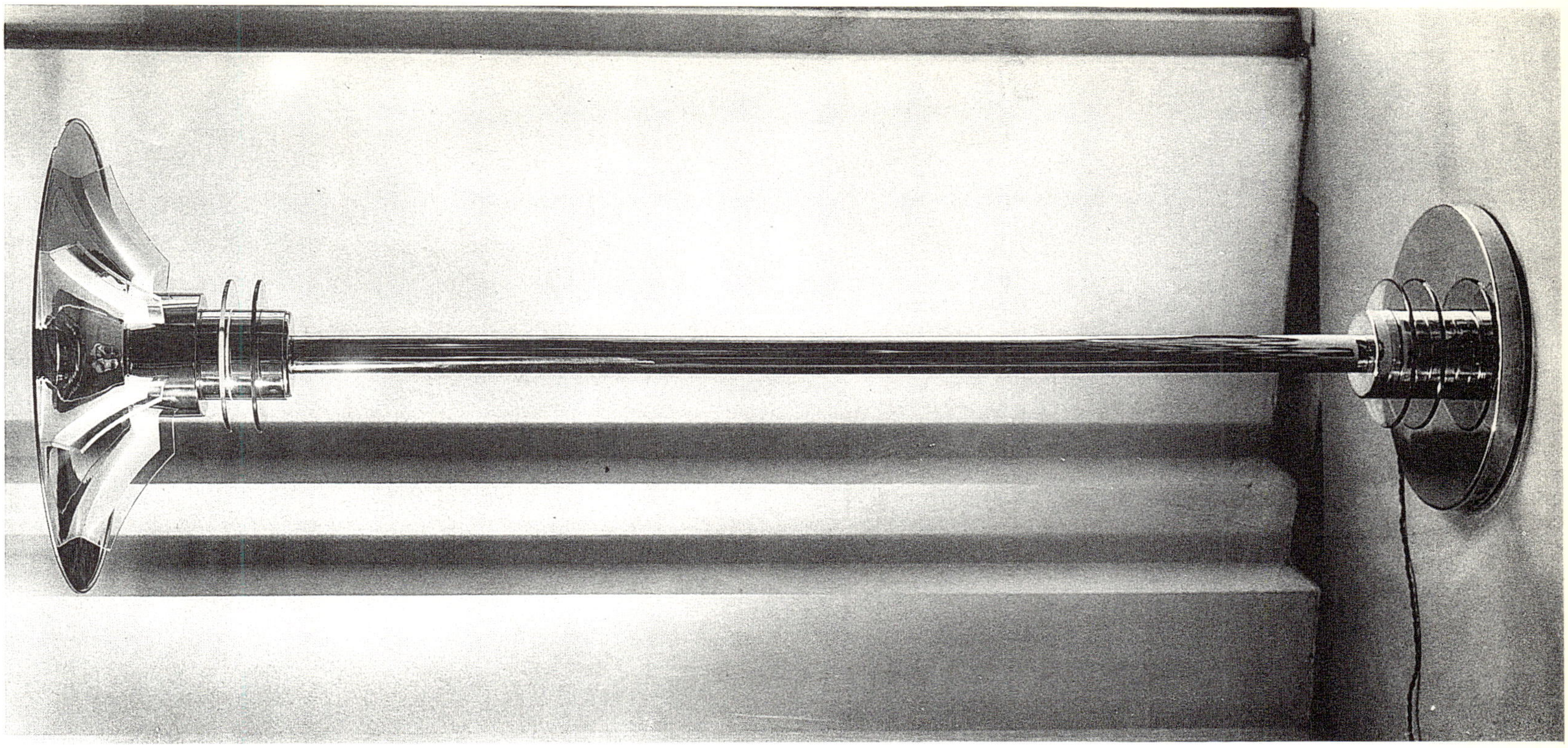

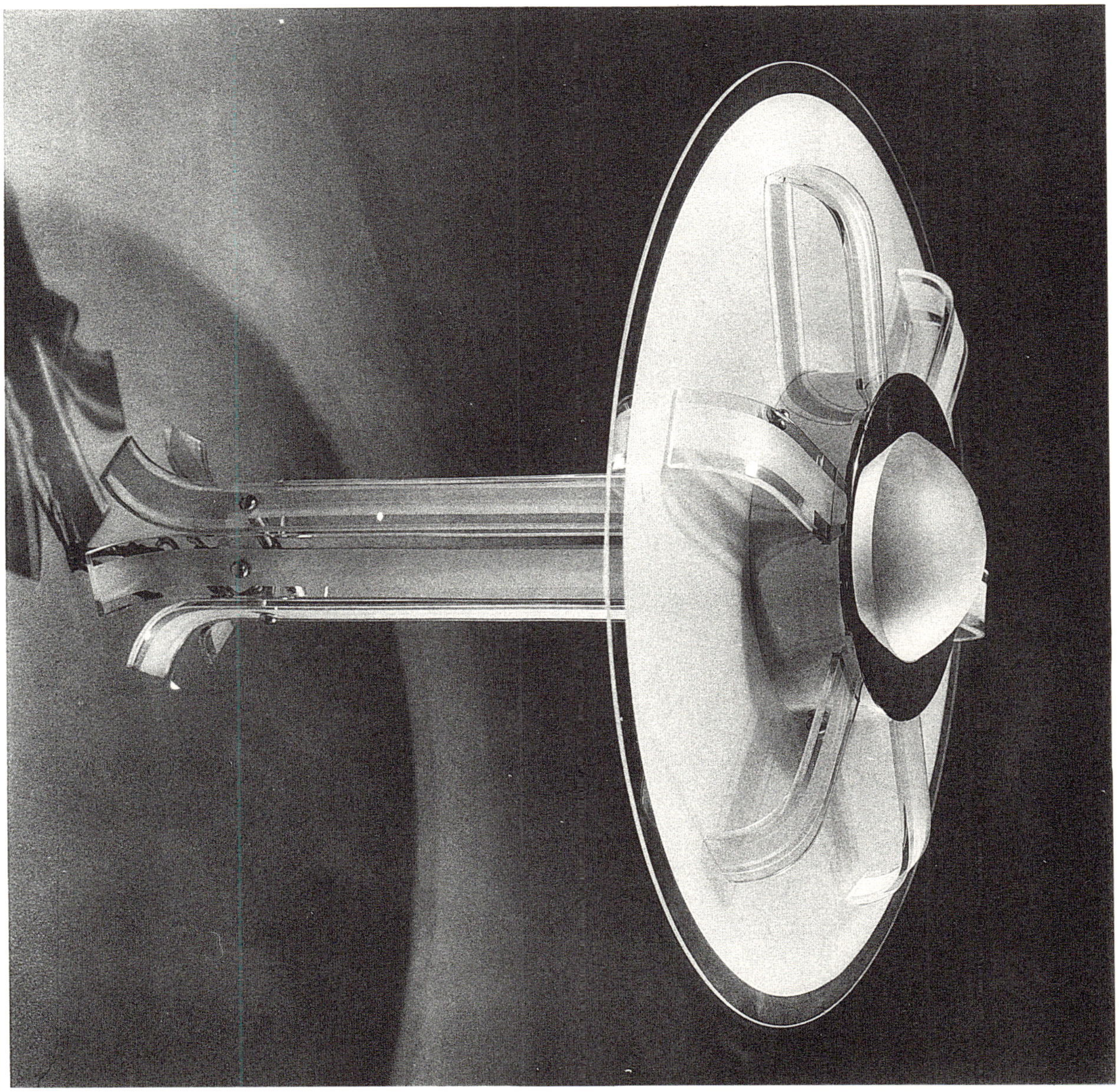

RENÉ POTTIER

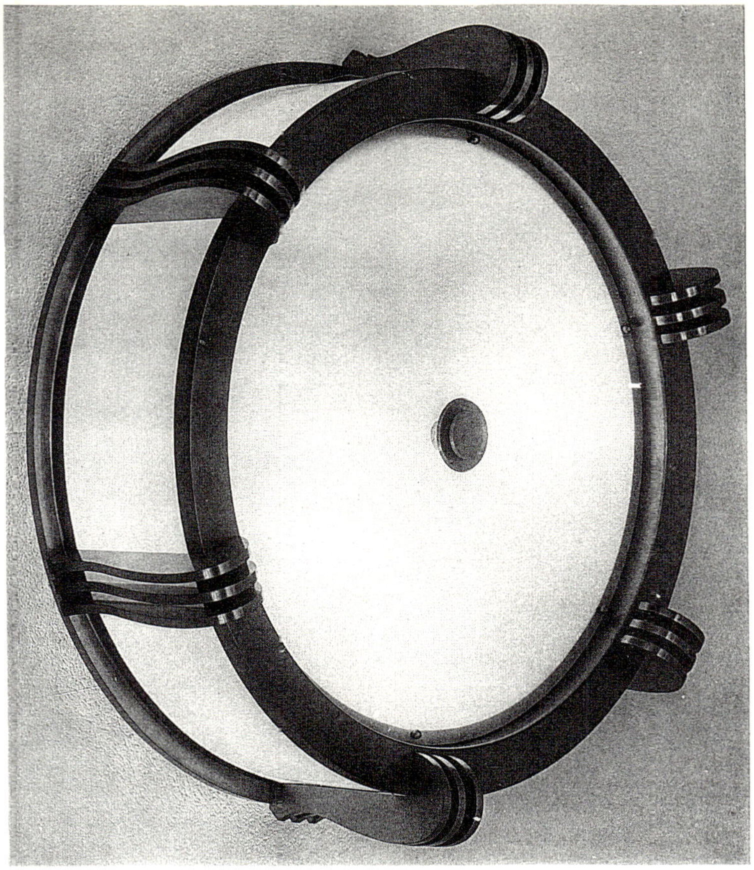

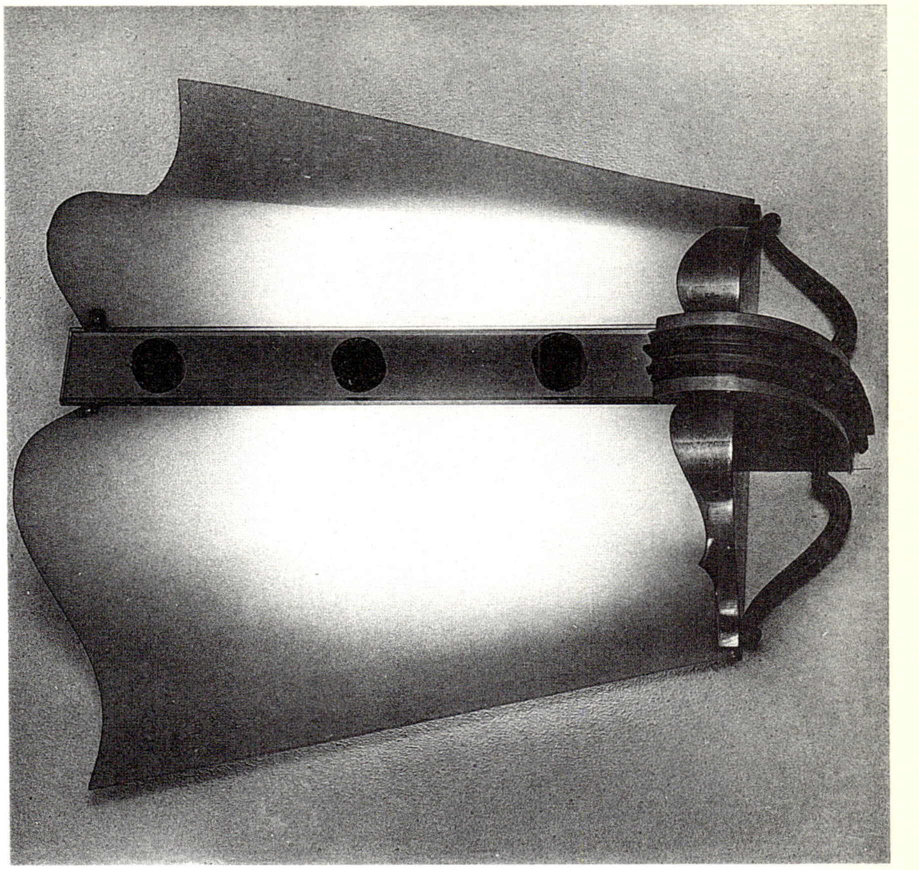

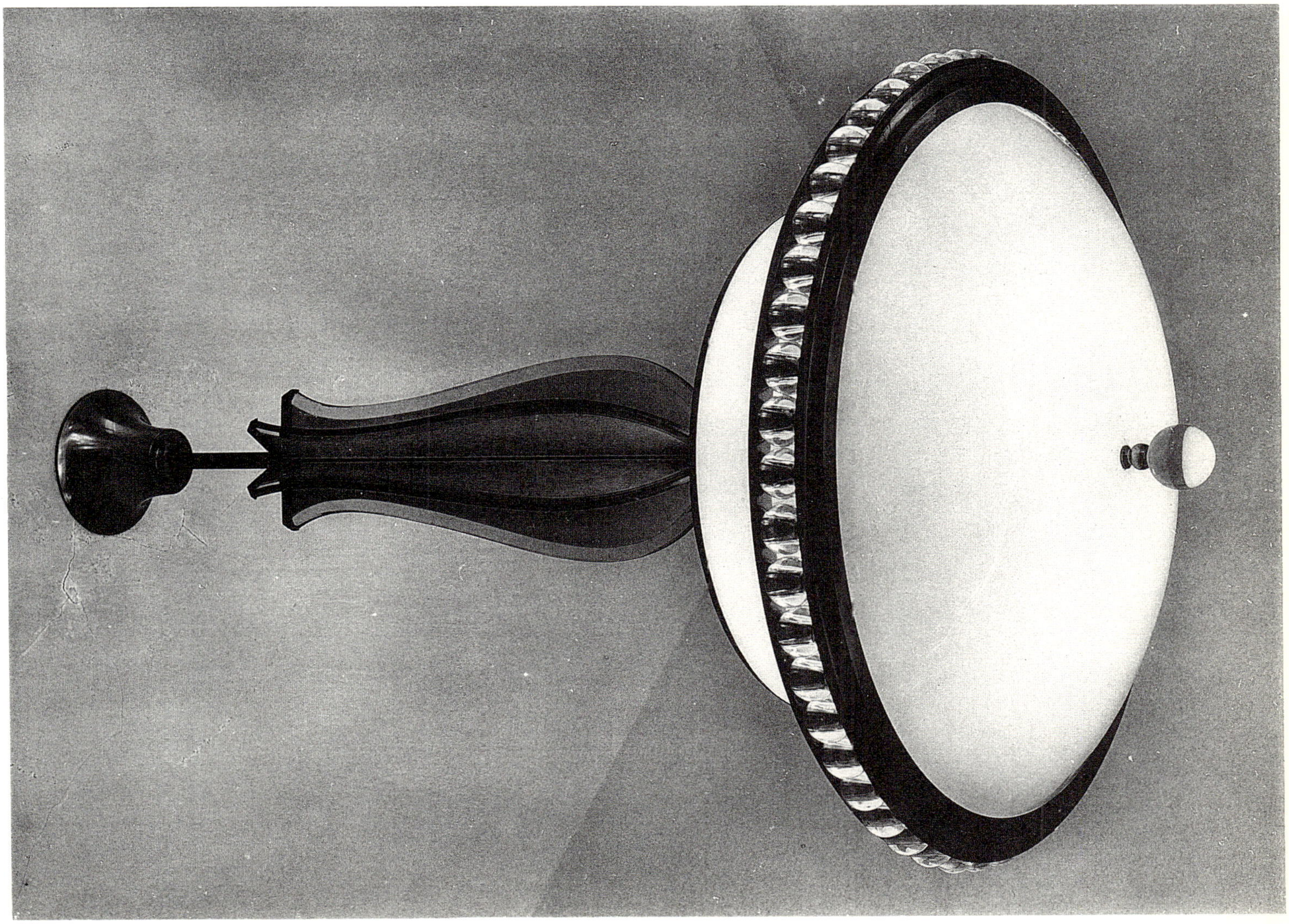

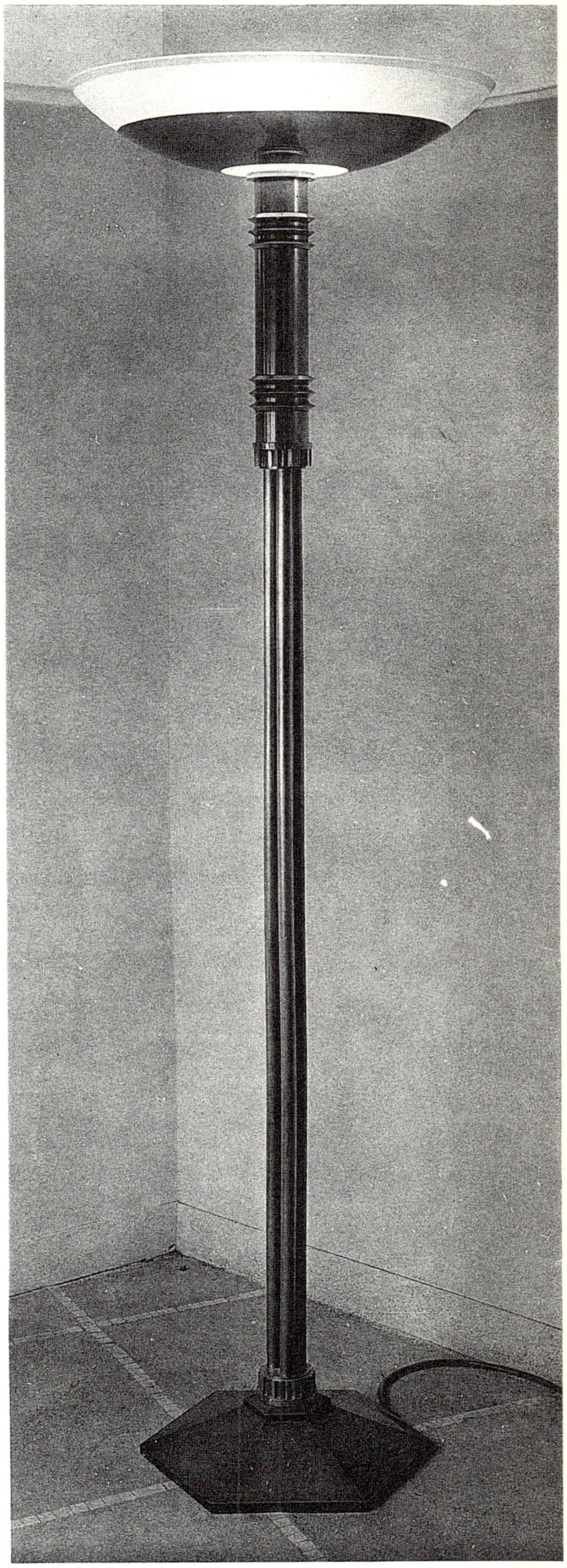

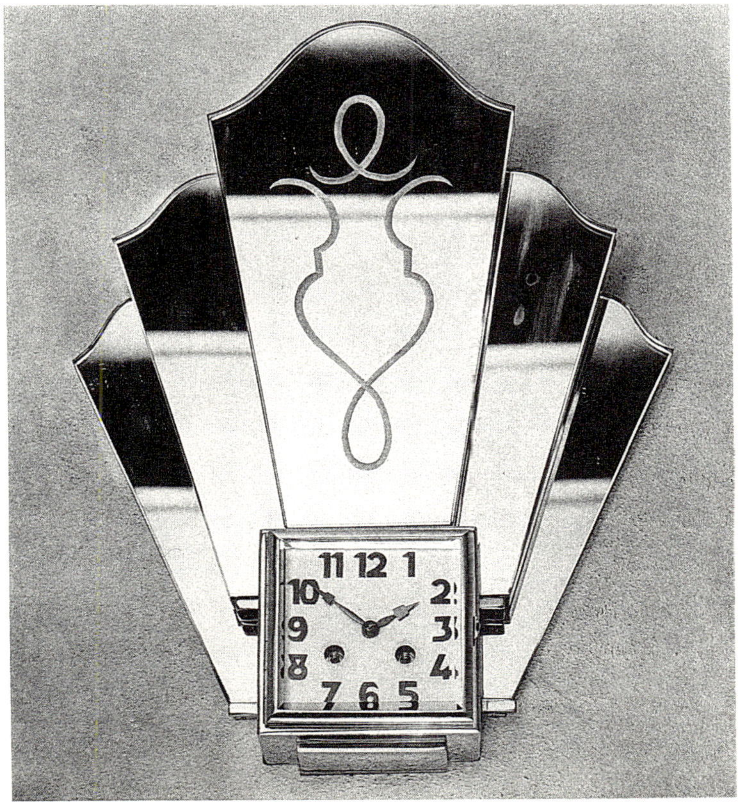

CHARLES DELISLE

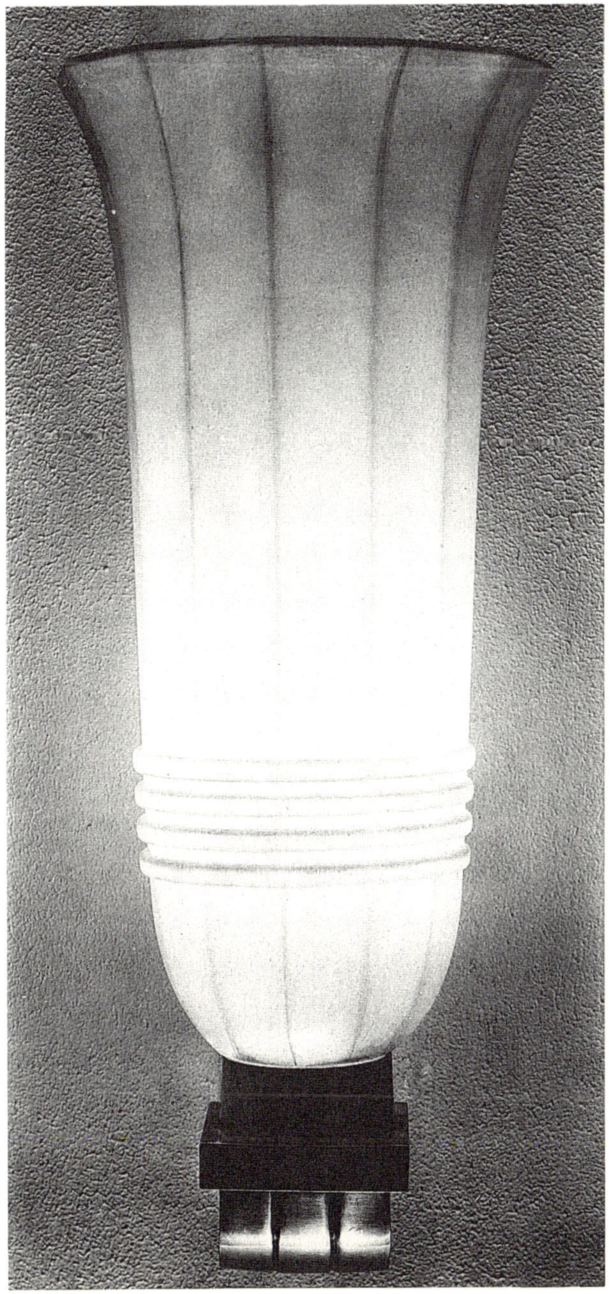

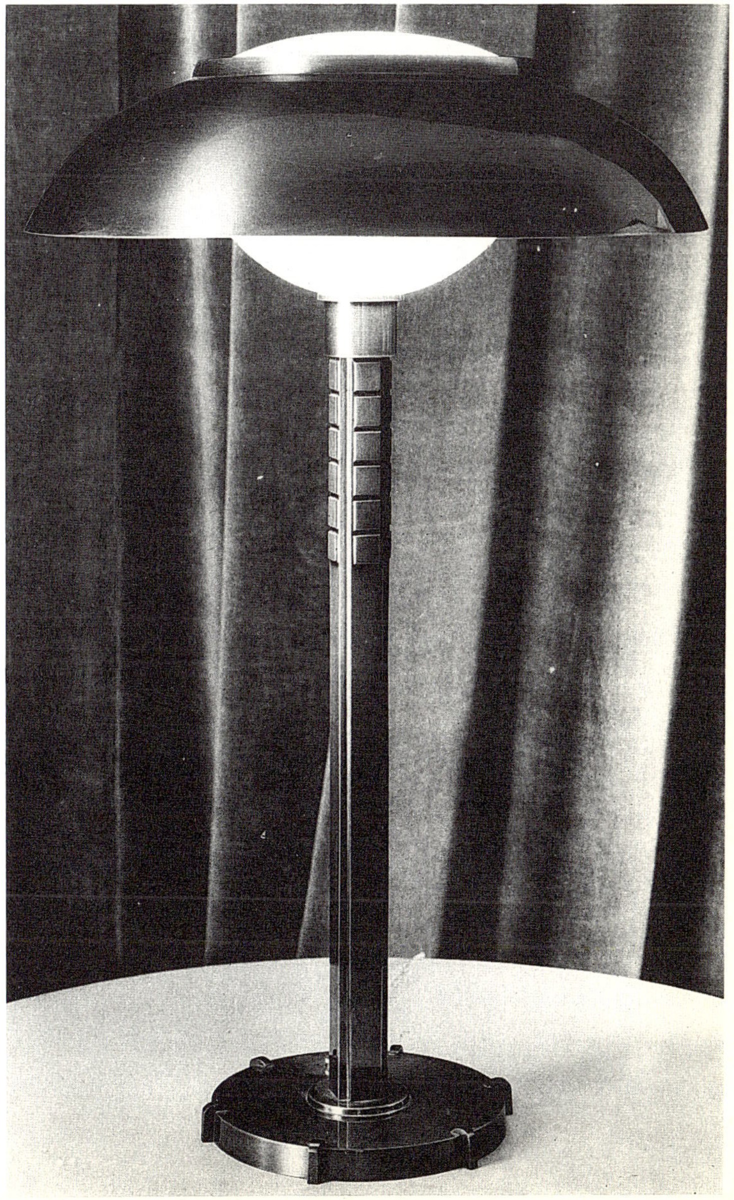

CHARLES DELISLE

EDMOND ETLING

Edmond Etling

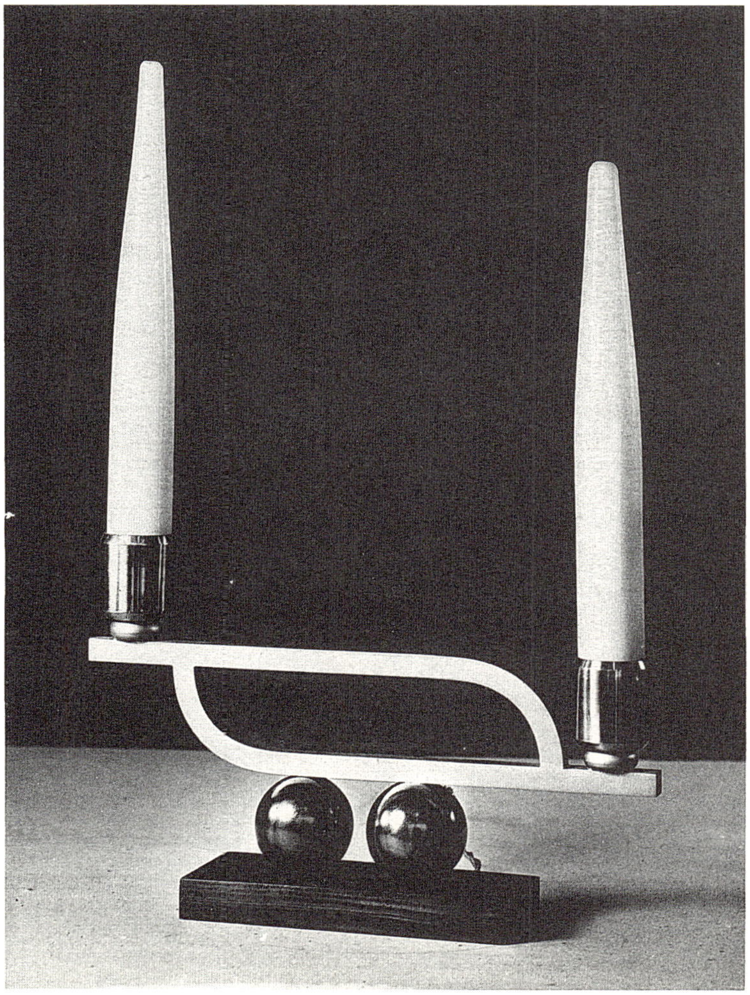

Edmond Etling

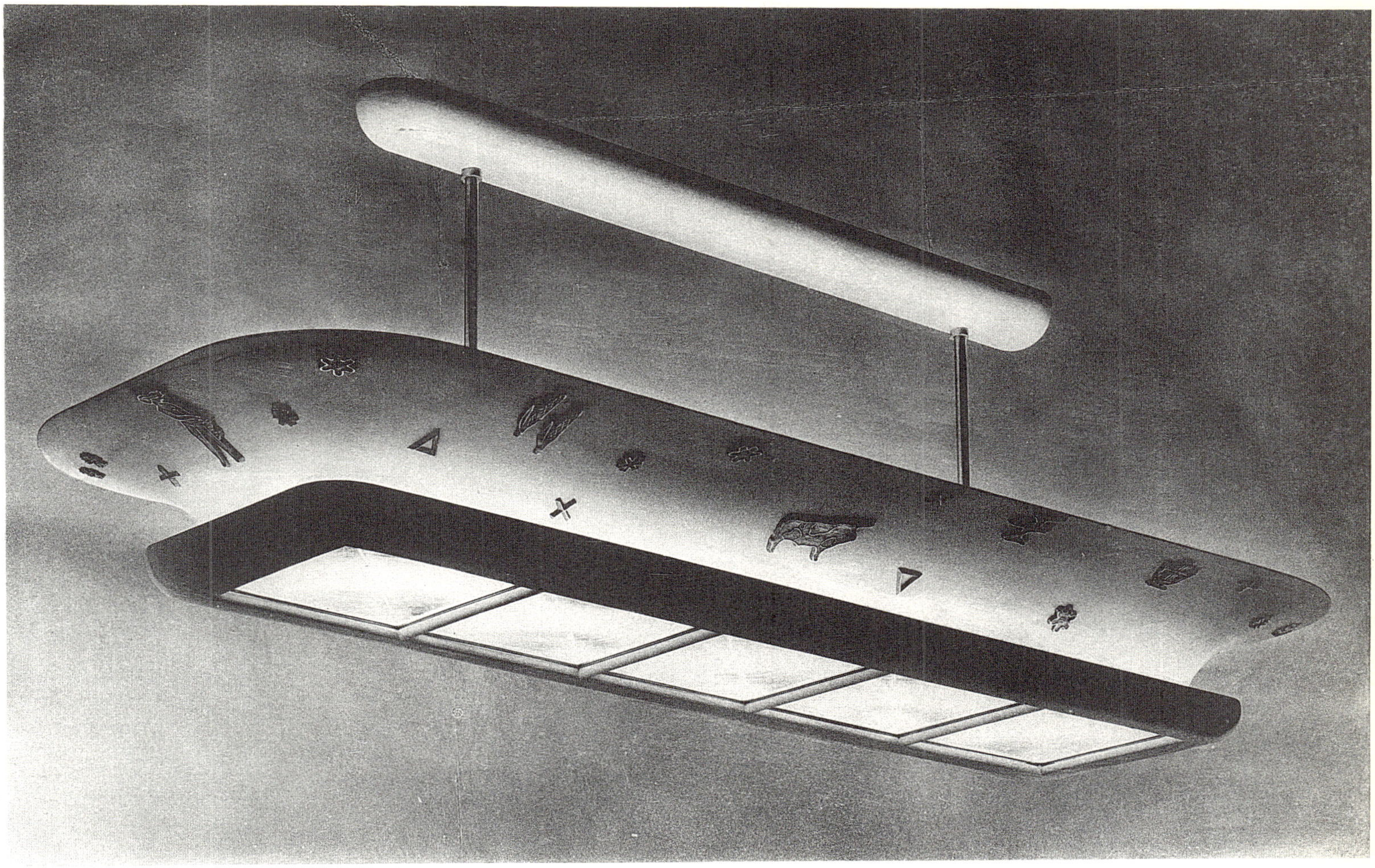

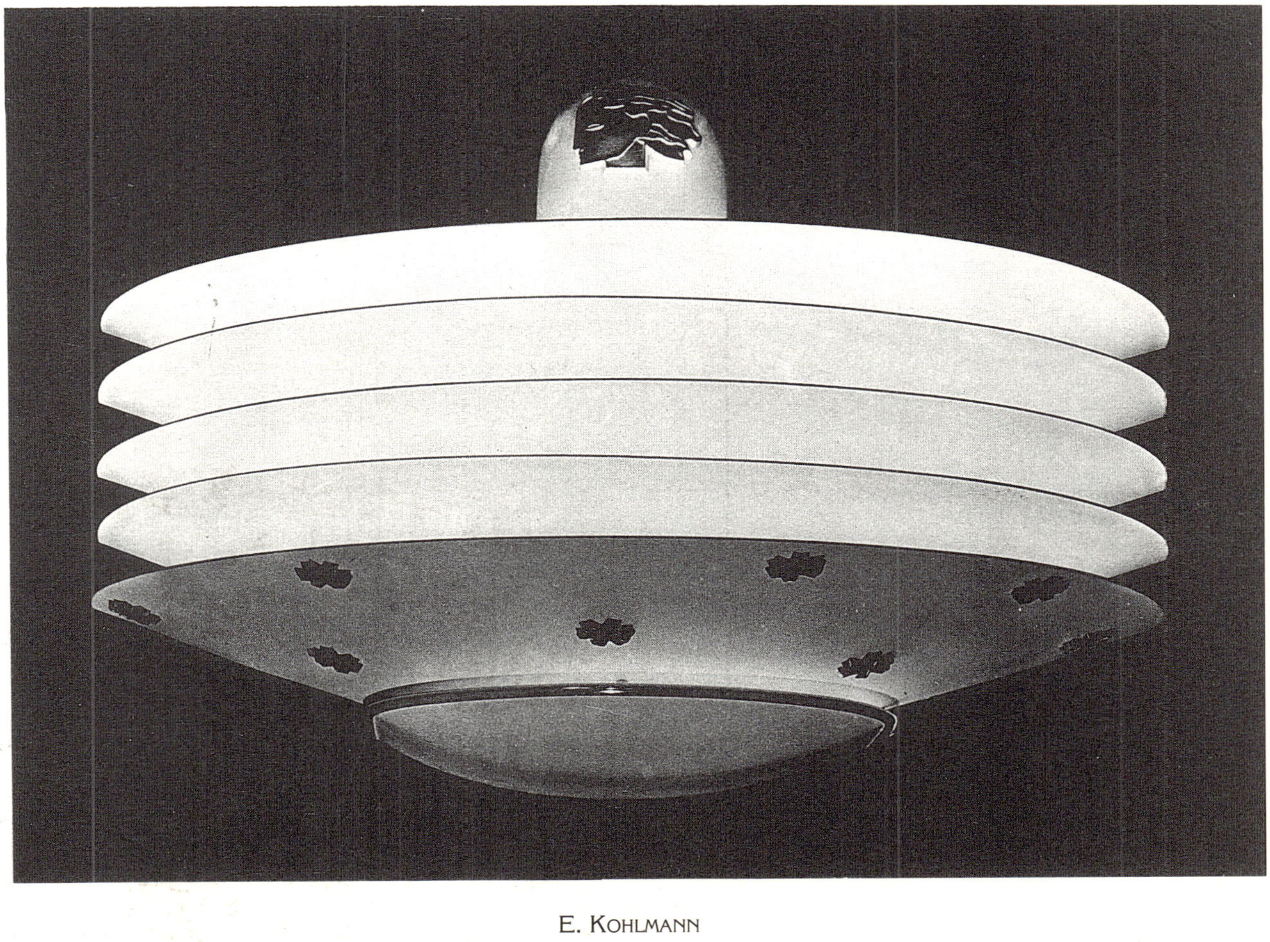

E. Kohlmann

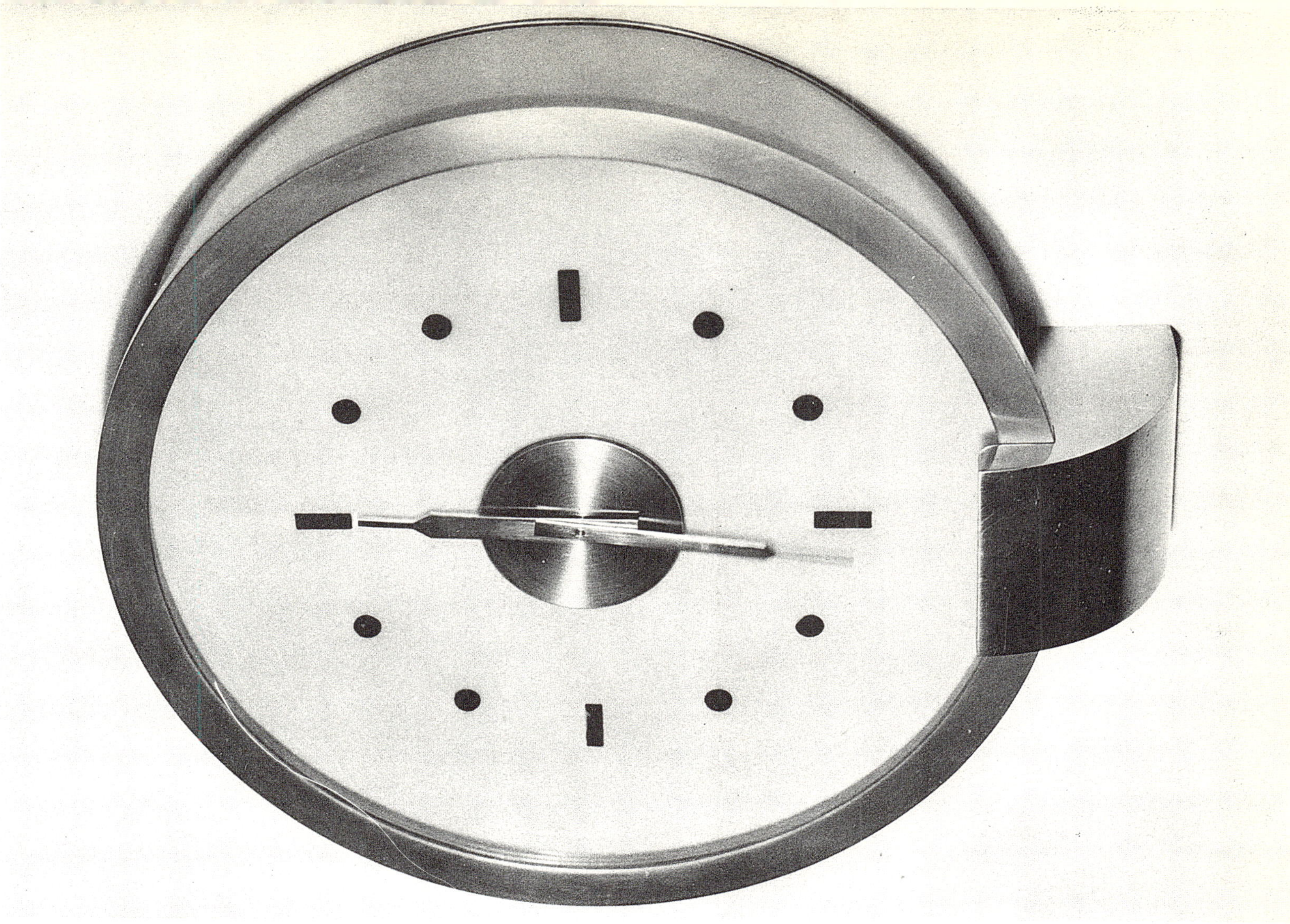

JEAN PERZEL

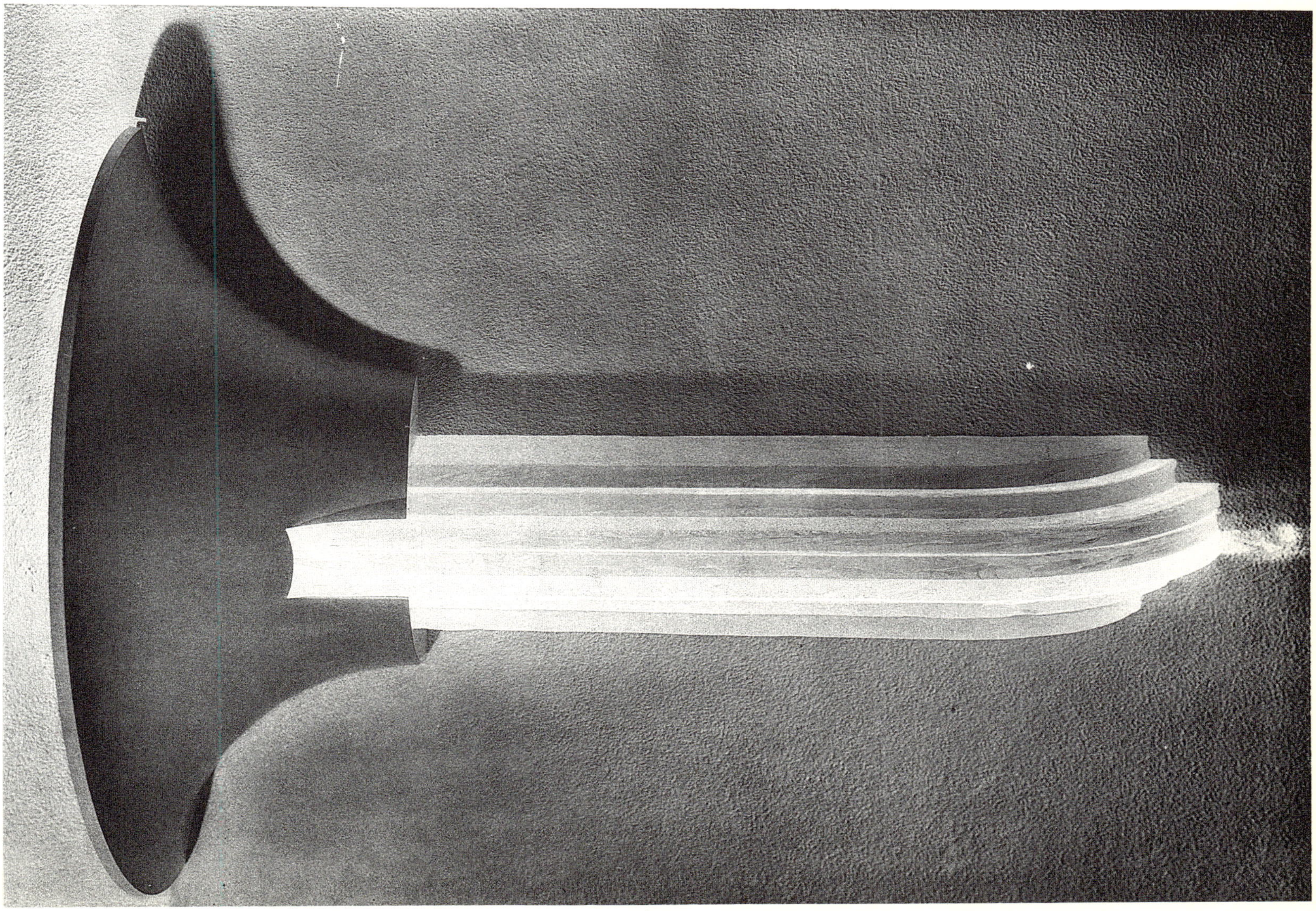

JEAN PERZEL

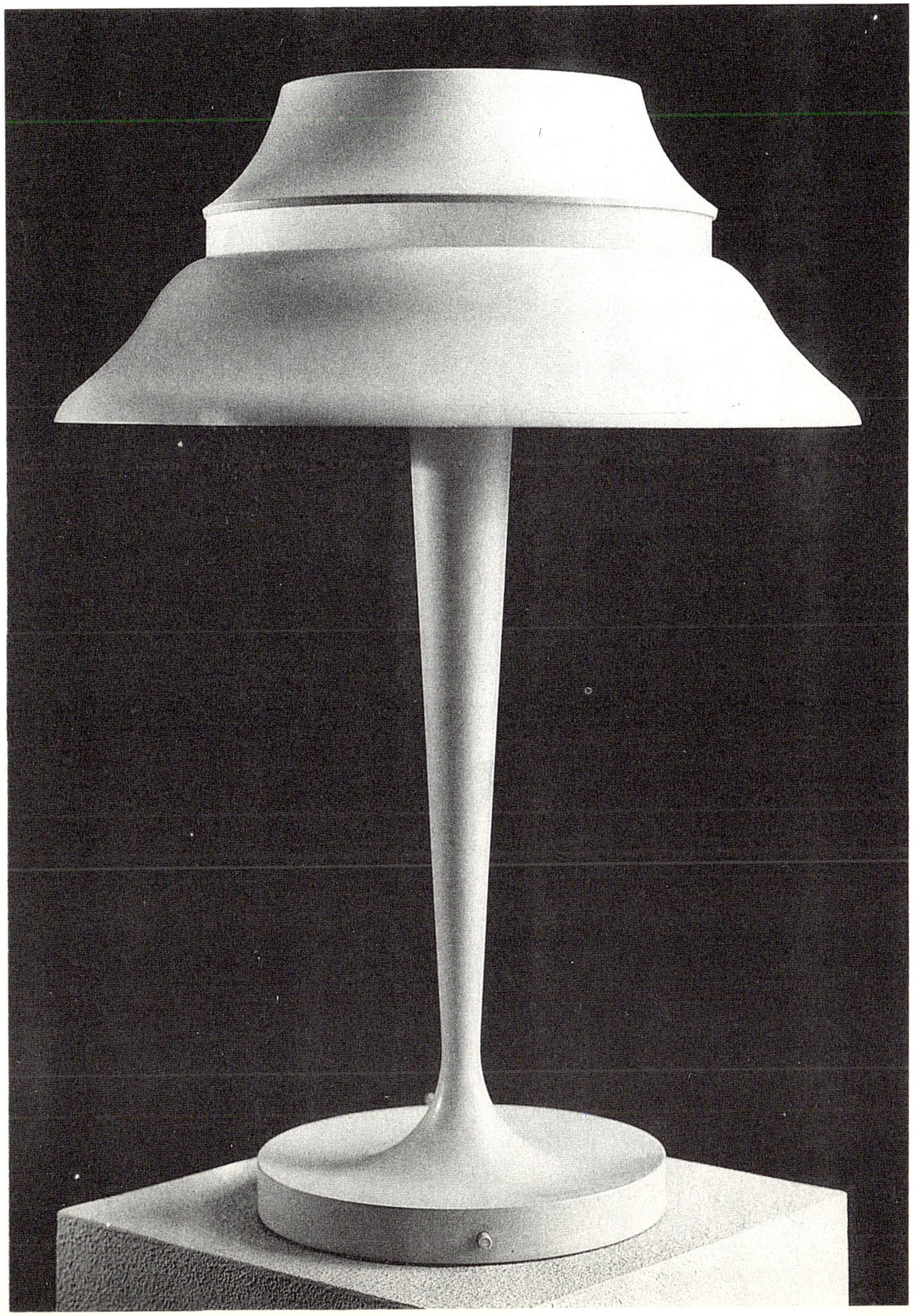

Jean Perzel

JEAN PERZEL

JEAN PERZEL

JEAN PERZEL

BIOGRAPHIES

■ ADNET, Jacques (1900-1984)

Après avoir suivi à l'Ecole nationale supérieure des Arts décoratifs une double formation d'architecte et de décorateur, Jacques Adnet et son frère jumeau Jean entrent en 1920 à l'atelier de La Maîtrise aux Galeries Lafayette, dirigé par Maurice Dufrène. Les deux frères travaillent en étroite collaboration et exposent dans les salons sous la signature "J. J. Adnet", notamment à l'Exposition Internationale des Arts Décoratifs de 1925 où ils se signalent par leurs options très modernes. Ils se séparent en 1928 : tandis que Jean est nommé directeur artistique des Galeries Lafayette, Jacques dirige la Compagnie des Arts Français créée en 1919 par Louis Süe et André Mare. Très attentif à la production industrielle contemporaine, il intègre métal et verre, en particulier le verre fumé, à ses créations de meubles. Parmi ses réalisations les plus importantes on compte l'aménagement du pavillon Saint-Gobain à l'Exposition Internationale de 1937, le bureau du président de la République au château de Rambouillet et la décoration en 1952 du paquebot Ferdinand de Lesseps.

■ BACCARAT

Fondée près de Lunéville en 1764, Baccarat est une des plus importantes verreries françaises, qui produit verres, vases et vaisselle d'opaline dans une importante variété de couleurs. Vers 1920, René Lalique renoue avec le mobilier en verre gravé de Baccarat dont il donne une version moderne. Il sera suivi par Robert Block et Serge Roche.

■ BAGUÈS

Il présente à l'Exposition de 1925 dans le pavillon de l'Élégance une suspension en forme de pomme de pin, faite de métal et de cristal.

■ BARILLET, Louis (1880-1948)

Maître verrier, en collaboration avec Jacques Le Chevallier, il réalise à l'Exposition de 1925 des vitraux pour le pavillon du Tourisme de Mallet-Stevens, avec lequel il travaillera fréquemment. En 1935 il est le maître d'œuvre des vitraux de l'église des Capucins de Blois.

■ BEHNE, Adolf (né en 1885)

Après des études d'architecture à Berlin, il devient historien d'art et dirige les Ateliers d'art à Berlin.

▼ ADNET, Jacques (1900-1984)

Nach dem Architektur- und Innendekorationsstudium an der Ecole nationale supérieure des Arts Décoratifs nehmen Jacques Adnet und sein Zwillingsbruder Jean 1920 ihre Arbeit im Atelier "La Maîtrise" des Kaufhauses Galeries Lafayette auf, das zu jener Zeit von Maurice Dufrène geleitet wird. Die Brüder arbeiten eng zusammen und stellen in den Salons unter der Signatur "JJ Adnet" aus; so auf der Art Déco-Ausstellung des Jahres 1925, wo sie durch ihre Modernität auf sich aufmerksam machen. 1928 trennen sie sich. Während Jean den Posten des künstlerischen Direktors des Kaufhauses Galeries Lafayette übernimmt, leitet Jacques nun die 1919 von Louis Süe und André Mare gegründete Compagnie des Arts français. Der damaligen industriellen Produktion gegenüber sehr aufgeschlossen, verarbeitet er bei seinen Möbelkreationen Metall und Glas, insbesondere Rauchglas. Zu seinen wichtigsten Realisierungen zählen die Ausstattung des Saint-Gobain-Pavillons auf der internationalen Ausstellung des Jahres 1937, das Büro des französischen Staatspräsidenten im Schloß Rambouillet sowie die Innenausstattung des Passagierdampfers Ferdinand de Lesseps im Jahre 1952.

▼ BACCARAT

1764 in der Nähe von Lunéville gegründet, gilt Baccarat als eine der bedeutendsten französischen Glashütten, die Gläser, Vasen und Opalglasgeschirr in zahlreichen unterschiedlichen Farben herstellt. Um 1920 arbeitet René Lalique erneut an geschliffenem Baccaratglas-Mobiliar in einer modernen Version; Robert Block und Serge Roche werden seinem Beispiel folgen.

▼ BAGUÈS

Präsentiert auf der Art Déco-Ausstellung des Jahres 1925 im Pavillon de l'Elégance eine aus Metall und Kristall bestehende Hängelampe in Form eines Tannenzapfens.

▼ BARILLET, Louis (1880-1948)

Dieser Glaskünstler entwirft in Zusammenarbeit mit Jacques Le Chevallier anläßlich der Art Déco-Ausstellung 1925 Glasmalereien für den Tourismus-Pavillon von Mallet-Stevens, mit dem er häufig zusammenarbeitet. 1935 ist er verantwortlich für die Realisierung der Kirchenfenster der "Eglise des Capucines" in Blois.

▼ BEHNE, Adolf (geb. 1885)

Nach einem Architektur-Studium in Berlin arbeitet er anschließend als Kunsthistoriker. Geschäftsführer des Arbeitsrates für Kunst, Berlin. Mitglied im Deutschen Werkbund.

● ADNET, Jacques (1900-1984)

After training as both architects and decorators at the École nationale supérieure des Arts décoratifs, Jacques Adnet and his twin brother Jean began their careers in 1920 in the studio of La Maîtrise directed by Maurice Dufrène at Galeries Lafayette. The two brothers worked in close collaboration and exhibited in the salons under the signature "JJ Adnet", notably in 1925 at the Exposition internationale des Arts décoratifs where their very modern designs won them distinction. The twin brothers took different paths in 1928: Jean was named artistic director of Galeries Lafayette, while Jacques assumed the direction of the Compagnie des Arts français created in 1919 by Louis Sue and André Mare. Highly attentive to contemporary industrial production, Jacques Adnet integrated metal and glass, especially smoked glass, into his furniture designs. Among his most important productions are the appointments for the Saint-Gobain pavilion at the international exposition of 1937, the office of the president of the French Republic at the château of Rambouillet, and in 1952 the decoration of the steamship Ferdinand de Lesseps.

● BACCARAT

Established near Lunéville in 1764, Baccarat is one of France's most important glassworks, producing glassware, vases, and opaline tableware in a wide range of colors. Around 1920 René Lalique resumed furniture design with glass engraved by Baccarat, rendering it in a modern form. He was followed by Robert Block and Serge Roche.

● BAGUÈS

He exhibited a suspended lamp of metal and crystal in the form of a pine cone at the exposition of 1925 in the pavilion of elegance.

● BARILLET, Louis (1880-1948)

A master craftsman in glass, he produced stained glass windows in collaboration with Jacques Le Chevallier for Mallet-Stevens' (with whom he was often to work) pavilion of tourism at the exposition of 1925. In 1935 he supervised the installation of stained glass windows for the Capucine church at Blois.

● BEHNE, Adolf (born in 1885)

After studying architecture in Berlin, he became an art historian and directed art studios there.

■ BOILEAU, Louis Hippolyte (1898-1948)

Architecte présent au pavillon Pomone à l'Exposition de 1925.

■ BRANDT, Edgar (1880-1960)

Après avoir suivi un enseignement scientifique et technique à Vierzon - son père dirigeait déjà une société de construction mécanique - Edgar Brandt crée en 1919 son propre atelier de ferronnerie. Associé quelques années plus tard à l'architecte Louis Favier, il réalise les dessins conçus par son collaborateur et en particulier utilise différentes épaisseurs de métal pour obtenir des variations de couleurs. Sa participation à l'Exposition internationale des Arts décoratifs de 1925 est très importante, et il en réalise la Porte d'honneur. Sa réputation dépasse les frontières puisqu'en 1926 il est sollicité pour la décoration des magasins Cheney à New York. Associant des matériaux divers, il travaille avec des céramistes, des verriers, et en particulier avec Daum pour le luminaire.

■ CAPON, E

Décorateur et serrurier d'art, il fit aussi de la céramique.

■ CHAMPION, Maurice (1899-1962)

Fils d'un négociant en meubles, Maurice Champion est contraint de travailler seul à cause de la guerre. Son intérêt se porte principalement sur la décoration intérieure et le meuble. En 1930, il crée sa propre galerie à Montparnasse, et s'oriente vers la recherche d'un esprit moderne, avant de se tourner vers le classique de luxe. Il remporte une médaille d'or à l' Exposition de 1937, et la même année participe au 21ème groupe des "Artistes de ce temps", à l'exposition du Petit Palais et au salon de la Société nationale des beaux-arts (dont il sera vice-président). Il réalisera également de nombreuses installations pour l'Etat (ministères, administrations...)

■ CHARREAU, Pierre (1883-1950)

Alors que ses amis fondent l'Union des Artistes Modernes, Pierre Chareau occupé à la construction de la "maison de verre", rue Saint-Guillaume ne s'y associe pas, mais prend néanmoins part à sa première exposition au pavillon de Marsan. Il rejoint finalement l' U. A. M. à la fin de l'année 1930. A l'exposition de 1937, il présente une maison de week-end dans son pavillon, et part pour New York en 1940. Considéré par Marie Dormoy comme le représentant du "parti ingénieur-constructeur" contre le "parti coloriste-décorateur", Pierre Chareau a toujours favorisé la ligne et le volume, bannissant le décoratif.

▼ BOILEAU, Louis-Hippolyte (1898-1948)

Ein auf der Art Déco-Ausstellung des Jahres 1925 im Pomone-Pavillon ausstellender Architekt.

▼ BRANDT, Edgar (1880-1960)

Nach einer wissenschaftlichen und technischen Ausbildung in Vierzon - sein Vater leitete ein Maschinenbau-Unternehmen - gründet Edgar Brandt 1919 seine eigene Kunstschmiedewerkstatt. Einige Jahre später stellt er in Zusammenarbeit mit dem Architekten Louis Favier und mit Hilfe modernster Werkzeugausstattungen Objekte nach Entwürfen seines Mitarbeiters her. Die gewünschten Farbvarianten erlangt er durch diverse Metallschichten. Seine Teilnahme an der internationalen Art Déco-Ausstellung des Jahres 1925 (deren Haupteingang er gestaltet) ist von größter Bedeutung. Brandt ist über die Grenzen Frankreichs hinaus berühmt geworden; 1926 erhält er von dem New Yorker Unternehmen Cheney den Auftrag, seine Geschäfte auszustatten. Unterschiedliche Werkstoffe verwendend, arbeitet er mit Keramikern und Glaskünstlern zusammen - für die Beleuchtung insbesondere mit Daum.

▼ CAPON, E.

Dekorateur und Kunstschmied, der auch im Bereich der Keramik arbeitet.

▼ CHAMPION, Maurice (1899-1962)

Sohn eines Möbelhändlers. Interessiert sich in erster Linie für Innenausstattungen und Möbel. 1930 gründet er seine eigene Galerie am Montparnasse und orientiert sich am Modernen, bevor er sich dem klassischen Luxus zuwendet. Auf der Ausstellung von 1937 erhält er eine Goldmedaille und nimmt im selben Jahr in der 21. Gruppe der "Künstler dieser Zeit" an der im Pariser Petit Palais stattfindenden Ausstellung teil, ebenso am Salon de la Société Nationale des Beaux-Arts (dessen Vizepräsident er wird). Champion erhält zahlreiche Aufträge vom französischen Staat (für Ministerien, Behörden, usw.)

▼ CHARREAU, Pierre (1883-1950)

Als seine Freunde die Union des Artistes Modernes (U.A.M.) gründen, ist Pierre Charreau mit Bauarbeiten beschäftigt ("maison de verre", rue Saint Guillaume). Dem Künstlerverband U.A.M. tritt er zwar noch nicht bei, nimmt aber an seiner ersten Ausstellung im Marsan-Pavillon teil. Ende 1930 tritt er schließlich in den Verband ein. Anläßlich der Ausstellung des Jahres 1937 stellt er ein Wochenendhaus im U.A.M.-Pavillon aus; 1940 reist er nach New York. Pierre Chareau bevorzugt stets klare Linien und Volumen ohne jegliche Verzierung.

● BOILEAU, Louis Hippolyte (1898-1948)

An architect present at the Pomone pavilion for the exposition de 1925.

● BRANDT, Edgar (1880-1960)

After receiving a scientific and technical education at Vierzon - his father was already the director of an engineering firm - Edgar Brandt set up his own iron-working studio in 1919. Associated several years later with the architect Louis Favier, he produced with the most modern tools the designs conceived by his partner and is noted for his use of varying thicknesses of metal to obtain a range of color in his work. He participated significantly at the Exposition internationale des Arts décoratifs de 1925 where he received honorable mention. Brandt's reputation spread beyond France. In 1926 he was solicited to decorate the Cheney stores in New York. Integrating diverse materials into his designs, he worked with potters and glassmakers, collaborating especially with Daum for his lighting fixtures.

● CAPON, E.

A decorator and an artist in metal-work, he was also a potter.

● CHAMPION, Maurice (1899-1962)

The son of a furniture dealer, Maurice Champion was forced to work alone because of the war. His interests inclined him principally to the design of interiors and furnishings. In 1930, he established his own gallery in Montparnasse and oriented his work around the refinement of a modern spirit before turning to the classic aesthetic of luxury. He won a gold medal at the exposition de 1937, and the same year participated in the 21st division of the "Artistes de ce temps" at the exposition at the Petit Palais and at the salon of the Société Nationale des Beaux-Arts of which he was to become vice-president. He also received numerous commissions from the government to decorate ministries and admistrative offices.

● CHARREAU, Pierre (1883-1950)

At the time that his friends founded the Union des Artistes Modernes, Pierre Chareau, who was occupied in the construction of the famous glass house on the rue Saint Guillaume, did not join them, but he nevertheless took part in its first exhibition at the Marsan pavilion at the exposition of 1925. He finally became a member of the U.A.M. at the end of 1930. At the exposition of 1937, Chareau exhibited a "weekend home" in its pavilion. In 1940, he left for New York. Regarded by Marie Dormoy as the representative of the "engineering and construction faction" opposed to the "colorist-decorator group", Pierre Chareau always cultivated line and volume in work which excluded all ornament.

■ CHEURET, Albert

Sculpteur et décorateur, élève de Perrin et Lemaire, il expose régulièrement à la Société des Artistes Décorateurs dont il devient membre en 1907. Il dessine des luminaires d'inspiration naturaliste et géométrique, et en 1925 conçoit pour l'Exposition un stand de présentation de lampes et de petits bronzes.

■ COMPAGNIE DES ARTS FRANÇAIS

En 1919, l'Atelier Français, fondé par Süe et Mare en 1912, devient la Compagnie des Arts Français, qui restera active jusqu'en 1927, et cherchera principalement à créer des ensembles "sérieux, logiques, accueillants". Elle présente à l'Exposition de 1925 le pavillon Fontaine et le musée d'Art Contemporain, où se manifestent Jaulmes, Paul Véra, Segonzac, Boussingault, etc., tous résolument opposés à l'avant-gardisme.

■ DAMON, Louis (mort en 1947)

Propriétaire du magasin de verrerie d'art et de céramique "Au vase étrusque" depuis 1887, Louis Damon devient fabricant et crée en 1931 les Etablissements Damon, spécialisés dans le luminaire et les structures lumineuses. Ses ateliers sont installés à Boulogne.

■ DAUM, Auguste (1853-1909) et Antonin (1864-1930)

Héritiers de la verrerie fondée par leur père en 1875, Auguste et Antonin Daum se lancent dans la verrerie d'art en 1899. Après leurs réussites dans le style Art Nouveau, ils font appel à des artistes comme Brandt, Groult, puis s'orientent vers les formes géométriques en fabriquant des verres plus lourds, plus épais, qui assureront leur succès dans les années trente.

■ DESNY, Donald

Il utilisa la langue géometrique du modernisme pour donner d'ingénieuses formes à ses ouvrages de métal.

■ D.I.M. (Décoration Intérieure Moderne)

Association fondée après la Première Guerre mondiale par Joubert et Moureau. Le premier avait acquis une expérience de décorateur chez Jansen, l'autre au théâtre. Moureau laisse bientôt la place à Philippe Petit. D. I. M. dessine des meubles raffinés et présente un stand personnel à l'Exposition de 1925, où, en outre, les "associés" conçoivent la salle à manger pour l' "Ambassade française".

■ DJO-BOURGEOIS (1898-1937)

Architecte et décorateur, élève de Robert Mallet-Stevens, Djo-Bourgeois travaille

▼ CHEURET, Albert

Bildhauer und Innendekorateur, Schüler von Perrin und Lemaire, stellt regelmäßig in der Société des Artistes Décorateurs aus, deren Mitglied er 1907 wird. Er kreiert Lampen im naturalistischen und geometrischen Stil und entwirft für die Art Déco-Ausstellung von 1925 einen Stand, auf dem Lampen und kleine Bronzefiguren präsentiert werden.

▼ COMPAGNIE DES ARTS FRANCAIS

1919 wird das von Süe und Mare 1912 gegründete Atelier Français zur Compagnie des Arts Français. Bis 1927 arbeitet diese Compagnie aktiv und ist in erster Linie damit beschäftigt, "seriöse, logische und zugängliche Ensembles" zu schaffen. Auf der Art Déco-Ausstellung von 1925 präsentiert die Firma den Fontaine-Pavillon und das Musée d'Art Contemporain, an dessen Entwurf auch die entschlossenen Avantgarde-Gegner Jaulmes, Paul Véra, Segonzac, Boussingault u.s.w. beteiligt sind.

▼ DAMON, Louis (gest. 1947)

Seit 1887 Inhaber des Kunstglas- und Keramikgeschäftes "Au vase étrusque", gründet Louis Damon 1931 das Unternehmen "Etablissement Damon", spezialisiert auf Beleuchtungsvorrichtungen und -strukturen. Die Produktionsstätte befindet sich in Boulogne.

▼ DAUM, Auguste (1853-1909) und Antonin (1864-1930)

Die Erben der von ihrem Vater im Jahre 1875 gegründeten Glashütte beginnen 1889 mit ihren Kunstglas-Aktivitäten. Nach ihrem Jugendstil-Erfolg arbeiten sie mit Künstlern wie Brandt und Groult zusammen, wenden sich dann aber geometrischen Formen zu und stellen nun, dem Zeitstil entsprechend, schwereres, dickeres Glas her, das ihren großen Erfolg in den dreißiger Jahren ausmacht.

▼ DESNY, Donald

Verwendet die geometrische Sprache der 20er und 30er Jahre und verleiht damit seinen Metall-Kreationen ungewöhnliche Formen.

▼ D.I.M. (Décoration Intérieure Moderne)

Eine nach dem Ersten Weltkrieg von Joubert und Moureau gegründete Gesellschaft. Joubert hatte bei Jansen als Dekorateur Erfahrungen sammeln können, Moureau im Theater. Moureaus Nachfolger wird Philippe Petit. DIM entwirft u.a. raffinierte Möbel und hat einen eigenen Stand auf der Art Déco-Ausstellung von 1925, für die die Partner auch das Eßzimmer der französischen Botschaft entwerfen.

▼ DJO-BOURGEOIS (1898-1937)

Architekt und Dekorateur, Schüler von Robert Mallet-Stevens, arbeitet anschließend mit

● CHEURET, Albert

A sculptor and decorator, a student of Perrin and Lemaire, he exhibited regularly at the Société des artistes décorateurs of which he became a member in 1907. He designed lighting fixtures of a naturalist and geometric inspiration, and conceived for the exposition of 1925 a presentation stand for lamps and small bronzes.

● COMPAGNIE DES ARTS FRANÇAIS

In 1919, "L'Atelier Français" established by Sue and Mare in 1912, became the Compagnie des Arts français which remained active until 1927, seeking principally to create ensembles which were "sober, logical, and welcoming." The group exhibited at the exposition of 1925 in the fountain pavilion and the "Musée d'Art Contemporain", where works by Jaulmes, Paul Véra, Segonzac, Boussingault, etc. - all resolutely opposed to avant-gardism - were displayed.

● DAMON, Louis (dead in 1947)

The proprietor of the store devoted to ceramics and art glass "Au vase étrusque", established in 1887, Louis Damon became a manufacturer in 1931, creating the "Etablissements Damon" which specialized in lighting fixtures and illuminated structures. His studios were located in Boulogne.

● DAUM, Auguste (1853-1909) and Antonin (1864-1930)

The heirs of a glass-works founded by their father in 1875, Auguste and Antonin Daum launched into the production of art glass in 1899. Following their success in the style of Art Nouveau, they called upon such artists as Brandt and Groult, then oriented themselves towards geometric forms in the production of the heavier and thicker glass which won them success in the thirties.

● DESNY, Donald

He employed the geometric language of modernism to render metalwork in ingenious forms.

● D.I.M. (Decoration Intérieure Moderne)

Joubert et Moureau established this association after the First World War I. The former had acquired experience in decoration with Jansen, the later in the theater. Moureau soon yielded his place to Philippe Petit. D.I.M. designed refined furnishings which the association presented in its own display at the exposition of 1925, where, in addition, the partners conceived the dining room for the "French embassy".

● DJO-BOURGEOIS (1898-1937)

Architect and decorator, student of Robert Mallet-Stevens, Djo-Bourgeois worked ensuite avec Kohlmann et Mattet pour le Studium, atelier de décoration des Grands Magasins du Louvre. C'est d'ailleurs pour le stand de ces magasins, à l'Exposition de 1925, qu'il réalise un bureau. Son style sévère, qui repose sur l'harmonie des lignes et des plans, s'affirme pleinement dès cette année-là où il décore en partie la villa du comte de Noailles à Hyères, soucieux avant tout de privilégier l'espace comme de nombreux créateurs de sa génération.

■ DOMINIQUE

Association d'André Domin et Marcel Genevrière (1922). Après avoir réalisé l'Usine Houbigant à Neuilly et l'Hôtel de Jean Puiforcat, il font en 1925, lors de l'Exposition des Arts Décoratifs, le salon de l ' "Ambassade française". A partir de 1926, ils participent aux expositions du "Groupement des Cinq" avec Pierre Chareau, Pierre Legrain, Jean Puiforcat et Raymond Templier.

■ DUFRENE, Maurice (1876-1955)

Tout en poursuivant ses études à l'Ecole des Arts Décoratifs, Maurice Dufrène entre à la Maison Moderne de Meier Graefe en 1899. Il participe à la fondation de la Société des Artistes Décorateurs en 1902 et, à partir de 1906, commence à réagir contre l'Art Nouveau. Professeur à l'Ecole Boulle de 1912 à 1923, il prend part à de nombreux salons depuis 1910. Défenseur de la production de série de qualité, il crée en 1920 l'Atelier de la Maîtrise aux Galeries Lafayette, en s'intéressant à toutes les disciplines de l'art décoratif.

■ DUNAND, Jean (1877-1942)

Elève de l'Ecole des Arts Industriels de Genève, Jean Dunand arrive à Paris en 1896, où il commence à travailler pour le sculpteur Jean Dampt. Il se consacre d'abord exclusivement à la sculpture et, en 1903, s'oriente vers le travail de la rétreinte. Il commence à exposer ses vases en 1905. Ses formes relèvent de l'Art Nouveau, puis il crée progressivement son propre répertoire pour ses vases, bouteilles, plats ronds, cache-pots, en évoluant vers la géométrie. Il s'initie à la technique de la laque qui l'oriente vers la menuiserie. Il fabrique paravents, tables, sièges de formes très simples, qu'il recouvre de laques unies ou décorées. A l'Exposition de 1925, il garnit entièrement le fumoir de "L'ambassade française" de panneaux de laque. Il réalise également des panneaux pour les meubles d'autres décorateurs, tels que Printz, Ruhlmann ou Legrain.

■ ETLING, Edmond

Fabricant et marchand de bronzes, verrerie et céramiques dont le magasin est installé rue de Paradis. A l'Exposition internationale de 1937, il presente au pavillon du Luminaire des créations de Bonnet, Corchet, Dunaime, Gaillard et Laplanche.

Kohlmann und Mattet für das Dekorationsatelier des Kaufhauses Grands Magasins du Louvre "Studium". Entwirft zur Art Déco-Ausstellung von 1925 für den Stand dieses Kaufhauses einen Schreibtisch. Sein strenger Stil, auf der Harmonie von Linien und Flächen beruhend, setzt sich ab jenem Jahr durch. Er stattet auch einen Teil der Villa des Grafen von Noailles in Hyères aus, wobei er dem Raum den Vorzug gibt - wie so viele andere Entwerfer seiner Generation.

▼ DOMINIQUE

Eine Partnerschaft von André Domin und Marcel Genevrière (1922); sie stellen gemeinsam in den Salons aus. Nach der Realisierung des Houbigant-Werkes in Neuilly bei Paris und des Hauses für Jean Puiforcat entwerfen sie 1925 anläßlich der Art Déco-Ausstellung den Salon der französischen Botschaft. 1926 nehmen sie an den Ausstellungen der "Fünfer Gruppe" mit Pierre Chareau, Pierre Legrain, Jean Puiforcat et Raymond Templier teil.

▼ DUFRENE, Maurice (1876-1955)

Während seines Studiums an der Ecole des Arts Décoratifs tritt Maurice Dufrène 1899 in die Maison Moderne von Julius Meier-Graefe ein. Er ist an der Gründung der Société des Artistes Décorateurs des Jahres 1902 beteiligt und bricht um 1906 mit der Formensprache des Jugendstils. Von 1912 bis 1923 lehrt er an der Ecole Boulle und stellt seit 1910 auf zahlreichen Salons aus. Dufrène vertritt die qualitative Serienproduktion; 1920 gründet er bei Galeries Lafayette das Atelier de la Maîtrise; in der Folgezeit werden Entwürfe im Art Déco-Stil realisiert.

▼ DUNAND, Jean (1877-1942)

Dunand ist Absolvent der Genfer Ecole des Arts Industriel und kommt 1896 nach Paris, wo er für den Bildhauer Jean Dampt arbeitet. Zunächst widmet er sich ausschließlich der Bildhauerei, ab 1903 dann Metallarbeiten; 1905 stellt er erstmals seine Vasen aus. Seine Formen sind vom Jugenstil beeinflußt. Langsam beginnt er, sein eigenes Programm für Vasen, Flaschen, Platten und Übertöpfe zu schaffen, wobei er sich geometrischen Formen zuwendet. Er macht sich mit der Lacktechnik vertraut und beginnt, sich auch für Möbel zu interessieren. Dunand stellt spanische Wände, Tische und Stühle in Formen her, welche er ein- oder mehrfarbig lackiert. Auf der Art Déco-Ausstellung des Jahres 1925 wendet er für den Rauchsalon der französischen Botschaft diese Lacktechnik an. Auch für die Möbel anderer Entwerfer - so Printz, Ruhlmann und Legrain - übernimmt er diese spezifische Oberflächen - behandlung.

▼ ETLING, Edmond

Verleger und Händler von Bronzefiguren, Glas- und Keramikwaren; sein Geschäft befindet sich in Paris, rue de Paradis. Auf der internationalen Ausstellung von 1937 stellt dieses Unternehmen im Beleuchtungspavillon Entwürfe von Bonnet, Corchet, Dunaime, Gaillard und Laplanche aus.

afterwards with Kohlmann and Mattet for the Studium, the design studio of the Grands Magasins du Louvre. It was for the display of these stores at the exposition of 1925 that he produced a desk. His severe style, based on the harmony of lines and planes, asserted itself fully in this year when he also in part decorated the villa of the Count of Noailles at Hyères, work in which he was especially attentive, as were numerous designers of his generation, to the design values of space.

● DOMINIQUE

The partnership of André Domin and Marcel Genevrière (1922) which displayed in the salons. After designing the Houbigant factory at Neuilly and the mansion of Jean Puiforcat, they produced on the occasion of the Exposition des Arts décoratifs de 1925 the reception room of the "French embassy". After 1926, they participated in the exhibitions of the "Group of Five" with Pierre Chareau, Pierre Legrain, Jean Puiforcat, et Raymond Templier.

● DUFRENE, Maurice (1876-1955)

While pursuing his studies at the École des Arts décoratifs, Maurice Dufrène began working at Meier Graefe's Maison Moderne in 1899. He participated in the founding of the Société des Artiste décorateurs in 1902. He first manifested his rejection of Art Nouveau in 1906. He taught at the École Boulle from 1912 to 1923. Dufrène exhibited in numerous salons from 1910 onward. An advocate of the production of series of quality, in 1920 he created the studio La Maîtrise for the Galeries Lafayette. Dufrène took interest in every disciple of the decorative arts.

● DUNAND, Jean (1877-1942)

Having studied at the École des Arts Industriels in Geneva, Jean Dunand arrived in Paris in 1896. There he began work with the sulptor Jean Dampt. He first devoted himself exclusively to sculpture. In 1903, his work shifted to the media of hammered metal. He began to exhibit his vases in 1905. His forms were first inspired by Art Nouveau and then more and more expressed his own repetoire in his bottles, round plates, and flower-pot holders as it evolved towards geometic forms. He studied and began to produce laquer-work which in turn led him to work in wood. He constructed screens, tables, and chairs in very simple forms which he varnished with uniform or multi-colored lacquers. For the exposition of 1925, he completely fitted out in laquered panels the smoking room of the "French embassy". He also produced panels for the furnishings of such other decorators as Printz, Ruhlmann, and Legrain.

● ETLING, Edmond

The outlet for this manufacturer and merchant of bronzes, glass, and ceramics was on the rue de Paradis. At the Exposition internationale de 1937, the Etling establishment presented work by Bonnet, Corchet, Dunaime, Gaillard and Laplanche (at the lighting pavilion).

■ FAHRENKAMP, Emil (1885-1966)

Après une formation à l'école technique d'Aachen (Aix-la-Chapelle), il devient professeur à l'académie de Dusseldorf. En 1922 il dessine des projets pour la manufacture nationale de faïence de Karlsruhe.

■ FOLLOT, Paul (1877-1941)

Sculpteur et décorateur, fils du fabricant de papier peint Felix Follot, Paul Follot est d'abord l'élève de Grasset, qu'il remplace au Cours Supérieur d'Art Décoratif de la Ville de Paris. D'abord influencé par le préraphaélisme et les styles anglais, il se tourne finalement vers les "architectures calmes", mêlant à son œuvre couleurs, belles matières et techniques précieuses pour un décor abondant et souvent sculpté. En 1923, il est nommé à la direction de Pomone, l'Atelier d'art du Bon Marché, et présente à l'Exposition de 1925 l'antichambre de "L'ambassade francaise". Opposé à l'art de série, il restera le défenseur d'une tradition aristocratique de luxe.

■ FRECHET, André (1875-1973)

Après avoir reçu une formation dans le dessin, le travail manuel et la décoration, André Fréchet devient professeur à l'école des Beaux-Arts de Nantes, puis professeur d'histoire de l'art à l'école Boulle qu'il dirigera de 1919 à 1934. Il participe aux salons de la Société des Artistes Décorateurs (dont il a été vice-président). Il reçoit un grand prix à l'Exposition de 1925, qui entraînera une série de commandes de sièges garnis de tapisserie de Beauvais pour les ministères.

■ GATE, Simon (1883-1943)

Artiste verrier suédois. Il a réalisé une paire de portes en glace d'Orrefors.

■ GENET, Philippe (né en 1882)

Elève de l'école Boulle, il fonde en 1911 avec Lucien Michon un "cabinet de dessin pour l'étude des meubles, sièges, luminaires", transformé en 1919 en un atelier de luminaire d'art. Ils exposent à partir de 1920 aux Salons des Artistes Décorateurs et aux Salons d'Automne. Ils remportent plusieurs premiers prix à l'Exposition de 1925, et l'Etat leur commande de nombreux luminaires, pour l'Élysée, certains ministères et ambassades, ainsi que de nombreux paquebots. De leur métier de décorateur ils ont acquis une bonne connaissance des meubles et objets anciens, et ont pris là leur goût pour les belles matières et une parfaite exécution.

■ GENSOLI, Maurice (né en 1892)

Fils de verrier, formé par un maître verrier d'Oran (Marcel Haussaine), Maurice Gensoli devient, en 1921, artiste libre à la Manufacture Nationale de Sèvres, dont il

▼ FAHRENKAMP, Emil (1885-1966)

Nach einer Ausbildung an der technischen Hochschule in Aachen lehrt er an der Düsseldorfer Akademie. 1922 macht er Entwürfe für die großherzogliche Majolika-Manufaktur Karlsruhe

▼ FOLLOT, Paul (1877-1941)

Der Bildhauer und Dekorateur Paul Follot, Sohn des Tapetenherstellers Felix Follot, ist zunächt Schüler von Grasset, dessen Lehrstuhl am Cours Supérieur d'Art Décoratif der Stadt Paris er später übernimmt. Zunächst beeinflußt vom Pre-Raphaelismus sowie von englischen Stilrichtungen, wendet er sich schließlich der "ruhigen Architektur" zu; sein Werk beinhaltet Farben, wertvolle Werkstoffe sowie besondere Techniken; der Dekor ist reichhaltig und häufig geschnitzt 1923 wird er zum Direktor des Ateliers des Kaufhauses Bon Marché ernannt, und auf der Art Déco-Ausstellung des Jahres 1925 präsentiert er das Vestibül der französischen Botschaft. Als Gegner der Serienproduktion verteidigt er die aristokratische Tradition für Luxus.

▼ FRECHET, André (1875-1973)

Nach einer Ausbildung als Zeichner, Handwerker und Dekorateur lehrt André Frechet zunächst Kunst an der Kunstakademie der Stadt Nantes und schließlich Kunstgeschichte an der Ecole Boulle, die er von 1919 bis 1934 leitet. Er nimmt an den Ausstellungen der Société des Artistes Décorateurs teil, deren Vizepräsident er war. Auf der Ausstellung von 1925 erhält er einen Preis, dem eine Reihe von Aufträgen für Stühle mit Beauvais-Tapisserie für verschiedene Ministerien folgen.

▼ GATE, Simon (1883-1943)

Schwedischer Glaskünstler, der zwei Orrefors-Glastüren schuf.

▼ GENET, Philippe (geb. 1882)

Ausbildung an der Ecole Boulle. 1911 gründet er gemeinsam mit Lucien Michon ein "Büro für Entwürfe und Konzeptionen von Möbelstücken und Beleuchtungen", das 1919 in ein "Atelier für Kunstbeleuchtung" umgewandelt wird. Ab 1920 stellen sie in den Salons des Artistes Décorateurs und in den Salons d'Automne aus. 1925 erhalten sie mehrere erste Preise; der französische Staat bestellt bei ihnen Lampen für den Elysée-Palast, einige Ministerien und Botschaften, ferner erhalten sie zahlreiche Aufträge zur Ausstattung von Passagierdampfern. Dank ihrer Aktivitäten erwerben sie große Kenntnisse über Möbel und Antiquitäten; ihre Vorliebe für wertvolle Werkstoffe und eine perfekte Ausführung der Arbeit ist wohl darauf zurückzuführen.

▼ GENSOLI, Maurice (geb. 1892)

Als Sohn eines Glasbläsers wird Maurice Gensoli von einem Glasbläsermeister aus Oran (Algerien), Marcel Haussaine, ausgebildet und arbeitet ab 1921 als freier Künstler an der Manufacture

● FAHRENKAMP, Emil (1885-1966)

After training at the technical school at Aachen, he taught at the academy in Dusseldorf. In 1922 he designed for the national faïence works at Karlsruhe.

● FOLLOT, Paul (1877—1941)

Sculptor and decorator, the son of Felix Follot, a wall-paper manufacturer, Paul Follot was first the student of Grasset whom he replaced in the cours supérieur d'art décoratif offered by the city of Paris. First influenced by the Preraphaelites and English styles, he turned eventually toward the "quiet architectures", blending into his work colors, beautiful materials, refined techniques, and a rich and often sculpted ornamentation. In 1923, he was appointed director of the art studio of the Bon Marché. At the exposition of 1925 he participated in the Pomone pavilion and produced the antechambre of the "French embassy". Opposed to art issued in series, he was to remain the faithful advocat of the aristocratic tradition of luxury.

● FRECHET, André (1875-1973)

After receiving an education in design, manual labor, and decoration, André Frechet taught at the École des Beaux-Arts in Nantes, then taught the history of art at the École Boulle which he directed from 1919 to 1934. He participated in the salons of the Société des Artistes Décorateurs (of which he was vice-president). He received a grand prize at the exposition of 1925 which brought him a series of commissions from the ministries of the French government for chairs upholstered in Beauvais tapestry.

● GATE, Simon (1883—1943)

A Swedish artist in glass. He produced a pair of doors in glass by Orrefors.

● GENET, Philippe (born in 1882)

A former student at the École Boulle, in 1911 he founded with Lucien Michon "a design studio for the study of furnishings, chairs, and lighting fixtures" which in 1919 was transformed into a studio for art lighting. They exhibited from 1920 onwards in the Salons des Artistes Décorateurs and won several first prizes at the exposition of 1925. The French government commissioned them to produce numerous lighting fixtures for the Élysée, for selected ministries and embassies, as well as for many steamships. In their activities as decorators, Genet and Michon acquired a thorough knowlege of antique furnishings and objects from which they derived their taste for beautiful materials and perfect execution.

● GENSOLI, Maurice (born in 1892)

The son of a glass-worker, and educated by a master glass-worker from Oran (Marcel Haussaine), Maurice Gensoli in 1921 became an independent artist attached to the sera chef du service de la décoration après l'Exposition de 1925. Il continue cependant à produire son œuvre, exposée régulièrement aux Salons des Artistes Décorateurs et aux Salons d'Automne.

Nationale de Sèvres, deren Dekorations-Abteilung er nach der Ausstellung von 1925 übernimmt. Sein eigenes Werk stellt er regelmäßig in den Salons des Artistes Décorateurs sowie den Salons d'Automne aus.

Manufacture Nationale de Sèvres, where he served as chief of the decoration service after the exposition of 1925. He continued however to produce his own work, exhibiting regularly at the Salons des Artistes Décorateurs and at the Salons d'Automne.

■ GIGOU, Louis

Artiste qui donna des projets de décors et de formes à la Manufacture de Sèvres en 1921.

▼ GIGOU, Louis

Dieser Künstler macht 1921 Dekor- und Formenentwürfe für die Manufacture de Sèvres.

● GIGOU, Louis

An artist who in 1921 provided to the Manufacture de Sèvres plans for decoration and for models.

■ GISPEN, Willem (1890-1981)

Architecte et décorateur hollandais, il participe à l'Exposition de 1925 où il obtient une médaille d'argent en ferronnerie. Au contact de l'esprit nouveau et du modernisme de R. Mallet-Stevens, il oriente ses créations de luminaires vers le style Bauhaus, et monte sa propre entreprise en 1926. Il ouvre des magasins dans plusieurs villes d'Europe où, jusqu'à la crise de 1929, il présente des mobiliers "fonctionnalistes" dans lesquels l'acier entre pour une grande part, et qu'il souhaite accessibles à tous.

▼ GISPEN, Willem (1890-1981)

Holländischer Architekt und Designer. Nimmt an der Art Déco-Ausstellung von 1925 teil, auf der er eine Silbermedaille für Kunstschmiedearbeiten erhält. Beeinflußt durch den Zeitgeist und den Modernismus eines Robert Mallet-Stevens, zeugen seine Beleuchtungs-Kreationen vom Bauhausstil. 1926 bringt er seine "Giso-Leuchten" auf den Markt und eröffnet in mehreren europäischen Städten Geschäfte, in denen er bis zur Weltwirtschaftskrise 1929 "funktionalistische" Möbel und Lampen anbietet; sie sind größtenteils aus Stahl und sollen allen Bevölkerungsschichten zugänglich sein.

● GISPEN, Willem (1890-1981)

A Dutch architect and decorator, he participated at the 1925 exposition where he won a silver metal for ironwork. In touch with the Esprit nouveau and with the modernism of R. Mallet-Stevens, he oriented the design of his lighting fixtures around the style of the Bauhaus and established his own business in 1926, opening stores in several cities of Europe where, until the crisis of 1929, he presented "functionalist" furniture largely in steel which he wished to make accessible to a wide public.

■ GROULT, André (1884-1967)

Décorateur, André Groult expose aux Salons d'Automne et aux Salons des Artistes Décorateurs depuis 1910. Traditionaliste, il s'appuie sur la restauration et le XVIIIe siècle, avec un renouveau adapté aux mœurs de son époque. Il aime les formes amples, les accorde de bois et de couleurs les plus diverses. Vers 1912, il s'intéresse aux papiers peints et à la toile imprimée. Il édite alors ses propres dessins, ainsi que ceux de Laurencin, Espagnat, Laprade ... Il participe à l'Exposition de 1925 à plusieurs pavillons : Fontaine, Christofle, Baccarat, Instruments de musique et Arts du jardin.

▼ GROULT, André (1884-1967)

Ab 1910 stellt Groult in den Salons d'Automne und den Salons des Artistes Décorateurs aus. Als Traditionalist stützt er sich stilistisch auf die Restauration und das 18. Jahrhundert - allerdings mit Neuerungen seiner Zeit. Er liebt großzügige Formen, die er mit Holz und den verschiedensten Farben in Einklang bringt. Ab 1912 interessiert er sich für Tapeten und bedruckte Stoffe; seine eigenen Entwürfe, wie auch die von Laurencin, Espagnat, Laprade, usw. werden in diesen Materialien ausgeführt. Auf der Art Déco-Ausstellung von 1925 werden seine Arbeiten in den Pavillons Fontaine, Christofle und Baccarat gezeigt, ferner in den Pavillons für Musikinstrumente und Gartenkunst.

● GROULT, André (1884-1967)

A decorator, André Groult exhibited at the Salons d'Automne and at the Salons des Artistes décorateurs from 1910 onward. A traditionalist, his work was based on the styles of the eighteenth century and the Restoration, renewed and modified to suit the mœurs of his time. He loved ample forms in a wide range of woods and colors. Around 1912, he took interest in wallpapers and printed fabrics. He then issued his own designs as well as those of Laurencin, Espagnat, Laprade, and others. He participated at the exposition of 1925 in several pavilions : Fontaine, Christofle, Baccarat, Musical Instruments, and the Arts of the Garden.

■ GUÉVRÉKIAN, Gabriel (1900-1970)

Architecte et décorateur né en Turquie, il se fixe en France en 1921, et débute avec Henri Sauvage et Robert Mallet-Stevens.
Il a construit la boutique "simultanée" pour Sonia Delaunay en 1925, puis exposé à l' U. A. M. en 1930.

▼ GUÉVRÉKIAN, Gabriel (1900-1970)

In der Türkei geborener Architekt und Designer, läßt sich 1921 in Frankreich nieder und beginnt seine Arbeit zusammen mit Henri Sauvage und Robert Mallet-Stevens. Baut 1925 für Sonia Delaunay die "Simultan"-Boutique und stellt 1930 im U.A.M. aus.

● GUÉVRÉKIAN, Gabriel (1900-1970)

An architect and decorator born in Turkey, he settled in France in 1921 and began his work with Henri Sauvage and Robert Mallet-Stevens. He constructed the "simultaneous" boutique for Sonia Delaunay in 1925, then exhibited in 1930 at the U.A.M. (Union des Artistes Modernes).

■ HENNINGSEN, Paul (1894-1967)

Architecte et décorateur danois, il participe à l'aménagement du théâtre et des jardins de Tivoli, et s'intéresse aux problèmes d'éclairage au début des années vingt.

▼ HENNINGSEN, Paul (1894-1967)

Dänischer Architekt und Entwerfer, nimmt an den Arbeiten für die Ausstattung des Theaters und die Anlagen der Gärten des Tivoli teil; interessiert sich zu Beginn der zwanziger Jahre für Beleuchtungsfragen.

● HENNINGSEN, Paul (1894-1967)

A Danish architect and decorator, he participated in the appointing of the theater in the Tivoli Gardens, and took interest in lighting problems in the early twenties.

■ HERBST, René (1891-1982)

Après avoir accompli plusierus stages chez des architectes, René Herbst consacre ses activités aux problèmes de l'habitat et de l'immobilier. Il expose à partir de 1921 aux Salons des Artistes Décorateurs et aux Salons d'Automne. Il est un des promoteurs

▼ HERBST, René (1891-1982)

Nach mehreren Ausbildungen bei verschiedenen Architekten widmet sich René Herbst Immobilien- und Wohnungsproblemen. Ab 1921 stellt er in den Salons des Artistes Décorateurs und d'Automne aus. Er ist einer der Initiatoren der Abspaltung von der Société des Décorateurs,

● HERBST, René (1891-1982)

After completing several internships with architects, René Herbst devoted his activities to the problems of housing and real estate. From 1921 onward he exhibited at the Salons des Artistes Décorateurs and at the Salons d'Automne. He was among the instigators of de la scission de la Société des Décorateurs, qui lui permet avec quelques amis de créer l'Union des Artistes Modernes. Il est rigoureusement hostile àtcut décor superflu. "Qui dit embellissement ne dit pas adjonction d'éléments surajoutés et prétendument artistiques ... " C'est pour cette raison, qu'il étudie et réalise des meubles (sièges, bureaux, tables ...) conciliant raison et désir de confort. Ses convictions sont fortement influencées par les thèses de Jourdain, qu'il adopte comme manifeste à l'exposition "Formes Utiles".

■ HERRE, Richard (1885-1981)

Décorateur d'intérieur influencé par le Bauhaus, il a participé à l'exposition des arts industriels de Stuttgart en 1924.

■ HERZOG, Oswald (né en 1881)

Formation de sculpteur à l'école des Beaux-Arts de Berlin.

■ HOLOPHONE

Société fondée en 1893 pour commercialiser un procédé de fabrication du verre breveté par André Blondel. A partir de 1925, elle fabrique du verre de décoration, sous la marque "Verlys", puis, ultérieurement, du verre pressé.

■ JOUBERT, René

Il fonde en 1919 la Décoration Intérieure Moderne (D. I. M.) où le rejoint Petit. Il est un des plus célèbres décorateurs de l'époque, traditionaliste mais conscient des nouveaux développements. Son travail, exposé en 1928 en Angleterre, y exerce une très grande influence.

■ JOURDAIN, Francis (1876-1958)

Fils de l'architecte Franz Jourdain, apparenté par sa mère au milieu littéraire du XIXe siècle, Francis Jourdain aborde l'art décoratif après une première carrière de peintre. En 1911, à l'Exposition Internationale de Turin, il gagne un grand prix et fonde l'année suivante les Ateliers Modernes qui prennent rapidement l'importance d'une usine. Il est un des premiers en France à s'occuper d'aménager l'espace devenu de plus en plus restreint. Sa conception de la décoration - "On peut aménager très luxueusement une pièce en la démeublant plutôt qu'en la meublant" -, ainsi que sa volonté de produire à "bon marché", feront de lui un précurseur. A l'Exposition de 1925, il est chargé du fumoir de "L'ambassade Française", ainsi que du wagon-fumoir , exposé par les chemins de fer. Il contribue avec Robert Mallet-Stevens, Pierre Chareau et René Herbst au mouvement qui aboutit à la création de l'Union des Artistes Modernes.

was ihm ermöglicht, mit einigen Freunden die Union des Artistes Modernes zu gründen. Herbst lehnt jegliches überflüssige Dekor strikt ab: "Wer Verschönerung sagt, meint nicht das Anbringen überflüssiger, sogenannter künstlerischer Elemente..." Aus diesem Grunde untersucht und baut er Möbel (Stühle, Schreibtische, Tische, usw.), wobei er Sinnvolles und Bequemlichkeit in Einklang bringt. Seine Überzeugungen sind stark beeinflußt von Jourdain; diese manifestiert er auf der "formes utiles" (zweckdienliche Formen) genannten Austellung.

▼ HERRE, Richard (1885-1981)

Vom Bauhaus beeinflußter Innenarchitekt; nimmt an der Stuttgarter Werkbund-Ausstellung "Die Form" von 1924 teil.

▼ HERZOG, Oswald (geb. 1881)

Bildhauer-Ausbildung an der Berliner Kunstschule und Kunstgewerbeschule.

▼ HOLOPHONE

Im 19. Jahrhundert in Les Andelys (Eure) gegründete Glashütte mit angeschlossenen Veredelungswerkstätten für technisches Glas, Gebrauchs- und Zierglas. Ab 1925 Zierglasherstellung unter der Marke "Verlys" (Anmeldung der Marke am 2.12.1926); später auch für Preßglas verwendet.

▼ JOUBERT, René

Gründet 1919 Décoration Intérieure Moderne (DIM) - Petit schließt sich ihm an. Joubert, einer der berühmtesten Dekorateure seiner Zeit, ist zwar Traditionalist, er berücksichtigt aber die neuen Entwicklungen. Seine 1928 in England gezeigten Arbeiten üben dort einen großen Einfluß aus.

▼ JOURDAIN, Francis (1876-1958)

Als Sohn des Architekten Franz Jourdain ist er durch seine Mutter dem literarischen Milieu des 19. Jahrhunderts verbunden. Francis Jourdain ist Maler, bevor er sich dem Art Déco zuwendet. Auf der internationalen Ausstellung des Jahres 1911 in Turin erhält er einen bedeutenden Preis; im darauffolgenden Jahr gründet er die "Ateliers Modernes", die sich rasch zu einem Werk ausweiten. Jourdain gehört zu den ersten Franzosen, die sich um die Nutzung des immer knapper werdenden Raumes kümmern. Seine Ausstattungs-Konzeption: "Man kann einen Raum luxuriös ausstatten, indem man ihn eher entmöbliert als möbliert." Auch ist er stets um eine "preiswerte" Herstellung bemüht. Auf der Art Déco-Ausstellung des Jahres 1925 ist er mit der Ausstattung des Rauchsalons der französischen Botschaft beauftragt, ebenso mit jener des Raucher-Waggons, den die französische Eisenbahngesellschaft ausstellt. Mit Robert Mallet-Stevens, Pierre Chareau und René Herbst nimmt er an der Bewegung teil, die zur Gründung der Union des Artistes Modernes (U.A.M.) führt.

the schism of the Société des Décorateurs, which led him and several of his friends to found the Union des Artistes Modernes. He was rigorously hostile to all superfluous decor: "Embellishment does not call for the addition of would-be artistic and superflous elements ... " It is for this reason that he studied and produced furnishings (chairs, desks, tables) which reconciled the rational and the desire for comfort. His convictions and work were strongly influenced by those of Jourdain, which he adopted as his manifesto at the exposition Formes Utiles (Useful Forms).

● HERRE, Richard (1885-1981)

An interior decorator influenced by the Bauhaus, he participated in the exposition of industrial arts held at Stuttgart in 1924.

● HERZOG, Oswald (born in 1881)

He trained as a sculptor at Berlin's school of fine arts.

● HOLOPHONE

A business established in 1893 to commercialize a method of glassmaking patented by André Blondel.

● JOUBERT, René

In 1919 he founded D.I.M. (Décoration intérieure moderne), and was joined by Petit. He is among the most notable decorators of the time - traditionalist, but aware of new developments. The work of D.I.M. was exhibited in England in 1928 and was highly influential there.

● JOURDAIN, Francis (1876-1958)

Son of the architect Franz Jourdain, connected through his mother to the literary milieu of the 19th century, Francis Jourdain took up the decorative arts after an initial career as a painter. In 1911, at the international exposition at Turin, he won a grand prize and the following year founded the Ateliers Modernes which rapidly grew into a significant commercial enterprise. He was one of the first in France to be preoccupied with furnishing space in a more and more restrained manner. His conception of decoration - "One can very luxuriously furnish a room in unfurnishing it rather than in furnishing it" - as well as his desire to produce "affordable" goods, made him a forerunner. At the exposition of 1925, he was responsible for the smoking room of the "French embassy" as well as for the appointment of the smoking car exhibited there by the railroads. With Robert Mallet-Stevens, Pierre Chareau, and René Herbst, he contributed to the movement which resulted in the founding of the Union des Artistes Modernes.

■ KOHLMANN, Etienne (né en 1903)

Après avoir suivi pendant quatre années les cours de l'école Boulle, Etienne Kohlmann commence en 1922 à travailler comme ébéniste. Il expose au Salon d'Automne avec Djo-Bourgeois, puis travaille pendant un an chez l'architecte Samy, en qualité de dessinateur. Il entre en 1924 aux magasins du Louvre pour y créer et diriger l'atelier d'art Le Studium . Il participe à l'Exposition de 1925, à celle de Bruxelles en 1930, à l'Exposition Coloniale de 1931, et à l'Exposition de 1937. Nommé architecte d'opération, il réalise avec Aillaud et Ventre les pavillons du Louvre, des Industries du vêtement, Haute couture, et Parfum. Puis, nommé vice-président de la classe du Luminaire, il assure avec Eugène Printz la direction de ce pavillon.

▼ KOHLMANN, Etienne (geb. 1903)

Nach einem vierjährigen Studium an der Ecole Boulle beginnt Etienne Kohlmann 1922 als Tischler zu arbeiten. Er stellt auf dem Salon d'Automne mit Djo-Bourgeois aus und ist danach ein Jahr bei dem Architekten Samy als Zeichner beschäftigt. 1924 nimmt er das Angebot des "Magasins du Louvre" an, das Atelier "Studium du Louvre" zu gründen und zu leiten. Kohlmann nimmt ferner an der Art Déco-Ausstellung von 1925, an der Brüsseler Ausstellung von 1930, an der Exposition Coloniale des Jahres 1931 und an der Art Déco-Ausstellung von 1937 teil. Als verantwortlicher Architekt für den Arbeitsablauf realisiert er mit Aillaud und Ventre die Pavillons du Louvre, jene von Industrie und Bekleidung, Haute-Couture und Parfum. Schließlich zum Vizepräsidenten des Ausbildungsbereiches Beleuchtung ernannt, leitet er gemeinsam mit Eugène Printz diesen "Pavillon".

● KOHLMANN, Etienne (born in 1903)

After receiving instruction over a period of four years at the École Boulle, Etienne Kohlmann began work in 1922 as a cabinetmaker. He exhibited at the Salon d'Automne with Djo-Bourgeois, then worked for a year as a draftsman for the architect Samy. In 1924 he began work with the magasins du Louvre where he created and directed the art studio called the "Studium du Louvre". He participated at the exposition of 1925, at the exposition in Brussels in 1930, at the exposition coloniale in 1931, and at the exposition of 1937. Named operating architect, he constructed with Aillaud and Ventre the pavilions of the Louvre, of the clothing industry, of haute couture, and of perfume. Then, named vice-president of the lighting category, he assumed with Eugène Printz the direction of that pavilion.

■ LABOURET, Auguste (né en 1871)

Maître verrier et mosaïste, ancien élève de l'École des Beaux-Arts, Auguste Labouret est sociétaire du Salon d'Automne depuis sa fondation. Hors concours à l'Exposition de 1925, il est président de la classe 40 (vitraux), lauréat de la Société d'Architecture et président du Syndicat Général des Cristalleries et Verreries d'Art de France. Il remporte le premier prix du concours des fontaines lumineuses à l'Exposition de Barcelone. Créateur du "vitrail en dalles de verre cloisonné ciment", il a exécuté à ce titre un grand *Saint-Christophe* à l'Exposition de 1937. Il possède une connaissance très approfondie des techniques anciennes, et tente paradoxalement de réaliser des ordonnances et des meubles qui aient chance de ne pas se démoder .

▼ LABOURET, Auguste (geb. 1871)

Als Glaskünstler und Mosaikhersteller sowie ehemaliger Student der Ecole Nationale Supérieure des Beaux-Arts (der Pariser Kunstakademie), ist Auguste Labouret Mitglied des Salon d'Automne seit dieser besteht. Auf der Art Déco-Ausstellung von 1925 ist er Vorsitzender der Klasse 40 (Glasmalerei) und Preisträger der "Société d'Architecture"; außerdem ist er Vorsitzender des General-Verbandes der Kunstkristall- und Kunstglashersteller Frankreichs. Er erhält den ersten Preis des Wettbewerbes "beleuchtete Brunnen" auf der Ausstellung von Barcelona. Anläßlich der Ausstellung des Jahres 1937 kreiert er einen großen "Sankt Christopherus". Labouret besitzt enorme Kenntnisse über traditionelle Techniken und entwirft zeitlose Möbel, die keiner Mode unterliegen.

● LABOURET, Auguste (born in 1871)

Master glass-worker and mosaicist, former student at the École nationale supérieure des Beaux-Arts, Auguste Labouret was a member of the Salon d'Automne from the time of its founding. He did not compete at the exposition of 1925 where he presided over the fortieth division (stained and leaded glass). Laureat of the Société d'architecture, president of the Syndicat général des cristalleries et verreries d'Art de France, he won first prize in the category of illuminated fountains at the exposition of Barcelona. The creator of "windows in slabs of cement-partitioned stained glass", he produced in this manner a huge Saint Christopher for the exposition of 1937. He possessed a deeply profound knowledge of ancient techniques and paradoxically sought to produce furnishings and arrangements which would be lasting and not pass out of fashion.

■ LACROIX, Boris (né en 1902)

Essentiellement autodidacte, Lacroix commence sa carrière dans une maison de couture, puis devient décorateur. Il expose à partir de 1927 à la Société des Artistes Décorateurs des lampes, appliques et lustres, puis crée avec Jourdain et Dunand un mobilier en bois et duralumin.

▼ LACROIX, Boris (geb. 1902)

Der Autodidakt Lacroix beginnt seine Laufbahn in einem Modehaus und wird danach Innendekorateur. Ab 1927 stellt er in der Société des Artistes Lampen, Wandleuchten und Lüster aus und entwirft mit Jourdain und Dunand Möbel aus Holz und Duralumin.

● LACROIX, Boris (born in 1902)

Essentially self-taught, Lacroix began his career in a fashion house, then became a decorator. Il exhibited lamps, wall fixtures, and chandeliers from 1927 onward at the Société des Artistes décorateurs. He later created a furnishing of wood and duraluminium in collaboration with Jourdain et Dunand.

■ LALIQUE, René (1860-1945)

Remarqué à l'Exposition de 1900 avec ses bijoux Art Nouveau, René Lalique s'oriente dès 1902 vers la technique du verre, en créant une porte en carreaux de verre moulé, enchassés dans une monture de métal. Il étudie alors particulièrement les procedés de moulage et installe sa propre verrerie. A partir de 1914, il se consacre exclusivement à la verrerie, favorisant le verre incolore parfois légèrement teinté. A partir des années vingt, ses formes très simplifiées reçoivent un décor stylisé emprunté à la nature, parfois avec formes humaines. A l'Exposition de 1925, le pavillon Lalique qui est décoré de bas-reliefs et de panneaux de frises en verre, abrite certaines pièces uniques, exécutées suivant le procédé de la fonte et de la cire.

▼ LALIQUE, René (1860-1945)

Auf der Pariser Weltausstellung 1900 wird Lalique mit seinem Jugendstil-Schmuck berühmt. 1902 wendet er sich der Glastechnik zu und stellt eine Tür aus Preßglas-Platten mit Metallarmierung her. Er untersucht intensiv die verschiedenen Preßverfahren und gründet seine eigene Glashütte. In den zwanziger Jahren wandelt er seine sehr vereinfachten Formen in einen stilisierten Dekor ab; die Formen sind nun meist der Natur entlehnt. Auf der Art Déco-Ausstellung des Jahres 1925 ist der Lalique-Pavillon mit Basreliefs und Glasplatten dekoriert und umfaßt einige Einzelstücke, die nach speziellen Guß- und Wachsausschmelzverfahren hergestellt werden.

● LALIQUE, René (1860-1945)

Capturing notice at the exposition of 1900 with his "Art Nouveau" jewels, René Lalique began in 1902 to focus his creative energies on techniques of glass-work. He created a door in squares of molded glass mounted within a metal frame. He then especially studied the techniques of molding glass and established his own glass-works. From 1914 onward, he devoted himself exclusively to work in glass, especially clear glass, though he occasionally worked in lightly tinted glass as well. Beginning in the twenties his highly simplified forms assumed a stylized aesthetic derived from nature, sometimes combined with human forms. At the exposition of 1925, the Lalique pavilion was decorated with bas-reliefs and freize-panels in glass, and sheltered selected unique pieces executed in the lost wax casting process.

■ LELEU, Jules (1883-1961)

Elève de l'école Jean Goujon, Jules Leleu doit sa vocation à l'influence de Théophile Deman (peintre, sculpteur, décorateur), auquel il affirme être redevable des principes essentiels qui sont les siens. Depuis 1922, il expose aux Salons des Artistes Décorateurs, aux Salons d'Automne et des Tuileries, et prend part à de nombreuses manifestations, telles que les Expositions de 1925 et 1937. Parallèlement à des installations privées, il exécute plusieurs commandes de l'Etat (Élysée, ambassades ...) et réalise le grand salon de la Société des Nations. Jules Leleu s'est efforcé de défendre la tradition du beau métier et du meuble de luxe, s'assignant ainsi une place incontestée dans l'art contemporain.

■ MALLET-STEVENS, Robert (1884-1945)

Diplômé de l'Ecole Spéciale d'Architecture, influencé par Josef Hoffmann, Robert Mallet-Stevens va, en 1911 au Salon d'Automne, exprimer des idées révolutionnaires pour l'époque, mettant sur le même plan d'intérêt architectural la représentation d'un salon ou d'une cuisine "avec leurs meubles et leurs ustensiles". Il est un des premiers adeptes du style dit international. En effet, dans la série de maisons particulières qu'il édifie en 1926-1927, il emploie systématiquement le béton armé, adopte des volumes cubiques s'articulant parfois avec un volume cylindrique, tirant des effets esthétiques des rapports entre les murs nus, les baies vitrées en largeur et les décrochements angulaires. Il participe aux Expositions de 1925 et de 1937.

■ MARE, André voir SÜE & MARE

■ MICHON, Lucien voir GENET & MICHON

■ NICS Frères

Ateliers de Ferronnerie d'Art fondés en 1910.

■ LES PAVILLONS DES GRANDS MAGASINS (Bon Marché : POMONE, Printemps : PRIMAVERA, Galeries Lafayette : LA MAITRISE)

Pendant longtemps les débouchés offerts aux décorateurs étaient réservés à une clientèle de luxe, jusqu'à ce que les grands magasins ouvrent leurs propres ateliers de création. Les clients purent ainsi avoir accès à des prix raisonnables, à des meubles de qualité conçus par des artistes de talent.

■ PERZEL, Jean (né en 1892)

D'origine autrichienne, Jean Perzel étudia la peinture sur verre et le vitrail à Munich, puis

▼ LELEU, Jules (1883-1961)

Als Schüler der Ecole Jean Goujon verdankt Jules Leleu seine Berufung dem Einfluß Théophile Demans (Maler, Bildhauer und Dekorateur); Leleus wichtigste Grundsätze seien auf ihn zurückzuführen. Stellt seit 1922 auf den Salons des Artistes Décorateurs sowie den Salons d'Automne et des Tuileries aus und nimmt an zahlreichen Veranstaltungen teil, so an den Art Déco-Ausstellungen von 1925 und 1937. Neben der Ausführung von Privat-Einrichtungen erhält er zahlreiche Aufträge vom Staat (Elysée-Palast, Botschaften, usw.) und realisiert den großen Salon des Genfer Völkerbundes. Jules Leleu bemühte sich, die Tradition des "gepflegten Gewerbes" und jene der Luxusmöbel zu verteidigen; hier sicherte er sich einen unbestreitbaren Platz.

▼ MALLET-STEVENS, Robert (1884-1945)

Nach einem abgeschlossenen Studium an der Ecole Spéciale d'Architecture und beeinflußt von Josef Hoffmann, bringt Robert Mallet-Stevens auf dem Salon d'Automne 1911 seine für die damalige Zeit revolutionären Ideen zum Ausdruck, indem er einem Wohnzimmer oder einer Küche "mit ihren Möbeln und Haushaltsgegenständen" eine ebenso große Beachtung zukommen läßt wie der eigentlichen Architektur. Mallet-Stevens ist einer der ersten Anhänger des "international" genannten Stils. Bei den von ihm zwischen 1926 und 1927 gebauten Häusern setzt er systematisch Stahlbeton sowie kubistische Formen mit zylindrischen Volumen ein, wobei er sich die ästhetische Wirkung der Beziehungen von nackten Wänden, breiten Glasfassaden und Schrägflächen untereinander zunutze macht. Mallet-Stevens nimmt an den Ausstellungen von 1925 und 1937 teil.

▼ MARE, André siehe SÜE & MARE

▼ MICHON, Lucien siehe GENET & MICHON

▼ NICS, Frères

1910 gegründete Kunstschmiedewerkstätte.

▼ DIE PAVILLONS DER KAUFHÄUSER (Bon Marché: POMONE, Printemps: PRIMAVERA, Galeries Lafayette: LA MAITRISE)

Lange Zeit bestand der Absatzmarkt der modernen Entwerfer lediglich aus einer sehr betuchten Kundschaft; dies änderte sich erst, als die Kaufhäuser ihre eigenen Ateliers eröffneten. Jetzt werden die Preise für Qualitätsmöbel, von Künstlern entworfen, für viele Käufer erschwinglich.

▼ PERZEL, Jean (geb. 1892)

Österreichischer Herkunft. Perzel studiert Glasmalerei in München, bevor er sich 1923 in

● LELEU, Jules (1883—1961)

A student at the École Jean Goujon, Jules Leleu owed his vocation to the influence of Théophile Deman (painter, sculptor, decorator), to whom he affirmed the debt of his own basic principles. From 1922 onward, he exhibited at the Salons des Artistes décorateurs, the Salons d'Automne and the Salons des Tuileries, and took part in numerous exhibitions, such as those of 1925 and 1937. In addition to his work in the private sector, he received several government commissions (the Élysée, embassies ...) and designed the great reception hall of the League of Nations. Jules Leleu did his utmost to defend the tradition of fine craftsmanship, and luxury furnishings, thus assuring himself an uncontested place in the art of his time.

● MALLET-STEVENS, Robert (1884-1945)

A graduate of the École Spéciale d'Architecture, influenced by Josef Hoffmann, Robert Mallet-Stevens expressed, at the Salon d'Automne of 1911, ideas which were revolutionary for the time, placing on the same level of architectural interest the representation of a reception room or a kitchen "with their fittings and their utensils." He was one of the first of the adherents of the international style, reflected in the series of private homes which he built from 1926 to 1927 where he systematically used reinforced concrete, adopting cubic volumes sometimes articulated with a cylindrical shape, and deriving aesthetic effects from the relationships of naked walls, window bays, and the juxtaposition of angles and planes. He participated in the expositions of 1925 and 1937.

● MARE, André see SÜE & MARE

● MICHON, Lucien see GENET & MICHON

● NICS Frères

Studios of ironwork art established in 1910.

● LES PAVILLONS DES GRANDS MAGASINS (Bon Marché: POMONE, Printemps: PRIMAVERA, Galeries Lafayette: LA MAITRISE)

For many years the outlets available to decorators were reserved to a luxury clientel, until the great department stores opened their own studios and workshops. Clients then had access to quality furniture conceived by talented artists at reasonable prices.

● PERZEL, Jean (born in 1892)

Of Austrian origin, Jean Perzel studied painting on glass and stained glass technique in Munich, s'installa à Paris en 1923. Créant en 1923 son propre atelier de "verrier d'art", il se spécialisa dans l'éclairage intérieur et les luminaires, et réalisa lustres, appliques et panneaux lumineux incorporés à la décoration. Son apport est considérable dans le domaine de l'éclairage indirect, technique qu'il a utilisée pour de vastes espaces comme des paquebots ou encore la résidence d'Henry Ford à Detroit. On lui doit également la création de meubles lumineux.

Paris niederläßt. Im selben Jahr eröffnet er sein eigenes "Kunstglas"-Atelier; er spezialisiert sich auf Innenbeleuchtungen und stellt Lüster, Wandleuchten und in die Innenausstattung integrierte Leuchtflächen her. Sein Beitrag im Bereich der indirekten Beleuchtung ist bedeutend; diese Technik wendet er in großen Räumen (wie bei Passagierdampfern) an, aber auch in Henry Fords Detroiter Residenz. Die Kreation von beleuchteten Möbeln hat man ihm ebenfalls zu verdanken.

then settled in Paris in 1923 where that same year he founded his own studio for the creation of art glass. He specialized in interior lighting and fixturing, designing chandeliers, wall lamps, and luminous panels integreted into the decorated environment. His contributions are significant in the area of the techniques of indirect lighting that he conceived for vast spaces such as on steamships and for the Henry Ford mansion in Detroit. Also owed to him is the innovation of illuminated furnishings.

■ POILLERAT, Gilbert (né en 1902)

Elève de l'Ecole Boulle, Gilbert Poillerat y étudie particulièrement le métal et la ciselure. Il collabore avec Edgar Brandt de 1922 à1928, et commence ensuite son œuvre personnelle de ferronnier. Il expose alors aux Salons d'Automne et aux Salons des Artistes Décorateurs (dont il sera vice-président), participe à l'Exposition internationale de 1937. Il a travaillé avec les décorateurs Arbus, Adnet et Pascaud sur de nombreuses installations privées, et a également été souvent sollicité par l'Etat pour des résidences présidentielles (Rambouillet ...) et pour certaines ambassades. Sans être anachronique, l'art de Poillerat par les jeux d'imagination, par sa culture, par ses affinités avec les styles anciens, se réclame d'une tradition décorative et technique qu'il a habilement su adapter à l'art contemporain.

▼ POILLERAT, Gilbert (geb. 1902)

Als Schüler der Ecole Boulle studiert er dort insbesondere Metallbearbeitung und Ziselieren. Von 1922 bis 1928 arbeitet er mit Edgar Brandt zusammen und beginnt danach mit eigenen Kunstschmiedearbeiten. Von nun an stellt er in den Salons d'Automne und den Salons des Artistes Décorateurs aus (dessen Vizepräsident er wird) und nimmt an der internationalen Ausstellung von 1937 teil. Mit den Entwerfern Arbus, Adnet und Pascaud arbeitet Poillerat an Einrichtungen für Privatleute, erhält aber auch zahlreiche Aufträge vom französischen Staat, z.B. für die Residenz des Staatspräsidenten in Rambouillet sowie für einige Botschaften. Ohne anachronistisch zu sein, beruft sich Poillerat aufgrund seiner Imagination, seiner Bildung und seiner Affinität auf eine dekorative und technische Tradition, die er geschickt mit der modernen Kunstrichtung zu verbinden versteht.

● POILLERAT, Gilbert (born in 1902)

A student of the Ecole Boulle, Gilbert Poillerat especially studied metal-work and engraving there. He collaborated with Edgar Brandt from 1922 to 1928, and afterwards began his own work in iron. He exhibited at the Salons d'Automne and at the Salons des Artistes Décorateurs (of which he was to be vice-president), and participated in the international exposition of 1937. He worked with the decorators Arbus, Adnet, and Pascaud on numerous projects in the private sector, and was also often called upon by the French government to work on presidential residences and on select embassies. Without being anachronistic, the art of Poillerat - through its playful imagination, its culture, its affinities with the old styles - calls upon the decorative and technical tradition as the authority which it cleverly adapts to contemporary art.

■ PRINTZ, Eugène (1889 - 1948)

Fils et neveu d'ébénistes, Eugène Printz acquiert grâce à ce milieu un savoir-faire qu'il emploie au service d'un esthétisme en accord avec son époque. D'abord ébéniste de Pierre Chareau à l'Exposition de 1925, il présente ensuite ses propres créations à partir de 1926 au Salon des Artistes Décorateurs, où il est très rapidement remarqué. Il utilise différents bois, auxquels il ajoute la laque et le métal. Il participe en 1931 à l'Exposition Coloniale en aménageant le bureau du Maréchal Lyautey. Il abandonne après 1932 les matières précieuses pour se tourner vers le noyer massif, le bois de placage, le cuivre brut.

▼ PRINTZ, Eugène (1889 - 1948)

Als Sohn und Neffe von Tischlern erlangt Eugène Printz über das Tischlerhandwerk Kenntnisse, die er in den Dienst einer seiner Zeit entsprechenden Ästhetik stellt. Zunächst arbeitet er als Tischler bei Pierre Chareau für die Art Déco-Ausstellung von 1925. Ab 1926 präsentiert Printz seine eigenen Kreationen auf dem Salon des Artistes Decorateurs, die rasch für Aufmerksamkeit sorgen. Er verwendet verschiedene Holzarten, die er mit Lack und Metall ergänzt. 1931 nimmt er an der Exposition Coloniale teil, auf der er das Büro des Marschall Lyautey einrichtet. Nach 1932 gibt er die bisher verwandten kostbaren Werkstoffe auf, um nun u.a. massives Nußbaumholz und Rohkupfer zu verarbeiten.

● PRINTZ, Eugène (1889-1948)

The son and nephew of cabinet-makers, Eugène Printz acquired, thanks to this milieu, a savoir-faire that he deployed in the service of an aesthetic in harmony with his time. Beginning as a cabinet-maker under Pierre Chareau at the exposition de 1925, he presented his own creations from 1926 onward at the Salon des Artistes Décorateurs where he was immediately noticed. He used a variety of woods to which he applied lacquer and metal. In 1931 he participated at the exposition coloniale in the furnishing of Maréchal Lyautey's office. After 1932 he abandonned work with precious materials to turn to work in solid walnut, veneers, and unrefined copper.

■ PROU, René (1889-1947)

Sorti de l'école Bernard Palissy, René Prou entre en 1912 dans la maison Schmitt (ameublement et décoration). A partir de 1921, il commence à partager ses activités entre l'enseignement et son œuvre de décorateur. Il expose des ensembles mobiliers aux Salons d'Automne et aux Salons des Artistes Décorateurs, participe à l'Exposition Coloniale de 1931 et Internationale de 1937. Il installe la salle du conseil de la Société des Nations à Genève, et travaille sur l'ameublement et la décoration de paquebots, et de voitures de chemin de fer. Sans jamais avoir cherché à être à la pointe de l'art décoratif, il a tenté de s'accorder avec les mœurs, goûts, et habitudes de son temps, tout en traitant les problèmes avec ses propres convictions esthétiques.

▼ PROU, René (1889-1947)

Nachdem Prou die Ecole Bernard Palissy absolviert hat, tritt er 1912 in das Unternehmen Schmitt ein (Möbel und Inneneinrichtungen). 1921 beginnt er zu unterrichten, arbeitet jedoch gleichzeitig als Entwerfer. Auf den Salons d'Automne und Salons des Artistes Décorateurs stellt er künftig Möbel-Ensembles aus, ferner nimmt er an der Exposition Coloniale 1931 und an der Ausstellung 1937 teil. Er richtet den Konferenzraum des Genfer Völkerbundes ein und arbeitet an der Innenausstattung von Passagierdampfern und Eisenbahnwaggons. Ohne jemals an der Spitze der Art Déco-Bewegung zu stehen, versucht Prou jedoch, Brauchtum, Geschmack und Gewohnheiten seiner Zeit in Einstimmung zu bringen und dies mit seinen persönlichen ästhetischen Vorstellungen in seiner Arbeit umzusetzen.

● PROU, René (1889-1947)

Leaving the École Bernard Palissy, René Prou began work in 1912 with the firm of Schmitt (furnishings and decoration). From 1921 onward he divided his activity between teaching and his work as a decorator. He exhibited furniture ensembles at the Salons d'Automne and the Salons des Artistes Décorateurs and participated in the Exposition Coloniale of 1931, and that of 1937. He designed and installed the council chamber of the League of Nations in Geneva and worked on the appointment and decoration of steamships and railroad cars. Without seeking to be in the forefront of decorative art, he sought to adapt his work to the mores, tastes, and usages of his time, while treating design problems with the integrity of his own convictions.

■ PROUVÉ, Jean (1901-1984)

Fils de Victor Prouvé (fondateur de l'école de Nancy) et filleul d'Emile Gallé, Jean Prouvé commence comme apprenti ferronnier chez Emile Robert puis chez Szabo. Il y apprend le travail du métal, qui lui servira à la construction d'éléments d'architecture et de meubles, laissant principalement la priorité à la solidité du meuble qu'il construit avec des matériaux de résistance. Quant à la conception de celui-ci, il considère comme indispensable de l'ébaucher dès qu'il est pensé, de l'éprouver: "un meuble ne se compose pas sur une planche de dessin."

▼ PROUVÉ, Jean (1901-1984)

Sohn von Victor Prouvé (Gründer der Ecole de Nancy) und Patenkind Emile Gallés; Jean Prouvé macht eine Kunstschmiedelehre bei Emile Robert und arbeitet danach bei Szabo, wo er Metallverarbeitung lernt. Seine Kenntnisse setzt er ein bei der Herstellung von Architekturelementen und Möbeln, wobei er der Solidität der Möbelstücke den Vorrang gibt, die er aus widerstandsfähigem Material herstellt. Was den Entwurf von Möbeln betrifft, ist er der Ansicht, daß man ihre Herstellung in Angriff nehmen soll, sobald man eine Vorstellung von ihnen hat: "Möbel werden nicht auf dem Zeichenbrett geboren."

● PROUVÉ, Jean (1901-1984)

The son of Victor Prouvé (founder of the École de Nancy) and the god-child of Émile Gallé, Jean Prouvé began his carrer as an apprentice ironworker with Emile Robert and then with Szabo. There he learned the techniques of metal-work which he would apply to the construction of architectural elements and furnishings, generally giving priority to the solidity of the furniture which he constructed of durable materials. As to his design philosophy, the moment he conceived a furnishing he considered it indispensable to construct a rough model of it to put it to the test : "A piece of furniture is not composed on a drawing board."

■ RIPHAN, Wilhelm (1889-1964)

Après des études à Cologne, Munich et Berlin, il s'installe comme architecte à Cologne et participe à la construction des logements sociaux municipaux de 1914 à 1933. De 1945 à 1948, il est architecte conseiller auprès de la municipalité de Cologne.

▼ RIPHAN, Wilhelm (1889-1964)

Nach einem Studium in Köln, München und Berlin läßt sich Riphan als Architekt in Köln nieder und arbeitet von 1914 bis 1933 am Programm städtischer Sozialbauten. Von 1945 bis 1948 übernimmt er die Funktion des beratenden Architekten der Stadt Köln.

● RIPHAN, Wilhelm (1889-1964)

After studies in Cologne, Munich and Berlin, he established himself as an architect in Cologne and participed in the construction of municipal public housing from 1914 to 1933. From 1945 to 1948, he worked as consulting architect to the city of Cologne.

■ RISCH, Hildegard (née en 1903)

Après des études à l'École des Métiers d'Art de Halle, elle crée en 1927, en association avec Eva Mascher-Elsässer, un atelier de ferronnerie et dessine des lampes. Au cours d'un séjour d'études en Angleterre en 1928, elle s'intéresse à l'orfèvrerie traditionnelle et fait l'année suivante ses premiers essais dans la création de bijoux. Elle fonde son atelier en 1935 et parallèlement enseigne l'orfèvrerie.

▼ RISCH, Hildegard (geb. 1903)

Nach einem Studium an der Kunsthandwerkerschule Burg Giebichenstein in Halle gründet H. Risch gemeinsam mit Eva Mascher-Elsässer eine Metallwerkstatt und entwirft u.a. Lampen. Anläßlich eines Aufenthaltes in England im Jahre 1928 beginnt sie sich für die traditionelle Goldschmiedekunst zu interessieren. H. Risch führt ab 1935 ihr eigenes Atelier und lehrt parallel dazu Goldschmiedekunst.

● RISCH, Hildegard (born in 1903)

After studies at the school of art trades at Halle, she established an ironwork and lamp design studio in collaboration with Eva Mascher-Elsässer in 1929. In the course of an academic stay in England in 1928, she took interest in the traditional arts of goldsmithing and the following year made her first trials in the creation of jewelry. She founded her own studio in 1935 and taught goldsmithing as well.

■ RUHLMANN, Jacques-Emile (1879-1933)

Fils d'un industriel du bâtiment, Jacques-Emile Ruhlmann prend à la mort de son père, en 1907, la direction de son entreprise. Patronné par l'architecte Plumet, encouragé par Doucet, il ouvre une maison de décoration, et présente ses papiers peints au Salon d'Automne. Il commence à dessiner des meubles, qu'il fait fabriquer par des ébénistes, avant d'ouvrir ses propres ateliers en 1917. A l'Exposition de 1925, il présente l' "Hôtel du collectionneur" qui obtient un vif succès. Attiré par le luxe et les matières rares, il s'entoure de collaborateurs d'élite pour la réalisation de ses projets. Ruhlmann s'est intéressé à toutes les disciplines de la décoration et partout on retrouve son style raffiné.

▼ RUHLMANN, Jacques-Emile (1879-1933)

Sohn eines Bauunternehmers, übernimmt nach dem Tod seines Vaters im Jahre 1907 die Leitung des Betriebes. Unterstützt von dem Architekten Plumet und gefördert von Doucet, eröffnet Ruhlmann ein Geschäft für Inneneinrichtung und präsentiert seine Tapeten auf dem Salon d'Automne. Nun beginnt er, Möbel zu entwerfen, die er zunächst bei Schreinern arbeiten läßt, bevor er 1917 seine eigene Werkstatt eröffnet. Auf der Art Deco-Ausstellung 1925 zeigt er sein "Hôtel du collectionneur", das große Beachtung findet. Angezogen von Luxus und außergewöhnlichem Material, gewinnt er allerbeste Mitarbeiter zur Realisierung seiner Vorhaben. Ruhlmann interessiert sich für alle Bereiche, die mit der Innenarchitektur zu tun haben, und überall ist sein raffinierter Stil zu erkennen.

● RUHLMANN, Jacques-Emile (1879-1933)

The son of a building trades manufacturer, Jacques-Emile Ruhlmann assumed upon the death of his father in 1907 the direction of his firm. Supported by the architect Plumet, encouraged by Doucet, he opened a decorating firm and exhibited his wall-papers at the Salon d'Automne. He began to design furniture which he commissioned cabinet-makers to construct before opening his own studios in 1917. At the exposition of 1925, he presented to an enthusiastic reception the Hôtel du collectionneur. Drawn to the luxurious and the use of precious materials, he surrounded himself with the best artists for the realization of his projects. Ruhlmann took interest in every field of decorative art. A highly refined style marks all of his work.

■ SABINO, Marius-Ernest (1878-1961)

Elève de l'Ecole Nationale des Arts Décoratifs et de l'Ecole des Beaux-Arts de Paris, ce verrier dessine dès 1913 des projets de flacons, vases et luminaires, ainsi que des meubles et des structures architecturales de verre. Vers 1930 il possède ses propres magasins où il expose à la fois des pièces uniques et des articles de série. Il a participé à toutes les expositions et salons importants (1925, 1927, 1928).

▼ SABINO, Marius-Ernest (1878-1961)

Ausbildung an der Ecole National des Arts Décoratifs und der Ecole des Beaux-Arts (Pariser Kunstgewerbeschule bzw. Kunstakademie). Als Glaskünstler macht er ab 1913 Entwürfe für Flakons, Vasen und Lampen sowie für Möbel und architektonische Glasstrukturen. Um 1930 Einrichtung eigener Geschäftsräume in Paris, und um 1930 Beginn der eigenen Preßglasproduktion in Noisy-le-Sec/Seine; Entwicklung neuer Farbtöne. Sabino nimmt an allen wichtigen Art Déco-Ausstellungen teil: 1925, 1927 und 1928.

● SABINO, Marius-Ernest (1878-1961)

A student of the École nationale des arts décoratifs and of the École des beaux-arts de Paris, this artist in glass designed flasks, vases, and lighting fixtures as well as architectural structures in glass from 1913 onward. Around 1930 he had his own outlets where he displayed both unique creations and articles produced in series. He participated in all the important expositions and in the salons (1925, 1927, 1928).

■ SALOMON, André (1891-1970)

Ancien élève de l'Ecole supérieure d'électricité, cet ingénieur éclairagiste est membre fondateur de la section Perfécla (Perfectionnement de l'Éclairage) et de l'Union des Artistes Modernes et travaille en étroite collaboration avec les architectes. Il a réalisé en particulier tous les éclairages de la "maison de verre" de Pierre Chareau. Durant l'Exposition Internationale de 1937, il assure l'éclairage de onze pavillons, dont le pavillon de la Lumière de Robert Mallet-Stevens.

▼ SALOMON, André (1891-1970)

Dieser Beleuchtungsingenieur studierte an der Ecole supérieure d'électricité und ist Gründungsmitglied von "Perfecla" (Perfectionnement de l'éclairage = Vervollkommnung der Beleuchtung) sowie der Union des Artistes Modernes. Salomon arbeitet eng mit Architekten zusammen, und er realisiert für die "maison de verre" von Pierre Chareau die gesamte Beleuchtung. Für die Exposition Internationale von 1937 übernimmt er die Beleuchtungseinrichtungen von elf Pavillons, wozu auch der "Pavillon de la Lumière" von Robert Mallet-Stevens gehört.

● SALOMON, André (1891-1970)

A former student of the École supérieure d'électricité, this lighting engineer was a founding member of the group "Perfécla" (the perfection of lighting) and of the Union des artistes modernes. He worked in close collaboration with architects. In particular, he designed all the lighting for Pierre Chareau's "maison de verre" (house of glass). He was responsible for the lighting of eleven pavilions, among which was Robert Mallet-Stevens' Pavillion de la lumière (Pavilion of Light), at the International Exposition of 1937.

■ SIMONET Frères

Spécialisée dans les luminaires, bronzes, meubles et objets d'art de type traditionnel, cette société fondée au XIXe siècle prend un tournant nouveau en 1919 sous l'impulsion d'Albert Simonet, qui associe Henri Dieupart à ses créations. Leur participation à l'Exposition de 1925 est très importante, avec des lampes où ils marient le verre et le bronze.

▼ SIMONET, Frères

Dieses im 19. Jahrhundert in Paris gegründete Unternehmen ist spezialisiert auf Beleuchtung, Bronzefiguren, Möbel und Kunstgegenstände traditioneller Art. Dank der Dynamik Albert Simonets (und seines Mitarbeiters Henri Dieupart) erhält die Firma eine neue stilistische Richtung. Die Teilnahme beider an der Art Déco-Ausstellung von 1925, auf der sie Lampen aus Glas und Bronze präsentieren, ist von größter Bedeutung.

● SIMONET Frères

Specialized in lighting fixtures, bronzes, furnishings, and objets d'art of a traditionnal style, this business concern, established in the I9th century, was led in a new direction in 1919 by Albert Simonet who formed a creative association with Henri Dieupart. Their participation at the 1925 exposition, with lamps of glass and bronze, was very important.

■ SOGNOT, Louis (1892-1969) et ALIX, Charlotte (née en 1897)

L'association entre Louis Sognot et Charlotte Alix débute en 1928, lorsqu'ils fondent le Bureau International des Arts Français. Leur première réalisation commune est la bibliothèque et la salle de réunion des laboratoires Roussel, qu'ils exposent en 1930 à l'Union des Artistes Modernes puis au Salon d'Automne. Ils réalisent par la suite une partie du mobilier du palais du Maharajah d'Indore. Ils montrent un certain attrait pour les matières nouvelles, mais n'en écartent pas pour autant les matières naturelles, ainsi que les couleurs chaudes s'opposant à la froideur du chrome.

▼ SOGNOT, Louis (1892-1969) und ALIX, Charlotte (geb. 1897)

Die Zusammenarbeit zwischen Louis Sognot und Charlotte Alix beginnt 1928 - es ist das Jahr, in dem sie ihr "internationales Büro der französischen Kunst" gründen. Ihr erstes gemeinsames Werk ist der Sitzungssaal mit der Bibliothek für das Unternehmen Laboratoires Roussel; beides stellen sie 1930 zunächst bei der Union des Artistes Modernes aus, anschließend auf dem Salon d'Automne. Sognot und Alix entwerfen einen Teil der Einrichtung des Maharadscha-Palastes von Indore. Ihre Arbeiten lassen eine gewisse Vorliebe für moderne Werkstoffe erkennen, was nicht bedeutet, daß sie natürliches Material vernachlässigen; kalte Chromelemente konfrontieren sie z.B. gerne mit warmen Farbtönen.

● SOGNOT, Louis (1892-1969) and ALIX, Charlotte (born in 1897)

The association between Louis Sognot and Charlotte Alix began in 1928, when they founded the Bureau international des arts Français. Their first known production is the library and meeting room of the Roussel laboratories which they displayed in 1930 at the Union des Artistes Modernes and then at the Salon d'Automne. Following this they produced some of the furnishings for the palace of the Maharajah of Indore. They displayed an inclination for the use of innovative materials but did not distance themselves from the natural, as can be seen in their contrast of warm colors with the coldness of chrome.

■ STRAUMER, Heinrich (né en 1876)

Etudes d'architecture à l'école technique et à l'académie de Dresde, dans l'atelier de Paul Wallot.

▼ STRAUMER, Heinrich (geb. 1867)

Architekturstudium an der Technischen Hochschule und an der Akademie (Atelier Paul Wallot) in Dresden.

● STRAUMER, Heinrich (born in 1876)

He studied architecture at the technical school and academy of Dresden, and in the studio of Paul Wallot.

■ SUBES, Raymond (1893-1970)

Formé par Emile Robert (un des rénovateurs du fer forgé en France), Raymond Subes compte dans les années 1925 parmi les représentants du modernisme académique qu'il contribuera à répandre jusqu'à sa mort. Il réalise dans le domaine de la ferronnerie, la chaire de la cathédrale de Rouen, les grilles de Saint-Germain-des-Prés, les lampadaires du pont du Carrousel, et surtout, en collaboration avec le sculpteur R. Martin, le monument au Général Leclerc Porte d'Orléans, ainsi que le tombeau du Maréchal Lyautey aux Invalides (avec l'architecte Laprade). Une telle activité lui a valu d'être élu en 1958 à l'Académie des Beaux-Arts.

▼ SUBES, Raymond (1893-1970)

Ausgebildet von Emile Robert (einem Erneuerer auf dem Gebiet des Kunstschmiedens), gilt Raymond Subes in den zwanziger Jahren als Vertreter des akademischen Modernismus (um dessen Verbreitung er bis zu seinem Tode beitragen wird). Bedeutende Schmiedeeisen-Arbeiten führt er an der Kanzel der Kathedrale von Rouen, am Gitter der Pariser Kirche Saint-Germain-des-Près und an den Laternenpfählen der Pariser Carrousel-Seinebrücke aus; in Zusammenarbeit mit dem Bildhauer R. Martin finden wir seine Arbeiten ferner am Général Leclerc-Denkmal an der Porte d'Orléans, Paris, sowie am Grabmal von Marschall Lyautey im Pariser Invalidendom (in Zusammenarbeit mit dem Architekten Laprade). Diese zahlreichen Aktivitäten tragen dazu bei, daß Subes 1958 zum Mitglied der Pariser Kunstakademie gewählt wird.

● SUBES, Raymond (1893-1970)

Instructed by Émile Robert (one of the renovaters of wrought-iron in France), in the twenties Raymond Subes was one of the representatives of academic modernism (to the spread of which he contributed until his death). In the field of ironwork he produced the pulpit of the Rouen cathedral, the grillwork of Saint-Germain-des-Prés, the streetlamps of the pont Carrousel, and above all, in collaboration with the scuptor R. Martin, the memorial to Général Leclerc at the port d'Orléans, as well as the tomb of Maréchal Lyautey at the Invalides (with the architect Laprade). Such activity won him the honor of being elected in 1958 to the Académie des Beaux-Arts.

■ SÜE, Louis (1875-1968)

Peintre et architecte, Louis Süe construit ses premières maisons en association avec Paul Huillard à Paris entre 1905 et 1907, et commence le métier d'ensemblier en 1911. Il crée en 1912 l'Atelier Français, prédécesseur de la Compagnie des Arts Français qu'il fonde en 1919 avec la collaboration d'André Mare.

■ SÜE et MARE

En 1919, Louis Süe et André Mare, se fondant sur l'idée de l'Atelier Français de Süe, créent la Compagnie des Arts Français. Leur but est de réagir contre "l'extension monstrueuse d'une seule et même personnalité", qui selon eux serait caractéristique de l'Art Nouveau. Ils constituent une équipe avec Jaulmes, Segonzac, Dufresne, Vera, etc., et abordent la décoration intérieure. Ils ne cherchent ni le modernisme, ni le révolutionnaire, mais s'appuient plutôt sur la tradition. A l'Exposition de 1925, ils présentent le pavillon Fontaine, et participent à la construction du Musée d'Art Contemporain.

■ TÜMPEL, Wolfgang (1903-1978)

Apprenti chez un bijoutier de Bielefeld, Tümpel poursuit ses études au Bauhaus, où il travaille le métal, en particulier avec Moholy-Nagy. Installé en 1929 près de Cologne, il travaille pour l'industrie, et dessine des lampes notamment pour la firme Goldschmidt et Schwabe à Berlin et pour la société Bünte et Remmler à Francfort.

▼ SÜE, Louis (1875-1968)

Von 1905 bis 1907 baut der Maler und Architekt Louis Süe in Zusammenarbeit mit Paul Huillard seine ersten Häuser in Paris; 1911 wendet er sich der Innenarchitektur zu. 1912 gründet Süe das Atelier Français und 1919, zusammen mit André Mare, die Compagnie des Arts Français.

▼ SÜE und MARE

Das von Süe gegründete Atelier Français wird 1919 durch den Mitinhaber André Mare in die Compagnie des Arts Français umgewandelt. Ihr Ziel ist es, gegen das "monströse Ausmaß einer einzigen Form" zu reagieren, womit sie den Jugendstil meinen. Mit Jaulmes, Segonzac, Dufresne, Vera usw. gründen sie ein Team, um die neuen Fragestellungen der Innenarchitektur in Angriff zu nehmen. Sie sind nicht auf der Suche nach Modernismus oder Revolutionärem, sondern stützen sich vielmehr auf traditionelle Werte. Auf der Art Déco-Ausstellung 1925 präsentieren sie den Fontaine-Pavillon, außerdem arbeiten sie an dem Entwurf des Musée d'Art Contemporain.

▼ TÜMPEL, Wolfgang (1903-1978)

Lehre bei einem Bielefelder Juwelier. Ab 1922 setzt Tümpel seine Studien am Bauhaus (Metallwerkstatt) fort, u.a. bei Moholy-Nagy. Eine weitere Ausbildung an der Burg Giebichenstein, Halle, schließt sich an. 1929 läßt er sich in der Nähe von Köln nieder und arbeitet hier für die Industrie. Tümpel entwirft Lampen, insbesondere für die Berliner Firma Goldschmidt & Schwabe und das Frankfurter Unternehmen Bünte und Remmler.

● SÜE, Louis (1875-1968)

Painter and architect, Louis Sue constructed his first houses in association with Paul Huillard in Paris between 1905 et 1907, and began the trade of decorative design in 1911. In 1912 he created the atelier Français, the predecessor of the Compagnie des Arts Français which he founded in 1919 with the collaboration d'André Mare.

● SÜE and MARE

In 1919, Louis Sue and André Mare, established on the foundation of Sue's Atelier Français the Compagnie des Arts Français. Their goal was to react against the "the horrible spread of a solely dominant style", which in their opinion was Art Nouveau. They formed a team with Jaulmes, Segonzac, Dufresne, Vera, etc., and launched themselves into interior decoration. They sought nether to be modern nor revolutionary but rather built on tradition. At the Exposition of 1925, they presented the Fontaine pavilion, and participated in the Musée d'Art Contemporain.

● TÜMPEL, Wolfgang (1903-1978)

A jeweler's apprentice at Bielefeld, Tumpel continued his studies at the Bauhaus where he worked in metal, with Moholy-Nagy in particular. Settling near Cologne in 1929, he worked for industry and designed lamps notably for the firm of Goldschmidt & Schwabe in Berlin and for Bünte and Remmler in Frankfort.

I N D E X

Les numéros des planches qui sont en italiques désignent les éditeurs ou les collaborateurs.
Les noms suivis d'un * font l'objet d'une biographie succinte pages465 à 477.

Les numéros des planches qui sont en italiques désignent les éditeurs ou les collaborateurs.
Les noms suivis d'un * font l'objet d'une biographie succinte pages465 à 477.

Imprimé en France - Publiphotoffset, 93500 Pantin - en juin 1998
Dépôt légal : Juin 1998